分享精英智慧　成就辉煌人生

西点军校经典法则

The United States

杨建峰 主编

Military Academy at West Point

汕頭大學出版社

图书在版编目(CIP)数据

西点军校经典法则 / 杨建峰主编. —汕头:汕头大学出版社, 2013.11(2018.6 重印)
ISBN 978-7-5658-1093-0

Ⅰ.①西… Ⅱ.①杨… Ⅲ.①成功心理-通俗读物
Ⅳ.①B848.4-49

中国版本图书馆 CIP 数据核字(2013)第 284265 号

西点军校经典法则 XIDIANJUNXIAOJINGDIANFAZE

总 策 划:杨建峰
主　　编:杨建峰
责任编辑:胡开祥
责任技编:黄东生
装帧设计:松雪图文　王　进
印刷监制:高　峰　苏画眉
出版发行:汕头大学出版社
　　　　　广东省汕头市汕头大学内　邮编:515063
电　　话:0754-82904613
印　　刷:三河市艺海万诚印务有限公司
开　　本:889mm×1194mm　1/16
印　　张:22.5
字　　数:590 千字
版　　次:2013 年 11 月第 1 版
印　　次:2018 年 6 月第 3 次印刷
定　　价:59.60 元
ISBN 978-7-5658-1093-0

发行/广州发行中心　通讯邮购地址/广州市越秀区水荫路 56 号 3 栋 9A 室　邮编/510075
电话/020-37613848　传真/020-37637050

敬启

本书在编写过程中,参阅和使用了一些报刊、著述和图片。由于联系上的困难,我们未能和部分作品的作者(或译者)取得联系,对此谨致深深的歉意。敬请原作者(或译者)见到本书后,及时与我们联系相关事宜。联系电话:010-84853028 联系人:松雪

前言

PREFACE

西点军校成立于1802年，是美国第一所军事学校，也是世界上首屈一指的军事学府。它曾荣登2010年《福布斯》杂志“美国最佳大学”的榜首。西点军校伴随美国军队发展而成长，在西点200多年的历史中，它为美国培养了近5万名优秀的军人，其中有4位五星上将、3700名将军。同时，在美国军事史上，西点人创造了无数个胜利。可以说，西点军校是一部美国军事发展的传奇史话，西点军校的成长及其光荣的成功历史，就像是美国军事历史的缩影。以致一位西点军校前校长曾感叹道：“美国的大部分历史是由我们所培养出来的人才创造的。”

西点军校除了培养大批军事家之外，同时还培养和造就了众多的政治家、企业家、教育家和科学家。其中著名的有：美国第十八任总统格兰特、第二十四任总统艾森豪威尔、第五十九任国务卿黑格、国际银行主席奥姆斯特德、军火大王杜邦、巴拿马运河的总工程师戈瑟尔斯、第一个在太空中行走的宇航员怀特、前参谋长联席会议主席、国务卿鲍威尔等，就连“金融大鳄”索罗斯也在西点军校接受过特别训练。

全球最成功的商学院不是鼎鼎大名的沃顿、哈佛、斯坦福和耶鲁，而是美国的西点军校——这是组织行为学和领导力研究专家给出的惊人答案。

我们不禁好奇：到底是什么原因让西点成就了如此众多的精英呢？是什么力量使西点毕业生成为成功者的代名词呢？众多西点毕业生给出的答案是，西点军校的经典法则让他们有了今天的成功。

我们翻阅了大量的西点案例并进行整理，归纳出荣誉、服从、勇气、冒险精神、坚韧、责任、诚信、理智、自制、包容、谦虚、修养、求知、合作、团队精神、效率、勤奋、目标、执行力、信念、细节、从不找借口等西点人最典型的品格，并结合西点的相关事例进行阐述和介绍，还配以生动真实的案例加以延伸说明。

本书旨在引领读者了解西点人成才法则，感受西点经典法则的魅力，汲取西点能够挖掘年轻人潜质的智慧，从而帮助年轻人激励、完善自我，推动事业和人生迈向更高的境界。

《西点军校经典法则》共分为二十二章，这些章节标题简洁明了，但是每个关键词后面都深藏着一种激励人心的巨大力量，这样的力量最终将会帮助读者实现更高的人生追求。

本书的另外一个特点就是理论与实际紧密结合，既有使读者受益一生的金玉良言，又有鲜活、真实的成功案例，通俗易懂。年轻人更多的是奋斗在职场，以事业为重，因而本书用全新的角度和独特的思维，从职场拼搏层面，以西点军校经典法则为切入点，向读者阐述如何才能成为一个成功的人，进而成就自己辉煌的人生。

目　录

CONTENTS

法则一——荣誉

法则二——服从

法则三——勇敢

法则四——冒险精神

法则五——坚韧

法则六——责任

法则七——诚信

法则八——理智

法则九——自制

法则十——包容

法则十一——谦虚

法则十二——修养

法则十三——求知

法则十四——合作

法则十五——团队精神

法则十六——效率

法则十七——勤奋

法则十八——目标

法则十九——执行力

法则二十——信念

法则二十一——细节

法则二十二——从不找借口

法则一
荣誉

荣誉就是生命

菲尔将军说:“在西点军校,荣誉制度是非常重要的,我认为,这一荣誉制度是西点军校不同于其他学校的关键所在。我非常珍惜这一制度,如果我们去掉它,我宁愿从后备军官训练团和候补军官学校接收陆军军官,而把西点军校忘掉。这就是荣誉制度的重要性。”

第二次世界大战前,美国向全世界发表宣言,表达自己的政治主张和发展战略。这个时候,西点军人看到了自己的责任,看到了自己的使命。他们默默伫立了很久,似乎在静静地等待着召唤。几乎每个学员都充满了成就感、责任感、使命感,并为这种召唤做着准备。

“现在轮到我了。”一位西点人如是说。

西点人独特的做事方式和手段营造了一种氛围,一种类似“以天下为己任”的群体氛围。这种使命感使每个西点人对工作充满了责任与热爱,努力追求卓越,没有丝毫懈怠。

一名西点校友有这样一段真实回忆:

> “每一个从西点毕业的人都怀有这种使命感。在西点毕业30年之后的一天,我在五角大楼一间办公室里与我两个最好的朋友喝着咖啡。一个是西点同学汤姆·温斯坦,另一个是经由预官训练队加入陆军的鲍勃·黎斯卡西。这时我们都已是三星将领,都感叹着我们在华府——无论在五角大楼还是在国会山——会碰到这么多一心只想往上钻营的人。
>
> “汤姆是个精明的人,这时他担任陆军情报署署长。我问他:‘你为什么还是谨守着那套别人都不当回事的伦理与道德标准活着?为什么不像别人那样也去钻营高位?’
>
> “他想了一下才答复这个问题:‘当我进西点的时候,我只是个来自新泽西州、什么都不懂的小孩。在西点的四年里,他们教给我们的那套玩意儿你都还记得吗?好,我告诉你,我真的相信那套玩意儿。’
>
> “是的,我也相信,那就是责任、荣誉、国家。”

每个走进西点军校的新学员都要参加宣誓仪式,他们的誓词是:“为了保卫我们的国家和生活方式，随时准备献出生命。”

祖国，是西点人心中的圣碑。

在其他院校的校园里，大学生的生活方式正在快速改变，然而，选择了西点军校，是不能受这种变化影响的。选择了当兵，就意味着奉献与忠诚；选择了西点，就选择了牺牲与执着。

西点军人永远把荣誉放在首位，永远忠于自己的国家，永远把荣誉当成自己一生的事业来奋斗，所以他们才会创造一个又一个的奇迹。

世上很多人，只有当他们感到身边大部分人都比自己强的时候，才会尽最大努力去改变，去争取，后悔当初没拥有一份激情。

在社会竞争越发激烈的今天，荣誉应是每个人的本位追求。放弃追求本身就是注定了被淘汰的命运，只是时间早晚的不同。这就要求我们摒弃“得过且过”的观念，依据自己的强项，去争取应得的那份荣耀，让自己的人生闪闪发光。这其中的典型实例就是西点军人的荣誉意识。荣誉是西点军人的行为标志，是军事生涯的重要组成部分。通过成就创造荣誉，通过荣誉感取得更大成就，西点军校对此坚信不疑，始终把荣誉教育优先予以考虑。

西点新学员一入学，就要首先接受长达16个小时的荣誉教育。教育主要用具体事例说明珍惜荣誉、争取荣誉、创造荣誉、保持荣誉的重要性和方式方法，以及荣誉感对一生的好处。在西点，要求每一位学员必须熟记所有的军阶、徽章、肩章、奖章的样式和区别，记住它们所代表的意义和奖励，同时还必须记住皮革等军用物资的定义、西点会议厅有多少盏灯，甚至校园蓄水池的蓄水量有多少升等诸如此类的内容。这样的训练和要求，会在无形中培养学员的荣誉感。

然后，以不同方式将荣誉教育系统地贯穿于四个学年学习生活的始终，目的是让每一个学员逐步树立起一种坚定的信念：荣誉是西点学员的生命。

荣誉教育可以激发学员的荣誉感和责任感，可以化作强烈的内在动力，帮助每个学员完成学业，取得不俗的成就，并进而影响学员终生，使得他们不断地创造奇迹！

当然，在日常的生活中也是如此。家长对子女的教育，从来都不会缺少荣誉感这个章节。不管是偏激的只求好成绩，还是正确积极的激发，都是对荣誉的一种向往和追求，这种教育的出发点至少是好的。

对于已经工作的人来说，在公司中更是如此，没有人会对一个信誉不佳、纪律松弛的公司产生荣誉感和归属感，相反的，还有可能会产生耻辱感。他们或许在和朋友聊天的时候闭口不谈自己的公司，即使是无奈谈论起来也会附加一句：我正准备辞职呢。

每一个企业都应该对自己的员工进行荣誉感教育，每一个员工都应该唤起对自己的岗位和公司的荣誉感。如果一个员工对自己的工作有足够的荣誉感，对自己的工作引以为荣，对自己的公司引以为荣，那么他必定会为此努力付出并释放巨大的能量。在争取荣誉、创造荣誉、捍卫荣誉、保持荣誉的过程中，个人和团体会得到共同的发展。

一个好的公司，必然会有好的员工，这是公司荣誉的召唤。荣誉可以加强团队的向心力。一个没有荣誉感的团队是没有希望的团队，一个没有荣誉感的员工不会成为一名优秀的员工，一个没有荣誉感的人也很难获得成功。这无论在东方还是西方都是如此。而作为一个员工，既然选定了一个公司，就要把自己的事业和公司的发展结合起来，对该公司的企业文化有一个认同感。使自己能够与公司同生死、共命运。这样，在公司兴旺发达时，你就会有巨大的成就感和荣誉感。同时，公司会为拥有像你这样优秀的、忠诚的员工而自豪，你也会为与这样伟大的公司合作而光荣。当公司景况不佳时，你就会感到责任重大，并为扭转公司形势而倾心尽力。

只有这样，你所服务的公司才会像西点军校那样成为百年老店，成为一个时代甚至是数个时代的标志,你也会在这样的公司氛围中实现自己的理想、成就自己的事业。

对于军人来说,荣誉更胜于生命,任何有损军人荣誉的语言和行为都应该绝对禁止。同样,对于工作的人来说,对自己的工作有足够的荣誉感,始终把公司和工作看作自己的荣耀,那么,他必定会焕发出无比的工作热情。

荣誉对于任何人来说都是十分重要的。荣誉也是一份永无止境的追求,是一份促人不断进步的动力,是社会赋予的人生意义之一。换言之,一个珍惜荣誉的人是一个不断进步的人,一个拥有积极人生意义的人。

荣誉来自崇高的道德

西点校友会主席保罗·W.汤普森在总结自己一生的时候讲道:"一个门外汉,当他仔细思考军校领袖们必须准备好承担的责任时,可以看出事情的核心和重点并不是教育技术和训练,而关键的是品格。肩挑重任的人都必须具有特殊的气质,才能挑得起这个担子。他的学业可以上下浮沉,但却不能失去这种品格和气质。细细考虑这种品格和特殊气质的养成,人们不禁要回想起西点的那些戒律——那些戒律同培养品格息息相关,同书本学习的关系只是偶然性的。"

福特公司创始人亨利·福特说:"一个公司只有在它的追求与社会的追求一致的时候,即公司生存的根本是惠于顾客、惠于员工、惠于社会,它才能永远兴旺。"

作为公司的管理者,要想使公司发展壮大,就必须信任和友爱每一个员工,并尊重每个员工的人格尊严;通过向他们灌输工作中的主人翁精神,尽最大努力帮助员工赢得荣誉和完成个人职责;根据员工的能力和才能,给他们提供平等的机会;竭尽全力创造一个有益于创造性思维和自主行为的工作环境。

在公司中,优秀员工应该具有的基本道德规范是以公司为荣,保持诚实公正的态度和高标准的道德,并且不断进取,保持个人的尊严和公司的荣誉。

职场中要有职业道德,职业道德一贯为人们所重视,而在当今物欲横流、信仰危机的时代,它愈加显得弥足珍贵,而且是一切想成就大事者必备的素质和修养。

只要时刻将职业道德视作一种天赐的使命,在工作中尽心尽责,就能在工作中忘记辛劳、得到快乐。

位居世界500强的杜邦公司的一位面试官曾经碰到过这样一个年轻人,他虽然在应聘中超过了许多竞争者,可是在最后一轮面试的时候却很遗憾地被淘汰了。虽然心里十分难受,可是他还是没有像大多数人那样把沮丧的心情表现在脸上,而是礼貌地向面试官们表示感谢。

当他起身离开的时候,椅子上一个凸出的钉子把他的裤子划了一个小口子,面试官并没有发现,可是年轻人还是走上前去,拿起桌上的镇纸,把凸出的钉子给敲了回去,然后放回镇纸,给面试官鞠了一躬,转身离开。此时,面试官却拦住了他,问:"为什么你都已经知道自己被淘汰了,却还会在意椅子上一颗小小的钉子?"

年轻人笑着说:"这和面试毫无关系,我只不过是不想让后来坐这把椅子的人和我一样把裤子划破了。"

面试官激动地握着年轻人的手说:"恭喜你,你被录取了。"

年轻人正惊愕的时候，面试官解释说："专业知识的缺少并不可怕，可以通过努力来弥补，可是职业道德却是一个员工最宝贵的素质，这才是我们最需要的。"

工作是生活的一部分。人生活要有社会道德，同样人工作要有职业道德。

索尼公司创始人盛田昭夫在回答一位记者关于优秀员工应具备的基本素质时说："如果你有某种权力，那不算什么；如果你拥有一颗具有道德良知的心，那你就会获得许多权力所无法获得的东西，这就是作为员工必备的素质。"

西点军校公关部主任詹姆斯·威利中校举例说："学员在撰写论文时，如果不在脚注中对一些被引用的观点和文字加以说明的话，一经查出，轻者要被严厉批评，重者则被勒令退学。"至于尊敬他人，西点告诫每位学员，如果自己想得到别人的尊敬，就必须以同样的尊敬和尊严对待别人。

正因为如此，西点军校经过200多年的实践逐步补充完善了一套荣誉规章制度。它的内容包罗万象、详细而完备，涉及学员生活的方方面面，而且是每个学员都必须严格遵守的。

荣誉教育完善学员人格，促进道德全面发展。西点军校培养的不仅是一名军人，还是社会的精英，这是在它的办学过程中最为引人注目的地方。荣誉制度和纪律规定相比似乎前者更引人注目，更有权威，也更严厉。背离荣誉准则的处罚一般也要比违反纪律的处罚来得严重。

西点的荣誉教育看得见、摸得着，并带有强制性。荣誉教育可以激发学员的荣誉感和责任感，可以化作强烈的内在动力，帮助每个学员完成学业，取得成就，并进而影响学员终生，也为公众树立良好的陆军军官形象。

IBM公司是一个追求伟大与卓越的公司。究其成功的最重要原因，是其深厚的企业文化起到了举足轻重的作用，它使IBM公司的全体员工都有一种涌自深处的荣誉感。这个荣誉感也是推动IBM高速向企业目标前进的动力。IBM成功地做到了如下几点：尊重个人、最佳的顾客服务、追求卓越、经理人必须有效地领导、竭力贡献股东、公平对待供货商、做一个优良的公司法人。

IBM对外深信公众需求与本公司利益必须一致，努力且公平地与对手竞争，竭力创造一个健康的生活与工作环境；对内则对员工提供公平机会，不因种族、宗教、国籍、年龄、性别而歧视员工。正是因为深厚的企业文化使全体员工都有涌自深处的荣誉感、认同感，才造就今天的IBM公司。

一个好的公司，必然会有好的员工，这是公司荣誉的召唤。荣誉可以加强团体的向心力。公司的管理者如果致力于公司的发展而不是得过且过、鼠目寸光地追求现时发展的话，首先应该做的就是强化公司文化。

作为一个员工，既然选定了一个公司，就要把自己的事业和公司的发展结合起来，对公司的企业文化有一个认同感，这样才能与公司同生死、共命运。在公司兴旺发达时，会有巨大的成就感和荣誉感。当公司景况不佳时，会感到责任重大，并为扭转公司形势而倾心尽力，只有这样，才会实现自己的理想、成就自己的事业。

西点的荣誉准则

光荣与名誉是西点人至为关注的，西点人甚至喊出了"荣誉即吾命"的口号。可以说，西点对荣誉的珍视达到了痴迷的程度。为了集体的利益与荣誉,“渺小”的个人必须坚决地遵守学校所制定的荣誉准则——不说谎、不欺骗、不盗窃,也不容忍其他人有如此的行为。

不撒谎。在西点,撒谎是最大的罪恶。为了让每一个学员做到不撒谎,西点不惜“大动干戈”,通过颁发文件的形式对“撒谎问题”作了如下规定:

学员的每句话都应当是确切无疑的。他们的口头或书面陈述必须保持真实性。故意欺骗或哄骗的口头或书面陈述都是违背“荣誉准则”的。信誉与诚实紧密相关,学员必须获得信誉。只有通过准确无误的口头或书面陈述,才能获得荣誉。

在西点,无论是口头或是书面的报告,都必须是最完整的、最准确的正式陈述。学员个人必须保证报告在呈递前后的准确性。列队报告时,组织者只有确认缺席学员是得到批准时,才能认为这个学员的缺席有正当的理由。假如报告上交了,后来又发现其中有不准确之处,必须尽早报告新的情况。

每个人不仅要对自己的行为负责,为自己所说或所写的陈述负责,也要对别人的行为负责。这是西点经常对学员提出的要求,因此,学员要常以口头或书面陈述的方式来表明他履行各种义务的情况。

倘若发现学员有撒谎的行为,西点一律严惩不贷,其惩罚的程度比违反纪律的处罚更为严重。

1966 届有一位不幸的学员,由于过不惯冷峻单调的生活而心慌意乱,跑去参加一个学员的宗教团体晚会,想在那里找到几小时的安慰。当时,他不知道按照章程规定他有权参加这个聚会,他是忍不住去的,并在自己的缺席卡上填了“批准缺席”。当晚回到宿舍后,他又回顾了一下自己的所作所为,左思右想总觉得自己犯了罪,于是,便向学员荣誉代表坦白交代了。这时他才知道自己有权参加那个聚会,但一切都已经晚了,虽然他的行为一点也没有违反校规,但荣誉委员会认为他有违反准则的动机,因而有罪,第二天他就被开除了。

也许在大家看来,这种惩罚似乎太残酷,太不近情理。但这样的事在西点很普遍,有的惩罚甚至让人觉得西点没有“人情味”。比如:

一名 1974 届新学员在回答教官的突然提出的一个问题“你擦过皮鞋了吗”时,他说擦过了,实际上没有擦。但他心里害怕,不敢立即纠正。后来同学告发,他被迫退学。

曾经有一个女兵违反规定去午睡,被发现后遭到重罚警告,但处罚并非因为她违反了规定,而是因为她睡了 30 分钟,却说只睡了 15 分钟。

不欺骗。西点认为,如果学生为自身利益采取欺骗行为,或帮别人这样做以期获得不正当的利益,就是以欺骗方式违反了荣誉准则。西点认为学员的“欺骗”包括:剽窃(不加证明地引用别人的观点、别人的话、别人的材料,以充己有);不正当表现(在作业的准备、修改或校对中得到别人帮助而不加以说明);使用未经允许的笔记等。

关于“欺骗问题”,西点还做了如下规定:

学员在论文、报告和设计中常使用别人的某些观点、语言、资料和成果,而且,在准备修改、编辑、纠正、校对以及检查作业时,也常得到别人帮助。学员必须清楚、明确地注明作业中哪些部分不是自己独立完成的,特别要明确指出材料的全部来源和各种接受援助的方式。受其启发而产生新的思路或观点的材料,学员也要注明。

学员经常处在可能偷看别人作业的环境中完成评分的作业。学员必须知道,即使仅仅为了验证自己作业正确与否而去看别人的作业,也是违反荣誉准则的。学员如果无意中看了别人的作业且是评分作业,必须把情况向教员说明。

仅以准备和上交作业为例。学员上交的作业,必须清楚而明确地说明所使用材料的全部来源和得到的帮助,以及使用的程度。如果没有这方面的说明,则属于欺骗性行为。

同时,西点还十分注重学员的独立性。学员不应过分依赖别人的帮助,因为作业必须反映学员独立思考的程度。这也就要求,学员对获得的帮助要加以注明并表明这种帮助的程度。

作为西点人,他们都能谨慎、严格地要求自己不犯这些错误。

西点 1972 年的毕业生、Kom 公司总裁杰夫·钱皮恩曾说过:“做人与做生意一样,首先要讲究正直,而正直给你带来的荣誉也会让你得到更大的回报。”

杰夫退役后曾在一家机器公司当销售经理。有一段时间,他推销机器非常顺利,半个月内就同 25 位顾客做成了生意。

有一天,他突然发现他所卖的这种机器比别家公司生产的同样性能的机器贵了一些,他想:“如果顾客知道了,一定以为我在欺骗他们,会对我的信誉产生怀疑。”于是,深感不安的杰夫立即带着合约书和订单,逐家拜访客户,如实地向客户说明情况,并请客户重新选择。

他的行动使每个客户都很受感动,为他带来了良好的信誉,大家都认为他是一个值得信赖的正直的人。结果,25 人中不但没有一个解除合约,反而又给他带来了更多的客户。

不盗窃。关于这一准则,西点是这样规定的:

如果学员从物品所有者或者他人手里,通过各种手段,非法地拿到、得到或者留用他人钱物以及任何有价值的东西,而且有意长久地据为已有,或者给别人使用,就属于盗窃,违反了“荣誉准则”。

军营的严密生活环境和学员彼此间形成的信誉,是学员生活中不可改变的两个方面。荣誉准则和制度培养了友谊和信任,保证了严密的军营中门不上锁,学员不用担心自己的财产被偷走。学员在借东西前,必须得到主人的同意。随意借东西将按学员纪律制度进行调查,如果没有及时归还物品,将被视作偷窃行为处理。

西点图书馆对所有学员开放,但学员不应利用这个方便盗用资料,非法地把资料拿走,把期刊中的书页撕下,将参考资料有意放错地方,这些都是不道德的行为。因为这样的结果,影响了其他人利用这些资料,或减少了其他人借助这些资料学习与研究的可能性。因此,这些行为都被认为是欺骗或偷窃。

关于第四条荣誉准则,也就是“也不容忍其他人有如此的行为”,西点人也坚决地遵守着。一个出身于西点的叫作约翰·克里斯劳的学员曾这样回忆道:

我以前的一个室友违反了荣誉准则。当他把所做的事告诉我时,我并没有网开一面,而是告发了他。这并不是由于我不在乎他,我深深地关心他。但我知道,与给予他第二次机会相比,原则更为重要。我当时 18 岁,我知道我首要的责任是坚守荣誉的原则。

以上这些,就是西点的荣誉,不容任何违背和挑衅的荣誉。

其实,西点的荣誉准则也同属于我们。当你能够遵守“不撒谎、不欺骗、不盗窃,也不容忍其他人有如此的行为”这样的准则时,相信你无论走到哪里都能成功。

圆满的人生始于品格的培养

西点军校有一系列的荣誉课程，专门训练让学生在日常生活中学会如何遵守“荣誉守则”。

西点的这些训练是体现在日常生活的小细节中的。比如说，一个新生走在走廊上，突然，被学长碰到并问：“你早上有没有刮胡子？”问题来得太过突然，但是，新生必须立刻回答，于是，他的眼前马上浮现出自己一脸泡沫的样子，回答说：“报告学长，有。”

但事实也许是，他想起的影像是前天刮胡子的情景：18 岁的青年并不需要天天刮胡子；然而他所犯的错并不是存心欺骗，所以与说谎也有着本质的区别。但尽管他并没有真正违反“荣誉守则”，学长和其他军官还是会希望他事后承认自己的错误。因为，勇于认错，知错能改，才是真正的修养。

在很多人看来，这都是无法理解的一种行为：这样一点小小的无心之过，何必如此小题大做呢？然而，这就是西点的教育，因为如果一个人无须面对自己的错误，无须为自己的错误负责，将来就有可能故意说谎，自圆其说，并认为这样理所当然。

西点把培养学员的品格放在首位。正直被认为是一名军人的最核心的品格，这恰恰是现在许多年轻人所缺乏的。因此，成为西点学员之后，长官都会多次强调正直谦逊这一品格。没有正直的品格就没有个人的荣誉。

只有勇于坚持自己原则的、有正直品格的人才不会在迷茫或是困境中迷失自己的方向。而一旦丢弃了品格，那就等于丢弃了一切，即使这个人有着万贯家产，也将得不到他人的认同与尊重，更不可能实现自己对幸福和成功的愿望。

荣誉感是一个人拼搏向上的动力，为了追求它，人往往更能爆发出自己的潜能。在西点，所有学员都把荣誉看得十分重要。

手术室里，一位年轻护士第一次与著名的外科医生合作，并且担任责任护士。

手术进行了很久，在即将缝合之时，女护士严肃地对医生说：“我们手术总共用去了 15 块纱布，可我只见您取出了 14 块。”

医生摇摇头：“纱布一块也没漏下，别在这儿耽搁时间了。”

“不！”女护士非常执拗，说：“我非常确定您用了 15 块，而且还有一块没有取出来，因此，我们绝对不能缝合。”

医生还是不予理睬，并对其他人说：“手术一切正常，现在听我的，赶紧缝合。”

女护士叫了起来：“您不能这样，我们要对病人负责。”

医生脸上露出了一丝笑容，他松开了一直捏在左手心的那第 15 块纱布，赞赏地对年轻的女护士说：“从今以后，你就是我的正式助手。”

西点需要荣誉，国家需要荣誉，世界需要荣誉，而荣誉正是由良好品格所组成，一个人只有有了高贵的品格，才有荣誉、幸福与成功的可能。品格高尚的人光明磊落，他们能无所畏惧地面对这个世界。

为了荣誉而奋斗

西点军校校友、美国第18任总统尤利塞斯·格兰特这样说:“进入西点,是一种荣誉,更是一种对自我的挑战。”西点是培养“狮子”的摇篮,其残酷的“不宽容”荣誉制度在向每一个向往并踏入西点的年轻人传达着:“想来,那就必须为了荣誉而奋斗!”

世界上恐怕没有任何一所学校的淘汰率比西点军校还要高了。西点军校学员自入校之日起,就要进行严格的检验与筛选,第一学年新生淘汰率为23%,最终能学完四年毕业的学员占入学总人数的70%左右。

当然,被淘汰的原因有很多,比如,学习跟不上,行为不端,男女同学谈情说爱等。而且,除一年级新生之外,被淘汰的学员还必须向美国政府归还在校期间的所花费用,大约每年两万到三万美元。

学员经过四年学习毕业后,获理科学士学位,授少尉军衔。学员毕业后,至少应在军队连续服役五年。西点毕业生、Free Markets公司高级副总裁戴夫·麦考梅克说:“西点军校是最能打消傲气的地方。我来自一个小镇,在那里,我是优等生,而且还是一个运动队的头。我到西点后发现,我的同学中60%是运动队的头,20%是所在中学的尖子。今天你还是一个地方明星,明天你就只是数千强者中微不足道的一个。因此,我必须为了荣誉而战。”

“为了荣誉而战”是每一个身在战场上的美国海军陆战队队员心中最激昂最响亮的声音,也是他们不断刷新战绩的动力。

不论和平年代还是战争时期,美国海军陆战队所承受的艰难困苦,在所有美国部队中都是最多的。从新兵训练营的那一刻起,艰苦的生活和巨大的压力就时刻伴随着他们。当然,军官的训练更苦,时间更长,而且军官的淘汰率高达50%!因此,从这儿出来的英雄不计其数。

带领海军陆战队赢得1805年4月27日那场战争的尼维尔·奥班纳,是海军陆战队的第一位英雄,虽然他没有得到任何勋章,但他赢得了陆战队队员永远的钦佩。塞密德雷也是其中的一位英雄,16岁作为海军陆战队的一名军官参加战争,就获得两枚荣誉勋章,他试图退回一枚,但最后还是不得不接受了。普勒不仅是英雄,甚至被称为“圣人”:他从二等兵一直升到中将,先后赢得五枚海军十字勋章,他还常常被视为“永远忠诚”的化身。阿齐伯德·亨德森没有得到过令人羡慕的勋章,但他却在一个关卡守卫长达39年,最后76岁时死于哨所上。

这支队伍之所以如此优秀,就是因为有每一个海军陆战队官兵自始至终捍卫着海军陆战队的荣誉。他们英勇善战,在极其艰苦的条件下,以巨大的个人牺牲精神,捍卫着祖国的利益。第二次世界大战中,他们的英勇表现,更是给了那些精于算计的、试图取消海军陆战队的人当头一棒。海军陆战队成为美国所有军队中唯一把他们的规模、结构和任务写进法律的部队!

1947年颁布的美国国家安全法中,明确规定海军陆战队必须包括至少三个陆战师和至少三个空军大队外加适当的支援部队。今天,海军陆战队依然是美国王牌军,被视为美国称霸世界的马前卒。

有一个人,生下来就双目失明,为了生存,他继承了父亲的职业——种花。

虽然他以种花为职业,他却从来没有看到过花的样子。别人说花是娇美而芬芳的,他有空时就用手指尖触摸花朵、感受花朵，或者用鼻尖去嗅花香。他用心灵去感受花朵，用心灵绘出花的美丽。因此，他对花的热爱超出所有人，每天都定时给花浇水，拔草除虫。在下雨的时候，他宁可淋着，也要给花撑伞；炎热的夏天，他晒着，却要给花遮阳光；刮风时，他顶着狂风，却要用身体为花遮挡……

不就是花吗，值得这么呵护吗？不就是种花吗，值得那么投入吗？很多人甚至认为他不仅是个瞎子，还是个不折不扣的疯子。然而，这位种花的盲人却给了人们一个震撼的回答："我是一个种花的人，我得全身心投入到种花中去，这是种花人的荣誉！"

"我是一个种花的人，我得全身心投入到种花中去，这是种花人的荣誉！"这句质朴的话却不是一般人能够发自内心说出来的，你能不能由衷地说"我得全身心投入到我的工作中去，因为这是我作为员工的荣誉"呢？

其实，荣誉是一个人最宝贵的财富之一。下面，我们来看一段邮差弗雷德的故事。

桑布恩迁入新居几天后，有人敲门来访，他打开房门一看，外面站着一位邮差。"上午好，桑布恩先生！我的名字是弗雷德，是这里的邮差。我顺道来看看，向您表示欢迎，介绍一下我自己，同时也希望能对您有所了解，比如您所从事的行业。"这位邮差就是弗雷德。

弗雷德中等身材，蓄着一撮小胡子，相貌普通。但他的真诚和热情却溢于言表。

桑布恩先生惊讶极了，收了一辈子的邮件，还从来没见过邮差做这样的自我介绍，但这确实使他的心中一暖。

桑布恩与邮差弗雷德就这样认识了，弗雷德的热情也给他留下了深刻的印象。接下来，桑布恩出差，从外地赶回来时，邮差弗雷德的一个小小举动，更让桑布恩感觉到了温暖。

桑布恩出差回来，刚把钥匙插进锁眼，突然发现门口的擦鞋垫不见了。难道在丹佛连擦鞋垫都有人偷？不太可能。他转头一看，擦鞋垫跑到门廊的角落里了，下面还遮着什么东西。

原来，在桑布恩出差的时候，美国联合递送公司(UPS)误投了他的一个包裹，放到沿街再向前第五家的门廊上。不过幸运的是，弗雷德看到桑布恩先生的包裹送错了地方，于是就把它捡起来，送到桑布恩住处藏好，并在上面留了张纸条，解释事情的来龙去脉，又用擦鞋垫把它遮住，以避人耳目。

后来，弗雷德已经不再送信，因为他已经进入桑布恩的企业成为了一名管理者。

邮差成千上万，对于他们中的大多数，它是"一份工作"；对于某些人，它可能是一个让人喜欢的职业；但只对少数几个"弗雷德"，送信才能成为一件使命，一种荣誉，而这种荣誉，就来自于对工作的责任感。

荣誉是一个人最宝贵的财富之一，是一笔巨大的"无形资产"。当你能听从内心职责的召唤并将其付诸行动时，那么，你就能发挥出自己最大的效率，更迅速、更容易地获得成功，因为你是在为了荣誉而奋斗。

只要你能时刻把职责视为一种天赋的使命，时刻在工作中尽心尽责，你就能在工作中忘记辛劳，得到欢愉。

在如今变化莫测的社会环境里，只要树立追求荣誉的信念，努力奋斗，就算没有获得所谓的成功，至少也不会给自己的人生留下遗憾。只要你曾经为了荣誉而奋斗过，那么，你的人生就没有虚度。

时刻牢记维护荣誉

西点毕业生蒙哥马利·C·梅格斯说:“我们应该继续执行荣誉准则,因为军事管理者需要更高的荣誉美德。但是,如果法律上的漏洞使犯罪的学员获得自由,我们又如何维护学员的荣誉呢?”

马修·李奇微将军表达了同样的观点。他说:“西点军校一直是美国陆军高尚道德精神的无穷无尽的源泉,是陆军军官中的西点毕业生把这种精神反复灌输给了全体军官军士。我认为,再没有什么别的东西可以代替这种道德力量。我们绝不能为了向某种低下的社会道德让步而放弃西点军校的荣誉道德准则。”

为了维护自身的荣誉,西点军校还特意成立一个荣誉委员会,专门处理一切有关荣誉的问题。一旦发现有损集体荣誉的事,一律交给荣誉委员会处理,而处理的措施往往也是非常严厉的。

在这种以荣誉至上的环境里,西点人对维护自身声誉也非常重视。在学院各系的很多举措、活动和传统中,都反映了西点人关心自身形象和维护学院声誉的心态。为了把好言论关,避免不必要的麻烦和影响,西点军校的官兵在接受采访时都必须得到上司的批准,否则禁止使用西点的名义。西点教官在任何学术会议上宣读论文或发言以前,都必须做一个简短的声明,比如:“我的文章、发言不代表美国政府、美国国防部、美国陆军部或美国军队的观点。”

除此之外,为了搞好与老百姓的“公共关系”,维护西点人的荣誉,美军一些基地或军舰还会经常搞一些公开参观活动。无论什么人来造访,西点人总是毕恭毕敬,口口声声地“感谢支持”,并反复解释他们怎样保家卫国,彬彬有礼地阐明他们一点也没有浪费纳税人的钱。为了维护其荣誉,美军对一些被报道和揭露的军中丑闻,也是反应迅速、处理果断。当事人大多被迅速进行严肃处理,比如受罚、受审甚至开除军籍。

可以毫不夸张地说,西点人在维护集体荣誉方面永远都是不遗余力的。上至校长,下至普通学员,全都以西点为荣,自动自发地维护着学校的形象与荣誉。而这一点也应是现代企业中,上至老板,下至员工必须用心学习的。

荣誉如同生命,一旦失去就不可复得

1946 年,尼克松当选为美国众议院共和党议员,开始步入政界。六年后,尼克松经过不懈努力,坐到了美国副总统的位置。1960 年,做了八年副总统的尼克松竞选总统,但不幸以微弱票差被约翰·肯尼迪击败。竞选失败后,尼克松没有气馁,再接再厉卷土重来,终于在 1968 年成功当选为美国第 46 届、第 37 任总统。1972 年,他竞选连任。由于尼克松四年任期表现良好,连任显然不是难事。果然,他以压倒对手的多数票赢得连任。

然而,在尼克松连任期间,其人生沾上了一个大污点,那就是水门事件。水门事件是美国历史上所公开过的最大的政治丑闻,因为尼克松被牵连于其中,他被迫作出选择:不是主动辞职,就是被弹劾下台。

经过漫长的25年多的努力奋斗，尼克松才赢得海内外的共同赞誉，但在短短几个月的时间里，他就声名狼藉，名誉扫地。25年多的苦心经营，竟毁于短短几个月，不得不说，这是非常令人遗憾的事情。现实生活中，类似的事件还有很多，平时看报纸或者电视新闻时就能看到很多：

法官受贿，遭到免职；

参议员牵涉调查案，被判有罪；

足球教练违反规则被解雇；

……

这些违反社会规则和国家法律的人，曾经都取得过巨大的成功和业绩，但他们却自己毁掉了自己辛苦挣来的名誉，让自己的生命贬值。

无论是尼克松，还是社会上那些有成就的人，他们留给世人的教训是深刻的：任何人都要珍视自己的荣誉，千万不要为自己的人生留下污点。否则这个污点，将一辈子如影随形，永远也无法抹去、刷掉、洗净。同时，我们也要记住一点：如果不能维护我们那来之不易的名声，那么我们在千辛万苦、努力奋斗中付出的心血就都付之东流了。正如一句古老的名言所说的那样："荣誉如同生命一样，一旦失去，就不可复得。"

的确，任何人一旦为自己的人生留下了污点，要想消弭是很不容易的，更严重的是，这会影响到自己的一生。

正因为如此，西点才将荣誉看得格外的重，西点不允许学员玷辱荣誉，也就是不允许学员让自己的人生存有污点。如果发现学员有了污点，西点绝对会对其采取最为严厉的处罚。

在人生的道路上，你必须学会拒绝污点，也就是一生不玷辱自己的荣誉。我们的人生就好比是一张画纸，画画的纸脏了，可以更换，但我们人生的画纸呢，有了污点我们是不是可以随随便便地扔掉呢？显然这是不可能的，这个污点将永远与你同在，使你的名声受损。所以，在追求名誉伊始就聪明地学会严于律己，拒绝污点，就是保证你能始终保持至高荣誉的关键所在。

法则二 服从

服从即不容置疑

“一切行动听指挥”是军人的一种本能，成为军人要学会的第一件事情就是服从。

西点退役上校唐尼索恩在他的回忆录里讲述了当年刚进西点时的一个小故事：

1962 年，当时我还是一个对未来充满幻想的 18 岁青年，报到那一天，我穿着一件红色 T 恤和短裤，提着一个小皮箱来到西点军校。在体育馆办理完报到手续之后，我走向校园中央的大操场。

在操场边上，我看到了一位穿制服的学长，他当时的样子只能用完美无瑕来形容：他肩上披着红色的值星带，表明他是新生训练的负责人之一。他远远看到我就说：“嘿，穿红衣服的那个，到这边来。”我一面走向他，一面伸出手说：“嗨，我叫唐尼索恩。”我面带笑容，期待着他对我亲切的问候。结果出乎我的意料，他非常严厉地对我说：“菜鸟，你以为这里有谁会管你叫什么名字吗？”你可以想象得到，我当场被他驳得哑口无言。紧接着，他命令我把皮箱丢在地上，单是这个动作就折腾了我半天。一开始，我弯下腰把皮箱放在地上。他说：“菜鸟，我是叫你把皮箱丢下。”这一次，我弯下身，在皮箱离地面 5 厘米左右松手让它掉下去，可他还是不满意。我一再重复这个动作，直到最后一动不动只把手指松开让皮箱自己掉下去，他才终于满意。

这种斯巴达式的训练方式是西点军校的一大特色，它使学员们的身体疲惫不堪，而这正是训练学员们服从权威的有效手段。西点强调服从，训练学员们通过服从统一意志，统一行动，达到既定的目标。在西点，为了培养服从意识，每个学员都被要求切记避免“对总统、国会或自己的上级作任何贬低的评论”。

西点教育学员：“不要传递那种不受上级欢迎的文件和报告，更不要发表使上级讨厌的讲话。”如果摸不准自己的报告或发表的讲话是否符合上级口味，可以事先征求一下上级的意见。西点军校还教育学员养成“公务员的性格”，坚信当权者是完美无缺的人，对当权者不要有任何怀疑。这一做人原则是西点的传统道德。

一位知名的西点教官对服从作了非常生动的描述:“上级的命令,好似大炮发射出的炮弹,在命令面前你无理可言,必须绝对服从。”

一个真正的将军,必须具有服从精神和严守纪律的品格——需要发表意见的时候,坦而言之,尽其所能,当上级决定了什么事情,就坚决服从,努力执行,绝不表现自己的聪明。

服从要有归零心态

西点军校在给新学员家长的一封信中明确写道:“您的儿子选择进入美国陆军军官学校,就是选择作出牺牲,选择忘掉过去所有的成绩,选择一切从头开始。”

一位西点教官曾对新学员说:“在西点军校,他们首先会剥光你的衣服,但是他们还不肯就此罢休。他们要把你身上仅有的一点点自尊心绞干——你将失去不受别人干预、自由自在生活的正当权利。”

不管新学员的社会经历,不管新学员是什么背景,即便是总统的儿子或陆军部长的儿子,只要一进西点就一律平等,就得一样进“兽营”,一样训练,一样学习,吃穿住行完全一致,任何特权都必须放弃。新学员都被视为如同白纸一样的婴儿,新学员受训刚开始时只有编号而没有名字,没有一切个人的特殊物品,日程安排得满满的,学员只有时间去执行命令而没时间去思考。走进西点军校,每个人都要抛弃曾经的荣誉、家世和背景,所有一切都将从零开始,任何长官的命令你都必须服从,每个人在这里都没有特权可言。

西点军校告诫每位学员:过去的一切只能代表你现在是一个什么样的人,至于你在四年后会如何,那取决于你从现在开始的表现。如果说服从是作为一个西点人的基础,那么一切从零开始的心态就是服从的基础。一个人只有明白自己的知识相对于世界来说不过是沧海一粟,将自己贬到最低点,学会服从新的权威与规则,才能重塑一个新的自己。

将军只有让士兵们绝对服从指挥,才有可能塑造出一支纪律严明、执行有力的威武之师。西点军校告诉人们,下级在接到命令时,保证完成任务是他们唯一的选择;遇到困难时,他们要努力寻找方法;违反纪律时,他们要勇于承担责任;面临挫折时,他们要挺身而出!

服从是一种美德,在学校里我们服从校规,走向社会后我们要服从社会规则。没有服从观念,就无法在社会中立足,一个优秀的人必须有服从意识。

我们在生活中要经常面对新的环境,既然服从是我们在社会组织中正常生存的必备条件,那么保持归零心态是我们适应环境的最好选择。

将服从训练成习惯

西点军校的学员,不论是在学业还是在其他方面,都是出类拔萃的青年。具有这样优越的条件,这群年轻人自然很容易骄傲自满。正因为如此,为了防患于未然,西点军校对刚入校的新学员要进行极为严格的服从训练。

在训练的过程中,他们失去了“自由”,不准保留有任何最基本的个人财物,不准保留任何代表个人特色的象征。新学员训练由高年级的学员主持,所进行的每一项活动都是经过精心策划的,不允许新学员在时间上有一分一秒的误差。

毕业于西点军校的艾森豪威尔将军回忆起他刚入学的情景时说:“我想如果容许我们有时间可以坐下来想一想,大部分的学员可能都会搭下一班的火车离开这里!”

军人必须服从,尤其是初级职务军官,学不会服从,不养成服从观念,就无法在军队里立足。并不是所有上司的指令都千真万确,上司也会犯错误,但上司的地位、责任使他有权发号施令;上司的权威,整体的利益,又不允许部属抗令而行。因此,服从观念要在西点学员身上打下深深烙印,忍受不了服从,就请走人,这是西点的铁律。

西点军校的学员进行了这一系列训练,在他们成为管理者之后,才能够真正以国家和民众利益为重,并坚决服从国家和民众所交给他们的任务!

服从,是西点军校所要求的团体目标之一。西点军校培养的是未来的军事指挥家和管理者,这些未来的长官,还在军校接受服从训练时,就失去了自由和个性。换句话说,他们在个人自由和保持个性独立遭受威胁的时候,仍然能够为了维护团体的利益和形象做到绝对地服从。

企业文化是公司之魂,它可以把所有原本个性迥异的员工团结成一个整体,这就是公司发展的驱动力。会服从的员工也并不是凡事都唯命是从,服从强调的是对公司文化的认同感。

每个公司都应当有自己独特的企业文化。服从,也是公司中一个优秀员工必须接受的严峻考验。正像西点的校训一样,全体公司员工要有自己的共同愿景。

在一个团体中,若下属不能无条件地服从上司的命令,那么在达成共同目标时,则可能产生障碍。反之,如能完全发挥命令系统的机能,此团体必可胜人一筹。

西点学员的这种服从意识,正是众多管理者所缺乏的。西点学员在个人权威与集体权威产生矛盾时,他们最终遵从的是个人权威服从于集体权威。

很多人之所以失败,正是因为他们缺乏服从意识。他们之所以做不到服从,是因为他们经受不住考验,不能像西点学员那样为了服从,能够牺牲个人的自由和既得利益。将服从训练成习惯,就会水到渠成地走向成功。

会服从的人才会管理

在西点,一个根深蒂固的观念是:学不会服从,也就学不会管理。西点军官不论其级别高低,都要服从上级的命令。

“在你能够管理之前,你应该学会怎样去服从,”西点基地士官学院院长理查德·A·霍金斯上校解释说,“这听起来可能有些奇怪,但是只有先成为一名忠实的服从者,你才会成为一名出色的管理者。”

西点52届毕业生劳恩钢铁公司总裁卡尔·劳恩说:“军人的第一件事情就是学会服从,整体的巨大力量来自于个体的服从精神。”

通用电气前董事长兼首席执行官杰克·韦尔奇曾说:“我最不喜欢听到下属在接受任务时说‘NO’,而只爱听他们说‘YES’。每当有工作要交给下属处理时,我都希望下属愉快地接受,然后说一句:‘OK!我一定会尽快办好’,或者说:‘我一定会尽最大努力去做。’”

通用公司如此,其他公司也一样。当上司安排任务时,不要去想完成这项任务如何如何困难,更没有必要现在就担心完不成的后果,只需牢记事在人为的道理。

在西点来说,一个不会服从的人,也同样学不会管理。人是管理的核心,人的素质则是一切管理的基础,管理者需要重视对员工的培训和教育。有效的管理,依赖于对公司每位员工发自内心的尊重:管理者有责任带动双向沟通,这是了解员工的最佳渠道。

在公司中,上层的意识通过下属的服从很快会变成一股强大的执行力。服从,是公司中一个优秀员工必须接受的严峻考验。

在企业中也一样,再多的员工也是由一个整体系统组成,如果员工不能遵从上级指示,就会影响企业的正常运行。反之,如果能够同心协力,发挥整体系统的作用,那么企业必将更胜一筹。

服从是第一生产力。很多公司因为员工的不服从而最终倒闭。作为一名员工,只有通过服从,才能对公司的价值理念、运营模式有一个更深刻的认识。每个人都要有意识地服从上司。

可口可乐公司曾经有一位叫普尔顿的年轻人,接到了一个任务,就是去一个大家都觉得没有市场潜力的地方开辟新的市场。这个地方十分偏僻,在分配任务给普尔顿之前,公司已经把此任务交给三个人去做,但都被推脱掉了,这些人都认为那个地方太荒凉根本就没有市场。但是普尔顿在接到上司的指示时,什么都没说,带着公司的产品就出发了。其实普尔顿也知道那里没有什么销路,但是通过他强大的服从意识和艰苦的努力,三个月后,那个被人认为是不毛之地的地方成了一个潜在的产品市场。正是由于普尔顿用尽全力去开拓市场,结果最终取得了成功。

"服从第一"的理念如果不能很好地渗透到每一个员工的头脑中,那么公司是没有什么大的发展的,必将在激烈的竞争中被淘汰出局。所以,作为一个员工,就要对上司所作的安排坚决服从并认真履行,每一个计划和任务都是在这样一环扣一环的完美服从中得以完成的。

西点67届学员Compass集团总裁约翰·克里斯劳说:"我们不过是枪里的一颗子弹,枪就是整个美国社会,枪的扳机由总统和国会来扣动,是他们发射我们。他们决定我们打谁就打谁。"

不容置疑,一个高效的企业绝对拥有良好的服从观念,这样的企业也必定拥有懂得服从的优秀员工。要想在职场生涯中站稳脚步,一定要把服从作为第一要义,这样才能使自己在众多人中脱颖而出。

当企业和员工都具有了强烈的服从意识,在该坚持的时候就坚持,在该执行的时候就没有任何借口的执行,学会了服从,那么公司一定会有一个崭新的局面。

服从也需要技巧

在西点军校,学员们总是被告知,在战争开始的时候,掌管分派好各自的职位,就要坚定地守在自己的岗位上,前锋就要打好前锋的仗,后勤就要做好供应工作,绝不允许擅自离开,也不可以串岗,否则军队就可能因为失职而战败。

服从也是需要技巧的,任何公司都不喜欢那种唯唯诺诺,没有自主思想的员工。所以在工作过程中,首先一定要弄清楚公司所做的计划的最终目的是什么,这个计划对自己来说意味着什么,而不是盲目地服从。

一个公司的运营就如同一场战争的实施一样，员工也要像每一名军人一样，必须各司其职，接受公司的管理，才能使企业正常运转。有些员工口头答应得很好，但在实际工作中却玩忽职守。任何公司都不能容忍只会应付而不做实事的员工。

为了避免盲目的服从，还可以在认真地做出自我思考之后，向上司请教："我应该怎样安排更有利于计划的完成？"一定要分清楚工作的大致方向和所要完成工作的主次先后顺序，进行妥善调整，才会更好地完成自己的任务，避免工作流程的混乱。善于服从、巧妙地服从，其实也是一种人生策略。

在工作过程中，如果遇到一些棘手的问题，可以寻求公司的支持和帮助，向上司询问哪些资源可以供个人使用和支配。这样就可以更快更好地完成任务，从而提高工作效率。

其实很多领导并不通过单纯的发号施令来推动下属开展工作。请求上司的指导比顺从上司的领导更高一个层次，是一种变被动为主动的技巧，它不仅体现了下属的工作积极性、主动性，还增加了让上司认识自己的机会。

一个懂得服从的员工必然是一个高效率工作的人。要想做到这一点，必须学会理性地服从，在服从的时候要讲求一些方法和技巧。服从的时候必须主动而非被动。被动做事的结果可想而知，被人牵着鼻子走的人，一定不是能很好地做好自己工作的人。因此要得到老板的信任和肯定，可以遵从以下五点原则：

第一点，要适时向上司汇报工作。很多员工在工作过程中，不善于得到老板的认同和信任，并不是因为工作能力差，而是不懂得在细节问题上下功夫，尽管工作业绩突出，上司不能感觉到你对公司的绝对服从，所以仍然得不到上司的充分信任。这种情况在现实中并不少见。

为什么会出现这种情况呢，原因就在于这种类型的员工对工作确实是驾轻就熟，但却没有及时汇报自己的工作情况，从而忽略了上司的存在。

适时地向上司汇报工作其实是一件很有益的事，在完成一项任务的时候，适时向上司汇报工作的进展和遇到的一些问题可以增加上司对你的信任，避免产生一些怀疑，这样就会让老板感到员工对公司和工作的服从。

第二点，对于上司分派的任务要全力执行。每一个人都可能遇到能力不同的上司，上司的决策不一定总是对的，但不管你的上司是精明还是拙劣，因为他是上司，所以对于他的决策都要尊重，并且全力执行，不要反驳他。而在工作的过程中遇到问题要及时向上司汇报，让上司意识到是自己的决策哪里不够合理而造成了一些失误，而并非是你的工作能力出了问题。

第三点，不仅会做更要会说。在工作过程中，不仅要有实干的精神，更要学会表达，力求在工作中既会做又会说，这样才会更容易得到老板的赏识。

不善于表达自己的人，让人觉得这样的员工只会闷头做事，没有什么大的发展潜力。对于这样的员工老板一般不会委以重任，而那种只会说漂亮话而缺少实干精神的人也不会得到老板的信赖。

第四点，尊重老板的隐私。古人云："人非圣贤，孰能无过。"老板也是人，所以，如果你发现了他不为人知的秘密，千万不要乱传扬。任何人都有可能犯错，老板也不例外。只要做好自己的工作就好，绝对不能干涉老板的隐私，否则，只会引起上司的反感，更不要说得到上司的信任。

第五点，不要过多占用上司的时间。在工作过程中，一定要简明扼要地向老板汇报和请示，千万不要喋喋不休、长篇大论，这样只会让老板感到不耐烦，同时也在无形中浪费了老板的宝贵时间。要知道老板的工作是非常繁重的，他们要处理公司的许多重要事项和重大决策，还要努力管好员工。所以，在和老板交谈时，要直接切中要害。

无论面对什么样的老板,都要学会服从的技巧,这样工作起来会更加游刃有余。每一个老板都不一样,所以要多站在他的角度考虑问题,没有人是完美的,所以不要总抓着别人的一些缺点不放,既然能当老板,必然有其过人之处。

员工还要明白自己的工作能力和工作职责,并不是所有的公司都适合每一个人,要根据自己的能力和特长去选择和取舍,不管是从哪方面来说,都要对老板多一分理解,多一分尊重,只有这样才能把工作做得更好。

服从必须掌握好情绪

在西点餐厅里,一位高年级学员心血来潮,命令新学员凯恩背诵《新学员须知》。

"凯恩先生,现在背诵斯科菲尔德对纪律的定义。"

"长官,斯科菲尔德对纪律的定义是:纪律使士兵成为自由国度战争时可以依赖的对象,纪律并非来自于严酷或暴虐的惩戒,相反,这种惩戒更可能的是破坏而不是造就一支军队。"

"我不喜欢你的语调,那么柔柔弱弱的,简直不像个男人。现在大声说话,要像个军人的样子。你比谁强?"

"先生,我强过校长的狗,校长的猫,食堂招待员,军乐队,空军的将军和整个该死的海军的全部海军上将。先生。"

"你又说错了。一句话里为什么要说好几个先生?"

"一个,先生!"

"吃!"

这个"平民"立刻把刚刚为了执行命令而从嘴边拿开的面包又塞回嘴里。

"不够快。笨蛋,坐直! 再做一次!"

"是,先生!"

这不是一则笑话。在西点军校学员眼里,上级就是上级,上级就是权威,而权威的命令必须服从。即使不管叫你做什么都要照做不误,不容许有任何猜疑。这正是为了训练学员们一种向权威低头的勇气。因为只有懂得在权威面前低头的人,才是明智的人。

西点军校是一个让人脱胎换骨的地方,它所培训出的能够建立自己权威的领袖层出不穷。在整整一个世纪中,其他任何学校都没有像它这样在"光荣册上写下如此众多领袖的名字"。西点军校造就的将军中,仅1915届就有三位四星上将,两位五星上将和陆军参谋长,一名当了美国总统。而西点军校更是超越了商学院的价值,为经济领域培养了大批叱咤风云的人物,其中包括像杜邦、通用、可口可乐这样的跨国公司的总裁。西点军校之所以取得如此辉煌的成绩与领导者对权威理念的阐释是分不开的。因为只有先学会向权威低头才有可能使自己变成权威。

权威人物无疑都具备一种出色的感召力和被拥戴、信仰的基础。作为社会精英的他们本身在人格或才能上具有非凡魅力,使他们不同凡响,从而产生特殊的吸引力和感召力,成为权威人物。而那些追随者们也因为有拥戴和服从这个人物的需要,使他们能够心甘情愿地服从这种权威,在权威面前低头。

对西点人来说,服从权威就是军人的灵魂。上司的地位、责任使他有权发号施令,上司的权威就是整体的利益,权威之所以成为权威必然经历了历史的论证和战争的检验。战争的结果只有两个:要么消灭敌人、要么被敌人消灭。在残酷的战争中,服从权威其实是使军队在最短的时间内迅速地为共同目标凝聚在一起,以争取最大的胜利,否则战争付出的将是残酷的代价。

懂得向权威低头,对现代社会的我们来说,是一种智慧。学会在权威面前低头,可以塑造你的勇气和自信。因为通过所有困难的考验,你的自尊和自律也都会随之增强。抗拒权威肯定会让你付出代价。或许这种代价有时候并不明显,你甚至对它视而不见。但它所传播的信息,在领导者看来:这个人是不会成为团队的忠诚干将的。

但是,有时权威的判断也有失误的时候,但即使是你认为错误的命令也要服从,因为在军队中这种服从是无条件的,而这个时候,学员们就要学会掌控自己的情绪。

1861 年美国内战开始时,林肯总统先后为联邦军队找到四名总指挥官,却没有一个人能"100% 执行总统的命令"——向敌人进攻,打败他们。然而,一位小个子、身材不算魁梧的军人格兰特顺利地完成了这个任务,并从一名西点军校生直线上升到总指挥官。最后格兰特将军成了美国第十八任总统。回忆当时在西点军校的学习时,格兰特认为那是一次改变他人生命运的极具挑战的经历。

在西点军校,新来的学员都被看作是新兵蛋子,不仅经常被高年级的学员捉弄,而且一入学领到军服后就要在"野兽营"待几个星期,学习敬礼、操练和整理内务。三周后他们要行军到夏季营地。每两个人睡一顶帐篷,睡在木地板上。每天早晨 5 点 30 分集合,整队吃早餐,整队返回,然后换上短白夹克、白裤子和白头盔参加卫兵换班仪式,以培养职业军人自觉的纪律观念、责任观念和荣誉观念、自我牺牲精神、集体主义精神。为了达到上述目标,军校制定了各种各样苛刻的规章制度,甚至包括吃喝拉撒睡这些微小杂事,都要求做到面面俱到,使学员们整天忙于紧张而艰苦的学习和训练,根本没有时间去思考。格兰特和同学们觉得自己简直成了一台台机器,在教官和校规的控制下,完全丢失了自己。许多同学忍不住了,牢骚满腹,甚至有放弃的想法。而格兰特却恰当地调整了心态,他把这种磨炼看成一种锻炼,不断鼓励自己:艰苦是成功与胜利的关键,心态决定命运。因为他知道自己该走的路,终于成就了一段历史传奇。

艰苦的训练只是西点军校培养超级人才的第一课,因为只有在困难面前学会掌控好自己的情绪才能为坚强意志力的形成打下基础。1909 年西点军校毕业生巴顿将军说:"作为男人,只有对艰苦和严格习以为常,在困难面前才能尽职尽责。"而"如果任凭感情支配自己的行动,那便会使自己成为感情的奴隶,没有比被自己的感情所奴役更不自由的了。"西点军校毕业生汤玛斯 · 梅兹中将如是说。

学会服从权威就要掌控好自己的情绪,这是军人必修的课程,更是领导者必备的素质之一。对愤怒情绪要学会驾驭,沉着冷静,学会沟通协调,合理地宣泄,应避免急躁,才能摆脱消极情绪。一个人如果能够控制自己的激情、欲望和恐惧,那他就胜过国王。

遵守纪律才能服从指挥

西点军校的纪律无疑是非常严格的,学员们一开始也许只是为了形式而严格遵守军校的每一条纪律,但时间一长,学员们就会渐渐把西点的目标变成个人的目标,将原本被纪律所强调的行为变成一种自觉的行为。

西点人认为，纪律能使人无坚不摧，自觉自律更是个人意志成熟的表现。西点的职业教育总方针这样说：自我约束是一种特别值得关注的品质，它与正直精神一样，贯穿于模范地履行职责和个人行为的所有方面。

在希望学员自觉遵守纪律的同时，西点还有许多纪律用来约束和处罚学员，如“点子”制度。所谓点子制度就是指，学员凡有任何小过错和失误，一律作为点子由长官记录下来，当点子积累到一定数量时，这名学员就要受到各种处罚。当然，除了点子制度之外，西点对学员大过错的处罚还有很多种，如降低排名、撤职、留级、勒令退学、军法审判，甚至关进监牢等。

一般情况下，即使不触犯国家法律、不违反军纪的小过错，只是违反军校的荣誉信条，也就是撒谎、欺骗、偷盗、考试作弊等，无论情节大小，都要受到重罚。

四星上将巴顿可以说是美国个性最强的一名军官，但他在对纪律的遵守和对上司的服从问题上，态度从不含糊。巴顿说：“纪律是保持部队战斗力的重要因素，也是士兵发挥最大潜能的关键。因此，纪律应该是根深蒂固的，它甚至比战斗的激烈程度与死亡的可怕性质还要强烈。如果你不执行和遵守纪律，你就是潜在的杀人犯。”他不仅对自己有着这样的要求，对于他的士兵和部队，他也同样要求有严格的纪律。

第二次世界大战期间，根据自己长期的治军经验，巴顿认识到，如果军队纪律松懈、军容不整，那这支军队肯定是不会有所作为的。因此，巴顿决心从整顿军纪入手，对军队进行一次严厉的整顿。

巴顿到任后的第二天，早上 7 点，他按作息规定准时来到食堂，但他却发现只有他的参谋长加菲来到了食堂。于是，他当即命令厨师马上开饭，1 小时后停止供餐。同时发布命令：“从明天起，全体学员准时吃饭，且半小时之内必须吃完。”这样，不久之后士兵上岗迟到的现象被杜绝。

不过，巴顿的整顿才刚刚开始，紧接着，他又发布了强制性的着装令：凡在战区，军人都必须戴钢盔、系领带、打绑腿，即使是后勤人员也不例外。违反命令者被处以罚款：军官 50 美元，士兵 30 美元。巴顿的这种做法让许多人都觉得非常反感，甚至背地里咒骂巴顿。然而，他的这种做法却使这支军队有了翻天覆地的变化。而这一切的完成仅仅用了 11 天的时间。

巴顿之所以能在短短 11 天之内就改变一支部队的“执行力”，依靠的就是对“纪律、服从”的强调。只有纪律才能使人无坚不摧，才能保证强而有力的执行力。“执行”不是嘴上说说就可以，而是在遵守纪律、服从指挥的前提下去完成任务。西点校方认为，一名合格的军人必须被打上纪律的烙印，只有这样才能保证今后即使是在非常严苛的条件下也能完成任务。

无规矩不成方圆，不管是团队还是个人，只有纪律才能保证一切正常进行。而个人对纪律的遵守以及对自我的约束更是一种高贵的性格品质，它贯穿于履行职责与个人行为等所有方面。当你具有强烈的纪律意识，并且懂得无条件执行的重要性时，你就会猛然发现，个人的学习与工作都会有一个崭新的开始。

纪律是一种非常必要的约束手段，团队只有拥有铁一般的纪律，才能使凝聚力和战斗力更强；个人只有懂得遵守纪律，服从命令，才能无坚不摧，勇敢地完成任务。

懂得服从是一种美德

服从精神在西点军校贯彻得非常彻底，即使你只是立场非常自由的旁观者，也会与其他学员拥有一个共同的观念，那就是“不管叫你做什么，你只要照做即可”，这就是服从的观念。对于一个团队来说，无条件执行的服从精神非常重要，只有拥有这一美德的人才能在团队中游刃有余，才能得到上司的赏识和重视，也比他人拥有更多成功的机会。

因此，很多团队领袖在考虑“最想要一个怎样的下属”的问题时，他们都指出了一个共同点，那就是懂得服从领导与团队。西点毕业生巴顿将军也曾对艾森豪威尔将军说：“我不需要一个才华横溢的班子，我更需要的是对团队的忠诚与服从。”巴顿懂得这一点，也做到了这一点，因此，他建立起了这么一个懂得服从的参谋班子，他们默默无闻地、高效率地执行着他的命令。

无条件执行，不仅仅受纪律的约束，更是对领导的一种服从。但服从在大多数人看来是卑微的象征，因此，很多人都在想方设法地不服从领导或纪律。然而，服从却是行动的第一步，因此，要想有所成就首先需要放弃一些个人的想法，融入到组织的价值观念中去，正确地处理好个人与集体之间的利益关系。从这一层面来说，服从又是一种美德。

“猴子实验”是西点军校实验室中进行的一项经典试验：

实验者将6只猴子关在一个很大的笼子里面，并在笼子的顶部用链条挂上了一些香蕉。这个链条的另一端与淋浴器喷头相连，因此，当某一只猴子伸手去拉香蕉，那所有的猴子都会被淋浴器喷出的冷水浇湿，而猴子是很不喜欢水的。

不久之后，6只猴子开始明白，这些香蕉是不能碰的。

接着，实验者从6只猴子中取出1只，并放入1只新的猴子。毫无疑问，新来的猴子看见香蕉马上就伸出了它的前爪，也许，这只新来的猴子正在想“我一定是到了天堂”。但当它往上爬时，其他5只猴子却制止了它。不久，这只新来的猴子也渐渐明白了一个道理，香蕉是个禁忌，它必须服从另外5只猴子的命令。

就这样，新猴子不断被放入，而每放入1只新猴子的同时，都取出1只原来的猴子。在每次替换猴子后，上面的教训都会重新上演。很快，最初被放入笼子的6只猴子已全被替换出来，但香蕉却仍旧完好无损——虽然后来的猴子从未被冷水淋湿，但它们懂得服从，这样所有的猴子才不至于被水淋。

这个试验被认为是最确切说明士兵们学会服从的过程：不假思索地把一些自己已有的体会传统教给他人，并且让他人绝不违反，这就是服从。即使“香蕉”诱惑力很大，但懂得服从，暂时克制自己的想法，便会让自己和整个团队都受益，这就是服从的高尚之处。

服从是行动的第一步，既然处于服从者的位置，那就需要遵照指示做事，暂时放弃个人的独立自主，全心全意遵循所属机构的价值观。只有这样，在学习服从的过程中，你才能对所属机构的价值观与运作方式有更透彻的了解。

纪律是有效执行的保障

可以说，军队的纪律比其他任何要求都更重要，纪律是军队保持战斗力的重要因素，也是士兵们发挥最大战斗力的关键。同样，一个企业对纪律的依赖绝不亚于军队对纪律的要求。

在西点军校200年的历程中，培养了众多的美国军事人才，其中有3700人成为将军。而这些成绩的取得与它严明的纪律是分不开的。

凡报考西点军校的青年，条件必须是美国公民（除盟军学员外），年龄在17～22岁，身高

1.68~1.98米，不论种族、肤色、宗教信仰和性别。考生必须在当地高中学习成绩名列本班前茅，且身体健康，具有一定的组织领导才能，在参加考试的前一年还必须得到美国总统、副总统、参议员、众议员、州长、市长或部队主管的推荐。即使这样严格的报考条件，每年登记报考的人仍然在10000人左右，能得到推荐并能参加考试的约6000人。获得正式报考资格的青年，还必须参加并通过国家统一组织的大学入学考试，经过一轮轮的考试和测验，剩余2000多人。然后，各军种学员入学资格评审委员会从德、智、体等方面全面衡量，择优录取，最后仅1400人有幸被录取。从1976年7月初起，按总统法令规定，西点军校首次开始招收女生，首批为119名，20世纪90年代已增至800余人，占学员总数的1/6。

新学员得到的教导是要按照西点军校独一无二的教育标准来衡量自己、要求自己。有人认为，制度的绝对性使学员们难以区分无足轻重和举足轻重的道德问题，因为从他们的观念出发，在遵守规章制度方面重要的是形式，而不是内容。比如说某一个学员星期六晚外出，回营晚了1分钟，这样他便会被记过7分。他的纪律记录可能很好，这个“过”对他来说没什么。但也有可能他本来可以离开西点去过周末，好好享受一番，却被这7分冲掉了。更有甚者，这7分也可能使他超过一个许可的过错定量，从而使他被学校开除。在西点校史记录中，有因超时1分钟而被学校开除的例子。

西点纪律的严格或严厉人所共知，而且花样甚多，令人头晕目眩。对高年级学员来说，一个月中如被记过9次，就意味着失去享受周末的权利。如被记过超过每月的最高限额——13次，则每超过1次就将受罚，至少要在空地上走1小时，一般是扛着步枪不停地走。

处罚的手段还有“普通禁闭”和“特别禁闭”。“普通禁闭”是对正在参加校际运动会的运动员采取的，是用来代替罚走的一种惩罚，受到“普通禁闭”的学员在正常享受特权的时间内必须留在自己的寝室里。“特别禁闭”用于那些被军校官员认为犯有特别严重过错的学员。

没有规矩不成方圆，一个正规的公司肯定都会有完善的公司章程，这是维系一个公司正常运作的纽带。如果公司没有严格的纪律就会使公司处于松散状态，长此以往，公司会逐渐衰败下去。试想，公司的员工如果想来就来，想走就走，把公司当成旅馆，这样的公司还有前途吗？而且这对员工本身也无任何好处，他会把这种散漫带给客户，造成自身的信用危机。

心悦“从”服的艺术

如果说“不想当将军的士兵不是好士兵，那么不能自觉遵守组织规定的士兵是不可能成为将军的。”所以，服从不是口头上的，而是心里认同的，是体现在行动中的。

说起“服从”似乎只能想到是军人的天职。其实不然，我们的学习，工作和生活都离不开它。

学校里新学期开始都会对新生进行为期一个月的军训，这也是多姿多彩的校园生活不可分割的一部分。军训的目的就是为了培养学生的“服从”意识，使得他们有足够健康的体魄和坚强的学习意志完成自己的求学之旅。在职场生涯中，那些职场胜利者的成功经验是：如果上级能力不如自己，最好的办法是帮助他，千方百计地使他得到提升，最终离开本部门。在部队中，有这样一句俚语：要想干得好，班长得汇报；班长不汇报，连长咋知道？这很好地说明了尊重上级，服从命令，是组织中成员要学习的第一课。我们来看一个鲜活的例子体会服从的重要。

约翰·苏努努在美国总统布什执政期间可谓平步青云,但1991年4月间,新闻报道首次披露了这位白宫总管的丑闻,公布了他在任职27个月里共因私事搭乘政府飞机70多次和花费公款60多万美元的事实。而白宫规定:政府官员参加政党活动和办理私事搭乘政府的飞机要收费。苏努努辩解说:这都是因公出差办事途中的"顺道"之举,不算违规犯禁。于是白宫针对苏努努加了一条新规则:他本人不得直接或间接要求私人公司为其提供飞机,只能由要求他参加活动的主办单位为他派去飞机,如主办单位不提供飞机,他就不能搭乘飞机。规定已经够明确了,可苏努努还是我行我素:他赴芝加哥参加共和党的筹款活动,私自找华盛顿的商人给他提供往返的飞机;还私自使用一辆有司机驾驶的白宫礼宾车参加稀有邮票拍卖会,并办理其他私事。这些被新闻界披露后,他狡辩说:"我的工作一周7天,每天24小时。这就是为什么我随时用车,并且配备有司机的原因。"苏努努的可恶行为使得公众十分不满。政府官员,国会议员,财阀大亨也都对他口诛笔伐。布什得知丑闻后,感到"气恼、愤怒和困惑"。白宫的谋士们纷纷敦促布什罢免苏努努。苏努努依旧不以为然,直到他得知布什总统对他的行为感到"气恼、愤怒和困惑"时,才一改往日作风,发表正式声明说:"对于我最近因旅行情况而造成的行为不当的形象,没有人比我更感到遗憾。"且保证以后不会再犯这样的错误。然而,在各方压力下,布什不得不罢免了苏努努的白宫办公厅主任职务。

苏努努失败在于:不了解服从的艺术,不守规矩,任性而为。就像赫尔岑说的:"没有纪律,就既不会有平心静气的信念,也不能有服从,更不会有保护自身健康和预防危险的方法了。"而苏努努就把自己陷入了这种极大的危险里。当然,我们说的服从并不是盲从,而是理性地服从:孩子服从父母的良好教育;学生服从老师的耐心指导;下属服从上司的英明决策……这些都是应该做到的。今日的服从造就明日的不可战胜。

只有理性的服从,我们内心才有可能不会因为意外的变数而违背自己之前做出的承诺,当然也才能避免对事务的拖延;只有理性的服从,才能保证确实有效的行动,才不会让努力付之东流。即使是理性的服从也有很多需要注意的地方。

理性地服从,还应该记住的是:要学会微笑着拒绝。

学会微笑着拒绝是为了更好地服从。拒绝是不让额外的要求扰乱自己现在进行中的工作。虽然对于许多人来说,拒绝别人似乎是一件很难为情的事情,因为能对自己做出要求的往往是家长、老师、上司这样比自己强势又有足够能力影响自己生活的人。从而不免会担心使他们生气,担心被父母责备,被老师惩罚,被朋友断了交往,甚至担心被老板炒了鱿鱼。但是,只有我们自己最清楚自己的能力和情况,我们必须对自己负责,管理好自己的时间,有条理又充实的生活,不应该让额外的事情使自己陷入忙乱的境地。

拒绝的时候,首先要面带微笑,表明自己不是不想帮忙而是力所不及或是有其他难言之隐,希望对方给予谅解。让对方可以从自己的表情中体会真诚的感情,不至于为小事而伤及情面。如果方便说出原因并恰当表示歉意,然后帮助对方找到更为稳妥的解决方法是最好的做法。

拒绝的时候,我们应该清楚自己想要做什么,不想要做什么,怎么做对我们自己才是最好的。还必须考虑,如果我们答应了对方的要求,是否会影响既有的事情进度,由此而造成的拖延是否会影响到其他人,是否真的可以达到对方要求的目标。考虑成熟之后,就必须立即直接或者间接地给予明确的回绝,或者明确的答应,不要拖延到一两天之后才说出自己的决定,以免耽误对方的事情也避免使自己给公众留下拖拖拉拉的不良印象。

在拒绝的时候,应该考虑的问题是:用什么方式拒绝才能够维持更好的关系,才能够建立未来继续交往或合作的基础。如此一来,我们就会让对方觉得我们不是在拒绝服从,不是在推卸责任,而是真的想帮助他解决问题。

总之,无论你所面对的是家长、老师还是上司,你都要理性地服从他。吸取有益的指导,拒绝不合理的要求。倘若发现他们个别人身上也有些许缺点,你要多看对方的优点和长处,不要紧盯缺点不放。毕竟,能成为你的老师或老板的人,肯定有强过你之处。更多的时候我们应该抱着一种谦虚学习的心态面对他们,这样我们的人生才会不断地进步。

古语有云:"三人行必有我师。"圣人尚且谦虚学习何况是我们普通人呢? 试想,当别人了解到你是个不听话的孩子,一个不遵守纪律和制度的学生,一个顶撞上司的职员,那么周围的伙伴、朋友、同事还会一味地认可你吗? 因此,不管是从哪方面来说,为你的生活或者你的前途着想,你都要对你的家长,对你的老师,对你的上司多一分理解,多一份尊重。肯定别人就是间接地肯定了自己。

"服从"是人生一门必修的课程。人若有了这样的认识,成长的路上也会少些弯路,求学之旅也会更加坦荡,职场生活中的不满和抱怨也会越来越少。只有这样,离成功才可能越来越近。

不拖延,立即行动

俗话说得好:"狐疑犹豫,终必有悔。"该做的时候就立即去做,只要你认为是正确的,那就没什么好犹豫的。

为什么同样一篇课文在同样长的时间内有人就比别人背的都多? 为什么同时接到的工作任务,有人就能在规定的时间内圆满完成而其他人不能? 为什么同样的学历和经历,有人的面试就能一次获得成功而其他人因为次数太多而成为可怜的"面霸"? 那些喜欢为此寻找理由并且至今仍原地不动的人一定不知道这其中的缘由。

为什么呢? 因为他们总是把过多的时间花在为自己的失败或者失意找理由上,以至于忽略了自己最初的行动就已经是落后一截了。成败有时候在起跑线上就已经分出来了。

聪明的人不善于也不需要去为自己做掩饰,因为他们能为自己的行为和目标负责,他们明白拖延是最没有价值最不应该拥有的东西。

面对认为是对的应该用心去做的事情,他们只会立即付诸行动不会有丝毫犹豫。让我们来看一个成功的例子:

> 詹姆斯是一名普通的保险推销员,后来受聘于一家大型汽车公司。工作几个月后,他想得到一个提升的机会,于是直接写信向老板史密斯先生毛遂自荐。老板给他的答复是:"任命你负责监督新厂机器的安装工作,但不加薪水。"詹姆斯没有受过任何工程方面的培训,也看不懂图纸,他觉得是老板在故意刁难他,但是,他并没有因此而降低自己对工作要求,也没有以不会看图纸为理由而怠工,而是充分发挥了自己的领导才能,组织技术工人进行安装,在工作中学习和提高,提前一个星期完成了工程。后来,他不仅获得了提升,薪水也比原来涨了10倍。

现实生活中,很多人都是自己使自己变成一个被动者的,他们想等到所有的条件都十全十美,也就是时机对了以后才行动。人生随时都是机会,但是几乎没有十全十美的。那些被动的人平庸一辈子,恰恰是因为他们一定要等到每一件事情都百分之百的有利,万无一失以后才去做，这是傻瓜的做法。我们必须向生命妥协，相信手上的正是目前需要的机会，才会将自己挡在永远痴痴等待的泥沼之外。不管是机会还是条件都是需要自己去努力争取才有可能获得的。

一般而言，找出事情“没经验、太困难、太费时间”等种种推脱的理由，确实要比“努力不懈、分秒必争、提高效率”这样的追求容易得多，但如果你经常为这些理由而推脱，那么本可以完成的变成不好完成甚至完不成，那你就不可能顺利地完成一切事情，你的思想就会成为滋生懒惰的温床，这对你以后的人生显然是很不利的。这就印证了那句老话：“天作孽犹可恕，自作孽不可活。”

有的学生在上自习的时候总是读小说睡大觉，认为作业和习题晚点做也没什么；有的老员工总是故意把本可以两个小时做完的工作慢慢延长到半天，认为这样的“充实”比早早做完又接别的工作的“傻瓜”来的精明；有的老年人想追点儿新潮，向子女请教聊天软件的使用方法，可是结果任何时候也看不到他们在线……在我们的日常生活中有太多值得立刻去做而迟迟不做的事情，看起来似乎可有可无，实际上，错过的永远不只是一点点时间这么简单。今天的一点点，明天的一点点，后天……加在一起就是很多很多的时间，而这种浪费是会让人后悔和痛心的，也是几乎不能挽回的。

学生学习的时候分秒必争，是为了在今后的人生里成为别人学习的榜样；员工工作勤恳而高效，是为了证明自己还有很多可以让自己生活得更好的能力；老人与时俱进尝试学习新东西，是为了“老有所用”的信念，为了拥有一个最美的“夕阳”。退一步讲，即使错过的只是时间，时间不也是我们最宝贵最不想错过的人生资源吗？它是不能回头的，就好比错过了机遇就很难成功一样。所以说，归根结底，没有什么是好迟疑的，好的事情就要“这就做”。

当作为学生的你有了强烈的主动意识；当工作后的你有了更强更好的奋斗信念；当年过花甲的你过上充实而新潮的人生，拥有年轻人一般活力的时候。回头看看吧，你会猛然发现，正是因为一个个不迟疑的选择，一个个干脆而坚定的回答，一次次立即的行动才得到一个崭新的人生。“狐疑犹豫，终必有悔。”该做的时候就立即去做，只要你认为是正确的，那就没什么好犹豫的。

正所谓态度决定一切。

或许态度上的区别，将会决定你与别人之间有很大的差距。“是的，这就做”不是什么低声下气的回应，而是一个渴望成功的人所必须秉承的理念；“是的，这就做”不是什么毫无主见的应承，而是一个胸怀大志的人踏实上进的表现；“是的，这就做”不是什么庸碌无为的应答，而是珍惜机遇，珍惜自我的人生态度诠释。如果哪天真地明白了这五个字，相信你会做得更好。

“是的，这就做。”你的成功人生也从这里开始。

法则三 勇敢

不正面迎向恐惧，就得一生躲着它

西点军校出来的人，大都非常自信，除了出身西点的荣耀让他们自信之外，他们更相信自信的力量。

“西点军校史上最英俊的学员”麦克阿瑟就是一个没有畏惧心理的人，在把德军从奥尔克河赶走的过程中，他在雨夜里身穿大衣、头戴钢盔冲在84旅的前方，以这种方式带兵作战的将领大概只有他一人。在一次执行任务的过程中，他遭到两名游击队员的袭击，一颗子弹掀掉了他的军帽，他拔枪还击，打死了这两名游击队员。

1918年2月中旬，麦克阿瑟率彩虹师开进洛林南部吕内维尔防区的堑壕中。2月26日，他乔装打扮，手提马鞭，脸上涂泥，随法国人的突击队去袭击德军阵地。在异常激烈且残酷的战斗中，最后大约有600名德国人被俘，其中有一名德军上校是麦克阿瑟用马鞭击中擒获的。

提到麦克阿瑟非同一般的勇气，他的师长这样说道：“在英雄主义和勇敢行为非常普遍的地方，他的勇敢是很杰出的。”有一次敌军进行炮击，他镇静地坐在指挥所里无动于衷，他身边的参谋人员都为他捏一把汗，他却对他们说：“整个德国还没造出一发能打死麦克阿瑟的炮弹。”

在麦克阿瑟就要卸任师参谋长去任旅长的时候，彩虹师师部的参谋们给了他一个永久的纪念，一枚金质烟盒，上面刻着：“给勇者中的最勇者。”这个铭文可能是美军参谋军官们历史上独一无二的。

巴顿曾在一场战役中写信给他的妻子说：“我正好行进在一个旅的阵地上。他们都卧倒在弹坑里，但麦克阿瑟将军没有，他站在一个小高地上……我走过去，一阵炮火向我们袭来……我想两个人都想离开但又不肯开口，于是我们就等着炮火向我们扑来。”当一发炮弹在他们身边爆炸，尘土扑面而来时，巴顿直直地站着，但向后退了一步。“别害怕，上校，”

麦克阿瑟幽默地说，“你是听不到打中你的那发炮弹的。”这一天，麦克阿瑟在战场上的表现使他赢得了第五枚银星勋章和巴顿永久的尊敬。巴顿告诉家人，麦克阿瑟是“我见过的最勇敢的人”。

勇敢是信心的朋友，恐惧是信心的死敌。如果面对成功的时候心存太多的恐惧和忐忑，很容易与成功擦肩而过。特别是失败留下的沉重阴影，更容易在潜意识里牵引着我们不知不觉地重复失败的老路。

恐惧极大地削弱人的能力，它往往会破坏人的思维能力，毁灭一个人的创造性、激情和自信。恐惧能对一个人的思想、情绪和各种努力产生不良的影响。

失败的人不一定懦弱，而懦弱的人却常常失败。因为，懦弱的人害怕有压力的状态，因而他们害怕竞争。在对手或困难面前，他们往往不善于坚持，而选择回避或屈服。

懦弱通常是恐惧的伙伴。懦弱带来恐惧，恐惧加强懦弱。它们都束缚了人的心灵和手脚。恐惧的字眼和言语，却常常将我们所恐惧的东西招致身边。

最坏的一种恐惧，就是常常预感着某种不祥之事即将发生。这种不祥的预感，会笼罩一个人的生命，像云雾笼罩着爆发之前的火山一样。世界上没有永远的成功者，也没有永远的失败者。有人畏缩，得到的也会失去；有人勇敢，失去的也会重新得到。只要不断尝试、不断磨砺，我们就一定能战胜恐惧。告别恐惧，勇敢地朝前走，别人能做到的我们也能做到。畏惧是人生路上一道深深的壕沟，跨过去你就拥有了出路和希望。

恐惧会在人的头脑中引发一场思想的浩劫，使人臆想各种各样不祥的事情。而信心则是治愈恐惧的一剂良药，因为恐惧只看到黑暗和阴影，而信心则能看到云朵边缘的阳光和云层背后的太阳。恐惧向下看，总是往最坏的方面想；而信心则往上看，总是往最好的方面想。恐惧使人悲观，而信心使人乐观。

1983年，伯森·汉姆徒手登上纽约帝国大厦，在创造了吉尼斯纪录的同时，也赢得了“蜘蛛人”的称号。美国恐高症康复协会得知这一消息，致电“蜘蛛人”汉姆，打算聘请他做康复协会的心理顾问，因为在美国，有数万人患有恐高症，他们被这种疾病困扰着，有的甚至不敢站在椅子上换一只灯泡。

伯森·汉姆接到聘书，打电话给协会主席诺曼斯，让他查一查他们协会里的第1042号会员情况。这位会员的资料很快被调了出来，他的名字叫伯森·汉姆，就是“蜘蛛人”自己。原来，这位创造了吉尼斯纪录的高楼攀登者，本身就是一位恐高症患者。

诺曼斯对此大为惊讶。一个站在一楼阳台上都心跳加快的人，竟然能徒手攀上400多米高的大楼，这确实是个令人费解的谜，他决定亲自去拜访一下伯森·汉姆。

诺曼斯来到费城郊外汉姆的住所。这儿正在举行一个庆祝会，十几名记者正围着一位老太太拍照采访。原来伯森·汉姆94岁的曾祖母听说汉姆创造了吉尼斯纪录，特意从100千米外的葛拉斯堡罗徒步赶来，她想以这一行动，为汉姆的纪录添彩。

谁知这一异想天开的想法，无意间竟创造了一个百岁老人徒步百里的世界纪录。《纽约时报》的一位记者问她：“当你打算徒步而来的时候，你是否因年龄关系而动摇过？”老太太精神矍铄，朗朗地笑着说：“小伙子，打算一气跑100千米也许需要勇气，但是走一步路是不需要勇气的，只要你走一步，接着再走一步。然后一步接一步，100千米也就走完了。”

恐高症康复协会主席诺曼斯紧接着问伯森·汉姆：“你的诀窍是什么？”伯森·汉姆看着自己的曾祖母说：“我和曾祖母一样，虽然我害怕400多米高的大厦，但我并不恐惧一步的高度。所以,我战胜的只是无数个‘一步’而已。”

困难只能吓倒懒汉懦夫。而胜利永远属于攀登高峰的人们。

我们也许没有能力一次就取得一个大成功,但我们可以积累无数个小成功。一个小成功并不能改变什么,但无数的小成功加起来就可以让我们成为巨人。

唯一值得恐惧的就是恐惧本身

毕业于西点军校的著名的巴顿将军,从踏入西点军校的那一刻起,就把杰克逊的一句名言作为自己的人生信条——“不让恐惧左右自己”。罗斯福也曾说:“我们唯一值得恐惧的就是恐惧本身——模糊的、莫名的、轻率的、毫无根据的恐惧。”

西点人深知恐惧是获得胜利的最大障碍:恐惧让人变得莫名的胆怯,不敢向前,让人安于现状,为了前进所付出的努力都付诸东流,最终让梦想遥遥无期。所以,西点军校为了让学员学会控制恐惧感,准备了各项体能训练,而且还在体能训练中加大恐惧感,放大困难,这样,学员不但可以在训练中体会什么是胜利和荣誉,还可以培养自己的勇气。

西点学员相信,很多时候,面对困难和挑战的时候,你不是输给了困难,而是输给了自身对困难的畏惧。正如西点校友,美国著名的学者本杰明所说:“失败的原因往往不是能力低下或力量薄弱,而是自信心不足,克服不了恐惧的心理,还没有上场就已经败下阵来。”因此,不要畏惧困难,而是要保持一颗平常心,这样才能更好地解决问题,收获胜利的喜悦。

1914 年 4 月,美国总统伍德罗·威尔逊以墨西哥当局扣留美国水兵为借口,出兵攻占墨西哥东海岸最大城市韦拉克鲁斯。在这次行动中,麦克阿瑟父亲的老部下芬斯顿将军指挥一个旅的兵力执行占领任务,麦克阿瑟本人则受命作为参谋部成员随芬斯顿将军于 5 月 1 日到韦拉克鲁斯搜集情报。

麦克阿瑟发现,那里缺少机械化交通工具,要是陆军开过来,将完全依赖畜力运输。当他听说有几台铁路机车被藏在敌方防线后面时,便准备深入敌后进行侦察。但芬斯顿认为这样做太冒险,而不予支持。麦克阿瑟经过冷静分析,认为确实有些冒险,但是依旧决定克服恐惧心理进行一次孤胆探险。于是,他找来两个向导,偷偷越过防线去查看虚实。结果发现那里确有五台机车,其中三台完好无损,陆军可以使用。虽然他在归途中遭遇到了一些危险,但最终还是成功地返回了营地。

巴顿将军说过:“每个人都害怕,越是聪明的人,越是害怕。勇敢的人是这样一些人,他们不惧怕恐惧,强迫自己坚持去做。”麦克阿瑟将军就是这样一个勇士,他凭借自己的勇气和判断,深入敌后,为己方获得了重要的情报。

其实,每个人遇到危险、紧急的情况都会害怕,都想过选择退缩以策安全,但是勇士与懦夫的区别就在于:懦夫选择逃避,而勇士能够战胜内心的恐惧,强迫自己面对恐惧。如果你想成为一名勇士,你就要无所畏惧。

一直以来,在西点军校流传这样一句话:如果你选择了天空,就不要渴望风和日丽。西点人爱冒险,而冒险的首要前提就是必须克服内心的恐惧。这也正是西点军校为学员准备各种克服恐惧训练的原因。

当然,在现实生活中,要想成就一番事业也必须能够克服恐惧,这是成功的必备条件。敢想才能敢做,才有机会成功。其实,很多时候,成功离你只是寸步之遥,只因恐惧,过于恐惧,你没有迈出那最后的一步,最终失去机会,与成功擦肩而过。

一次,有人问一个农夫:“你是不是种了水稻?”

农夫说:“没有,我担心天不下雨。”

那人又问:“那你种棉花了吗?”

农夫说:“没有,我担心虫子吃了棉花。”

接着那人又问:“那你种了什么?”

农夫说:“为了确保安全,我什么也没种。”

对于成天恐惧这,担心那的人来说,这个世界上无时无刻不存在着危险。就像这个农夫,由于种种莫名的担心,觉得到处充满风险,为了避免损失,最后什么都不敢种。其实,这个农夫有些愚昧,什么也没有种,也就没有收获,这才是最大的损失。

在工作中也是如此,如果你总是前怕狼后怕虎,对别人提出的问题或者看法,采取逢迎的态度,从来不去表达自己的观点和看法,生怕自己的想法有错误,惹来领导的责怪,同事的鄙视,等等,因此什么都不敢想,什么也不敢做,只是一味地求安全,如果真是这样,你就很难取得进步。

困难的出现经常出人意料,但只要不被困难吓倒,勇敢面对,就能克服看似克服不了的困难。那些充满恐惧,见到困难就会退缩,畏首畏尾的人注定是要失败的。所以,面对困难时,不要被恐惧本身吓倒,而是要认定自己的最终目标,积极地去寻求解决方法。

“软弱就会一事无成,我们必须拥有强大的实力。”这是艾森豪威尔将军对所有年轻人的忠告。其实,无论是西点的学员还是一个普通人,都应该学会克服恐惧,克服了自己内心的恐惧,就等于战胜了自己最大的敌人,即使面对再大的困难也绝不会后退。

年轻人,拿出你的冒险精神,开始一段充满挑战的人生之旅吧!

战胜恐惧,不要退缩

西点军校的学员们在艰苦的训练中收获了“永不放弃”的精神。他们在面对危难时,不是选择坐以待毙,而是主动出击,发挥自己最大的能力战胜恐惧,不退缩,从而取得成功。

平静、晴朗的一天,北弗吉尼亚森林里有一队测量人员正在安静地分享午餐。突然,女人惨烈的痛哭和尖叫声传了过来,他们吃了一惊,并迅速站起身朝发出声音的方向奔去,想看看到底是怎么回事。

他们看到了痛哭和尖叫的女人,她的孩子不幸掉进了河里,但是不远处就是高达数丈的瀑布,极其危险。一个中年人死死地抓住那个女人,不让她跳河去救孩子,因为他知道,只要她一跳下去,激流会把她和孩子一起卷到瀑布下面去。但是那个女人疯狂地想挣脱他,并大声叫着:“我的孩子快淹死了,我一定要去救他。”看到测量人员过来,她向他们发出求救声:“求求你们,让他放开我,让我去救我的孩子。”

测量队中有一个18岁左右的青年,他身材高大,了解了情势之后,他快步冲到了河边,并迅速脱掉外衣,在观察了一会儿河里的礁石和乱流后,他看见了孩子的衣服和挣扎的双手。他跳入河中,任由汹涌的波涛拍打着,但他拼命地朝着孩子挣扎的地方游去。

所有的人都冲到河床边,用紧张的神情注视着河中的年轻人和若隐若现的孩子。孩子已经接近河中最危险的地方了。年轻人正在用他最坚强的意志拼搏着。他不顾岩石的撞击,不顾激流的冲击,他讲尽所有的力气奋力想去抓住孩子。可是好几次都在即将抓住孩子的那一刻,激流又将他们冲开了。眼看孩子就被卷进旋涡并被冲到瀑布下面了,但是年轻人依旧没有放弃,他奋力地与激流搏斗着。就在他终于抓住孩子并用健壮的臂膀托起孩子的那一刻,他们被旋涡卷了进去,并一起被冲到了高高的瀑布下面。

河床边的人们心都要跳出来了,他们朝着下游跑去,希望能看到奇迹发生。孩子的母亲带着紧张和希望也拼命地跑着。就在他们站稳后努力地向河中搜索年轻人和孩子的踪迹时,孩子的母亲狂喜地喊道:"他们在那儿!他们安全了!感谢上帝!"

是的,年轻人和孩子都安全了,他们勇敢地从危险的涡流中逃脱了,来到了岸边上。孩子失去了知觉,但他的性命已经无忧了,而那个年轻人已经筋疲力尽地瘫倒在地上了。

这个年轻人就是后来著名的美国总统乔治·华盛顿。

激流、旋涡、瀑布,每个都充满了危险,每个都有可能会吞噬他的性命,但华盛顿没有在恐惧与危险面前退缩,他没有放弃,而是在用最坚强的声音不停地告诉自己"我能行!"

华盛顿的这种面对危险不退缩、不放弃的精神经常被西点军校作为典型的案例来教授西点学员。西点不允许退缩、不允许放弃,因为一旦退缩与放弃就意味着失败。就算是在毫无办法的情况下失败了,也要不舍不弃,用百折不挠的精神争取最后的胜利。

西点人深知,恐惧是取得成功的最大障碍,一个面对困难或风险畏缩不前的人是不敢渴望胜利与荣誉的。只有克服心里的恐惧,勇敢向前,才能获得最终的胜利。

我们也应该学习西点人不怕恐惧的精神,因为只要战胜了自己内心的恐惧,就等于战胜了最强大的敌人。接下来只要我们不放弃,只要我们努力坚持,最后的胜利就一定属于我们。

没有不可能的事,只有不敢做的事

西点学员敢于冒险、更敢于向前冲。在他们看来,能够把别人的"不可能"变成自己的"可能"是对自我能力的更高的考验,他们认为:"没有不可能的事,只有不敢做的事。"

没有不可能的事,无论什么时候,都不要被别人的"不可能"论调所左右,每个人的能力和思考方式是不同的,在别人产生疑惑时,你的勇敢与大胆也许就能将不可能变为可能。

一位西点新学员在"野兽营"训练时被要求做"换装训练"——在30分钟内把十几套制服换一遍,而且还要合乎西点军校的标准。这在常人看来是不可能办到的,同时也很滑稽,可是这个学员就要让自己达到目标。他拼命地练习,进行了上百次的重复。虽然在他看来,这确实是一件并没有什么意义的事,但他却把它当作是对自己的考验,而且最终完成了这项任务。

没有不可能的事,只要你敢做,一切皆有可能。大胆去想、大胆去做,就像巴顿说的:"去攻击你的目标,永远不要撤退,至少要下定决心不要撤退。因为战争只有三个原则:大胆!大胆!大胆!"当人们都认为巴拿马运河的开通是项不可能完成的工程时,毕业于西点军校的乔治·华盛顿·戈瑟尔斯却开创了这一奇迹。

闻名世界的巴拿马运河由于“连接南北美,沟通两大洋”,而被称为“世界的桥梁”。它是一条黄金水道,总长82千米,宽304米,最窄的地方也达到152米,被誉为是“世界七大工程奇迹之一”。

巴拿马运河的开凿工程是一段不平凡的历史,是一项所有人看来都不可能完成的工程。对当时的美国总统罗斯福来说,乔治·华盛顿·戈瑟尔斯是承担这个“大任务”的理想人选。戈瑟尔斯毕业于西点军校,是著名的工程技术专家。在当时为构建一个国际贸易的时代,把大西洋和太平洋连接起来是全世界所有政治家的梦想。但是,这一梦想的实现却让数不清的优秀工程师们接连受挫、望而却步。

1907年,48岁的陆军工程师戈瑟尔斯接受了开凿巴拿马运河的任务。他不喜张扬、精明强干,接到任务后,戈瑟尔斯说:“我必须奉命行事,没有选择的余地。”

戈瑟尔斯发现自己负责的是当时世界上最大的工程,也是最难的工程。虽然前面数不清的工程师在面临开凿运河的巨大困难面前都半途而废,戈瑟尔斯却更坚定了自己完成任务的信心和勇气,这种大胆的、挑战“不可能”的精神使他获得了成功。巴拿马运河于1913年完工时,创下了数十项世界纪录,包括投入的混凝土数量、挖掘的土方量以及人员伤亡数量等。

戈瑟尔斯对巴拿马运河开凿工程的过去了如指掌。20年前,法国人企图征服巴拿马地峡,但炎热和潮湿的气候却使法国人铩羽而归。疟疾、黄热病、天花、伤寒等热带疾病导致数以千计的开凿运河的工人死亡,美国人戈瑟尔斯却没有被法国人的失败吓倒。他接受开凿运河的命令后立刻着手解决蚊子传播疾病的问题。他组织军队在巴拿马地峡使用了数百吨化学药品和煤油来消毒。一年半后,黄热病被彻底消灭了。

取得了控制疾病方面的胜利后,戈瑟尔斯开始了开凿运河的工作。可是不久,他才真正明白他所承担的是一个什么样的任务——很少有美国人能够在离赤道这么近的地方工作。在巴拿马运河的主要水道库莱布拉卡特,一天中最热时的温度在37℃~54.4℃;戈瑟尔斯工程师最初估计开凿运河需要挖掘5400万立方码的泥土,而到了运河完工时,挖掘的泥土却已经接近一亿立方码;在库莱布拉卡特水道与其他地方的岩石中开凿出一条运河用掉了6100万磅的炸药,并夺去了数以千计工人的性命。但是,所有这些困难都不能与滑坡相比。滑坡几乎难以阻止,它使巴拿马运河的开凿时间延长了好几年。但是,即使困难再大,戈瑟尔斯也坚定自己一定能完成任务,他雷厉风行的作风使人们称他为“暴君”。在开凿期间,他发挥着自己独裁的威力,自如地使用着旧时阿拉伯苏丹和俄国沙皇的统治方式,但他的统治是建立在绝对公正之上的。他的大胆无畏和他的公平友爱是永远结合在一起的。他认为,权力就是要用来做正确的事情。

1913年,巴拿马运河终于完工了,它的最终花费高达3.52亿美元。但它发挥的价值远比它的造价更“昂贵”,至今它还在发挥着巨大的作用。巴拿马运河甚至在美国个性的塑造方面也起了重大作用。

戈瑟尔斯大胆地挑战,使巴拿马运河开凿成功。戈瑟尔斯曾经说过:“要想成功地完成一项任务,你不仅要发挥自己最大的能力去完成它,还要确保让你所管理和指导的每一个人也发挥他们最大的能力。”他还有一个座右铭:“事情要先做起来,只要成功了,所有的难题就全部不攻自破了。”

让我们记住这句话:只要勇敢地去做,就没有不可能!永远不要被“不可能”三个字束缚和左右。有时,我们只要再向前迈进一步,再坚持一下,“不可能”也许就变成了“可能”。成功者的一生,必定是与风险和困难斗争的一生。只要有勇气,勇于挑战“不可能”,你就完全可以获得人生考试中的满分。

不打败恐惧,就得一辈子躲着它

西点军校的校长克里斯曼曾经说过:“如果你常常都说‘做不到’,那你将常常与失败为伍。”

西点曾向学员强调:每个人在面对危险的时候都会恐惧,恐惧不可避免,但是所有的西点学员都应该学会克服自己的恐惧,做一个直面恐惧、敢于冒险的合格军人。

为什么西点要提这样的要求呢?很简单,因为恐惧会摧毁一个人的勇气和创造力,它能打破人的希望,消退人的志气,最后让人一事无成。

而对一所致力于将学员培养成坚强的勇士,而非畏首畏尾的懦夫的学校来说,西点岂会眼睁睁地看着学员向恐惧投降。因此,西点经常为学员创造一些让他们感到恐惧的事件,以此训练他们在重大关头能处变不惊、克服恐惧的能力。就比如说西点设置了拳击这样一种体能训练,让学员赤裸裸地面对即将打向自己脸部的拳头。当然,学员并不会因为拳击训练受重伤,但眼睁睁地看着拳头朝着自己挥过来可比受伤恐怖多了。

著名的巴顿将军从步入军营起,就采取了很多的措施来锻炼自己的勇气。在骑术练习和比赛中,他总是挑最难越过的障碍和最高的跨栏。在西点最后一年里,有几次狙击训练,他突然站起来把头伸进火线区之内,要试试自己的胆量。他的格言是:“我只有发现自己在面对困难时有过害怕,才能锻炼自己打败怯懦。”

有一件事更加体现了巴顿克服恐惧的决心:

1909 年,巴顿从西点军校毕业后被任命为骑兵连少尉,保卫芝加哥以北 27 英里的谢里登堡。初出茅庐之际,他就因为在那里驯服了一匹疯马而闻名,当时马匹踢中了他的脸颊,鲜血直流,但是他依然冷静处理并降服了这匹马。

巴顿不害怕再次被踢伤吗?不,他同一般人一样恐惧,但是他的勇气让他克服了内心的恐惧,最后降服了疯马。

巴顿的勇猛果断,使他赢得了“血胆将军”的称号,并因在第二次世界大战中取得的赫赫战功而被授予四星上将。

巴顿凭借锻炼勇气成为有勇有谋的一代名将。美国五星上将道格拉斯·麦克阿瑟,也是从小就恪守着父亲的教育信条:“要勇敢,要做个真正的男子汉。永远不要忘记你是军人的儿子!”

事实上,现实中的恐惧,远比不上想象中的那么可怕。如果你被恐惧打倒,那么你永远也无法体会到战胜恐惧的快乐;相反,如果你能够战胜恐惧,那么你曾经恐惧的一切将会倒过来惧怕你。这样的道理,是西点人从亲身经历中得出来的。艾森豪威尔小时候的经历就是最好的证明:

艾森豪威尔 5 岁的时候,有一次去叔叔家玩,叔叔的房子后面养了一对大鹅,结果公鹅一见到他就一边怪叫一边向他扑过来。他哪受得了这种恐吓，于是拼命跑开，向大人哭诉。受了几次惊吓后，叔叔找了把旧扫帚交给他，然后指着大鹅对他说："你一定能战胜它。"当鹅再次向他冲来时，他手里拿着扫帚，压抑住浑身不停的颤抖。猛然间，他鼓足勇气大吼一声，挥起扫帚向鹅冲去，鹅掉头便跑，他紧追不舍，最后狠狠地给了鹅一下，鹅惨叫着逃跑了。从那以后，鹅只要一见他就会远远地躲开。从此，他懂得了一个道理：只要克服了恐惧，就能战胜对手。

后来有一段时间，他每天放学回家的时候，都被一个与他年龄相仿、粗壮好斗的男孩追赶。一天，这一幕正好被他父亲看见，于是冲他大喊："你怎么能容忍那小子追得你满街跑？去把那小子给我赶走！"

于是，他不得不停下来，面对自己很怕的对手，摆出反击的姿态。这一招立刻把对手吓住了，对手慌忙夺路而逃。艾森豪威尔顿时勇气大增，一把将对手抓住，正颜厉色地警告他："如果你再敢找我的麻烦，我不会对你客气。"

通过这件事，他进一步悟出一个道理：别看有些人耀武扬威，其实不过是外强中干，唬人而已。

心理学家斯科特·派克说："在这个世界上，只要你真实地付出，就会发现许多门都是虚掩的。微小的勇气，能够完成无限的成就。如果你幸运与生俱来就拥有勇气这种品性，那么很值得祝贺；如果你还没有养成这种性格，那么尽快培养吧，人的生命很需要它。"

对于克服恐惧，西点精英们总结出了一套符合自己特点的技巧，即借助于新兴的运动心理学。

西点从研究中发现，体育运动员心中同样存在压力，与战斗中的战士是一样的，因此，借助运动心理学训练学员勇气是非常有效的。

因此，在消除学员的恐惧心理方面，西点要求学员从 6 个方面训练自己：(1)设想心理期望的结果；(2)调节对压力的反应；(3)建立目标；(4)专心致志，避免分心；(5)相信自己，保持乐观；(6)达到无意识的境界。

当你感到恐惧时，不妨试试这种方法，也许会让你很快克服它。

没什么都不能没有勇气

西点前校长伊·L. 班尼迪克说过："遭遇挫折并不可怕，可怕的是因挫折而产生的对自己能力的怀疑。只要精神不倒，敢于放手一搏，就有胜利的希望。"勇气这种滋补剂是世界上最好的精神药物，如果你以一种充满希望、充满自信的精神进行工作的话，如果你期待着自己的伟业，并且你相信你能够成就这番伟业，如果你能展现出自己的勇气，任何事情都不能阻挡你向前进。你可能遇到的任何失败，都只是暂时性的，你最终必定会取得胜利。

另一方面，如果你觉得自己非常渺小，如果你认为自己是一个效率很低、微不足道的人，并且你不相信自己可以出色地完成任务——这就会限制你可能达到的人生高度。你不可能超越你的想象。自我贬低和害羞怯懦不但阻止了你的进步，而且严重损害了你的整个职业生涯，甚至还会损害你的身体健康。

自信和勇气是积极的品质，而恐惧和焦虑则是消极的品质，两者在人的大脑中水火不容。

你要么强大有力、充满信心，要么就虚弱和感伤，面对一项重大的工作你总是采取回避态度，任何破坏你勇气的东西都会破坏你的力量、你的效率及工作效能。

“勇气是在偶然的机会中激发出来的”，莎士比亚说。除非你让自己时刻保持一种接受勇气的态度，否则，你不要指望自己的身上会时时刻刻体现出巨大的勇气。在就寝前的每个夜晚，在起床时的每个清晨，你都要对自己说：“我会做到的，我能行。”并以此作为自己坚定的信条，然后带着自信勇敢去前进，相信任何事情都不会拒绝你的。

“我曾经是个战斗者——进行了很多的战斗——成为最好的一个和最后的一个！”勃朗宁说，他准备带着微笑面对死亡本身。值得一读的人类历史更是充满了有关勇气、磨难、胆量、坚定和那些大多数人认为不可能克服的困难的故事。引领着这个世界的大多数领导者都曾经做过或者正在做着一些在常人看来不可能的、不能成就的事情，这就是他们会成为真正的领导者的原因。“前面不应该有阿尔卑斯山挡着我们的去路！”拿破仑说。于是，他率领着部队翻越了阿尔卑斯山，到达了意大利境内，并取得了胜利。在近代的世界战争中，真正的领导者和他们的随从也表现出同样的不屈不挠的精神。

你能够克服多少困难、多少侮辱、多少误解和多少诽谤呢？别人的反对意见是否让你退缩，或者只是使你更坚强，更支撑起你的决心呢？你可以毫不退缩地坚持到一种什么样的程度呢？这就是衡量你所能达到的成功水平的考验。即使所有的人都反对你，你也可以继续战斗；即使你生活在最黑暗的日子里，也可以让勇气的大旗继续迎风飘扬，那么，就没有任何敌人能够打败你。

那么，什么是勇气呢？它是产生于人的意识深处的对自我力量的确信，是对我们的能力能压倒一切的信念，是相信自己可以面对一切紧急状况、处理一切障碍并能控制任何局面的信心。通过培养自尊、自信、自我肯定的意识，我们可以有效地增强自己的勇气。任何使我们更多地思考、认识到自己能力的事物，都会给我们带来更大的勇气。

任何一个不相信自己的人都不会成为勇敢的人。培养和增强一种能力的方法，首先是培养那些与这种能力相关的品质。在一个人的个性因素中，勇气是一种合成的品质。勇气不是指处理一件事情的能力本身，而是指一种如何对待这件事情的态度，而正是这种态度在很多情况下在成功和失败之间标出了一道分水岭。一个人也许知道如何去完美地处理一件事情，但是如果他用一种胆怯的、缺乏自信的方式去对待这件事，那么在他一开始做时也许就已经失败了一半。

如果你有一个不可战胜的灵魂，那么无论在你身上发生什么事，都无法影响到你。当你意识到自己从伟大的造物主那里获得源源不断的能量时，能真正影响到你的事情根本没几件。因为，无论什么事情降临在你身上，你都可以保持住你内心的平静。勇气这一滋补剂也来自全面的准备。

一个外科医生相信他可以执行一个困难而危险的手术，只是因为他已做了多年的准备。而如果我们能意识到，自己是某行业的专业人士，并且可以比周围的人更好地完成所担任的工作，那么我们就会极大地增强自己的勇气。

美国童子军的座右铭，也是他们获得成功的一个秘密，就是那几个字——“做好准备”。我们意识到自己在生活中还没有做好充分的准备，无法胜任手头的工作任务，这往往是让我们感到虚弱和胆怯的原因之一。意识到我们自身存在着的巨大的潜力，会大大地增加我们的勇气，就好像低人一等的感觉会加深我们的羞怯一样。满怀信心地去依靠这种带有神秘色彩的人类潜能，无疑会给我们带来自信，带来对克服所有恐惧的信心。无论发生了什么事情，带着微笑去面对这个世界，这需要极大的勇气。永远相信自己，不要随波逐流，这更需要勇气。我们同样需要在日常生活中拥有非凡的勇气。

坚持做一个诚实的人,往往像面对枪声一样,需要勇气;让别人确切地知道我们的立场,我们相信什么,我们如何生活,并且以真实的面目示人,不带有任何的虚情假意,这需要勇气;与良师益友进行健康的交流,而不是轻易地随波逐流,这需要勇气;不管我们身边的人、我们的朋友怎么说、怎么看,总是去维护正确的东西,这需要勇气。

总而言之,与很多重大时刻相比,面对生活中的小事往往需要更大的勇气。也正是在这些微不足道的事情中,真正的领导者诞生了。于是,在重大的紧急情况出现时,他们作为人类的领导者做好了一切准备,等待着去确立自己应有的地位。

所以,努力锻造我们的勇气和胆识吧,只有这样我们才能成功。而为了让我们心中真正地鼓起勇气,我们必须有渴望成功的原动力,也就是欲望和梦想,要有不断进取的决心,要不满足于现状,不断挑战自我。要将自我已建立起的小天地置于宏观的世界中考虑,要用大成功衡量自己的小成绩。许多人偏爱自己的小世界,过分满足于自我,满足于现状,他们喜欢自我欣赏,而不愿与人比较。他们知道一句话叫"知足者常乐",还知道另一句话叫"人比人,气死人"。这种人,满足的背后,是畏首畏尾,生怕会失去什么;当然,一般来说这种人没有什么可以失去的,他们拥有的,只是一种幻想,他们喜欢的,是欣赏自己的满足感。如果你恰好也是这种人,那么,抓紧时间,砸碎这种幻觉,让现实来证明你的价值,用成功博取自己的满足。

提倡勇气,却不鼓励鲁莽。勇气,应当适当借鉴别人的成功经验。要不断地充实自己,提高自己。艺高,人方能胆大。勇气自然要求行动,实践出真知。勇气自身就以行动为必要条件。

人生,不论到了哪一步境地,只要你还有勇气向成功挑战,你就还没有败。所谓失败,都可以算做你的宝贵的经验,可以创造财富。所以,只要勇气还在,你就可以立于不败之地!

敢为天下先

在两军对阵的训练中,西点的学长们总是冲在最前面。虽然这是最危险的位置,但对西点学员来说,这是一个象征荣誉的位置。恺撒说:"如果我是块泥土。那么我这块泥土,也要预备给勇士来践踏。"

拿破仑将军亲率军队作战时,只要他站在前线,同样一支军队的战斗力,便会增强一倍。军队战斗力的强弱在很大程度上取决于士兵们对统帅敬仰与否。如果统帅抱着怀疑、犹豫的态度,全军便要混乱。拿破仑的勇敢与坚强,使他统率的每个士兵增加了战斗力。

西点学员明白具有勇敢精神往往能使平凡的自己做出惊人的事业来。胆怯和意志不坚定的人即便有出众的才干、优良的天赋、高尚的性格,也终难成就伟大的事业。西点军人非常清楚,他们的成就,决不会超出他的勇敢所能达到的高度。如果拿破仑在率领军队越过阿尔卑斯山的时候,只是坐着说"这件事太冒险了"。无疑的,拿破仑的军队永远不会越过那座高山。所以,西点新学员被灌输着这种冒险意识,无论做什么事,勇于冒险,都是达到成功所必需的和最重要的因素。

在危险的时候总是在最前面,是一个军人的职责,一名合格的军人是绝对不会逃避自己的责任的。

西点毕业生美国陆军上将，中央司令部司令，海湾战争多国部队总司令诺曼·施瓦茨科普夫曾经说过：下令要部下上战场算不上英雄，身先士卒上战场才是英雄好汉。正是这种身先士卒的精神使得施瓦茨科普夫在海湾战争中用几乎零伤亡的代价赢得了胜利，海湾战争结束后，施瓦茨科普夫被誉为民族英雄。

同样的，对于一个企业或是一个想要获得成功的人来说，总在前面就意味着可以最先捕捉到先机，同样的条件下，走在前面的总是最容易获得成功和客观利益的。

1921年6月2日，是无线电通信诞生整整25周年，美国《纽约时报》对这一历史性的发明，发表了一篇简短的评论，其中有这样一句话："现在，人们每年接收的信息是25年前的25倍。"

对这一消息，当时在美国至少有16个人作出了敏锐反应，那就是创办一份文摘性刊物。在其后三个月时间里，这16位有先见之明的人士，不约而同地到银行存了500美元的法定资本金，并领取了执照。他们到邮政部门办理发行手续时，却被告知，该类刊物的征订和发行暂时不能代理。如需代理，至少要等到第二年的中期选举以后。

得到这一答复，其中15个人为了免交执业税，向出版管理部门递交了暂缓执业的申请，只有一位叫德威特·华莱士的人没有理睬这一套。他回到暂住地纽约格林威治村的一个储藏室，和他的未婚妻一起糊了2000个信封，装上征订单寄出去。

在世界邮政史上，这2000个信函也许根本不算什么，然而，对世界出版史而言，一个奇迹却诞生了。到20世纪末，这两位年轻人创办的这份文摘刊物——《读者文摘》，已拥有10种文字48个版本，发行范围达127个国家和地区，订户1.1亿，年收入5亿美元，在美国百强期刊排行榜上，几十年来一直位居第一。德威特·华莱士夫妇也一跃成为美国著名的富豪和慈善家。

成功者绝不等待时机的成熟，等待时机成熟也就意味着失掉机会，失去了最容易获得成功的机会。当你觉得没有任何风险而决定去从事某项事业的时候，你已经失去了最佳的时机。当你跟着别人的脚步，你所获得的成功也就无法超越他人了。

世界上聪明的人很多，而成功者却很少，很多聪明人在已经具备了可以成功的基本条件时，仍在等待很多的条件，从而失去了机会。抓住每一个机遇，利用自身所拥有的每一点优势，立即投身进去，从而让自己成长起来。

记住这样一条公理：成功者决不等待时机的成熟。总是在最前面是一种积极的态度，是一种敢为天下先的勇气。当胆小鬼掉头逃跑的时候，勇敢者选择的却是冲在前面。同样，对于一个企业或是一个想要获得成功的人来说，总在前面就意味着可以最先捕捉到先机，同样的条件下，走在前面的总是最容易获得成功和客观利益的。

战场上需要狮子，商场上需要斗士

精英是训练出来的，西点前任校长潘默将军说："给我任何一个人，只要不是精神病人，我都能把他训练成一个领导人。"

对于西点军人来说，效率就是生命，每一次的训练都是为了取得最好的效果。平心而论，没有什么老板是不讲效率就能成为老板的，也没有哪个老板，可以长期容忍办事拖拉的员工。你要想成为卓越的职场人士或老板跟前的红人，那你就一定要向西点学习，将事情总是在第一时间做好，替老板解决所有的难题。千万不可愚蠢地把昨天就能完成的任务耗到明天。倘若你等到老板说“你什么时候做完那件事”时，才把成绩单呈上，势必会在印象上大打折扣。

西点学员在数不胜数的残酷竞争中慢慢明白了一个道理：快鱼吃慢鱼，这句话在职场上也相当适用。职场人士要想成功，重点就在于做事和战胜困境的效率。困难的工作是每个员工公平竞争、表现自我的最佳参照物，大家的机会都是均等的，人人都能够提升。关键是看谁可以创造业绩，谁能用最快的速度克服困难，谁能用最快的速度完成任务。而提高工作效率是高质量地完成本职工作的基本保证，以下几点是提高工作效率的途径。

像西点军校那样把任务分类，这样能够大大提高完成的效率。有时候一个员工会有多项工作内容，临时工作也有很多，日常工作通常比较繁杂。为了在紧张中做到有序，在复杂中做到不乱，有效地提高工作效率，就要把工作按照主要和次要分类，主项工作自然要排在本职工作的首位。不过只注重工作内容是片面的，还要注意轻重缓急相结合。

同训练一样，工作中也要求在规定的时间内完成设定好的任务。有效地管理时间能够极大提高工作效率，只有有效地管理自己的时间才可以有效地提高自己的绩效。员工在接收工作任务的同时，都要被要求在规定的时间内完成，时刻将时间与质量两个要求穿插在完成任务的过程当中，并尽最大努力提前。将任务完成的时间定在提交任务成果的最后一刻是很不明智的，因为事情并不一定是按个人主观设定前进，尤其是每个员工都有多项工作，在应当提交的任务与临时的事项冲突时，就陷入了鱼与熊掌的被动状态，让自己手忙脚乱。所以，接到任务时，假如手头没有其他需要去做的事项，应该立即着手开始干此项工作，尽量争取在约定时间前完成，多给自己留一些弹性空间。在规定的时间里完成相应的工作是将任务与时间相结合的最好的方式。

同时，西点军人还十分注重力争保持高涨的热情投入到训练中，以确保顺利完成任务。对于我们来说，最佳的工作效率也是来自于高涨的工作热情。有热情会让人更好地发挥想象力和创造力，在短时间里取得惊人的成绩。每个人在生活与工作中一定不是一帆风顺的，都有不愉快、消沉的时候，有时繁杂的工作也会让你心情不佳。就算是这样，工作也不会像你自以为的那样向后顺延。为了保证工作的质量，在工作时必须排除不必要的干扰，就算不能做到心情舒畅，也要做到心平气和，集中精力，专心地工作。

现代的战争其实可以算是高科技战争，因此西点在培养军事人才方面大量引进了最先进的科学方法和设备，以适应瞬息万变的时代发展。所以，我们在工作中，也要尽可能地适应现代化办公方式。员工要在日常工作中熟练掌握好先进办公设备的操作，再在工作中继续学习，才能提高自身的优势，适应现代化办公的需要。

各部门、各工作岗位间要相互配合。有一些工作会涉及多个部门或岗位，单靠某一个岗位个人的努力不便完成任务，这就需要各部门人员打破科室界线，分工要明确，大家各负其责、各尽其能，在尽快做好自己应该做的那部分工作后，还要在各部门、各岗位之间进行协调。这样的工作需要大家具有很好的团队精神，做到不等、不靠，坚决不能互相推诿。

所有这些相互协调配合起来，无疑为我们提供了获得事业成功的最有利时机，而我们要做的就是紧紧抓住这一切，努力为自己的理想而奋斗。

不管是在西点军校，还是在当今职场，只有前进、再前进，迅速、再迅速，把一切困难都解决在“昨天”，你才可能获得永远胜利的“明天”。

在西点军校中，不缺少生来就像野狼一样具有攻击性和竞争性的人，他们会想尽一切办法去做好那些看似不可能完成的任务，而取得荣誉，位居荣誉的榜首；当然也有一些人天生就好像山羊一样温顺、安于现状，可是通过科学的激励机制的作用，他们也可以成为出色的军人。当然，其中的起起落落，也极具戏剧色彩。

我们总是可以听到这样的抱怨：为什么自己不是出生在一个富裕的家庭，为什么自己的父母不是有权有财的政要……充满了对命运不公的控诉。上苍对所有的生命都是平等的，不存在任何偏袒。羊不能改变自己的性格，可是人却能够改变自己的命运。与其像羊一样抱怨，倒不如向狼学习，拥有狼的进取精神。事业上的成功者，大都是掌握自我激励的人。一旦掌握自我激励，自我塑造的过程也就伴随而来。

西点也是一个重塑人生的地方，每一名学员走进西点的大门，就如同他的人生将翻开新的一页。而我们每个人，也需要像西点军人一样，迈向自我塑造的第一步，拥有一个你每天早晨醒来为之奋斗的目标，它应是你人生的目标。远景必须马上着手建立，而不要往后拖。你随时能够按自己的想法做些改变，可不能一刻没有远景。

世上最秘而不宣的秘密是，战胜恐惧后迎来的是某种安全有益的东西。即便克服的是小小的恐惧，也能够增强你对创造自己生活能力的信心。假如一味想避开恐惧，它们会像疯狗一样对我们穷追不舍。这个时候，最可怕的莫过于双眼一闭骗自己它们不存在。

在西点，竞争给了学员们许多宝贵的经验，不管他多么出色，总会人外有人，因此在这里需要学会谦虚。其实不管在哪里，我们都要参与竞争，而且也应该像他们一样谦逊，并且总是满怀快乐的心情。要明白最终超越别人远没有超越自己来的重要。

同时，西点的训练，有不少都是充斥着危险和严酷的，而这些训练，造就了西点军人刚毅的性格和不屈不挠的精神品质，这是因为危机可以激发我们竭尽全力。当然，我们不必坐等危机或悲剧的到来，从内心挑战自我是我们生命力量的源泉。拿破仑说过：“所有战斗的胜负首先在自我的心里见分晓。”

不要消极接受别人的拒绝，而应去积极面对。你的要求落空时，把这种拒绝当作一个问题：“自己是不是要多做一点创意呢？”不要听见“不”字就打退堂鼓，应该学会让这种拒绝激励你发挥更大的创造力。很多公司中卓越的管理者不但善于自我激励，更善于激励他人。让我们学习西点精神，积极勇敢地面对竞争，不断奋发图强，这样才能在工作中有所突破，成就自己的一片事业。激励自己永不满足工作中现有的成绩，奋力开拓，才能开创一个美好的未来。

对于那些将自己奉献出来的西点学员来说，军人是一项既光荣又危险的事业。他们必须每天很早就从床上跳下来，并充满着战斗力。他们深知，只要自己在面对问题时采取积极主动的态度，问题就已经解决了一半。只要他更用心去努力，胜利迟早会属于自己。

西点学员明白积极进取的生活能够改变人生的面貌。大多数学员都学会了怎么去克服忧虑、恐惧，从不害怕生病、苦日子和失败。

实际上，勇气之中就包括了忧虑和恐惧的成分，关键的重点在于如何去克服它。西点军人的可贵之处就在于他们勇于向忧虑和恐惧进攻，他们善于控制忧虑和恐惧，而不是被其所控制。

每一个员工都希望自己成为老板，问题出在大家都守株待兔等机会来临。机会是不会光临只会等待的人的，只有积极进取、善于把握机会的人才能抓到机会。

或许你现在坐在沙发上看到这里时会说：“你说得很好，但是我的环境不同，公司不允许我去冒险。”这种观念也就是你最大的敌人。你在这样一种状态下，更应当冒更大的险，越是平平庸庸的人生越需要冒险。你的弱点需要坚强的行动来治疗它。不妨做出出人意料的事，必要时破窗而出。从现在就开始吧！

宁可战死，不可被吓死

在西点，所有学员都必须接受体能训练，参与相当危险的运动。男生要修拳击和摔跤，而男、女生都要修体操、游泳救生和肉搏自卫训练的课程。此外运动竞赛也是必修课程，而且学员至少有一季要参加团队运动比赛，这些都是有可能受伤的剧烈运动。这些必修课程非常重要，不仅能锻炼年轻士兵的体能，同时也教导他们一项根本的管理技巧：勇敢地面对危险。

在全国各地电视台连创收视纪录的热播电视剧《亮剑》中有这样一段话：古代剑客和高手狭路相逢，假定这个对手是天下第一剑客，明知不敌，也要毅然亮剑，哪怕血溅七步，也虽败犹荣。

该剧主人公李云龙之所以能百战百胜就在于他的这种面对强敌敢于亮剑的强者心态。此剧最出彩的地方应该是主角李云龙在军事学院做毕业论文时的段落：“作为一名军人，明知不敌，也要敢于亮剑，这就是中国军人的军魂！”就像武侠小说中所描写的侠客一样，要敢于过招，而且要该出手时就出手。这是他一生戎马生涯的真实写照，也是他作为一名中国军人在指挥作战时的原则，更是他作为一名中国军人“宁可战死，不被吓死”精神的写照。这种精神无疑是可取的、可贵的、可赞扬的、可提倡的。

狭路相逢勇者胜！李云龙不信邪、不信神，只相信自己的队伍，相信自己的实力，相信自己的智慧。这是他自信心和才能的充分展露，也是古代侠者之风的再现，遇到强手，不能气馁，不能怯阵，不能手软，不能不敢战，更不能不敢胜，要敢于对敌，要敢于出手，要敢于杀敌，要敢于拼命，要从心理上压倒敌人，要从气势上震慑敌人，要从狠劲上吓跑敌人，要刀快枪准，心狠手辣，出手必杀，方能使敌人怯、馁、疑、慌、逃、败、亡，自己方能争取生机，取得最后的胜利，才能够生存下去，才能够发展壮大。否则，怯战也得战，怕输更得输，怕死还是死。李云龙的带兵生涯就充分地证明了这个观点，他历次以弱胜强、以寡胜多、转败为胜的生动战例就是很好的佐证。

同样的道理，一个有志于在公司中有所作为的员工必须要有面对危险的勇气，要有冒险精神，如果惧怕失败，不冒风险，求稳怕乱，平平稳稳地过一辈子，虽然可靠，虽然平静，但那是一个悲哀而无聊的人，一个懦夫。其最为痛惜之处在于，这个人亲自葬送了自己的潜能。他本来可以摘取成功之果，分享成功的最大喜悦，可是他却甘愿把它放弃了。与其造成这样的悔恨和遗憾，不如去勇敢地闯荡和探索。与其平庸地过一生，不如做一个敢于冒险的英雄。

恐惧会将困难放大而击倒自己

生活中，困难无处不在，而很多时候，打倒我们的不是这些困难，而是被我们内心放大的恐惧。有这样一个小故事：有两个孩子比赛谁先跑到各自的妈妈身边。可在途中，两个孩子先后摔倒。其中一个妈妈立刻跑过去安慰那个孩子，摸摸头又抱在怀里，那孩子反而哭得更凶了。而另一个妈妈呢？她只是站在原地鼓励孩子继续跑起来。孩子摇摇晃晃站起来，终于跑到了妈妈身边，露出甜甜的笑。这两个母亲的做法孰是孰非？前者是放大了困难，后者则鼓励孩子克服了困难。

这个简单的道理我们每个人都懂，但说到畏惧困难，似乎那些刚出世没多久的小孩反倒比大人勇敢。孩子们敢和鳄鱼拥抱，和巨蟒共舞。因为无惧，所以无畏。

而现实生活中，很多人正是因为处在新时代的优越环境，似乎少了很多战胜困难的勇气。人生中有许多困难并不是什么坏事，因为逆境可以造就英雄。有了这些磨炼，美玉才会更加完美，利器才会更加锋利。命运多舛并不是什么可怕的事，可怕的是，你无法克服和跨越它们。

西点军校的心理素质训练刻意锻炼学员的心灵，借此训练使学员们成长为无所畏惧的强者。学员要找到自己心中的敌人，痛快地杀掉它！其中，恐惧就是要被杀掉的第一个敌人。西点认为：从长远来看，有意识地与自身的恐惧作斗争，培养勇敢的精神，才是可以彻底战胜疾病、战胜困难的选择。

身在西点的每一位教官都知道，克服恐惧是培养勇气的前提，而这需要一个过程。

对于任何一个军人，在任何时候，一点的恐惧都会导致整个战争的失败。所以，西点学员的这一项心理素质训练都是严格并残酷的。它是专门针对团队设计的，同时又是强制性的。西点军校的所有学员都必须接受体能训练，参与相当危险的运动。男生要学习拳击和摔跤，而男生、女生都要进行体操、游泳救生和肉搏自卫的训练。这一点，新学员更需要进行自觉体验。很多学生脸上从来没有挨过拳，突然之间他们必须赤裸裸地面对自己的恐惧。最糟糕的情况莫过于想要逃开拳击台了。如果真有人想要逃走，也必须再回头，否则就毕不了业。他们必须学会面对恐惧，了解恐惧，同时体会如何应对因恐惧带来的压力。唯有如此，才能够确保在最需要冷静行事的关键时刻，他们不会因为恐惧而停止不前。

新学员们学会克服恐惧要有一个过程，这个过程是越来越难的，这些必修课程非常重要，不仅锻炼年轻学员的体能，同时也训练了他们的勇气和拼搏精神，使他们学会了勇敢地面对危险，克服恐惧。

所谓的困难并没有那么可怕，我们之所以不敢勇敢地跨出一步，是因为我们内心的恐惧在作怪。恐惧将困难放大，就会打倒我们自己。如果我们勇敢一点，打倒恐惧，我们会发现，所谓的恐惧原来只不过是只纸老虎。

对此，西点军校1967届毕业生卡兰德有切身的体会。

有一次，卡兰德在纽约的一个漂亮饭店里，看着游泳的朋友们在阳光下嬉戏，忽然有一种不舒服的感觉涌上心头。卡兰德告诉他们，自己怕晒黑，所以不想下水。朋友们笑着怂恿他："不要因为怕水，你就永远不去游泳……"

阳光洒在他们水润光亮的肌肤上，他们像海豚一样骄傲地嬉戏着，而卡兰德其实并不想躲在没有阳光的阴影里看着他们快乐。他觉得自己是个懦夫。

一个月后，朋友邀卡兰德到一个温泉度假中心，他鼓足勇气下水了。卡兰德发现自己没有自己想象中那么无能，但他不敢游到水深的地方。

"试试看，"朋友和蔼地对他说，"让自己灭顶，看会不会沉下去！"

于是，卡兰德试了一下。朋友说得没错，在意识清醒的状态下，想要沉下去、摸到池底还真的不可能。真是奇妙的体验！

"看，你根本淹不死，沉不下去，为什么要害怕呢？"

卡兰德上了一课，若有所悟。从那天起，他不再怕水，虽然他还不算是游泳健将，但游个四五百米是不成问题的。

和卡兰德一样，在困难面前，你也可以克服恐惧。当你遇到困难时，理所当然，你会考虑到事情的难度，对此，你便会产生恐惧，会将原来的困难放大。但实际上，假如你能减少思考困难的时间，并着手解决手上的困难，你会发现，事情远比你想象中简单得多。那些成功的人士，都是靠勇敢面对多数人所畏惧的事物，才能出人头地的。

如果你不能除掉恐惧，那么阴影会跟着你，变成一种逃也逃不掉的遗憾。不要因为恐惧失望而害怕尝试。一旦你正面面对恐惧，很多恐惧都会被击破。

的确，恐惧的表现之一通常是躲避，而试图逃避只会使得这种恐惧加倍。任何人只要敢于面对他所恐惧的事，并持续地做下去，直到有获得成功的经验，他便能克服恐惧。

既然困难不能凭空消失，那就勇敢去克服吧！该怎样克服恐惧、战胜困难呢？

1. 树立信心

欠缺自信的人将终日和恐惧结伴为邻。越是被恐惧的乌云所笼罩，自我肯定的机会也就越渺茫。

2. 阶段性克服困难

你可以将一个大困难，分成几个小困难逐一解决。也许一个大困难不好解决，但一个又一个小困难却不难克服。当你在不经意间克服了许多小困难后，你会发现，大困难也就迎刃而解了。

不要害怕对手和竞争

在日常生活中，提到“对手”和“竞争”这样的词语，往往会让人充满某种敌意和戒备。在很多人的眼里，竞争对手都是眼中钉、肉中刺，是心腹大患，恨不得“除之而后快”。

但是反过来想一想，拥有一个强劲的竞争对手，何尝不是一种机遇？因为一个强劲的竞争对手，会让你时刻感觉危机四伏，会激发起你更加旺盛的精力和斗志。

西点人都有一种强烈的竞争感，都有出人头地的欲望。西点的体制政策也处处体现了竞争，给能力优异者提供了充分展示才能的机会。但是，西点的竞争是规范化的竞争，而不是那种“矬子里面拔将军”的竞争。不论在科学文化学习上还是在体育运动上，西点都向学员提出了一系列明确的目标，让他们接受这些目标的挑战，而不是让他们去和自己的同学一争高低。

西点很清楚，在体育运动和学习生活中开展竞争是很容易的事情。学员们来到西点无不渴望挑战，再上一层楼。西点的历史和现实也确实创造了许多强有力的、催人上进的基因。关键是要将这些基因激活。设法引导和帮助学员保持和发扬一种健康的、积极向上的竞争状态。因为竞争往往有可能变成破坏因素，人们为了在竞争中获胜有可能置个人的诚实标准于不顾，把整体对个人的同情心、关爱情抛诸脑后。因此，西点对学员的竞争因势利导，尽可能地规定出一些切实可行、不轻易变动的竞争标准，让学员向着标准用劲儿，而不会把力量用偏了。为此，他们还制定了《学员行为准则》。

事实上，在很大程度上，“对手”并不等于“敌手”，“对手”也可以是和我们一起成长的伙伴、朋友。尤其是在如今这个竞争与合作并存的时代,“对手”和“伙伴”的界限没有那么分明,没有竞争,就没有动力,没有合作,也不能实现双赢。对手的存在价值不是要伤害我们、威胁我们,而是要让我们及时发现自己的不足,更加清晰地看到自己的短处,让我们既谦逊又勇敢地去完善自己、超越自己,塑造最好的自己。

在生活和学习上给自己找个对手,也就是为自己找一个优秀的参照物,以不断鞭策自己进步,让自己吸取他人的优点,不断强大,让自己能够不断地接受挑战,从而让自己吸取在成功或者失败中得到的经验和教训,让自己得到成长。

法则四
冒险精神

敢于接受挑战，永远站在最前面

毕业于西点的威廉·B·富兰克林说过这样一句话:“要求永远不犯错。正是什么也做不成的原因。”因此,公司的员工需要改掉的是一整套的习惯。首先,遇到有小事要决定的时候,向西点军人那样练习“快动作”。譬如说,决定请哪个客户吃饭,给上司写什么信,要不要买某一件外套送给下属。这一切只用五分钟决定,绝对不要磨磨蹭蹭。强制自己在某一分钟内做决定,决定好了就不要改变(如:不要写了信又撕掉,买了外套又退回店里)。你或许会觉得做这件事太莽撞,太不顾及后果,这种想法正是问题真正所在。事情过了几天,说不定你会意想不到地对自己的决定感到满意。

每个人的内心始终存在着两股力量,其中一股是:“我天生是来做伟人的,我应该什么都可以做到”;另一股力量却时时在打击我们:“你办不到!”两股力量的斗争在遇到困境与失败时会变得更加激烈。其实,我们每个人最大的敌人就是自我怀疑和畏惧失败。

西点的学员非常欣赏古罗马哲学家塞尼卡的一句名言:“真正的伟人,是像神一样无所畏惧的凡人。”一个人在任何情况下都勇敢地面对人生,无论遭遇到什么,依然保持生活的勇气,保持不屈的奋斗精神,他就是生活中的强者,一个离成功最近的人。

西点《学员祷词》中有一句话:“竭力鞭策我们在生活急流中勇进。”这是对上帝的请求,也是对人生的标示。西点的用意在于,培养学员永远进取、永不畏惧,挑战一切别人看起来不可能的事情,为国家和民族多作贡献的品格。

在职场中,随时可能碰到和战场上一样的艰难险阻,接到攻克暗堡似的艰巨任务,但是对于勇敢的人来说,没有什么是不可能的。困难可以克服,敌人可以打倒,关键是要具备迎难而上的勇气。勇敢面对一切挑战的人,是勇敢的人,也必定是有决心和方法的智者。他懂得冷静思考,懂得寻找一个最为缜密、保险的方法攻克一切。每当攻克一个困难,他的脚底便会多一块走向成功的垫脚石。一个逃避困难、不敢面对挑战的人,很难让人相信,他会真正为公司担当什么责任。公司的领导,又怎会赋予他更大的使命呢?

在职场中的每个人一定要树立这样的观念:承担责任光荣,推卸责任可耻;迎接挑战光荣,规避风险可耻。我受到的挑战越大,承担的责任越大,说明我的能力越强,公司对我越重视,我今后在公司的机会就越多。很难想象一个不敢迎接挑战、不能承担责任的人会有好的发展前景。

在瞬息万变的职场中,我们每天都会碰到各种突发状况,遇到各种困难与挑战。但只要我们勇敢地面对这一切,不利的因素终会在我们的努力之下变小、变弱直至消失无踪。一个勇于面对困难、接受挑战的员工也必定是个能够为企业解决麻烦、创造业绩的员工,是企业不可或缺的一员。

罗萍是一家连锁餐饮集团公司的普通营业员,因为工作表现好曾多次被评为最佳店员。有一次,这家连锁店里发生了一起意外事件,一位食客在进餐时突然倒地,四肢抽搐,口吐白沫,众人纷纷怀疑是食品中毒,甚至有人拿出电话通知报社和电视台。在这关键的时刻,罗萍镇定自若,一方面指挥其他店员打急救电话,一方面竭力安抚顾客,保证不是食物中毒。她告诉大家,食物绝对没有毒,并当场吃下很多饭菜。为了防止谣言扩散,她还请求大家等待急救车的到来,由医生评判。

不久,急救车来了,经验丰富的医生告诉大家,所谓"中毒"的顾客实际上是羊角风发作,不过凑巧赶在这样一个场合,大家尽可放心。一场危机就这样过去了。罗萍勇敢而机智地避免了一场危机,后来受到公司领导的高度赞扬,不久,她被升为店长了。

在工作中,员工要有承担责任的胆量,不能推脱、逃避。因为对于员工来说,工作本身便是一种信任与机遇。为了报答这种信任,员工应该勇敢地迎接挑战;为了抓住这种机遇,员工更应该积极主动地帮企业解决一切难题。

有时候,困难与挑战并非来自外部,而是来自企业内部与员工自己。工作久了,我们习惯了以往的方法与模式,甚至忍不住想躺在功劳簿上睡一觉。但恰恰是这些念头麻痹了我们的神经,让我们放松了警惕,丧失了迎接困难、挑战自我的勇气与能力。优秀的员工不仅要随时准备应对来自外部的压力与挑战,还要保持清醒的头脑,不断挑战自我,学会在职场中逆风飞翔。

亨利·福特准备制造V-8汽缸引擎时,交给他的工程师去设计,要求把8个汽缸放在一起。图纸很快画出来了,但是工程师们却异口同声地说:"8个汽缸放在一起,是根本不可能的事情。"

"天下没有办不到的事,无论如何要做出来。"福特没有理会他们。

"但是,那真的是不可能的啊!"工程师们坚持说。

"现在就动手去做,不论花多少时间,都必须完成。"福特没有妥协。

工程师们只得着手去做。因为他们知道福特的脾气,不按他的话去做,就会丢掉饭碗。过了半年时间,一点动静也没有。然后又过了半年,还是没有一点进展。工程师想尽了一切办法,都没有成功,很多人都想放弃了,只是不敢提出来。接着,又过了一年,工程师实在没有办法了,来到福特面前,说:"那根本是不可能的。"

"继续做!"福特的口气没有丝毫商量的余地,"我要8汽缸引擎,一定要做出来!"

工程师们只好再次动手做起来,这一回,他们想到办法了,并很快做了出来,V-8汽缸宣告诞生。

美国著名钢铁大王安德鲁·卡内基在描述他心目中的优秀员工时说:"我们所急需的人才,

不是那些有着多么高贵的血统或者多么高学历的人，而是那些有着钢铁般的意志，勇于向工作中的'不可能'挑战的人。"这是多么掷地有声、发人深省的一句话啊！挑战的最高级别便是挑战自我、挑战已有的成功，把"不可能"的事情变成可能。每一位在职场中拼搏并希望获得成功的员工，都应该把这句话铭记在心！事实上，我们每个人的身上都蕴涵着极大的能量。勇于向不可能的任务挑战，有利于我们不断打破自我限制，充分发挥出自我潜能

学习西点军人勇于冒险求胜的精神，你就能比你想象中做得更多更好。在勇冒风险的过程中，你就能使自己的平淡生活变成激动人心的探险经历，这种经历会不断地向你提出挑战，不断地奖赏你，也会不断地使你恢复活力。

西点军人的冒险精神实际上是成功必不可少的因素。现在有很多员工渴望成功，却非常缺乏这一因素，所以只能看到希望，却无法达到希望。把西点军人当作自己行动的导师，去做自己想做的每一件事，那么成功就会在你脚下。

冒险能得到更丰厚的回报

冒险是一个渴望成就大业的人必须要具备的精神，风险和收益的大小是成正比的，一分风险就是一分成就、一分财富。如果没有冒险精神，一个人很难取得大的成功。

在人的一生中，有着各种不确定因素。有的人不求安稳，敢于冒险，这是他们能够获得成功的一个重要因素。有的人惧怕失败，做事只求稳当，不敢冒风险，这样，这个人也就葬送了发挥自己潜能的机会。与其由于错失机会而悔恨和遗憾，不如勇敢地去闯荡和探索，成功或许就在不远处等着你。

尊敬勇者、崇尚冒险精神，这一直以来都是西点提倡的精神。西点学生明白，只有拥有冒险精神，才能让自己做出惊人的事业。尼克松曾经说过："成功地踏上仕途，需具备为取得重大成就而甘冒一切风险的品质。你绝不应该害怕失去什么。我的意思不是让你去鲁莽行事，但你必须得'敢'字当头。"

在漫长的生命旅途中，大部分人都喜欢走平坦、安稳之路，这样虽然可以节省些力气，却往往与成功背道而驰。那些精神与肉体都懒散的人不喜欢改变现状，他们也因此很少尝到胜利果实的美味。

要想成就大事业，就要学会冒险。要想学会冒险，首先要明白积极进取的生活可以改变整个人生。只有敢于向忧虑和恐惧进攻，你才能驾驭忧虑和恐惧，把它们远远地抛在身后。

1965 年，一个 19 岁的美籍犹太青年考入了加州大学长滩分校，攻读电影及电子艺术专业。大三时，这个狂热地做着导演梦地小伙子拍了一部 24 分钟的短片，讲的是一对在沙漠相遇的年轻恋人的故事。

那时，环球公司是每一个人想进入好莱坞的电影人梦中的圣地。1969 年，该公司的行政长官西德尼·乔·辛伯格偶然看到了这个青年拍的爱情短片。影片刚一放完，辛伯格便激动地对他地助手说："我认为它棒极了！请你尽快安排这个导演来见我。"

第二天，助手向他报告："这个青年并不是导演，只是个大三学生。"辛伯格回答："我不管他是什么，我要见他！"

一个星期后，辛伯格见到了这个青年。

“我喜欢你的电影。我们签个合同吧。”辛伯格开门见山地发出邀请。

青年犹豫地说:“可我是犹太人,我才读大三,还有一年才毕业呢。”不过,青年知道,以他这个年龄想当上好莱坞大公司的电影导演几乎是不可能地,所以,他明白眼前是一个千载难逢的机会。

“你是想上大学还是想当导演?”辛伯格问。

一分钟,仅仅是一分钟,青年的头上已经开始冒汗……

辛伯格当然明白,犹太人是一个非常重视教育的民族,大学未毕业就出来工作,这是他们不可想象的事情。

当天下午,青年与辛伯格所在的环球公司签了一份标准的“自愿服务”7 年合同。在合同的限制下,青年等于是把自己的每一分钟都卖给了环球公司。有人戏言,只有神经不正常的人或者有着疯狂野心的人才会签这种合同。这份合同对辛伯格来说是一场豪赌:让一个名不见经传,甚至大学尚未毕业的人做导演,这可是环球公司从未有过的事。

事实上,不论是这个青年还是辛伯格,都是“神经不正常的人”或“有着疯狂野心的人”,然而,正是这个青年陆续拍出了《大白鲨》、《外星人》、《侏罗纪公园》、《辛德勒名单》等传世杰作。

青年名叫斯蒂芬·斯皮尔伯格,一个电影史因之而更加辉煌的名字。

人的一生会经历无数次的选择,斯皮尔伯格选择当导演,他付出了辍学、来自父亲的怨恨以及长达 7 年的自由身。然而,没有这些代价,没有疯狂追逐梦想的勇气,他不可能取得这样的成功,因为成功总是青睐勇敢的狂者。

我们每个人都要有冒险的勇气、行动的勇气。如果你从不尝试任何事情,就不会知道自己真正的实力,更不会明白自己到底要什么。在迈向未来的道路上进发,有坎坷也有曲折,危险固然存在,但这却是通往成功与幸福的必经之路。

不管你是否愿意,这个世界永远有新的挑战立在你的前面,总有新的领域等待你去征服,关键是你敢不敢去做、去冒险。很多杰出人物也许不一定比你“会”做,但重要的是他们比你更“敢”做。

没有人可以不冒险就能够取得胜利。每一个人都希望自己成就一番事业,能达到那种境界,问题在于机会是不会光顾那些守株待兔的人的,只有具有进取心的人才能抓住它。

生命在于运动,一切生机都来自行动,来自动态发展。在现实社会中,人们常常抱怨自己缺少机会,其实,冒险乃为机会之母。当具有一定的冒险精神时,你就不会满足于现状,而是努力奋斗、敢于进取。

有时越接近风险也越接近成功

冒险家的冒险精神成就了企业的发展和社会的进步。以利润为直接动机,以“征服的意志”“创造的快乐”为内在动因,这种在利益驱动下形成的冒险精神是创造的本质。国民是否具有冒险精神,决定了一国经济与社会的发展状况。

美国前财政部长罗伯特·鲁宾就是这样一个以“征服和创造”为乐,不断向未知世界挑战的人。

鲁宾生于纽约,长于迈阿密海滨。父亲阿莱克桑达是一位在迈阿密经营不动产的律师。因为想离家远一点,鲁宾到位于美国北部波士顿的哈佛大学就读。在哈佛大学他专攻经济学并以优异的成绩毕业。之后又进入哈佛大学法学院,但仅学习了一周就退学,转入伦敦大学经济学院。在那里他接受了正统的英派经济学理论教育。他于第二年(1961年)秋返回美国,在耶鲁大学法律系专心攻读法律。

三年后,鲁宾开始在律师事务所就职。但是,他总觉得律师事务所不适合自己发展。于是,鲁宾1966年转入高盛投资顾问公司。此后26年间,鲁宾作为投资及金融专家活跃在金融界,同时利用其丰富的法律知识,历任政府的通商委员会顾问、预算委员会顾问、FRB国际资本市场委员会委员、证券交易委员会市场监察员等公职,并在共和党支持者众多的金融界,牵头为民主党筹措选举资金。

1990年,鲁宾登上了高盛公司董事长的宝座,但1993年却应克林顿之邀放弃了年薪200万美元的会长之职,接受了收入只有其1/10的美国财政部长的职位。在这个职位上,鲁宾终于找到了可以施展才华的机会。

"如果陷入党派之争,就不可能做出正确的判断。"这是鲁宾的至理名言。

鲁宾给人的印象是不引人注目、不爱出风头,只是埋头工作。他虽然身为民主党员,但从不受党派的限制。"我们只要提出符合人们基本权利的政策,就是政治上站在对立面的共和党也不会反对我们的政策。"鲁宾认为,这才是政治家的使命。

可以说,鲁宾之所以能政绩斐然,与他敢于尝试、不断挑战命运的性格是分不开的。

任何一家企业要想做大,所面临的风险是长期的、巨大的和复杂的。企业由小到大的过程,是风险与机会共存的过程,企业之舟随时都有可能触礁沉船。企业在发展过程中常常会遇到许多的困难和风险,如财务风险、人事风险、决策风险、政策风险、创新风险等。要想成功,就要有"与风险亲密接触"的勇气,否则就会与成功永远无缘。

面对危险要迎难而上

西点著名学子、美国杜邦公司创始人亨利·杜邦说过:"危险是什么?危险就是让弱者逃跑的噩梦,也是让勇者前进的号角。对于军人来说,冒险是一种最大的美德。"

有很多人似乎习惯于"躺在床上"过一辈子,他们从来不愿去冒险,不管是在生活中还是在事业上。但是,当你横穿马路时,当你在海里游泳时,当你乘坐飞机时,其实都潜藏着危险。

亨利·杜邦就是从冒险中获胜的,这位西点军校的毕业生外表严厉,有军官的气派,长着火红色的头发和胡子,人称"红汉子"。

亨利·杜邦32岁那年,堂叔死于肺炎。由于死得非常突然,堂叔没有留下任何遗嘱,所以,家族针对遗嘱乱成一团,一时间不知道该怎么办,大家吵得不可开交,最后也谈不出什么结果。最后,董事会打算把公司卖了。

到最后决定的时候,亨利·杜邦上前说,全部家当如果卖掉,值1200万美元,每个人分不到多少钱。与其这样,不如把它按2000万美元抵押给家族的某一个人,这个人按银行的利息付给各位,这样应该更好。大家听了都很同意,但是谁愿意出来当这个"冤大头"呢?这时,亨利·杜邦上前表示自己愿意这样做,于是,他当上了新的总裁。此后,在亨利·杜邦的精心管理下,公司办得有声有色。

亨利·杜邦是一个敢于冒险的人,他最终获得了成功。其实,成功在某种意义上就是要想前人未曾想、做前人未曾做、成前人未能成的事业。这就意味着对现实的批判,对权威的挑战,对自身的超越。这不仅十分艰难,而且还必须敢冒各种风险。事实上,不冒风险不能创新,不冒风险不能成功,不冒风险的机遇在成功道路上无处寻觅。

有些人愿意选择比较简单的方式,过平静的生活,然而这样做很难获得成功。对于一个对什么都没有兴趣、没有热情而安于现状的人来说,冒险是成功的开始,是唯一可以解救他的东西;对于一个小有成就的人来说,冒险会使他的投资回报颇丰。

诚然,我们不能认为冒险就会成功,但可以肯定的是,那些连骑马都不敢或不敢报考学位的人是没有前途的。一旦你明白冒险意味着充实的生活,并且它将带给你幸福和快乐,你就会愿意开始这次旅行。

在美国密歇根州,每年夏天,青年基金会都会举办夏令营,提出的主题便是“我向你挑战,去大胆冒险”。每年参加这个夏令营的男孩和女孩不计其数,在特定的时间里,整个夏令营激烈的竞赛活动此起彼伏。在一个接一个的比赛中,这些年轻人都希望成为最好的那一个。

冒险也可以只是做一点异乎寻常的事,如到具有神秘感的国家去旅行。冒险,即使不怎么惊天动地,对于塑造人格也大有裨益。人生不如意事十之八九,平时刻意让自己去应付一些难题,可以让你练习如何面对突发的状况。如果你不冒险一试,那你的一生也不过是随波逐流,随时可能会有大浪来把你卷入大海。要知道,平平淡淡的生活虽然滋润,但缺乏新鲜。偶尔不按常理出牌,可为生活增添新意。

美国陆军精神病学顾问阿伯斯说:“大部分人不知道自己到底有多么勇敢。事实上,许多人都有隐藏的英雄本色,但他们缺少自信,最终虚度过一生。如果他们知道自己有深藏的资源,一定能帮助自己解决问题,甚至解决重大的危机。”你已经拥有这些资本,但是必须付诸行动,使它们有机会发挥出来,这样你才能体会到你确实拥有它们。

积极培养你大胆行动的习惯。对任何事情都要怀着勇气,采取大胆的行动,不要等到危机来临时才想成为大英雄。

人生每个层面多少都带着一点冒险:健康、人际关系、生活、求职等。冒险并不是做了什么天大的抉择,而是咬紧牙关,不管多么困难,一心要有赢的决心。生活的趣味也正缘于此。

勇敢尝试,是冒险的第一步

西点人认为,冒险一般都是对自己所不了解,所不曾接触过的事进行探索。所以说敢于冒险就一定要勇于尝试自己所不曾进入过的“雷区”。

美国探险家约翰·戈达德15岁的时候,只是洛杉矶郊区一个没见过世面的孩子,他把自己一辈子想干的大事列了一个表。他把那张表题名为“一生的志愿”。表上列着:“到尼罗河、亚马逊河和刚果河探险;登上珠穆朗玛峰、乞力马扎罗山和麦特荷恩山;驾驭大象、骆驼、鸵鸟和野马……”每一项都编了号,一共有127个目标。

当戈达德把梦想庄严地写在纸上之后,他就开始抓紧一切时间来实现它们。16岁那年,他和父亲到了乔治亚州的奥克费诺基大沼泽和佛罗里达州的埃弗格莱兹去探险。这是他首次完成了表上的一个项目,他还学会了只戴面罩不穿潜水服到深海潜游,开拖拉机,并且买了一匹马。20岁时他已经在加勒比海、爱琴海和红海里潜过水了。他还成为一名空军驾驶员,在欧洲上空作过33次战斗飞行。他21岁时已经到21个国家旅行过。22岁刚满,他就在危地马拉的丛林深处发现了一座玛雅文化的古庙。同一年他成为"洛杉矶探险家俱乐部"有史以来最年轻的成员。接着他就筹备实现自己宏伟壮志的头号目标——探索尼罗河。戈达德26岁那年,他和另外两名探险伙伴来到布隆迪山脉的尼罗河之源。紧接着尼罗河探险之后,戈达德开始接连不断地加速完成他的目标:1954年他乘筏漂流了整个科罗拉多河;1956年探查了长达4000多千米的刚果河;他在南美的荒原、婆罗洲和新几内亚与那些食人生番、割取敌人头颅作为战利品的人一起生活过;他爬上过阿拉拉特峰和乞力马扎罗山;驾驶超音速两倍的喷气式战斗机飞行;写成了一本书《乘皮艇下尼罗河》;开始担任专职人类学者之后,他又萌发了拍电影和当演说家的念头,在以后的几年里他通过讲演和拍片为他下一步的探险筹措了资金。

将近60岁时,戈达德依然显得年轻,英俊,他不仅是一个经历过无数次探险和远征的老手,还是电影制片人、作家和演说家。戈达德已经完成了127个目标中的106个。他获得了一个探险家所能享有的荣誉,其中包括成为英国皇家地理协会会员和纽约探险家俱乐部的成员。沿途他还受到过许多人士的亲切会见。

戈达德在实现自己目标的征途中,有过18次死里逃生的经历。他说:"这些经历教我学会了百倍地珍惜生活,凡是我能做的我都想尝试。"

他指出,差不多每个人都有自己的目标和梦想,但并不是每个人都去努力实现他们。"检查一下你的生活,并向自己提出这样一个问题是很有好处的:'假如我只能再活一年,那我准备做些什么?'我们都有想要实现的愿望,那就别延宕,从现在开始做起!"

约翰·戈达德的故事,再次为这句谚语提供了佐证:"敢于尝试,是成功的第一步。"这不仅适应于约翰·戈达德所致力的那种探险事业,面对变幻莫测的生活和未来,要努力地朝自己的目标靠近,不也是一种探险吗?

胆量决定成功

一个人成功的关键是胆量和勇气,如果没有胆量和勇气,就不会拥有一切。成功是可以用胆量缔造的,有一种胆量是可以穿透梦想的。——西点毕业生、美国在线创始人吉姆·凯斯

一个真正的企业家和领导者。不仅要有经营管理的才能,更需要有胆量。在日趋激烈的商业竞争中,如果没有一定的勇气和胆量,即使作出比较切合实际的预见。也不能很快地发展下去。

作为西点毕业生,吉姆·凯斯说,在西点,我经历过魔鬼训练,这种训练极大地锻炼了我的意志和胆量。凡是参加过这种训练的学员,意志和胆量都有不同程度的提高。

胆量是促进大家在精神上战胜巨大危险的宝贵力量,也是战胜敌人的必要条件。从士兵到将军,胆量都是非常可贵的品质。作为军队的统帅,有非凡智慧作指导的胆量是杰出指挥官的标志,如果没有胆量就根本谈不上杰出的统帅。作为士兵有超人的本领而胆量过人,就是一个优秀的士兵。

吉姆·凯斯认为,对企业领导也是如此,胆量是企业领导必不可少的素质。许多商场上的行家里手都有胆有识,而且还具有决断魄力,能在关键的时候,为得虎子,敢入虎穴。

吉姆·凯斯就有勇气和胆量的人,他敢说、更敢干,别人不敢说的他说,不敢干的他干,他展现出了非凡的商业才能,创建了著名网站——"美国在线",在吉姆·凯斯的主导下,美国在线由一个默默无闻的小公司发展成为全球最大的网络服务商。他信奉"胆量决定成功",推动了电子商务的时兴潮流。

世上有很多的人不愿意冒险,缺少超人胆量只求安稳,因此他们则一事无成。所谓胆量就是指不管做任何事时胆子要大一点,要克服只求安稳的弱点,要勇于冒险、敢作敢为,并相信自己能够获得成功。

根据美国企业家协会的调查显示,世界上真正能做大事的人,未必都是精明人,然而他却一定是有胆量的人。

胆量与成功是成正比例的。有胆量的企业家观念上从不保守,行动上敢为天下先,得到的商机自然比别人更多。机会越多,成功的几率就越大,成功的速度也就越快。胆量与成功是成正比例的。

胆量是企业家成功的前提条件。当别人还在观望的时候,有胆量的企业家已经行动起来;当别人还在犹豫不决的时候,有胆量的企业家早就挖到了第一桶金。

摩根就是这样一位企业家。冒着风险去投资,在短时间内脱颖而出,向大企业挑战,创立新兴的投资银行;进行垄断,跻身国际经济舞台,成为美国19世纪70年代至20世纪20年代叱咤风云的大金融家。

"如果政府和法律不做,我自己来!"

这句石破天惊的话几乎成了美国几个世纪以来最出名的名言,说出这句惊世骇俗的话的人就是摩根。

1857年,摩根从德国哥廷根大学毕业,进入邓肯商行工作。一次,他去古巴哈瓦那为商行采购鱼虾等海鲜归来,途经新奥尔良码头时,突然有一位陌生人从后面叫住他:"先生,想买咖啡吗?我可以半价出售。"

"半价?什么咖啡?"摩根疑惑地盯着陌生人。

陌生人马上自我介绍说:"我是一艘巴西货船船长,为一位美国商人运来一船咖啡,可是那位美国商却已破产了。先生!您如果买下,等于帮我一个大忙,我情愿半价出售。但有一条,必须现金交易。先生,我是看您像个生意人,才找您谈的。"

摩根便跟着巴西船长看了咖啡,成色还不错。一想到价钱如此便宜,摩根便毫不犹豫地决定以邓肯商行的名义买下这船咖啡。然后,他兴致勃勃地给公司发去电报,可邓肯的回电十分强硬:"不准擅用公司名义!立即撤销交易!"

摩根勃然大怒,可转念一想,邓肯商行毕竟不是他摩根家的。自此摩根便产生了一种强烈的愿望,那就是开自己的公司,做自己想做的生意。

摩根无奈之下,只好求助于父亲。父亲吉诺斯回电同意他用自己伦敦公司的户头偿还挪用邓肯商行的欠款。得到父亲支持的摩根大为振奋,索性放手大干一番,在巴西船长的引荐之下,他又买下了其他船上的咖啡。

也许上帝对他也十分赏识,就在他买下这批咖啡不久,巴西便出现了严寒天气,一下子咖啡大量减产。随后,咖啡价格暴涨,摩根便稀里糊涂地大赚了一笔。

从这次极为冒险的咖啡交易中,吉诺斯相信自己的儿子是个人才,便出了大部分资金为儿子办起了摩根商行,供他施展经商的才能。他的支持对摩根后来叱咤华尔街乃至闯世界起了决定性的作用。

1862 年,美国的南北战争正打得不可开交。一天,摩根新结识了一位朋友,一位华尔街投资经济人的儿子克查姆。在闲聊中,克查姆向摩根透露:“我父亲最近在华盛顿打听到,北军伤亡十分惨重!如果有人大量买进黄金,汇到伦敦去,肯定能大赚一笔。”

对经商极其敏感的摩根立即意识到这是一个十分难得的机遇,他提出与克查姆合伙做这笔生意。也有此意的克查姆马上将自己的计划告诉摩根:“我们先同皮鲍狄先生合作,通过他的公司和你的商行共同付款的方式,秘密购进四五百万美元的黄金。然后,将买到的黄金一半汇到伦敦,交给皮鲍狄,剩下一半我们留着等待时机。一旦皮鲍狄黄金汇款之事泄露出去,而政府军又战败时,黄金价格肯定会暴涨,到那时,我们再抛售手中的黄金,肯定会大赚一笔!”

摩根在脑中快速地盘算了这笔生意的风险程度,十分爽快地答应了克查姆,一切按他的计划行事。正如他们所料,秘密收购黄金的事因汇兑大宗款项“走漏”了风声。于是,很快形成了争购黄金的风潮。金价飞涨,摩根见时机已到,迅速抛售了手中所有的黄金,又狠赚了一笔。

这次黄金交易使他获得了 16 万美元的纯利润,当然他的投机也引起了联合同盟俱乐部大批商人的不满和攻击。摩根适时地退出了黄金市场。

几年的国内战争,摩根获得了多条军事机密,所获得的利润连他自己也弄不清楚。他心中有两个十分坚定的信条:一是信息对于商业的重要性;二是风险越大,带来的利润也就越多。

在一次次冒险中,他获得了巨大的成功,为他施展更为远大的抱负奠定了坚实的基础。

从某种程度上来说,冒险就意味着获取新的机遇。只有那些敢于承担风险的企业家才能带领企业走出困境,获得新生;一个不敢于冒风险的企业家最终会使企业走向衰败。

敢于冒险、敢想敢干才是企业家和企业领导应有的作风。人也只有在险境中,才能把自己锻炼成一个有胆量的人,在绝处的险境里转危为安,找寻到生机,求得财富。如何做到这一点?

(1)不惧怕风险。面对困难和挫折,只有迎难而上,才能赢得成功。人生需要机遇,更需要抓住机遇的勇气和眼光,相反,不少人却因为担心风险,瞻前顾后而错失机会让财富白白从身边溜走。

(2)积极尝试新的事物或是没有人做过的事。敢于将冒险精神根植到自己的事业中去,敢于用冒险的代价来换取成功的机遇。

(3)要充分准备。是否抓住机遇,关键在于本人的准备、积累和能力。只有努力地提升本身素质,练好“内功”,充分地准备和积累,才能在机遇来临时“发现”机遇,抓住机遇。所以,机遇总是偏爱准备的人,他们总是不害怕风险,善于抓住机遇。

(4)冒险并不是鲁莽行事,盲目的冒险等于冒进。在确定做某件事情之前,必然会挖掘大量的信息,然后才可以准确地预测出“可控的风险”和“不可控的风险”,这样的冒险才是最智慧的选择,才能使自己立于不败之地!

企业领导不仅需要商业眼光,而且更需要敢想敢干的胆量。有胆量、要敢于做决定是一个企业领导应该具有的基本素质。

世界从来都给无畏的人让路

在培养勇气方面,西点有它独特的方法。教官知道学员有一种理性克服恐惧的方法,他会故意加重学员的焦虑。没有恐惧,勇气是培养不出来的。如果你不能忍受而选择逃避或是放弃,你就是一个逃兵,一个胆小鬼,你必须选择离开。因为西点需要勇者和荣誉,不需要逃兵,世界从来都只给无畏的人让路。

1941 年冬,身穿单薄夏装、顶着刺骨寒风的独立团一营,以破釜沉舟的决死精神面对强敌,以一营之兵力率先向关东军两个中队发起攻击,进行了一场惨烈的白刃战。这场战斗,独立团一营几乎全军覆没,其惨烈程度可谓"惊天地,泣鬼神"。

在这场战斗之前,赵刚问李云龙:"万一情报不准,鬼子不是一个押车小队,而是一个中队或一个大队作战部队,你怎么办?"

李云龙道:"古代剑客和高手狭路相逢,假定这个对手是天下第一剑客,你明知不敌该怎么办? 是转身逃走还是求饶?"

"当然不能退缩,要不你凭什么当剑客?"

"这就对了,明知是个死,也要宝剑出鞘,这叫亮剑,没这个勇气你就别当剑客。倒在对手剑下算不上丢脸,那叫虽败犹荣,要是不敢亮剑你以后就别在江湖里混啦。咱独立团不当孬种,鬼子来一个小队咱亮剑,来一个大队也照样亮剑。"

"明知是个死,也要宝剑出鞘",正是这样的亮剑精神,独立团才屡建奇功,在敌我力量悬殊,外界环境极度不利的情况下,披荆斩棘,开辟出了一条胜利之路;正是有这样的亮剑团体,在艰苦卓绝的八年抗战中,我们的民族才逾越重重障碍,捍卫了自己的尊严,保卫了自己的国土。

"面对敌手,毅然亮剑",一个人如果没有这种精神,遇到困难便会止步不前,被内心的恐惧摧毁,这样的人,怎么能在人生中获得让自己满意的成就呢?

约翰是一个世界500 强企业里非常平凡的上班族,却在40 岁那年做出了一个疯狂的举动,放弃他薪水优厚的办公室工作,并把身上仅有的几美元捐给街角的乞丐,只带了换洗的衣裤,从自己的老家——阳光灿烂的加州出发,靠搭便车与陌生人的好心,穿越美国东西,到达东岸一处叫做"恐怖角"的地方。

他之所以作出这样仓促的决定,完全是因为自己精神即将崩溃。虽然他有好工作、温柔美丽的妻子、善良可敬的亲友,但他发现自己这辈子从来没有下过什么赌注,平顺的人生从没有高峰或谷底,他觉得自己的前半生在懦弱中虚度了。

他选择北卡罗来纳的"恐怖角"作为最终目的,借以象征他征服生命中所有恐惧的决心。为了检讨自己的懦弱,他很诚实地为自己的"恐惧"开出一张清单:从小时候开始算起,他就怕保姆、怕邮差、怕鸟、怕猫、怕蛇、怕蝙蝠、怕黑暗、怕大海、怕飞、怕城市、怕荒野、怕热闹又怕孤独、怕失败又怕成功、怕精神崩溃……他无所不怕,唯一"英勇"的一次是他当众向妻子表白求婚。

这个懦弱的40 岁男人上路前竟还接到母亲的纸条:"你一定会在路上被人杀掉。"但他成功了,4000多里路,78顿餐,仰赖82个陌生人的好心。身无分文的他从没接受过别人在金钱上的帮助,在暴风骤雨中睡在潮湿的睡袋里,风餐露宿只是小事,他还曾经碰到精神病患者的骚扰,遇到几个怪异诡秘的家庭,甚至还会时不时觉得有人像杀人狂魔和银行抢劫犯。经历这无数的"恐惧"之后,他终于来到"恐怖角",接到妻子寄给他的提款卡(他看见那个包裹时恨不得跳上柜台拥抱邮局职员)。他不是为了证明金钱无用,只是用这种正常人会觉得"无聊"的艰辛旅程来使自己面对所有恐惧。

"恐怖角"到了,但令人意外的是,"恐怖角"并不恐怖,原来"恐怖角"这个名称,是由一位探险家取的,本来叫"Cape Faire",被误写为"Cape Fear",只是一个失误。约翰终于明白:"这名字的不当,就像我自己的恐惧一样。我现在明白自己一直害怕做错事,我最大的耻辱不是恐惧死亡,而是恐惧生命。"

地位、声望、财富、鲜花……这些美好的东西都是给富于勇气的人准备的。一个被恐惧控制的人是无法成功的,因为他不敢尝试新事物,不敢争取自己渴望的东西,自然也就与成功无缘。胆怯、逃避是毫无用处的,只有直面恐惧,才能战胜恐惧。

恐惧有时候就像是一道虚掩着的门,实际上你没有必要害怕,那扇门是虚掩着的。很多人都会对"不可能"产生一种恐惧,绝不敢越雷池一步。因为太难,所以畏难;因为畏难,所以根本不敢尝试,不但自己不敢去尝试,认为别人也做不到。事实上并非如此。

1965年,一位韩国学生到剑桥大学主修心理学。他经常有意识地到学校的咖啡厅或茶座听一些成功人士聊天。这些成功人士包括诺贝尔奖获得者、学术权威人士和一些创造了经济神话的人,这些人幽默风趣,举重若轻,把自己的成功都看得非常自然和顺理成章。时间长了,他慢慢发现自己被本国内的那些成功人士给欺骗了。那些人为了让正在追求成功的人知难而退,普遍把失败给夸大,把成功的艰辛给夸大了,他们故意用自己的成功的经历吓唬那些还没有成功的人。而这种现象虽然在东方甚至在世界各地都是普遍存在的,实际上这种现象在此前并没有人大胆地提出来并加以研究。

于是,经过五年的研究分析,他把《成功并不像你想象的那么难》作为毕业论文,这篇论文交到了现代经济心理学的创始人威尔·布雷登教授手里之后,让这位教授大为惊喜,教授把这篇论文发给他的剑桥校友——当时正坐在韩国政坛第一把交椅上的人——朴正熙,并在信中说:"我不敢说这部著作对你有多大的帮助,但我敢肯定它比你的任何一个政令都能产生震动。"

在追求成功的道路中,内心的恐惧就会对你说:"你绝对办不到。"消除恐惧的办法只有一个,那就是往前冲。假如对某个事物心怀恐惧,更应强迫自己去面对它,以后碰上更难的问题时,你就不会再那么恐惧了。

罗马曾是欧洲最强大的城邦。罗马人征服了地中海北岸的所有国家和南岸的大部分国家,他们同时还占有海中的岛屿和现在属于土耳其的亚细亚部分。那时恺撒已成为罗马的英雄。他率领大军进入高卢,即现在包括法国、比利时和瑞士的欧洲地区,把高卢变成罗马的一个省。他穿过莱茵河,征服了德国的一部分。恺撒的军队甚至还到达了被罗马人视为蛮荒之地的不列颠,并在那里建立起殖民地。

恺撒和他的军队一直对罗马尽忠尽责。但在罗马他有许多敌人,他们害怕他的雄心壮志,忌妒他的丰功伟绩,每当他们听到有人称赞恺撒为英雄,便会气得浑身发抖。

这些人中就包括庞培,他是罗马最富权势的人。像恺撒一样,他也是一个军队的指挥官,但他的军队并没有赢得人们太多的赞誉。庞培知道,如果不采取行动加以制止,恺撒迟早会成为罗马的主人。于是他开始谋划陷害恺撒的计划。再过一年,恺撒在高卢的任期就要结束。大家都认为,届时他将返回意大利并被选为罗马共和国的执政官。那他就会成为罗马最有权力的人。

庞培和恺撒的其他敌人决定阻止这件事。他们说服罗马的元老院发出命令,让恺撒离开高卢的军队立即返回罗马。“如果你不服从这个命令,”元老院称,“就将被视为共和国的敌人。”

恺撒知道那是什么意思。如果他单独返回罗马,敌人就会陷害他。他们会以叛国的罪名审判他,不让他当选执政官。他把效忠自己的士兵们召集起来,把有人试图谋害他的阴谋告诉了他们。那些跟随他经历无数风险、帮助他取得无数胜利的老兵们都宣称不会离开他。他们要同他一起前往罗马,看着他得到应得的奖赏。他们不要军饷,甚至还分担起长途行军的费用。恺撒的军队扬起军旗向意大利进发,士兵们甚至比恺撒更加斗志昂扬。他们为了自己的领袖长途跋涉,不畏艰险。

最后他们来到一条叫作卢比孔的小河。它是高卢省的边界,对岸就是意大利。恺撒在岸边停了一下。他知道越过这条河就等于对庞培和元老院宣战,那将使整个罗马陷入纷争,其结果是无法预料的。“我们还能够回去,”他对自己说道,“我们身后是安全的,一旦越过卢比孔河,我们就不能再回去。我必须在这里作出决定。”

他没有迟疑太久。他发出命令,勇敢地纵马穿过这条浅浅的小河。“我们越过了卢比孔河,”当他到达对岸时大声喊道,“就不会再回头!”

这消息一直传到了罗马:恺撒越过了卢比孔河。一路上,每个城镇和村庄的人们都出来欢迎归来的英雄。离罗马越近,他受到的欢迎就越热烈。最终恺撒和他的军队到达了罗马城门,没有军队出来迎战,恺撒没有遇到丝毫抵抗就开进了罗马城。庞培和他的同伙早已逃走了。

勇敢造就了恺撒,也造就了罗马的辉煌。我们的每一点进步都需要勇气做先导,勇敢,也必将造就未来的你!

勇气对于职场中的每一个人都很重要。其实,在职场和生活当中并不缺少成功的机会,只缺乏不怕挑战,勇于亮剑的员工。在职场中,只有勇敢地亮出你自己,用自己的意志和智慧面对工作中的一切困难和阻碍,你才能一次次战胜怯懦,走向成功。

很多时候,成功就像攀附铁索,失败的原因,不是因为智商的低下,也不是因为力量的薄弱,而是威慑于环境,被周围的声势吓破了胆,或者是被黎明即将来临之前的那段黑暗所吓倒。成功,并不像传说中的那么困难。很多时候,并不是因为事情难我们不敢做,而是因为我们被传说中的假想敌给无形压垮了,还没开始做就因为畏惧而后撤了。

有人说,天才不敢走的路,傻子一步就跨过了,大概这就是傻人有傻福的来历吧。相反那些没有把困难完全看清楚的人,更能够勇往直前,也不会觉得成功会有多困难。

平时我们总会或多或少有这样的感觉:似乎每个创业者都会有一大堆苦水,但是当有人问泡泡网的年轻总裁李想诸如在创业过程中遇到哪些困难,公司发展遇到什么瓶颈等问题的时候,李想都是毫不含糊地回答:“没有。”他说:“我没有遇到什么困难,或者,我始终认为困难是应该的,所以就积极地去面对困难,自然也就不是困难了。”在2003年的时候,泡泡网经历了人事动荡,当时有一半员工离职,有人说李想完了,泡泡网完了。对此李想认为,我觉得没有什么难和不难的,当时我要做的就是赶快调和,另外就是招新人快速进行培养,我们只用了一周的时间就把这个阶段度过了。回头看这个阶段是由于自己管理经验不足,把自己的观点强加到别人身上造成的。但是如果说危机之类的东西我倒不这么认为,困难克服了也就忘了。现在我们公司的员工离职率非常低,高层没有一个离开的。这位身价上亿的年轻总裁就这样把困难给略读过去了。

很多东西,你越是觉得它难,它越是像三座大山那样把你活活压垮。相反,你不把它放在眼里,也许早已轻舟已过万重山了。

冒险是成功的资本

对一个真正的西点军人来说,冒险精神是必不可少的,因此,优秀的员工也一定要有冒险精神,一马平川的发展可能会比较顺利,但绝不会有所作为,只有敢于冒险才能得到别人所得不到的。

不经过无数次的冒险,人类不可能从茹毛饮血的社会,进化到今天能够坐在中央空调的房子里品尝咖啡的时代。

冒险,是对机遇的一种探索,也是对成功的一种尝试,不敢冒险的人往往难以抓住机遇取得成功。

哥伦布发现新大陆,郑和七下西洋,诺贝尔发明炸药,哥白尼创立天体运动论,这些历史上的著名事件,都开始于冒险。没有冒险精神。人类就没有创造。就没有社会改革。只有带着浓厚的风险意识。敢于怀疑并打破过去的秩序,通过冒险而取得胜利后,才能享受到成功的喜悦。

在我们身边,随时随地都要冒险。如果你想骑马赶路,就得抛开可能发生意外的想法。但为了赶路,你只有冒险,除非用两脚徒步,否则别无他法。然而走路也有跌伤的时候,或因倦极而倒的情形。有人认为,这种情形只是在马是唯一的交通工具的时代所抱的乐观想法。殊不知,在我们这样发达的社会,出门一步就危机重重。

假如你恐惧于交通事故的频繁,而不敢出门的话,就只有终日沉闷地待在家里了。但是,待在家里,除了有粮食缺乏的危机之外,仍然没有绝对的安全。随着活动方式的增加,危险性也就成比例地产生。这么说来,难道就不能活动了?打破沉闷,寻求新奇刺激,这是现代人的共同呼声。现代人再也不安心过着平平庸庸、千篇一律的生活了,古语“君子不近危处”的说法,完全不再适用于现代社会了。

歌德年轻时希望成为一个世界闻名的画家,为此他一直沉溺于那变幻无穷的世界中而难以自拔。40 岁那年,歌德游历意大利,看到了真正的造型艺术杰作后,他终于恍然大悟:放弃绘画,转攻文学。经过不断的学习和摸索,歌德日后成为了一名伟大的诗人。晚年的歌德在回顾自己的成长过程时,曾现身说法,告诫那些头脑发热的青年:不要盲目相信兴趣。纵观古今中外名人的成才史,似乎大多数人早期的自我设计都带有一定盲目性:马克思曾经想当诗人、鲁迅曾去日本学医、安徒生想当演员、高斯曾想当作家,但他们比常人高明的地方在于:他们能及时地调整自己的方向。

那么怎样识别盲目的自我设计呢？最有效的鉴别方法是：价值。歌德就是意识到十多年的劳动毫无价值才断定自我设计有误的。这需要一个过程，甚至是一个痛苦的、付出了艰辛代价的探索过程。歌德感慨道："要发现自己多不容易，我差不多花了半生光阴。"他又说："这需要高度的神志清醒，只有通过欢喜和苦痛，才学会什么应该追求和什么应该避免。"

这里不是堆砌故事，而实在是在我们身边，确有不少人，他们被偏见与迷信的桎梏束缚着，他们盲目到不知自由，反而说别人不自由。冒险与危机具有深层次的关联。危机就是危险之中蕴藏着机遇。常人的机遇，常人的成功，往往存在于危险之中。你想要美好的机遇吗？你想要事业的成功？那就要敢冒风险，投身危险的境地，去探索、去创造，不要瞻前顾后，不要害怕失败。因为事业成功者都具有冒险一搏的勇气与决心。

失败是成功之母。每一个冒险行动的背后，免不了有失败的影子，成功只是无数失败中的分子，不是无数失败中的分母。正常的规律是，无数的失败换来一次成功，无数人的失败换来一人成功。惧怕失败，不冒风险，求稳怕乱、平平稳稳地过一辈子，虽然可靠、平静，虽然生活"比上不足比下有余"，但那是多么的平庸和无聊。

想做大事，就不能太过本分，谁都不想庸庸碌碌地过一辈子，所以一定要敢于冒险。

拿出"置之死地而后生"的冒险精神

汉高祖三年十月，韩信率一万余汉军越过太行山，向东挺进，攻打项羽的附属国赵国。赵王歇和赵军统帅成安君陈余集中20万兵力于太行山区的井陉口(今河北井陉东)，占据有利地形，准备与韩信决战。井陉口是太行山八大隘口之一，在它以西，有一条长约百里的狭窄驿道，易守难攻，不利于大部队行动。当时，赵军先期扼守进驻陉口，居高临下，以逸待劳，且兵力雄厚，处于非常有利的地位。反观韩信，麾下只有万余之众，且系新募之卒，千里行军，人马疲惫，处于劣势地位。赵军谋士李左车向陈余建议：正面坚壁不战，用一部分兵力绕到敌后切断汉军粮道，使韩信"前不得斗，退不得还……野无所掠"，最后前后夹击，一战而擒韩信。但陈余认为韩信兵少而疲，不应避而不战，拒绝了李左车的建议。

韩信自知双方兵力相差悬殊，如果采用强攻，必会受挫，于是决定在离井陉口很远的地方驻扎下来，反复研究地形地势和赵军部署。当韩信知道李左车的计策没有被采纳，赵军主帅陈余有轻敌情绪和希图速决的情况后，立即指挥部队进到离井陉口30里远的地方扎营下来。半夜时分，韩信选拔了两千轻骑，每人带一面汉军的红旗，趁天黑从山间小道迂回到赵军大营的侧后方埋伏，等翌日见赵军出动，营垒空虚之时，攻入赵军大营，把赵军旗帜拔下，插上汉军旗帜。随后，韩信传令部队就餐，他对将校们说："少餐即可，待天明破赵之后再饱餐。"将士们听了将信将疑，只能从命。韩信遂即传令击鼓，出大将旗仗，向井陉口进发，他说："赵军已先我占据了有利地形，筑垒以待，看不到大将旗仗，怕他们疑我尚在后军，不肯发起攻击。"

当汉军接近井陉口时，韩信传令中军主力全部前出到河边背水列阵，营垒上的赵军见汉军背水列阵，纷纷讥笑韩信不懂兵法。少顷天色大亮，陈余眼见韩信兵少，自己又处于有利地势，就蜂拥而出，欲生擒韩信。韩信令弃旗鼓仪仗，迅速转入阵中。陈余见此情景，当即下令全营出击，直逼汉阵。汉军因临河而战已经无路可退，所以人人奋勇，个个争先。双方厮杀半日有余，赵军仍未能获胜。这时赵军营垒已空，韩信预先伏下的两千轻骑直驰而入，在赵军营垒遍插汉军红旗。鏖战中的赵军突然发现背后营垒插满汉旗，队形立时大乱。韩信挥军趁势反击，将20万赵军杀得大败，斩杀赵军统帅陈余，生擒赵王歇。

战争不仅是智慧的较量，也是意志和决心的较量。在一定条件下，意志和决心所发挥出的能量可以改变力量强弱的对比。在异常困难的条件下，韩信背水列阵，利用全军将士求生的心理，号召全军将士与敌军决一死战，就这样他以万余的劣势兵力，一举击破20万赵国大军，灭亡了项羽分封的赵国，谱写了中国军事史上的精彩篇章。

“置之死地而后生”同样适用于现代社会。太多的人下岗、失业，甚至失去了生存的保障，但是，他们却给别人带来了机会，给社会的强大创造了机会。各种各样的行业蓬勃发展起来，人的创造力发挥出巨大的力量。在此期间，人们看到了生机，终于，生机蔓延开来，生存又开始了！

有一家非常有名的大企业，需要招收一名开拓性强的业务经理，广告刚刚登出，面试者便蜂拥而至。因为人实在太多，一时应付不过来，文员小姐便不许任何人再进去了，应聘者们只好站在门口耐心地等待下一场通知。

但其中有一个应聘者却再也等不及了，因为他身上的钱仅仅够维持一天的生活。于是他立马找到文员小姐，要她向老板通报，他是外地来的一位客户，看中了公司的某种产品，希望能和老板面谈。

就这样，这个人很顺利地见到了老板。交谈过程中，老板似乎漫不经心地问他是如何进入公司的，他便把刚才的经过告诉了老板。老板听后大为赞赏，立即就录用他为业务部经理，统管公司国内市场的开拓。

事后，老板对他说，是他足够的机智和聪明证明了他能胜任业务经理职位。一个优秀的业务人员，就必须具备“置之死地而后生”的素质，在和别人遭遇相同困难的情况下，尤其需要这样一种独辟蹊径的智慧。

在某些关键时刻，成功往往取决于一瞬间的智慧。在人生的某些时候，人就得拿出点“置之死地而后生”的冒险精神。

西点人常常听到这样一个故事：

曾经有一个留学生在刚刚到达美国的时候，为了寻找一份能够糊口的工作，他骑着一辆旧自行车沿着公路走了数日，替人放羊、割草、收庄稼、洗碗……只要给一口饭吃，他就会暂且停下疲惫的脚步。

一天，在唐人街一家餐馆打工的他，看见报纸上刊出了某大公司的招聘启事。留学生担心自己的英语过不了关，专业不对口，他就选择了线路监控员的职位去应聘。过五关斩六将，眼看他就要得到那年薪三万五的职位了，不想招聘主管却出人意料地问他：“你有车吗？你会开车吗？我们这份工作时常外出，没有车寸步难行。”

美国公民普遍拥有私家车，无车者寥若晨星，可这位留学生初来乍到还属无车族。为了争取这个极具诱惑力的工作，他不假思索地回答：“有！会！”

“4 天后，开着你的车来上班。”主管说。

4 天之内要买车、学车谈何容易，但为了生存留学生豁了出去。他在朋友那里借了点钱，从旧车市场买了一辆外表丑陋的“甲壳虫”。第一天他跟朋友学简单的驾驶技术；第二天在朋友屋后的那块大草坪上模拟练习；第三天歪歪斜斜地开着车上了公路；第四天他居然驾车去公司报了到。时至今日，他已是这家公司的业务主管了。

这位留学生的专业水平如何我们无从知道，但我们确实应该佩服他的胆识。试想一下，如果他当初畏首畏尾地不敢向自己挑战，绝不会有今天的辉煌。那一刻，他毅然决然地斩断了自己的退路，让自己置身于命运的悬崖绝壁之上。正是面临这种后无退路的境地，人才会集中精力奋勇向前，从生活中争得属于自己的位置。

法则五
坚韧

极端的要求，严酷的训练才能培养出真正的战士

西点军校对学员采取广泛的理论教育与技能训练，培养职业军官所必需的一切精神、品质和体魄，使其毕业后能够有必要的基础文化，具有交往处事能力，同时有制订计划与行动的能力，并能解决可能遇到的各种问题。西点精英训练营的课程称得上是魔鬼炼狱，任何一位想成功毕业的学员都要经受难以想象的非人磨炼。

“天将降大任于斯人也”的艰苦磨炼，科学实用的训练，使每一名西点学员都成为出类拔萃、傲视群雄的精英。

进入训练营你就好像一颗子弹：有足够的耐摩擦力、穿透力、锐利的弹头、高效的杀伤力，除了这些以外，待在什么地方、什么时候射击、射向哪里等，都要完完全全地听从指挥并坚决执行。

西点让每一个新生牢记：必须从零开始，每个人的头脑都是一张白纸，弄清楚他们所不知道、不明白的事情，如怎么有效鼓舞、训练部属、怎么奖惩、如何要求纪律等。

刚刚进入西点，首先要参加入围资格训练：第一步要在思想上成为团队的一分子，合起来抱团；心理素质的训练：锻炼学员心灵，不知道何谓自卑、恐惧、放弃、软弱、懈怠、萎靡等人性的弱点；军事训练：打造强悍巨人必经之路，使学院具备理性的勇猛、过人的体力、超极限的忍耐力，以及生存能力。

西点军校每一关都像是鬼门关，每一关都充满着荡气回肠的艰辛磨炼、困顿忍辱的险阻难关、苦尽甘来的感人诗篇。

西点铁的标准：只有通过和通不过，没有中间区域。

很多学员因为忍受不了西点的冷酷被迫与西点挥泪而别。

凡是被西点选中的都必须是可塑之才。

西点对可塑之材进行脱胎换骨的手术。

不管是天之骄子还是豪门权贵，都要被锻造成枪膛里的一颗子弹。

1. 入模子训练

西点是个大熔炉，它要求西点人在这里把之前的旧我完全抛弃，重塑一个自我，把小我融入到大我之中，目的就是让每一位学员可以真正地认识自己，从而在真实的基础上取长补短、对症下药，为铸造完美的西点精英、商界领袖准备好模具。

西点学员一年级——格斗、游泳和体操训练。

二年级——第一年的科目继续保持，在此基础上，培养学员更高、更新的技巧，同时还要学习运动心理学、营养学等理论课程。

第三年——重点开设领导能力发展课程和具有十分严格要求的军事技巧训练课程。

2. 野兽营体能训练

无论从前的身份地位如何，在野兽营一律平等。野兽营对人的折磨和不合常理的训练可以让人在受到极端压力的情况下迅速做出决定，积极采取行动。

野兽营规定，背着 45 磅重的武器装备急行军一英里半，男学员要在 38 分钟内完成，女学员要在 42 分钟内完成，然后进行 100 多米的武装泅渡，上岸后背起装备还要再跑 100 米左右才能到集合地点。

完成这些科目都是十分不易的，尤其对一些女学员，经过急行军和泅渡之后，体力已经消耗极大，湿漉漉的装备也使分量加重。有人试几次都背不起来，但她们还是在同伴的帮助下坚强地扛起装备，跑完最后的行程。这不光是一种军事和体能的考验，同样是一种意志的磨炼。经过这样的训练，他们将会是遇到任何困难都可以咬牙坚持的意志坚强者。

新生在西点军校第一年的夏天，要进入野兽营进行六个星期的训练，其中包括怎样行进、着装和进食。用餐时必须端正坐好，椅子只可以坐一半，背部挺直，双脚平放地面，两眼注视餐盘前缘，不得东张西望。每次只能吃一小口，而在食物入口之后，必须先把叉子放回餐盘，双手放在腿上，然后才可以开始咀嚼。

第一学年的军训给学员留下了难忘的印象。下面是一名女学员的回忆日记：

野兽营就如同上千张纸牌制成的甲板。我们这批新生就成为被捉弄的对象，传来传去。在八周夏训中，我们这批新生被吞食，又倾吐出来。按照通道式的礼仪，我们个人身份被抛弃，而只能以完全的形式来显示自己，像机器人那样的动作和表现，编配在群体之中。穿戴一模一样的服装，迈同一步伐，敬礼与答话都一个调门。

“Yes，Sir”、“No，Sir”、“No excuse，Sir，I do not understand”……我们的泪也只能倾洒在书信中，只能流在床头。我们被迫去做、去说很多啼笑皆非的事情。

我们的上司，常常捉弄我们。一天的日子就这么紧张地度过。

每天早晨 5 点，起床号就会划破军营上空。先是 45 分钟的健美体操，接着是 2～5 千米着装跑步，再经 15 分钟盥洗与冲澡，之后就是早饭时间了。整个夏天充斥着各种训练或比赛，如阅兵式操练、武器射击训练、跑步、集体体育比赛等。高班生称此项目为“Mass Ass”，每晚放充满战争故事的影片或军乐演奏会。到了星期六，大家就会去艾森豪威尔大楼就餐。

野兽营的锻炼大多是为适应西点第四年级制度的修道会安排的。这个制度是一个艰苦磨炼的过程，它是西点领导人创造的。西点新学员进行其第四年级的学年生活(实际上为第一学年)，成为“校长座下的狗”和“学员队长座下的猫”。从最底层起，学员们要历经一系列体力、智力、情感方面的紧张训练，其目的是考验是不是合格，是上升还是从学员队中淘汰。假如新生能设法从沟底层爬上来，他们就算过了关，升入二年级，再过两年就毕业，当上正规少尉军官。接着又开始新一轮的爬台阶的运动。

第四年级制度的主要手段是纪律。通过纪律锻炼,每个人都能学会在困难艰苦条件工作与生活。就以日常的着装训练为例,高班级学员管着我们,一会儿下令集合站队,一会儿又指令我们返回宿舍换穿白灰组合制服(即白衬衣加上灰裤子),要求在五分钟之内就返回原地并报告:“做好检查准备。”接着班长又一次下命令,换上学员灰制服。在两个月的野兽营生活和整个学年中,新生必须服从高班学员的领导。高班学员在面对新学员时,喜欢戏弄新学员,虽然他们最初的本意是强迫未来的西点生加快行动。

在具体执行任务时,新学员要记住规定的信条,以便在高度紧张的军事环境中能够掌握时间和严守纪律。高级学员主要是戏弄那些不能达到“标准”要求的学员,绝不会出现针对性别、宗教或种族问题的现象。当然,也可能会出现一些偏差,他们偶尔也会捉弄女学员。在一个连里,有的男学员针对某个女学员专门成立了一个秘密委员会,暗中跟踪那个女学员一个月,直到她退学为止。

在野兽营,高班生还会玩“铁十字架”的把戏。他们把房门打开,让新兵跨进门时张开双臂去拥抱他们。女学员力气小,很少有力气去支撑,高班生就要她们在室内衣帽间的农杆处举手悬起,停留几分钟,这被大家称之为“Hanging, Around”。

以上说的这些高班生针对新学员的恶作剧都是秘密进行的,这为西点校园勾勒出另一幅画面。

第二学年训练:在经过短暂的假期后,七月上旬学员们回去西点的巴克勒兵营报到,开始八周的夏季军训。他们要参加野外步兵巡逻、炮兵射击、兵器训练、军事工程与通信作业,以及格斗、爬山和野外求生训练。在这期间,学员们有一周的时间到其他训练营地进行专业兵种的训练。

第一周野外训练由学员连队组织实施。先是翻山越岭,昼夜不停按方位角识图用图作业,模拟战斗巡逻;进行轻武器训练,通常是“劳”、“陶”反坦克导弹射击训练,和有关坦克与苏式AK47 步枪等兵器教育。

第二周训练,一般是有 2.5 千米和 8 千米跑步,地雷常识与投手榴弹训练,还有现代条件下的防原子、防生物与防化的训练。

第三周野外训练,包括通信作业与 105 毫米榴弹炮训练。这是现代作战不可或缺的。同时还到肯塔基州诺克斯堡进行坦克、侦察与防空训练。

第四周以后,更多的时间被花在野外进行高难度训练。如男女学员均需参加的历时 3 昼夜的步兵侦察训练,以及登山与野外求生训练。

第三学年训练:学员在夏季训练中可以自愿选择受训专业与地区,多数充满传奇式的冒险经历,也有到国外结合专业进行旅行考察的。有的学员深入巴拿马进行热带丛林训练,也有的选派到北极的阿拉斯加进行越野滑雪训练;有的会参与突击队与空降训练,有些专门到空军军官学院进行求生训练。总之,即将三年级的学员,训练生活更多地趋于多样化,为之后的专业打好基础。其后在校的军事教育则侧重陆军系统管理、体育教育和增加领导管理学教育等。陆军系统管理学,专门介绍陆军部及主要司令部的组织编制、部门职能及其相互关系,以及总体陆军原则,包括现役与后备役部队。最后部分则讲述连队管理的基本原则,包括人员、训练与维修等。

进入第四学年训练:学员成为高班生后,在夏季训练期间主要负责学员队的领导与管理工作,成了西点学员队的大小“头头”,能够展现一下领导才干。有的当管理 4000 名学员的“队长”，有的担任48名学员的“排长”，有的则当“参谋”军官。他们既要体验当头头的滋味，又要学会怎样“带兵”。在秋、春季学期，高班学员还要参与一系列军兵种专门的研讨会议，从而帮助学员选择毕业后的任职问题，同时还有进一步提供有关专业、财务、人事及其他军种间关系的信息。

总而言之，学员的四年军事训练与教育是循序渐进的，从当兵、当学员到学会管理兵，当一个好领导。这一切训练是与各项体育训练活动紧密结合的。做一个军人既需要有强壮的体质、严格的纪律、顽强的毅力，又要有领导、指挥的才能。

困难是勇敢者前进的号角

对于每一个学员来说，当从西点军校毕业时，面临的最大问题就是分配到哪个国家或是哪个师。但是，令一般人想象不到的是，所有的学员都不崇尚好逸恶劳，他们的选择通常都是一些强者多、困难多的地方。

要论困难多，强者多，非美国陆军的两大王牌精锐部队——第82空降师和第101空降师莫属。就是因为这两个师强者如云，需要大家时时刻刻都要做好接受最艰巨任务的准备，所以，它们成了那些梦想成为元帅的西点优等生最向往的地方。如果能够在这里取得成功，就意味着他们也成了美国陆军军事行动主力中的一分子，预示着一个又一个年轻军人即将走向事业的巅峰。

与此不同的是，驻日美军的生活条件非常优越，据说驻日美军的住宿娱乐和办公服务设施都是第一流的，而且经济条件和生活环境都好得难以想象。尽管如此，大多数西点毕业生都不会将目光聚焦于此。

西点人之所以会选择困难，因为他们勇敢，他们要想在困难的磨炼之下不断前进，最终取得成功。其实，那些在我们看来，叱咤风云、所向披靡的将军们，都是伴随着困难和挫折成长起来的。

当太平洋战争爆发时，麦克阿瑟在菲律宾担任美军总司令，率领美军抗击日本军队。然而，最终他们没能抵挡住日军的攻击，罗斯福总统只能命令他撤离菲律宾。面对这样的挫折，麦克阿瑟一时间无法承受。于是他找出了父亲留给他的手枪，决定在关键时刻与菲律宾共存亡。没过多久，罗斯福总统不间断地给麦克阿瑟发电报，要求他立刻撤离，并答应他到澳大利亚任总指挥，重新组建军队进行反攻。最终，麦克阿瑟无奈地撤离了菲律宾。同年，美军缴械投降，日军占领了菲律宾全境。

对于菲律宾战役的失败，麦克阿瑟将军在回忆录中曾经这样说道：“我从没想到，美军历史上最庞大的一次缴械投降就发生在我的手中。”

尽管，此次战役最终以美军惨败告终，但是麦克阿瑟并没有选择自杀，更没有选择退缩畏惧，而是在人生中最大的困难和挫折面前，他勇敢地吹响了前进的号角，当他撤退到澳大利亚时，他对媒体说：“我出来了，但是我将回去！”

胜利永远属于那些迎难而上的人，麦克阿瑟兑现了自己的承诺，当他重新率领28万大军再次登陆菲律宾时。他向菲律宾乃至全世界庄严宣告：“我——美国陆军五星上将道格拉斯·麦克阿瑟回来了！”面对强大的困难和挫折，麦克阿瑟没有轻言放弃，而是带着勇敢无畏的精神奋勇前行。

正如同西点著名校友,美国前国务卿黑格说过的那样:“重要的不是到底面临怎样的困难,而是你如何对待它们。”对于一个真正的勇者来说,勇敢面对困难,客观检讨自己失败的原因,大胆采取行动,争取成功,是最正确的选择。

应该说,每一个西点人都具备这种直视困难的勇气和决心。美国心理学家曾经选取150名西点军校的优秀毕业生进行分析研究,发现他们身上具备三种优秀的品格:性格坚韧、为目标执着奋斗、自信。这些优秀的品格都是西点学子克服困难的勇气、自信和决心的表现。

因此,生活需要你像西点人一样拥有克服困难的勇气和决心。要知道,对于一个百折不挠的人来说,愈是恶劣的环境,反而愈能让其奋勇前行,不战栗不惧怕,嘲笑任何阻碍。

约瑟夫·林肯曾说:“困难对于人们会产生不同的作用:正像炎热的天气,可以使牛奶变酸,却能使苹果变甜。”的确如此,困难可以使人沉沦,也可以催人奋进;可以使人浑噩,也可以让人聪慧;可以使人贫困,也可以助人富有——全在于你如何对待。困难是让勇者前进的号角。所以,如果你是一个敢于迎难而上的人你就一定会成功。

在西点学子眼中,困难越大,就越要去征服。这样的成功虽然来之不易,但它却尽显了英雄的本色,这是他们最渴望得到的结果。因此,年轻人,如果你相信自己是一把无往不利的刀,那就要相信困难和挫折是一块不可或缺的磨刀石。磨得次数越多,你才会越锋利。在困难面前,吹响前进的号角,你就是未来的英雄。

只有经历了逆境的锤炼,一个人才能真正走向成功。只有那些没有被不利与艰难遭遇打垮的人,那些面对困难依然百折不挠的人,才是真正的强者。

勇敢地向逆境宣战

人活着,总是处在一定的社会环境和自然环境中。当这样的环境为我们的方方面面都提供了很好的条件时,我们谓之顺境;当这样的环境总让我们感到困难重重,举步维艰,甚至遭受严重挫折时,我们则谓之逆境。

每个人,都渴望永远生活在顺境中,因为处于顺境时,做任何事情都一帆风顺,而身处逆境时,喝一口凉水都会塞牙。然而,这只不过是我们美好的愿望罢了。大自然不可能只有鲜花而没有荆棘,同样的,人生道路上也不可能只有顺境而没有逆境。

那么,当我们遇到逆境时,应如何应对呢?西点人的做法是勇敢地向逆境宣战,战胜它。在西点人的眼中,通往成功的道路从来就不会是一条风和日丽的坦途,只有经历过逆境并且克服它,才能真正地获得了成功。轻而易举获得的成就不会长久,经历过逆境,才是一个勇敢者最好的勋章。

在《启示录》中有这样一句话:“勇于克服困难的人。我邀请他与我共享荣耀。”而在西点,同样有这样的认知:唯有那些能战胜逆境,从逆境中奋起的人才能走向成功,才能得享成功的荣耀。

正是基于这样一些认知,西点不允许学员被逆境打倒,不允许学员成为被逆境击垮的弱者。它要求学员直面逆境,勇敢地向逆境宣战。而在西点的教育之下,西点的学员一个个成为了战胜逆境的强者,以至于他们敢自豪地告诉全世界的人:在西点面前,没有逆境、没有失败,更不会被一切困难打倒。

美国内战时期,发生过这样一件事:

在南方的一个庄园里,庄园主手里拿着皮鞭正在向黑奴们交代要完成的活计,这时有一个黑人小姑娘站到了庄园主的面前,庄园主问她:“你站在这里干什么?”小姑娘回答说:“我妈妈让我向你要一块钱。”听了这话,庄园主没有搭理她而是挥手让奴隶们都去干活。

当奴隶们都离开的时候,小姑娘并没有走开,这时庄园主有点发怒了,手自然地举起了皮鞭,对着小姑娘怒吼道:“你也给我走。”可是,出乎他意料的是,小姑娘非但没走,反而又向他跨进了一步,并大声说道:“我说了,我妈让我向你要一块钱,在我拿到钱之前,我是不会走的。”庄园被小姑娘的勇气惊呆了,他已经举起的皮鞭无力地落了下来,并鬼使神差般地从腰里掏出了一块钱,送到了小姑娘的手中。

要达到目的就要勇往直前,要不怕任何困难和险阻,而一旦在困难与险阻面前永不退缩,再大的困难、再苦的逆境也会被克服。可以说,这个黑人小姑娘给我们很好地上了一课。

人生之路,漫漫修远,根本不可能一帆风顺,难免会遇到这样那样的挫折、磨难、不幸,甚至失败。

大凡铸就辉煌绚丽人生的人,都选择了迎难而上和勇敢面对。

贝多芬,这位伟大的音乐家,他的许多乐曲为后人所称赞,而他生前的生活并不尽如人意,生活上的困苦、双耳失聪的疾病都给他以沉重的打击。然而,面对如此巨大的苦难,他没有低头,而是勇敢地向逆境宣战,用自己的双手“扼住了命运的喉咙”,创作出了举世闻名的《命运交响曲》。

前苏联“火箭之父”奥尔科夫斯基10岁染上了猩红热,失去听力。更不幸的是,他妈妈在不久后也去世了,他陷入了极大的痛苦中。这时,父亲告诉他:“孩子,要有志气,靠自己的努力走下去。”年幼的奥尔科夫斯基从此开始了自学之路。由于他始终如一地勤奋学习,刻苦钻研,终成为了一名伟大的科学家。

西点人从不把逆境看成是一种苦难,所以西点人能够在无论多么艰难的情况下依然坚持下去,并且最终完成任务。若要问他们,逆境是什么?西点人将毫不犹豫地告诉你:逆境只是一种环境,只是人们奋斗中的反向作用力,只是为了让你的成功果实品尝起来更加甜美的催化剂。

如果我们能像西点人这样,直面逆境,勇敢地吹响前进的号角,也一定会成为一个勇敢且有作为的人。

既然困难不可避免,何不坦然面对

在生活的道路上,极少有人是一帆风顺的,都会遭到这样或那样的挫折和困难。有的人在逆境中奋起,做出惊人的成绩,也有的人没有勇气正视人生,沉沦下去,颓废一生。如果我们转换一种思路,既然困难不可避免,那么我们何不坦然面对困难,去征服困难呢?

困难是对成功者的考验,任何重大的成功往往要经过一波三折方可获得。镭的发现者,玛丽·居里在研究的过程中也是充满了挫折,兄弟、丈夫在实验中丧生,家庭经济因为实验而捉襟见肘,一次又一次的失败、一次又一次的挫折打击着她,但她没有放弃,没有沉沦,而是在一次又一次的挫折中奋起,最终研制出镭,获得诺贝尔奖,同时也造福全人类。

挫折也能磨炼一个人,使一个人逐渐走向成熟。著名作家史铁生,因病致瘫。开始时,他恨过,也怨过,甚至想到过放弃生命,对生活满心怨愤,脾气也非常暴躁。但最终他还是坚持住了,并且成熟了,他在作品《病隙碎笔》中记录了自己在困厄之中的陷落与自救——那是一种不折不扣的自救,“有一天,我认识了神,在科学的迷茫之处,在命运的混沌之点,人唯有乞灵于自己的精神,不管我们信仰什么,都是我们自己的精神的描述与引导”。在这种精神的引导下,他勇敢地面对挫折,把挫折当成财富,当成上帝对他的垂爱,经过努力,他终于成熟,成为大作家。

而最重要的是,困难是无法避免的,任何惋惜与沉沦都改变不了现状,而唯有征服可以有所改变。

> 一位很有名气的心理学教师,给学生上课时拿出一只十分精美的咖啡杯。当学生们正在赞美这只杯子独特的造型时,教师装出失手的样子,咖啡杯掉在水泥地上摔成了碎片,学生们发出了惋惜声。教师指着咖啡杯的碎片说:“你们一定对这只杯子感到惋惜,可是这种惋惜也无法使咖啡杯再恢复原形。今后在你们生活中发生了无可挽回的事时,请记住这只破碎的咖啡杯。”

这是一堂很成功的素质教育课。

荷兰阿姆斯特丹有一座15世纪的教堂遗迹,有这样一句让人过目不忘的题词“事必如此,别无选择”。

命运中总是充满了不可捉摸的变数,如果它给我们带来了快乐,当然是很好的,我们也很容易接受。但事情却往往并非如此,有时,它带给我们的会是可怕的灾难,这时如果我们不能学会接受它,如果让灾难主宰了我们的心灵,那生活就会永远地失去阳光。

任何一个人迟早都要接受困难的考验,而你们每个人迟早要懂得这个道理,那就是我们只有接受并配合不可改变的事实。“事必如此,别无选择”,这并非一件容易做的事情。即使贵为一国之君也不能不经常提醒自己。英王乔治五世在白金汉宫的图书室里就挂着这样一句话:“请教导我不要凭空妄想,或做无谓的怨叹。”哲学家叔本华曾表达过相同的想法:“逆来顺受是人生的必修课程。”

> 伟大的苏格兰国王罗伯特·布鲁斯以蜘蛛为榜样,从而回到了他自己的王国。这个可怜的国王被可恶的叛徒驱逐而离开自己的王国。他不断努力,想要把他的王国夺回来。他打了许多仗,却一次又一次地被击败。他开始认为这一切都是白费力气。他想放弃,不再奋斗。就在那时,有一天清早他醒来,躺在床上,看见一只蜘蛛在结网。这只蜘蛛正要把一根丝从屋子的一头牵到另一头。它试了12次,12次它都失败了。12次丝断,它掉到地上,12次它又爬起来再试。它不肯放弃,而是坚持下来。第13次它终于成功了。国王看到这一切,就对自己说:“为什么我不努力坚持回到我的王国?虽然我失败了这么多次,谁敢说我最后不能成功?”他振作精神,再次努力,终于打败了仇敌,获得了成功,重新统治了他的王国。

在西点军校,任何学员的字典里都没有“不可能”三个字,工程学家乔治·S·格林说,“可能只存在于你的心中,只要你能超越自己的心理极限,你会发现做什么事情都会变得游刃有余。正是这一点成就了百年西点”。

追求成功的过程中一定充满了挫折与困难。困难是生活的组成部分,每个人都会遇到。世间的万事万物,无一不是在困难与挫折中前进的。即使是灾难也不足以让我们垂头丧气。因为垂头丧气无济于事，而唯有勇敢面对，迎接困难并征服它，我们才有出路！

1. 不找任何借口，而要总结经验教训

有时候，可能一次可怕的遭遇会使我们备受打击，认为未来都失去了意义。在这种情况下，我们必须让自己相信：灾难中也常常蕴含着我们未来的机遇。但前提是，在既成事实面前，你要懂得反省，懂得总结，只有这样，你才能不断前进，征服困难。

2. 不妨拼一拼

年轻就是资本，坎坷也好，挫折也罢，你不仅需要一份坦然的心态，更需要一份拼搏的勇气。挫折并不可怕，关键是你以什么样的态度面对。每一次的跌倒，你可以重新爬起来，总有一天，困难会被你踩在脚下。

处于困境更要勇敢出击

什么是勇敢？勇敢就是临危不惧，就是客观评估风险之后的果断行动，就是困难面前绝不后退，就是在狂风暴雨里始终前行。这是一种积极的态度，是一种敢为天下先的豪气。

人生路上，难免有坎坷，难免遍布荆棘，是知难而退，还是迎难而上？这道题的不同答案也就决定了强者和懦夫的不同人生情态。认准目标，勇往直前，是一切成功者的必备素质。

被誉为“战场上的想象大师”的格兰特将军创造了无数经典战役，攻击亨利要塞和多纳尔森要塞就是他的最佳战例典范。在攻打这两个要塞的战役中，格兰特第一次使用铁甲舰船参与进攻，使北方军军威大振。

世上没有什么事能真正让人恐惧，恐惧只是人心中的一种无形障碍。不少人在碰到棘手的问题时，就会设想出许多莫须有的困难，自然就产生了恐惧。其实，遇事如果能大着胆子去做，往往会发现事情并没有自己想象的那么可怕。

格兰特曾在维克斯堡战役中经历两次失败，但他没有气馁，而是再次进行了精心策划。他在仔细地研究过地图，聆听过大家谈论后，对部下说出了再次攻打维克斯堡的意图，大多数人都反对，认为他的计划太冒险了，这个计划会毁掉北方军打胜这场战争的全部可能性。但是，格兰特还是出兵密西西比河西岸，从维克斯堡城经过。他让部队在城南登上炮舰渡河。部队在东岸登陆，在司令官的催促下，向内陆进发。为了闪电般地袭击敌军，任何非必需品都不准携带。格兰特只带了一把梳子和一柄牙刷，没有替换的衣服，没有毯子，甚至连坐骑也没有。军队从维克斯堡南面向内陆进发。格兰特在城北的活动麻痹了南方军，他们不明白他在要塞南面登陆的用意。南方军指挥官急忙南下，想摧毁格兰特的给养线，却发现根本不存在什么给养线。这是因为格兰特违背了一条基本的作战原则，那就是进攻部队的活动不能脱离掩护得很好的给养基地。格兰特完全不受条条框框的约束，他以这片土地为给养基地，一边前进，一边就地征集他所需要的食物和马匹等。

正是这场战役的胜利，改变了南北双方力量的对比，也是使北方走向胜利的转折点。

西点人从不会在看似绝望的处境中放弃拼搏，他们坚信，只要继续努力，就一定能绝处逢生，迎接人生新的高峰。在西点军校，流传着这么一句名言：“不要沉沦，在任何环境中你都可以选择奋起。”西点校友莱利斯・格罗夫斯准将说过：“没有人一生一帆风顺，任何人都会遭逢厄运。积极的心态和顽强的努力会帮你解决一切难题。”

麦克阿瑟将军说过：“如果你没有选择的话，那么就勇敢地迎上去。是的，这难道比夏提隆战役还要糟吗？当然不！我想那时我能挺过来，以后什么事我都会挺住的。”他的一次经历可作为此话的注脚。“如84旅拿不下夏提隆，你就公布一份全旅阵亡的名单，第一个就是84旅旅长的名字。”这是麦克阿瑟在一次战役中对上级说的话，当时他正担任84旅的旅长。

正值第一次世界大战激战之际，麦克阿瑟的部队自到欧洲战场以来一直所向无敌，可是这次进攻却备受阻挠。凌晨，麦克阿瑟又发起了一轮进攻，仍没有效果，双方僵持不下。看到这种情况，麦克阿瑟十分焦急。他对站在身边的一名步兵说：“如果要活，我与大家一块儿活；如果要死，我也与大家一块儿死！”

为了保证进攻成功，麦克阿瑟决定亲自侦察一番。夜间，他带领一支由十多人组成的侦察分队，潜入前沿地带进行侦察。结果除了麦克阿瑟以外，所有前往侦察的人都阵亡了！麦克阿瑟含着眼泪，独自回到阵地。但他并未就此屈服，而是利用侦察结果找到敌人的弱点，打赢了这场战争。

当灾难将你置于痛苦的深渊时，一定要强化信念，形成一种压倒一切的心理力量。因为没有任何一种生活是十全十美的，但是只要我们有坚强的意志，就一定可以成功。

莎士比亚曾说：“本来无望的事，大胆尝试，往往能成功。”大胆尝试常常会带给你更多的机会。在困境中，不要把自己当作老鼠，否则肯定会被猫吃掉，成功者需要有足够的勇气来面对挑战。要想在工作中出类拔萃，就必须面对各种各样的艰难险阻。只有正视现实、有勇气迎接挑战的人，才能真正成为卓越的人。

逆境是造就强者的动力

人的一生中不可能一帆风顺，不遇艰难险阻。问题是，有的人在面临困难时，无所畏惧，百折不挠，将困难视为生活中的一种考验，并从中锻炼自己的意志力；而有些人在遇到困难时，首先就会畏惧退缩，并且抱怨，他们把困难当作一种无法逾越的障碍，没有克服困难的意志力。一个不成熟的人随时可以把自己与众不同的地方看成是缺陷，是障碍，然后期望自己能享受特别的待遇。成熟的人则不然，他们先认清自己的不同之处，然后看是要接受它们，还是应加以改进。

人生充满了各种各样的困境，贫穷就是其中之一。美国总统赫伯特·胡佛是爱荷华一名铁匠的儿子，后来又成了孤儿；IBM（International Business Machines Corporation，国际商业机器公司）的董事长托马斯·沃森，年轻时曾担任过簿记员，每星期只赚两美元。但是贫穷并没有成为他们成功的障碍。他们把所有的精力都用在工作上面，因此根本没有时间去自怜。

有时这种困境表现为疾病，或者某种身体的缺陷。罗伯·路易·史蒂文森，他一生多病，却不愿让疾病影响自己的生活和工作。与他交往的人，都认为他十分开朗、有精力，并且他所写的每一行文字也充分流露出这种精神。正是由于他不愿向身体的缺陷屈服，因此他的文学作品更精彩，更丰厚。

有个男孩，长得十分高大英俊，就是自小患有口吃的毛病。他在学校里的成绩一向很好，也很受同学们欢迎。从小学开始，他的父母就为他找过许多心理专家和口吃治疗专家来帮忙，却都没有什么成效。

一天，男孩回家兴致勃勃地告诉父母，说他将代表全体毕业学生在毕业典礼上致辞，并开始着手准备演讲稿。男孩的父母也提供不少意见帮助他准备，但一直都没有提到该如何在演讲时避免口吃这个毛病。毕业典礼的当天晚上，男孩起立，开始发表演讲。他站得挺直、端正，会场观众都鸦雀无声地注视着他，因为许多人都知道男孩患有口吃的毛病。男孩一开始讲得很慢，但很有信心，接着便很顺利地把15分钟的演讲说完，没有丝毫停顿或含混不清的地方。等他演讲完，全场报以热烈的掌声，因为大家都知道，这男孩患有口吃，而他却克服了自身的缺陷，将演讲进行得如此完美。

美国科学家弗罗斯特教授不屈不挠地苦斗了25年，硬是用数学方法推算出太空星群以及银河系的活动、变化规律，他是个盲人，看不见他终生热爱着的天空。英国辞典编纂家塞缪尔·约翰生视力衰弱，但他顽强地编纂了全世界第一本真正堪称伟大的《英语词典》。英国大诗人密尔顿最完美的杰作也是诞生于他双目失明之后。达尔文被病魔缠身40年，可是他从未间断过对改变整个世界观念的科学预想的探索。爱默生一身多病，包括患有眼疾，但是他留下了美国文学史上第一流的诗文集。查理斯·狄更斯，病魔没有一刻离开过他，却正是他在小说中为世界创造了许多最健康的人物。莫里哀有肺结核，米开朗基罗肠功能紊乱，易卜生有糖尿病……或许你对这些都不屑一顾，你会觉得自己也可以轻而易举地克服，那么下面的例子你一定会感动。

埃及著名文学家塔哈·侯赛因，号称"阿拉伯文学之柱"，他代表了20世纪30年代以来阿拉伯文学的新方向。但就是这样一位伟大文豪，竟是一位双目失明的人。塔哈由于患眼疾，在三四岁时就双目失明。但性格倔强的小塔哈，没有向命运屈服，他以惊人的毅力，顽强地闯出了一条光明之路。他刻苦认真地学习，课余时间从不荒废。他经常到邻居中间，学习来自民间的淳朴、生动的语言。他听别人朗诵诗歌，就默默在心里记下，并请别人帮助自己朗读。这一切为他进入大学进一步深造打下了坚实的基础。塔哈凭着自己的努力，进入了著名的埃及大学，毕业时获得了埃及历史上第一个博士学位，并得到国王的亲准，到法国巴黎留学，后又获法国的博士学位。

塔哈通过个人不懈的努力和奋斗，为阿拉伯文学宝库留下了不朽的伟大诗篇。

爱尔兰著名作家、诗人斯蒂·布朗一生中用左脚趾写成了五部巨著，其间的艰辛不言而喻。布朗生下来就全身瘫痪，头、身体、四肢不能动弹，不会说话，长到五岁还不会走路。但五岁的小布朗就会用左脚趾夹着粉笔在地上乱画了。在母亲的耐心教导下，布朗学会了26个字母，并对文学产生了浓厚的兴趣。

布朗努力克服因身体残疾带来的不便，用超出常人的毅力，进行刻苦顽强的磨炼，学会了用左脚打字、画画，也开始了作文和写诗。他写作时，自己坐在高椅上，把打字机放在地上，用左脚上纸、下纸、打字、整理稿纸。经过艰苦的努力，终于创作了大量的优秀文学作品，尤其是他的自传体小说《生不逢辰》面世后，轰动了世界文坛，被译成了15种文字，广泛流传，并且拍成电影，鼓舞着世界人民。这位一生都在与病魔做着顽强斗争的伟大诗人和作家，在他短暂的一生中，一直都在写作，直到他最后完成了小说《锦绣前程》，为我们留下了宝贵的精神财富。

困难并不能成为借口。贝多芬说过“我要扼住命运的咽喉”,命运其实掌握在自己手中,只要凭着坚强的意志力和无比的勇气,就一定能克服困难,成就伟业。和困难一样,逆境也不应成为成功的阻力。“自古英雄多磨难,从来纨绔少伟男”说的就是逆境造就人才,许多家境贫寒、环境不利的人,都能通过自己的努力奋斗而最终取得成功。

逆境是把双刃剑,它既能使人坚强,也能使人脆弱,从来没有人能在经历逆境后而毫无改变。只是有的人能够战胜和超越逆境并站立起来,而有些人则被逆境击垮。在逆境中站起来的是强者,正如鲁迅所说:“真的猛士敢于直面惨淡的人生,敢于正视淋漓的鲜血。”古今中外,强者战胜逆境的感人事迹不胜枚举,而被逆境击垮的则是弱者。弱者在逆境面前只看到困难和威胁,只看到所遭受的损失,只会后悔自己的行为或怨天尤人,因而整天处于焦虑不安、悲观失望、精神沮丧等情绪之中;而强者却能战胜逆境,坚持到最后。

只有经历了风雨的彩虹才会放出美丽的光彩,只有从困境中走出的人才是真正的强者。“宝剑锋从磨砺出,梅花香自苦寒来。”“好事多磨”,人世间最多磨的好事莫过于爱情了。古往今来,多少真心相爱的人却遇到重重逆境,屈服者有之,自杀者有之,相思成病者亦有之。如果说“梁山伯与祝英台”是中国爱情悲剧的典范,那么莎士比亚笔下的“罗密欧与朱丽叶”就是外国爱情悲剧的代表。他们是爱情逆境的勇敢抗争者,可谓是爱情上的强者,但悲惨的是,他们最终是以死来求得爱情的圆满。他们不是真正的强者,是悲壮的强者。真正的强者是勇敢地与逆境抗争,并最终赢得真正的爱情。就这一标准而言,在爱情上真正的强者莫过于宋庆龄与孙中山。宋庆龄与孙中山的爱情故事世人皆知,人们都被宋庆龄那不畏家庭阻力、勇敢地追求爱情的强者风范深深打动。那么,宋庆龄以及与她相同的爱情上的强者的风范来源于什么呢?是什么让她们突破逆境的呢?

首先,强者对爱情的追求有明确的独立性。独立性是思维的独立性与意志的自觉性有机结合的心理品质。孙中山坦荡正直,以为天下人民谋幸福为己任,一生致力于民主和革命事业,他的人品在海内外中国人中都是有口皆碑的。正是这些品质打动了大家闺秀宋庆龄。她认准了自己选择的爱情是正确的,不因别人的阻挠和反对而动摇。

其次,强者在高压下对爱情有正确的决断能力。心理学家研究表明,在高压下个体反而选择了与压力完全相反的对象,这是一种叛逆心理,这种心理是对高压的逆反。对于真正的强者来说,这种逆反却是理智清醒的反抗,他们能清醒地判断压力的程度,然后采取理智的方式顶住压力,而不轻易采取以死抗争的对策,因为死是什么问题也解决不了的。为了获得自己真正的爱情,他们对压力有极强的心理承受力。

最后,强者能采取应付压力的理智行动,去到达爱河的彼岸。梁山伯与祝英台也向爱情的阻力反抗,但是他们采取的是不理性的行动,而真正的强者采取的是理智的行动,即采取巧妙的方式避开压力。

宋庆龄在被锁在家中的情况下,不是以死抗争,而是想办法与身处日本的孙中山谋得见面,并在女佣人的帮助下,在一个静静的夜晚,偷偷地打开窗户跳下阳台,利用床单结绳,顺绳坠下二楼,翻墙而出,乘船去日本与孙中山完婚。这种理智的反抗行为,浸透着宋庆龄的聪明智慧,不失为是强者的独特风范。

逆境不会持久,而强者必将胜利。逆境,是阻止人前进的阻力,同时也是造就强者的动力。萧伯纳对那些时常抱怨逆境的人很不耐烦。他说:“人们时常抱怨自己的环境不顺利,使他们没有什么成就。我是不相信这种说法的。假如你得不到所要的环境,可以制造出一个来啊!”面对困难与逆境,我们要勇敢出击。

拥有一颗刚毅的心就会得到灿烂的人生

看古今成大事者，都有一个共同的特点，那就是自强不息，拥有一颗刚毅的心。要知道，现今社会，谁若不能主宰自己，谁就永远是一个奴隶。任何一件事能够成功，并做到一帆风顺其实很不简单，而通常情况下，只有刚毅、自强不息的人才能做到不畏困难，排除千难万险，并突破人生的困厄走向成功。

谁都不能否认一个事实，很多西点人都经历着种种苦难，遭受着种种挫折和打击，这的确是人生的磨炼。可是，人们也惊奇地发现，无数杰出的西点人都是从苦难中走过来的，正是苦难成就了他们，苦难对于他们来说，是上天的一种恩赐。

西点学子非常敬仰美国总统罗斯福。罗斯福在上学的时候，一到课堂上，他就显得很恐慌，呼吸就好像喘大气一样，回答问题，吞吞吐吐，含糊不清。如果被喊起来背诵，他这种恐惧感就更为明显，并立即会双腿发抖，嘴唇也颤动不已。然而，这些缺点并没有磨灭罗斯福奋斗的心，相反，正是因为这些不足的存在，他在学习上比别人付出更多的努力。他有时也会因为同伴对他的嘲笑而丧失勇气。但是他用坚强的意志，咬紧自己的牙床使嘴唇不颤动而克服他的惧怕。

由于罗斯福没有在困难面前退缩和消沉，而是顽强地与之抗争。他不因缺憾而气馁，甚至加以利用，后来很少有人知道他曾患有严重的恐惧症。

的确，我们才是自己的救世主。在困难面前，只有做到不退缩、勇敢向前，才能冲破困境，迎来胜利。所以，不要认为你的梦想实现不了，除非你放弃了一个刚毅的心。

德国诗人歌德在他的不朽名著《浮士德》中说："凡是自强不息者，终能得救！"对于自强不息、奋发向上者来说，身体的残疾不是障碍，只要信心不垮，仍能做出令人吃惊的成绩。

约瑟夫·贺希哈是一位股票经纪人，他从 250 美元起家，不到一年就拥有了 168 万美元。

小时候，贺希哈一度沦为在垃圾桶里寻找食物的小乞丐。受父母的影响，贺希哈"人穷志不短"，在乞讨过程中，他没有像其他孩子那样走向堕落，而是渴望有朝一日能取得事业的成功。在街头乞讨的日子里，他每天都在捡拾别人扔的报纸、杂志和书，晚上就借着路灯读白天拾到的书报。由于他强烈渴望摆脱贫困，他对书报上的经济信息尤其是对股票信息渐渐产生了浓厚兴趣。"兴趣是最好的老师"，他想尽一切办法去钻研股票和股市行情。这一段时期的学习为他日后的发展奠定了基础。

用不到一年的时间把 250 美元变成 168 万美元，这是一个奇迹。那么，这个奇迹是怎样产生的？贺希哈摆脱贫穷的渴望非常强烈，他对成功的渴望非常强烈，对股票有着浓厚的兴趣，对股票的学习很深入，对股市很熟悉，我们完全可以说，股票投资是贺希哈最想做而又最能做好的工作。如果找到了自己最想做而又最能做好的事，并拥有超强的意志力，那么，只要 250 美元，你也能创造奇迹。

有句话说得好，"命运掌握在自己手里"。如果一味地将自己的命运交由别人主宰，在逃避所有的责任与打击的同时，我们还将失去自信、依靠自己努力获得成功之后的幸福感和成就感。

人生旅途上可能沼泽遍布，荆棘丛生，也许会山重水复，也许会步履蹒跚，也许我们需要在黑暗中摸索很长时间，才能找寻到光明……但这些都算不了什么，一个人只要有刚毅的心，能把握自己该干什么，那么就应该勇敢地去敲那一扇扇机会之门。逆境和困难对于你来说，也是一笔成长的财富，你要用自己的全部努力化悲伤为力量，从过去的失败中汲取智慧和勇气，然后用这些力量、智慧和勇气去开拓属于自己的生活和事业，掌握自己的命运！

强者是因为他敢于接受挑战，自强不息，正是这种自我肯定给他带来了源源不断的动力，让他最终能够实现自己的价值。即使身处逆境，只要你敢于挑战自我，勇于突破极限，那么逆境就会变成推动你前进的动力。

1. 困难是一笔宝贵的财富

经历苦难是一种痛苦，因为苦难常常会使人走投无路，寸步难行，苦难常常会使人失去生活的乐趣甚至生存的希望。但有过苦难体验的人，都不会忘记在泥潭里奋力挣扎的情景。苦难能磨砺人的意志，使你的心愈发坚强。当你战胜苦难之后，这种由苦难带来的痛苦往往也会变为千金难买的人生财富。

2. 胜利只属于坚持到最后的人

拥有坚韧和耐心，坚定必胜的信念，勇敢地与困难拼搏，就一定能有所成就。胜利只属于坚持到最后的人。成功的人之所以能够成功，是由于他们具有坚韧不拔的毅力，更重要的是他们能够把失败化作无形的动力，从而最终反败为胜。

坚韧的意志是获胜的基石

现在有不少年轻人，眼界都很开阔，而且非常有才气，但是唯独缺乏一种精神，那就是坚持。很少看到有人把自己想做的事业坚持做一年甚至更久的，跳槽似乎成为了一种时尚而非真实的需要，但或许正是因为他们看到了太多的东西，却总是觉得成功似乎就应该在身边。

其实，如果把在困苦中的摸索前进视为痛苦的话，那就只会越活越累，并且没有一丁点儿的快乐感和满足感。如果把这个过程看作是靠近成功的一个必然的步骤的话，那么一切就会变得不同。在痛苦中选择了放弃，在追求成功的路上走不到底，是多数人失败的原因和弱点。而这一弱点，其实是完全可以去克服的。

纵观古今，成大事者身上最可贵的品质之一就是坚持不懈。他们可能会有感到疲倦的时候，但是总能想着坚持、坚持，再坚持一分钟就能渡过难关。事实也是这样，不坚持，不忍耐，怎么能战胜大小困难，可惜的是有很多人做不到这一点，所以被困难阻挡在成功的大门之外。

当困难降临在你头上，你是勇敢地迎接挑战呢？还是知难而退，落荒逃走？是坚持不懈还是半途而废？

拿破仑出身于穷困的科西嘉没落贵族家庭，他父亲送他进了一个贵族学校。他的同学都很富有，大肆讽刺他的穷苦。拿破仑忍受了五年的痛苦。但是每一种嘲笑、欺侮、轻视的态度，都使他增强了决心，发誓要做给他们看看，他确实做到了。

他是如何做的呢？当他接受第一次军事征召时，他那不受人喜欢的体格使他没有资格得到希望的那个职位，同时，他的贫困也使他失掉了后来争取到的职位。于是，他改变方针，用埋头读书的方法，去努力和他们竞争。他并不是读一些没有意义的书，而是为自己将来的理想做准备。他下定决心要让全天下的人知道自己的才华。他住在一个既小又闷的房间内。在这里，他脸无血色，孤寂、沉闷，但是他却不停地学习着。

通过几年的用功，他从读书方面所摘抄下来的记录，后来印刷出来的就有400多页，他的数学才能获得了提高，这使他第一次有机会表示他能做什么。他的长官看见拿破仑的学问很好，便派他在操练场上执行一些任务，他的工作做得极好，于是他获得了新的机会，开始走上有权势的道路了。

难道这是天才所造成的奇异改变吗？他确实是聪明，他也确实是肯下功夫，不过还是有一种力量比知识或聪明来得更重要，那就是用坚韧的毅力直面眼前的困难。如果你决心要战胜困难，那你就要心甘情愿地、坚持不懈以达到你的目的。

可以说，坚持是解决困难的钥匙，试问诸事百业，有哪一种可以不经坚持的努力而成就大事的呢？

在生活中，一个开始蹒跚学步的婴儿，最初他可能只知道低着头，弯着腿，深一脚浅一脚地乱挪，身体常常会因为失去重心而跌倒。这个时候，会教育孩子的父母不会立刻制止他的乱走乱摔的，因为他们明白只要继续让他尝试走路，几次之后，只要他发育没有问题，他会自己学会走路，成为一个坚强的好宝宝的。

在激烈的社会竞争里，就好像参加了一场世界性的马拉松赛跑，每个人都在比拼自己的耐力，只有坚持到最后的人才能获得胜利。坚持，是一个成功者心态的体现，认真、踏实、一如既往。天下没有不劳而获的果实，如果能在困难和失败面前，不轻言放弃，就能使你更上一层楼。不管做什么事情，不管因为什么原因，只要放弃了，就没有成功的机会；不放弃，就一直拥有成功的希望。凡是懂得坚持的人大都具有坚韧的品格，而坚韧又是坚持的升华。

坚韧可以使柔弱的女人靠辛勤的工作养活她们的全家；使穷苦的孩子努力奋斗，最终找到生活的出路；使一些残废人，也能够靠着自己的辛劳，养活他们年老体弱的父母。除此之外，如山洞的开凿、桥梁的建筑、铁道的铺设，没有不是靠着坚韧而成功的。

在世界上，没有别的东西可以替代坚韧。秉性坚韧，是成大事立大业者的特征。这些人能够获得巨大的事业成就，可以没有其他卓越品质的辅助，但绝不能没有坚韧的性格。从事苦力者不厌恶劳动，终日劳碌者不觉得疲倦，生活困难者不感到志气沮丧的原因都是由于这些人具有坚韧的品质。

依靠坚韧为资本而成就大事的年轻人，比以金钱为资本的获得成大事者的人要多得多。人类历史上全部成大事者的故事都足以说明：坚韧是克服贫穷的最好药方。

只有坚持下去，才能有所突破

每个年轻人在向梦想前进时，都是非常艰难的，但在面对挫折与困境时，年轻人只有坚持下去，才能有所突破。

罗纳德·里根，被认为是美国历史上最伟大的总统之一，他年轻时的一段经历让他终生难忘，也教会了他如何面对挫折。

“最好的总会到来。”每当他失意时，母亲就这样说，“如果你坚持下去，总有一天你会交上好运。并且你会认识到，要是没有从前的失望，好运是不会发生的。”

母亲是对的，1932年从大学毕业后里根发现了这点。他当时决定要在电台找份工作，然后再设法去做一名体育播音员。于是他搭便车去了芝加哥，敲开了所有电台的门，但都失败了。在一个播音室里，一位很和气的女士告诉他，大电台是不会冒险雇用一名毫无经验的新手的。

“再去试试，找家小电台，那里可能会有机会。”她说。里根又搭便车回到了伊利诺依州的迪克逊。虽然迪克逊没有电台，但他父亲说，蒙哥马利·沃德开了一家商店，需要一名当地的运动员去经营它的体育专柜。由于里根少年时在迪克逊中学打过橄榄球，于是他提出了申请，那工作听起来正合适，但他没能如愿。

里根感到十分失望和沮丧。“最好的总会到来。”母亲提醒他说。父亲借车给他，于是他驾车行驶了70英里来到了特莱城。他试了试爱荷华州达文波特的WOC电台。节目部主任是位很不错的人，叫彼特·麦克阿瑟，他告诉里根说他们已经雇用了一名播音员。当里根离开这个办公室时，受挫的心情一下子发作了。里根大声地喊道：“要是不能在电台工作，又怎么能当上一名体育播音员呢？”说话的时候，他正在那里等电梯，突然听到了麦克阿瑟的叫声：“你刚才说体育什么来着？你懂橄榄球吗？”接着他让里根站在一架麦克风前，叫他凭想象播一场比赛。里根脑中马上回忆起去年秋天时，他所在的那个队在最后20秒时以一个65米的猛冲击败了对方。在那场比赛中，他打了15分钟。他便试着解说那场比赛。然后，麦克阿瑟告诉他，他将选播星期六的一场比赛。

里根在回家的路上，就像自那以后的许多次一样，他想到了母亲的话：“如果你坚持下去，总有一天你会交上好运。并且你会认识到，要是没有从前的失望，好运是不会发生的。”

在人生奋斗中，不慎跌倒并不表示永远的失败，唯有跌倒后，失去了奋斗的勇气才是永远的失败。我们若以平常心观之，失败本身也就不足为奇。一个年轻人若没有经历过失败，他就难以尝到人生的辛酸和苦涩，难以认识到生命的底蕴，也就不可能进入真正宁静祥和的境界。

司马迁生活在西汉王朝的鼎盛时期，伺候的是雄才大略的汉武帝刘彻。司马迁的父亲是一名记载文史的史官。

在司马迁小的时候，父亲就给他灌输成大事的思想，说：“每五百年就会出现一部伟大的作品，现在距离孔子作《春秋》已经有五百年了，又该出现伟大的人物和作品了。”司马迁牢记着父亲的话，也是这句话孕育着他想成为那位伟大人物的雄心壮志。

汉武帝大力兴修水利，发展农业，养兵征战开拓疆域，使华夏版图空前辽阔。这些都成了司马迁成就《史记》的历史背景。

为了写这部鸿篇巨制的史书，司马迁实地巡访祖国的名山大川，考察古代流传下来的趣闻轶事，了解和搜集各种散失的历史资料，历经数年，行程几万里，为写作《史记》搜集了大量的材料。公元前108年，司马迁被正式任命为太史令，开始了《史记》的编撰工作。

公元前98年，名将李广的后人李陵率兵攻打匈奴，陷入重围，兵败投降。朝臣们讳言主将李广利的无能（李广利是皇亲国戚，他妹妹是汉武帝的美人），将败北责任都推到李陵身上，而司马迁这时候却为李陵辩护。他认为李陵是名将李广之后，绝对不会无缘无故投降的，就是因为这件事，没想到落了个“诬罔主上”的死罪。按汉律规定，交50万钱或受宫刑可以免除死罪,司马迁家贫,交不出钱赎罪,但为了实现编写《史记》的雄心,只好蒙受宫刑的奇耻大辱。

两年后,司马迁遇大赦出狱。他被汉武帝任命为“中书令”(在皇帝身边掌管文书机要的宦官),继续《史记》的撰写工作。

受刑后的司马迁,遭受着世人百般诽谤和耻笑,终日冷汗渗背,神情恍惚,苦不堪言。纵然如此,他仍是笔耕不辍,历经十几个春秋,大约在公元前93年,完成了这部史学巨著:中国第一部融史学、文学于一体的纪传体通史——《史记》,理清了中国从远古到汉武帝的历史,实现了自己的鸿鹄大志。

司马迁生活在封建社会,受宫刑足以使一个意志薄弱的人想到自杀。因为受过宫刑,就是一个不完整的人了,要备受世人的嘲笑与欺凌,就连自己的亲人也避而远之。司马迁精神几乎崩溃,但是《史记》刚开始撰写,他必须活下去,去完成这部睥睨古今、彪炳千古的鸿篇巨制。这需要有非凡的毅力才能完成,司马迁历经身心煎熬终于造就出了前无古人的事业。

司马迁是百年不遇的伟大人物,但在我们现实生活中,能经受住像司马迁一样苦难的人并不多,而随便的小小打击就使人一蹶不振的事例却屡见不鲜,这的确该使人觉醒。

自古英雄多磨难。一个平凡人成为一个领域的英雄或者成为一个时代的英雄,是挫折和磨难使然,因为英雄和平凡人的区别就在于,英雄在逆境中抓住了逆境背后的机遇,在绝境中创造了奇迹。而平凡人在逆境中选择了随波逐流,在绝境中选择了放弃。

每个年轻人都想成就一番辉煌的事业,但成就大事业并不是一帆风顺的,要经过一番磨炼,才可能获得豁然开朗的境界,功成名就的业绩。

没有困难,不必制造困难;遇到困难,不要回避困难;去积极面对,你才有机会成功,才能做出大事业。

顽强的意志力可以战胜一切

有一天某个农夫的一头驴子,不小心掉进一口枯井里,农夫绞尽脑汁想办法救出驴子,但几个小时过去了,驴子还在井里痛苦地哀嚎着。

最后,这位农夫决定放弃,他想这头驴子年纪大了,不值得大费周章去把它救出来,不过无论如何,这口井还是得填起来。于是农夫便请来左邻右舍帮忙一起将井中的驴子埋了,以免除它的痛苦。

农夫的邻居们人手一把铲子,开始将泥土铲进枯井中。当这头驴子了解到自己的处境时,刚开始嚎叫得很凄惨。但出人意料的是,一会儿这头驴子就安静下来了。农夫好奇地探头往井底一看,出现在眼前的景象令他大吃一惊:

当铲进井里的泥土落在驴子的背部时,驴子的反应令人称奇——它将泥土抖落在一旁,然后站到铲进的泥土堆上面!

就这样,驴子将大家铲倒在它身上的泥土全数抖落在井底,然后再站上去。很快地,这只驴子便得意地上升到井口,然后在众人惊讶的表情中快步地跑开了!

很多人把这个故事命名为“一头驴的意志”,这个名字很好地概括了这个小故事的最本质的意义。驴子凭借自己对生命的渴望、凭借自己的生存意志，解救了自己。这是一种伟大的求生力量，更是一种卓越的生命品质。事实上，就如驴子的情况，在生命的旅程中，有时候我们难免会陷入“枯井”里，会有各式各样的“泥沙”倾倒在我们身上，而想要从这些“枯井”脱困的秘诀就是：凭借顽强的意志，将身上的“泥沙”抖落掉，然后站到上面去！

一头驴能做到的努力，我们也不会落后。

西点军校是锻炼意志力的最好地方。西点军校经常会对新学员进行一些超常规的意志训练，让他们领会到顽强毅力是战胜一切困难的法宝。西点人把拥有顽强毅力的人奉为英雄。

有着顽强意志力的西点学员在危险时刻总是能保持镇定自若。他们不会在任何困难面前退缩，勇往直前是西点军人的唯一选择。西点人决不会因为危险而放弃自己的信仰。许多伟大的人物鼓舞着西点军人，他们相信依靠自己坚强的意志力可以战胜一切困难。

同样在公司中，每一个取得事业成功的人都需要拥有坚强的意志力。也许你的工作是机械乏味的，也许你的工作是充满挑战的。但是无论如何你都要去完成它，你必须倾注你的全部精力去攻克成功路上的每一个障碍。假如你一遇到困难就退缩。那么你永远只能生活在挫败的感觉中，永远只能是一个卑微的人。戴高乐曾经说过：“困难，特别吸引坚强的人。因为他只有在拥抱困难时，才会真正认识自己。”

没有一个公司愿意聘用意志力薄弱的人。如果遇到一点困难就失去恒心、失去理智，他就是生活中的弱者。公司管理者聘用这样的员工无疑是给公司增加麻烦。你准备做一个什么样的人呢？去向西点军人学习意志力吧！

越困难越要坚持

这个世界上风险无处不在，无时不有，没有绝对安全的事情。冒险意味着危险，同时也意味着机会。在危险面前，只要你能学会坚持，冷静沉着的应对一切，成功很快就会到来。

西点人从不把困境看成是一种苦难，所以无论多么艰险的情况下，他们依然能坚持下去，最终完成任务。西点人把艰难困苦看作是磨炼意志的一种手段，只有经历过磨炼，才能成为一个强者。

考克斯从西点军校毕业后，到空军服役，成了一名飞行员。那是一次冬季飞行，考克斯突然感到飞机上比自己想象的要热一些。

考克斯开的飞机上的除冻器是将空气从热的发动机带出来——这和汽车上刚好相反。这些空气通过一个弯曲的加热管道然后以很高的温度喷向座舱，尽管其中混杂了周围的空气，但它还是使座舱越来越热，远超过你能忍受的程度，所以你不能让除冻器运行时间超过你想要的时间。

不久，考克斯注意到座舱越来越热，他伸手过去想关掉开关，但是他发现它已经是关闭状态。无论考克斯怎样做，都有越来越多的热空气奔向驾驶舱。他没有办法控制温度。那时，他们正飞行在恶劣的冬日风雪中——暴风、大雪、冰雹等等，外面情况险恶，里面还有一个更大的问题，热浪在座舱中肆虐，他却毫无办法。

考克斯发信号给控制台，解释自己的处境，他决定不飞原定的目的地密歇根，而是尽快返回他们起飞的地方。考克斯找到一个安全的区域，在控制台的允许下作低空飞行。那样他就可以尽快用掉燃料而返航(飞机带着满满的燃料在结冰的跑道上降落是很危险的，因为冰上的高速降落会将飞机超重的部分抛出去。那时还有大约四吨燃料要用完)。那时所有的热气涌入座舱，热得考克斯几乎无法进行思考。

降到低空后，考克斯做了个270度大旋转，并做了一些技巧动作来加快耗掉燃料。点燃后燃器，而后将它关掉，同时又将油门推回到后燃器位置，这样燃烧器不会再点燃，但多余的燃料会从尾管中源源不断地排出去。这可能是“最差”的卸掉燃料的方法了。

突然座舱中充满了烟雾，考克斯的双眼开始流泪。除冻器也受不了高温，开始燃烧了。考克斯快要脱水了！那时他真想将驾驶舱顶篷“弹”掉来逃离热气，但恶劣的天气仍会使无顶篷的着陆危险不堪，因而座舱的炼狱继续着。飞机的燃料耗得差不多了，考克斯和要着陆的机场联系，想直接飞回机场。人人都知道这很危险，因而考克斯征求地面控制台的意见。

地面控制台告诉考克斯，由于机场风雨突然反向，着陆必须和平常的方向相反。他们正匆忙计算数据，当时还无法给他一些降落的信息。考克斯的眼睛开始刺痛，眼泪已让他无法看东西了，幸运的是呼吸还没有问题，因为有氧气罩。地面控制台开始指引他降落。考克斯什么也看不见，云雾几乎笼罩着地面，他们让考克斯从最小倾斜度降落，那样如果低空没有云层的话，可以再兜一圈重试。考克斯冲出了云层，但前方却没有跑道。跑道在他左边300米处，一切危险都到齐了，本不应该发生的都在今天来了。

考克斯把操纵杆向前推，飞机上升，又飞回了云层。

“让我们告诉你如何做，”地面控制台说道，“我们来告诉你同时转向及转多少度角，以及何时离开。”考克斯仔细按照他们的指引去做。他在风雪中如瞎子般盲目飞翔着，祈祷来自地面的声音能让自己从云层中钻出来，出来时一个长而美的跑道能够恰好展现在自己的面前。

第二次，恰好考克斯飞到一个云层开裂处。他能看见了——否则只好重来。穿过云层，他能分辨出自己所处的位置，很好，这次他只是偏右了50米，他立即向左转了个70度的大弯……好了，这次他正对着跑道。

但是此时，考克斯已经快到了跑道的尽头了，如果他试着降落的话，到跑道尽头处飞机肯定还会有很高的速度——这不是个太好的主意。

这时，考克斯想起了自己在西点军校中学到的这样一句话：“如果你没有选择的话，那么就勇敢地迎上去”。除了将飞机拉起来盘旋一圈后再来一次，他别无选择。再试一次是很危险的，因为有很多细小的东西要校对，那一刻，考克斯毫无遗漏地照控制台发给自己的指引去做。现在有个好现象，就是座舱开始变凉快了，因为除冻器已经报销了。但此时，考克斯又陷入燃料耗尽的困境中，他开始后悔放掉了那么多燃料，他只剩下再来一次的燃料。他呼叫：“如果此次我还不成功的话，给我指定一个人烟稀少的区域，我将跳伞。”

考克斯又来了一次，这次，当他还在云层中时。控制台就告诉他太靠左了，于是，他又向右转了一些。

但是控制台又重复道：“你太靠左了。立即向右转!”考克斯还是看不到跑道。但基于两次右转尝试，他觉得自己可能已经到了正确位置，凭感觉他不想再改变位置了。

很多时候我们都要决定是听取别人的建议还是相信自己的感觉。考克斯飞快地做了选择。一旦做完选择,他就会面临三个结果:5秒钟内,他可能在跑道上,可能在降落伞上,还可能死去。考克斯当然选择降落在跑道上。毫无疑问,他根本就不想跳伞。

当考克斯冲出云层时,跑道正摆在他面前。飞机着陆了,就在考克斯将飞机停下来时。发动机自动熄火了,燃料已用尽了。

回过头来看看,如果这期间考克斯内心只有恐慌的话,他会毁了自己和飞机。幸运的是,考克斯没有抱怨,而是沉着冷静地面对一切困难。

此后,每当困难和低沉时,考克斯总是对自己说:"是的,这难道比那次空中遇险还要糟吗?当然不!我想如果那时我能挺过来,什么事我都会挺住的。"

我们必须学习西点军人勇于冒险求胜的精神,你就能比你想象中的做得更多更好。在勇冒风险的过程中,你就能使自己的平淡生活变成激动人心的探险经历,这种经历会不断地向你提出挑战,不断地奖赏你,也会不断地使你恢复活力。

在人生的海洋里布满了暗礁,它的出现经常出人意料,但只要勇敢坦然面对,不被突如其来的困难所吓倒,就能克服它,走出失败的阴影。在许多时候,我们遭遇失败就是因为我们缺少了那一点点坚持,一点点执着,一点点不屈不挠的毅力。分明成功的曙光就在眼前,但是我们却没有信心和毅力再坚持下去,结果从前所遭受的艰难困苦也都白费了。

无论什么时候,不管遇到什么情况,我们只需要一点点坚持,一点点执着,一点点不屈不挠的毅力,就能见到成功的曙光。正像爱迪生所说的:"伟大人物的最明显的标志,就是他坚强的意志,不管环境变幻到什么地步,他的初衷与希望仍不会有丝毫的改变。而他最终能克服困难,达到预期的目的。"

不服输的人才有赢的希望

对于一个人来说,成功的信念和积极的心态比什么都重要。只有这样,你才能在困难中坚持,在坚持中成功。世界上最伟大的人,通常也是失败次数最多的人。面对各种不利,只要有一点点成功的可能,就要永不放弃。

西点人认为:"任何事情只要你认为是正确的,事前切勿顾虑过多,最重要的是,拿出勇气全力冲过去。过分谨慎,反而成不了大事。"

纽约华尔街是全世界最著名的金融街,这里流传着这样一句话:"华尔街不是女人待的地方。"可以想见,一名女性想在这里立足之艰辛。但是没有任何金融背景的裔锦声不仅在华尔街立足,还书写了一段华尔街的职场传奇。

刚刚在美国读完中文博士的裔锦声,在找工作时看到舒利文公司的招聘广告:要求求职者商学院毕业;至少有5年的金融专业或银行工作经验;能开辟亚洲地区的业务。

显然,裔锦声没有达到要求,尽管如此,她还是很快整理好个人资料寄给舒利文公司。结果当然是石沉大海。但她还是不停亮剑,每天都给舒利文公司打联系电话,以至于人事部门一听到是她的声音,便想着各种理由婉拒。

最后,她鼓起勇气拨通了舒利文公司总裁的电话。在电话里她坦言:"我没有商学院的学位,也没有在金融业的工作经验,但我有文学博士学位。文学就是人学,长期的文学熏陶使我善解人意。在获得博士学位的过程中,我知道怎样发现问题,解决问题。我是一个女性,经受了许多困难和歧视,我不仅没有退缩,反而变得更加坚强。基于我拥有的这些优点,我将成为公司的财富,而且相信公司也一定会为我提供这个机会,这对双方都是有益的事情。我很想到你们公司工作,但打了好多次电话都被拒绝了,请您给我一次机会吧。公司聘用我而我没有干好,最多损失几个月的薪水。如果公司认为在我身上投资有风险,那你们可以先不付我薪水呀。"她噼里啪啦一口气说完了这些话。

半个小时后,舒利文公司通知她去面试,经过整整7次严格的面试后,舒利文公司拒绝了100多名有金融背景的求职者,录用了她这个对金融一无所知的文学博士,结果大出人们的意料。

经过5年的艰苦奋斗,她因业绩突出被破格提升为副总裁,成为该公司创立以来的首位外籍女性高级主管。

后来,裔锦声问舒利文公司总裁为什么最终会聘用她,总裁告诉她,正是她连珠炮似的话,尤其是最后一句话感动了他。"因为你是一个不会向生活妥协的人,而我们公司需要的正是这样的人。专业知识可以学习,但永不言败的性格却不是人人都具有的。你的勇气和信念已经远远超出了求职本身。"

任何事情都不简单,如果一遇到困难和失败就认输了,撤退了,那么哪里才有成功的希望呢?本田创业的过程,可说尝够了失败的滋味,一次次打击接踵而来,换了别人,可能早被击垮了,但本田却从来没有灰心丧气过。

在"好梦"号摩托车诞生之前,本田公司投入新机械的资金已达4.5亿日元。一家从家庭式工厂起步的公司如此大胆,至今想起来让人不寒而栗。新机械大量地购入了,占了许多资金,但公司却业务不振,连薪水都发不出,实在狼狈不堪。本田深感肩上担子的沉重,他表情严峻,把希望寄托在自己研制的"好梦"号摩托车上。试车那天,"好梦"号终于上山了,本田和同事们抱在一起又哭又叫。"好梦"号成功了!这是本田公司的第一辆真正的摩托车,由本田和河岛设计。新车设计出来了,但销路不畅,工人大部分时间无所事事,令本田大为悲愤。但他不是那种能被困难吓倒的人,他战胜悲愤的方法,就是参加在代代木公园举行的摩托车赛,以此来宣传自己的产品。

本田将摩托车开得狂驰如飞,遥遥领先,可是在转弯时却被树木绊倒,人被摔出10多米远。当人们把他送往医院时,他却狂呼道:"放下我!我要赛到底!"

这样险象环生的车祸至少发生过四五次,但本田从来没有被吓倒过。

1954年,本田公司费了九牛二虎之力,使自己的摩托车得以参加国际比赛,结果被淘汰出局。

本田又用行动战胜了惨败带来的恐惧。7年以后,本田摩托车终于在罗马大获全胜,囊括了大赛的前5名。本田摩托车在一一夜之间名声大噪,订货单源源而来,不到5年,外销金额突破了1亿日元大关。

本田成了媒介宣传的英雄。但他自己却说,他只不过是一个普通人,那种失败的滋味儿并不好受。失败对于每一个人来说都不好受,唯一的区别就是本田即使失败了也以一股不服输的劲头,继续努力。

《亮剑》中的李云龙更是一个永不言败、宁死不屈的铮铮铁汉。

在李家坡战役中,八路军伤亡惨重,李云龙向386旅旅长陈赓请缨:"师属炮兵营暂时由我指挥，就这点儿要求。拿不下李家坡我也用不着提着头来见你，因为那时我肯定已经躺在山坡上啦。我只能向你保证，我们独立团全团一千多号人绝不会有人活着退出战斗。”

这种不服输的敢死队精神，使李云龙的独立团在李家坡之战中大获全胜。

不怕死的人往往不会死，同样，不怕输的人往往也不会输。只有拿出李云龙那样的亮剑精神，才能在职场中克服万难，取得成功。

初生牛犊不怕虎的蒙牛选择的第一个重点市场，不是家门口的内蒙古首府呼和浩特，也不是附近的首都北京，而是需要辗转3300千米才能将货送达售点的深圳——改革开放的前沿阵地。

在深圳叱咤风云的经销商乌日娜，起步时却不知道“分销”为何物，但她愣是成长为蒙牛经销商中的“三大闯将”之一。我们来听听她本人在接受《蒙牛内幕》作者张治国采访时叙述的酸甜苦辣：

1999年4月29日，乌日娜给杨文俊及牛根生打电话，决定开始做牛奶。

那时市场不太好，伊利在深圳没几天就失败了。乌日娜对牛根生说，相信我吧，我一定干好。

5月8日，牛、杨、邓三人拎着十几箱牛奶来到深圳，到(孙先红)先行人广告公司落脚。大家一起在市场上买了各种品牌的牛奶，进行盲测，结果每个人都感觉蒙牛是最好的。大家充满了信心。

一个月后，乌日娜穿着皮鞋将所有商场走了一遍，一说内蒙古的产品，都不要。说，我们老板就喝澳牛，喝保利，内蒙古的牛奶不喝。

万事开头难，没有促销费，乌日娜自己做T恤衫，登报纸广告，印DM(Direct Mail，快讯商品广告)单，穿蒙古袍促销……

沃尔玛当时就要1件小奶，1件大奶。第三次，要了3件。没有送货车，乌日娜就坐公共汽车送，骑自行车送。

一天走十件八件货。第一批10吨牛奶，乌日娜没卖出去。但不想让大家对她失去信心，又进了第二批货，20吨。

困难接踵而至，乌日娜咬牙坚持。由于是先赊货，后付钱，十几个分销商，有两家欠了八九万元，始终没给钱。有个被辞掉的分销商还开车撞乌日娜的房门。

刚开始做促销时缺乏经验，用低工资雇佣的促销员，卷走了货款，住宅小区内做促销丢得更多。7、8月间，深圳下大雨，箱底都开始长毛，又损失了一批货。

但乌日娜没有被困难打倒，她从失败中作总结，找教训，第一年下来，300万的合同，她完成了600万。第二年，合同一下就订了3600万。这可是个“天文数字”！听了这样的消息，本来应该在呼市治疗脚疾的乌日娜，当日就赶回了深圳。当时，原先的一批骨干听了这样的合同，都走了，只留下了一个人。

但这一年下来，乌日娜把“天书”做成了“地书”，3600万的数字也不是什么神话！

乌日娜用这种“敢死队”式的亮剑精神打开了蒙牛在深圳的市场，将深圳战役演绎成了传奇。

只有不怕苦，不怕累，不妥协，不服输，不放弃，想一切办法完成公司任务的人才能开拓出一条辉煌的事业之路。条件再困难，可以创造条件；希望再渺茫，也能找出许多方法去解决。

有个记者访问一位500强的优秀员工：“为什么你在事业上经历了如此多的艰难和阻力，却从不放弃呢?”这位500强员工答道：“你观察过一个正在凿石的石匠吗？他在石块的同一位置上恐怕已敲过了100次,却毫无动静。但是就在那第101次的时候,石头突然裂成两块。并不是这第101下使石头裂开,而是先前敲的那100下。"

拿破仑·希尔发现,他访问过的成功人士都有个共同的特征,在他们成功之前,都遭遇过非常大的险阻。表面上看来,事情是应该罢手了,放弃算了,殊不知此时仅仅差一步就能到达终点了。

水烧到99度的时候可能还没有开,这时候如果你绝望了,不愿意再等待了,那么就很容易在几秒钟的差距里与成功擦肩而过。在绝望的时候,一定要学会多点耐心,再等待一下,再努力一下。

希拉斯·菲尔德先生想在大西洋的海底铺设一条连接欧洲和美国的电缆。随后,他就开始全身心地推动这项事业。

前期基础性的工作包括建造一条1000千米长、从纽约到纽芬兰圣约翰的电报线路。纽芬兰400千米长的电报线路要从人迹罕至的森林中穿过,所以,要完成这项工作不仅包括建一条电报线路,还包括建同样长的一条公路。此外,还包括穿越布雷顿角全岛共440千米长的线路,再加上铺设跨越圣劳伦斯海峡的电缆,整个工程十分浩大。

菲尔德使尽浑身解数,总算从英国政府那里得到了资助。然而,他的方案在议会上遭到了强烈的反对,在上院仅以一票多数通过。随后,菲尔德的铺设工作就开始了。电缆一头搁在停泊于塞巴斯托波尔港的英国旗舰"阿伽门农"号上,另一头放在美国海军新造的豪华护卫舰"尼亚加拉"号上,不过,就在电缆铺设到5千米的时候,它突然被卷到了机器里面,断了。菲尔德不甘心,进行了第二次试验。在这次试验中,铺到200千米长的时候,电流突然中断了,船上的人们在甲板上焦急地踱来踱去,好像死神就要降临一样。就在菲尔德先生即将命令割断电缆、放弃这次试验时,电流突然又神奇地出现,一如它神奇地消失一样。夜间,船以每小时4千米的速度缓缓航行,电缆的铺设也以每小时4千米的速度进行。这时,轮船突然发生了一次严重倾斜,制动器紧急制动,不巧又割断了电缆。

但菲尔德相信事情一定会有转机。他又订购了700千米的电缆,而且聘请了一位专家,请他设计一台更好的机器,以完成这么长的铺设任务。后来,英美两国的发明天才联手才把机器赶制出来。最终,两艘军舰在大西洋上会合了,电缆也接上了头;随后,两艘船继续航行,一艘驶向爱尔兰,另一艘驶向纽芬兰,结果它们都把电线用完了。两船分开不到3千米,电缆又断开了;再次接上后,两船继续航行,到了相隔8千米的时候,电流又没有了。电缆第三次接上后,铺了200千米,在距离"阿伽门农"号3米处又断开了,两艘船最后不得不返回爱尔兰海岸。

参与此事的很多人都泄了气,公众舆论也对此流露出怀疑的态度,投资者也对这一项目没有了信心,不愿再投资。这时候,如果不是菲尔德先生坚持,这一项目很可能就此放弃了。菲尔德为此日夜操劳,甚至到了废寝忘食的地步,他决不甘心失败。

于是,又一次尝试开始了,这次总算一切顺利,全部电缆铺设完毕,而没有任何中断,几条消息也通过这条漫长的海底电缆发送了出去,一切似乎就要大功告成了,但突然电流又中断了。

这时候,除了菲尔德和他的一两个朋友外,几乎没有人不感到绝望。但菲尔德仍然坚持不懈地努力,他又找到了投资人,开始了新的一次尝试。他们买来了质量更好的电缆,这次执行铺设任务的是"大东方"号,它缓缓驶向大洋,一路把电缆铺设下去。一切都很顺利，但最后在铺设横跨纽芬兰60千米电缆线路时，电缆突然又折断了，掉入了海底。他们打捞了几次，但都没有成功。于是，这项工作就耽搁了下来，而且一搁就是一年。

好一个菲尔德，这一切困难都没有吓倒他。他又组建了一个新的公司，继续从事这项工作，而且制造出了一种性能远优于普通电缆的新型电缆。1866年7月13日，新一次试验开始了，并顺利接通，发出了第一份横跨大西洋的电报！电报内容是："7月27日。我们晚上9点到达目的地，一切顺利，感谢上帝！电缆都铺好了，运行完全正常。希拉斯·菲尔德。"不久以后，原先那条落入海底的电缆被打捞上来了，重新接上，一直连到纽芬兰。

人生从来就没有真正的绝境，不服输的人才有希望。如果你始终在绝望的边缘徘徊，请别放弃，再为自己加一加油，也许就是这最后的临门一脚为你创造了奇迹。

法则六
责任

责任是一种与生俱来的任务

责任是西点军校对学员的基本要求。它要求所有的学员从入校那天起，都要以服务的精神自觉自愿地去做那些应该做的事，都有义务、有责任履行自己的职责，而且在履行职责时，其出发点不应是为了获得奖赏或避免惩罚，而是发自内心的责任感。

责任无处不在。有人说："任何人都应该各尽其责。要彼此相爱，不依于人。"虽然有些时候承担责任意味着牺牲自身的利益并有损尊严，但你能从中体会到成就感与自豪感。

> 美西战争时，哈里中尉被派驻南部高地担任陆军连长，负责带领150名美军士兵参加战斗。后来，他这样描述发生在那次战争中的一个故事：
>
> 有一天，我接到上级的命令，让我们放下手头的工作，把所有人员和设备转移到距此地50千米外的一个非常偏僻的地方，去修建一座被损坏的大桥，以便能迅速恢复高地的粮食和其他供应。而就在要转移的时候，负责驾驶搬运挖土机的挂车的普列向我报告："长官，我的车子刹车坏了。"我们对视了一会儿，心里都明白，季风季节刚刚过去，而在这个季节中，受雨水和泥土浸泡的机车已受到极大的损坏，并且在这样艰苦的情况下，根本没有配件可换。但任何车辆没有刹车都是致命的，更何况这辆挂车还得负重一辆40多吨重的挖土机，跋涉泥泞不堪的山路，没有刹车也就等于自杀。最后，我对普列说："如果不把那个挖土机拉过去，在那边我们根本没法工作，只有靠它才能把损坏的桥梁挪开。我们是否还有别的办法呢？"
>
> 后来，他无奈地说："长官，我可以试一下用引擎减速，但如果那样的话，到那边后这辆车就彻底损坏了。"我考虑了一会儿，问道："普列，那样的话，你能确保成功吗？"我很明白，这样就是要他用生命做代价去换取这次任务的成功，我也等着他可能拒绝的回答，到时，我就只能再去想别的解决办法——但其实已没有别的办法可想了。出乎我意料的是，普列说："长官，我试试看吧！"

队伍出发后，我和普列都提心吊胆，在一种极其紧张的状态下走完50千米的路程，未敢松一口气。到达目的地后，那辆车的确报废了，但普列总算活过来了，挖土机也完好如初。当普列走下挂车的那一刻，我看见他摇摇晃晃，似乎快要崩溃了。的确，在这以前，我从未要求过我的部属冒这么大的风险，以后也再没有过，我以普列为荣，真的！

让普列去冒这样的生命危险，当时我的内心其实还是经过一番斗争的。同在战场上出生入死，这种感情情同手足，我碰到的是一件棘手的事情——我为什么要求我的兄弟去冒这样大的危险？为什么？

但我现在也一直认为，我那次的决定是对的，如果事情会重现一次，我还会那样做，当然这种想法并不是因为普列的平安无事，而是一种团队责任、一种集体精神、一种执行力、一种复命精神。从感情上讲，我还是很高兴，他并未因此而丧生，否则我会终生内疚。如果他牺牲了，我也不会怀疑我的决定，但我会自责。既然决定是对的，那我就会果断地去做，不管结果如何。对我来讲，这件事情是对我一生的考验。而普列选择的是服从和执行，他表现得更加伟大，并且他最后成功了。

在情况紧急时，发布绝对服从的命令，没有任何借口可言，这是在西点军校一点一滴地培养出来的。我们要对所有的事情不断反省、质疑、分析，然后做出合适的决定。我不知道普列当时是怎样考虑并决定执行的。其实，在此之前的普列并没有什么特别的地方，并且在连队中是出了名的不修边幅。但在他成功复命之后，他成了我眼中的英雄。复命的结果证明他是一个没有任何借口的人，勇于负责的人，他提升了他人生的价值，使千千万万的人从中获益。

在普列就要退伍离队时，他找到我说："长官，我最近就要退伍回家了，如果我能从四级升到五级，我回到家乡一定会很荣耀的。"

可能是他原来的不修边幅和学历不高，他的军士长一直没有提升他。现在他希望我能提升他一级。我牢记着他那一次的服从和奉献，牢记着我们同甘共苦的经历，我叫他先回去，然后叫来他的军士长，说："莱克，我想晋升普列一级。"他立刻说了一大堆不同意的理由。听完后，我冷静地说："莱克，让普列晋升一级。"

普列回家时已经升为五级专员了，后来我再也没有听到有关他的消息，但我认为，他是一个品德高尚的人。

哈里中尉讲的故事给我们提供了一个完美复命的范本。有复命意识的人，也必定是负责、高效、执行力强、忠于使命、热忱、自动自发、没有任何借口、敢于挑战困难、尽一切办法完成任务的人。人有了责任感，才能具有勇往直前的动力，才能感到许许多多有意义的事去做，从而体会自我价值。在复命精神的内在力量驱使下，我们常常更容易生出一种崇高的责任感。

正是西点军校多年来向其学员实施的这种责任感教育，为学员毕业后忠实地履行报效祖国的职责和义务奠定了坚实的思想基础。

如果我们像西点军校的学员们那样对任何事情都充满责任感，一切就会大不相同。在社会生活中，个人的行为总是对社会和他人产生直接或间接的影响，因而人的行为必须对他人或社会负责，必须按一定的社会规范去行动。如果人与人之间互不负责，互不尽义务，社会就不成其为社会了。

无论我们做什么样的事，都应该尽职尽责，勇敢地承担责任。一个人如果缺乏责任感，他就不可能以认真的态度去处理事情。

责任心一旦树立，并成为性格心理的组成部分，就具有稳定性，能使人自觉、主动、积极地尽职尽责。当一个人完满地尽到自己的责任时,会产生满意的、愉快的情感,但如果没有尽到自己的责任,会深感不安和内疚。可以说,有了责任心,个人的价值才能得到充分、合理的体现。

只有责任可以让弱者变强,让强者变得更强。放弃承担责任,或者蔑视自身的责任,就等于在可以自由通行的路上自设路障,摔倒的只能是自己。而承担起自己的职责来,则可以战胜自己,对待每件事都能做到尽职尽责,这样才能赢得足够的尊重和荣誉,才能体现自己的真正价值。

"二战"时,艾森豪威尔将军指挥英美联军横渡英吉利海峡,计划在法国诺曼底登陆。这次登陆事关重大,然而就在万事俱备之际,英吉利海峡却狂风暴雨、风云突变。数千艘战舰泊在海湾等待时机,数十万名军人被困于岸上进退两难。

终于气象学家送来了好消息,天气将在三小时之后变得晴朗。艾森豪威尔明白这是个能够对敌人攻其不备的绝佳时机,但是其中仍然暗藏危机,假如气候情况不如预期,那么军队就有可能遭受重创。

艾森豪威尔慎重考虑之后,决定发起总攻,之后的结果想必大家都知道,这一场战役就是历史上著名的扭转"二战"局势的"诺曼底登陆"。

但在发起总攻之前,艾森豪威尔在日记中记下这一刻的决定并承诺了责任的归属,他写道:"我决定此时此刻发起总攻,是基于当时情况下所能得到的情报和现实状况所作出的最佳决定。但如果事后有任何不尽如人意之处需要有人承担责任,那么就由我来一并承担"。

在承担责任的过程中,你会将个人的得失看淡,将精力放在应尽的职责上。责任就像一根绳子,拉着放任的心,使它归于正位。所以,我们要敢于承担责任:能让我们尽职责的一切——家庭责任、社会责任。漠视责任的人生是危险的人生,也是最为痛苦的人生。人生因责任而充实,也因责任而完整!

大连市巴士司机黄志全,在行车途中突发心脏病,在生命的最后一分钟里,他做了三件事:把车缓缓地停在路边,并用生命里最后力气拉下了手动刹车闸:把车门打开,让乘客安全地下了车:将发动机熄火,确保了汽车和乘客的安全。他做完了这三件事,趴在方向盘上停止了呼吸。黄志全只是一名平凡的司机,他在生命的最后一分钟里所做的一切也并不是惊天动地的大事,然而许多人却牢牢地记住了他的名字。当一些人在为自己要不要承担责任而挣扎思考时,我们或许可以说,他们还没有完全具备这种高尚的品质。因为"担当"是人的内在属性,根本不需要犹豫。

敢于担当的意思是:敢于接受并负起责任。西点军校看中的是每一位学员都能将"责任"二字贯彻一生,能够从始至终。责任不需要整天挂在嘴边,这是一种意识,在遇到事情的时候必须承担后果。

为自己负责,才能对别人负责

西点的学员不论在什么时候,无论穿军服与否,无论在西点校内还是校外,不论是担任值勤还是宿舍值班员,都有义务、有责任履行自己的职责,而这一出发点就是为了对自己负责,也能对别人负责。

诺曼·施瓦茨科普夫,美国陆军上将,中央司令部司令。

1934年8月22日,施瓦茨科普夫出生于美国新泽西州特伦顿市,1951年进入西点军校学习,1956年毕业;毕业后曾在第101师空降师任少尉排长,后调柏林旅并晋升中尉;1961年被选派到本宁堡步兵学校进行步兵军官高级课程学习。

1964年,施瓦茨科普夫获洛杉矶南加利福尼亚大学机械工程学硕士学位,之后到西点军校担任机械工程系教员。1965年,他以少校任南越空降部队顾问,随后还担任过驻越美军指挥部参谋,第二十三步兵旅1营营长,1970年自越南战场归国后进入五角大楼工作。1976年,施瓦茨科普夫出任美军第9步兵师第1旅旅长,1978年调任美军太平洋司令部计划部副部长。此间,他参与了陆海空三军联合指挥部的工作。1980年,施瓦茨科普夫晋升为将军,赴欧洲美军第8机械步兵师任副师长,1982年任驻佐治亚州第24机械化步兵师师长。1983年,施瓦茨科普夫任美军入侵格林纳达军事行动联合特遣部队副总司令,奇袭格林纳达成功后,晋升为陆军作战副总参谋长帮办。1986年。他任驻华盛顿美军第1军军长,并晋升为中将,1987年任美军陆军作战副参谋长。

1988年11月,施瓦茨科普夫晋升为四星上将,任美国中央司令部总司令。

施瓦茨科普夫一生经历过无数次的战斗,其作战成果受到世界各国的关注。能取得这样的成就,与他信奉的人生格言息息相关:下令要部下上战场算不了英雄,身先士卒上战场才是英雄好汉。

这就是西点军校以及美国军队中每一个人所持有的做事理念。为自己负责,才能对别人负责。

20世纪初的一位美国意大利移民叫弗兰克,经过数年的积蓄开办了一家小银行,但一次银行遭抢劫导致了他不平凡的经历。他破产了,储户失去了存款。当他带着妻子和4个儿女从头开始的时候,他决定偿还那笔天文数字般的存款。所有的人都劝他:"你为什么要这样做呢?这件事你是没有责任的。"但他回答:"是的,在法律上也许我没有责任,但在道义上,我有责任,我应该还钱。"偿还的代价是30年的艰苦生活,当寄出最后一笔"债务"时,他轻叹:"现在我终于无债一身轻了。"

弗兰克用一生的辛酸和汗水写出:对别人负责,为自己负责。他寄出的不是债务,而是他闪光的心。勇于承担自己的责任,即便是还债,也无悔无憾,他带给社会巨大的财富,因为他教会了人们如何做一个对社会负责任的人。

1920年的一天,美国一位12岁的小男孩正与他的伙伴们玩足球,一不小心,小男孩将足球踢到了邻近一户人家的窗户上,一块窗玻璃被击碎了。

一位老人立即从屋里跑出来,勃然大怒,大声责问是谁干的。伙伴们纷纷逃跑了,小男孩却走到老人跟前,低着头向老人认错,并请求老人宽恕。然而,老人却十分固执,小男孩委屈地哭了。最后,老人同意小男孩回家拿钱赔偿。

回到家,闯了祸的小男孩怯生生地将事情的经过告诉了父亲。父亲并没有因为其年龄还小而开恩,却是板着脸沉思着一言不发。坐在一旁的母亲总是为儿子说情,开导着父亲。过了不知多久,父亲才冷冰冰地说道:"家里虽然有钱,但是他闯的祸,就应该由他自己对过失行为负责。"停了一下,父亲还是掏出了钱,严肃地对小男孩说:"这15美元我暂时借给你赔人家,不过,你必须想法还给我。"小男孩从父亲手中接过钱,飞快跑过去赔给了老人。

从此，小男孩一边刻苦读书，一边用空闲时间打工挣钱还父亲。由于他人小，不能干重活，他就到餐馆帮别人洗盘子刷碗，有时还捡捡破烂。经过几个月的努力，他终于挣到了15美元，并自豪地交给了他的父亲。父亲欣然拍着他的肩膀说："一个能为自己的过失行为负责的人，将来一定是会有出息的。"

许多年以后，这位男孩成为美利坚合众国的总统，他就是里根。后来，里根在回忆往事时，深有感触地说："那一次闯祸之后，使我懂得了做人的责任。"

做错事要敢于承认都是一件挺难的事了。要勇于承担责任那是更难了。要做有责任感、诚实的人，勇敢面对自己所犯下的错误。

为自己的行为负责，或许你比里根更有出息。

责任重于生命

詹姆斯·伍兹是美国的著名演员，曾先后获得金球奖和埃米金像奖。他主演的电影有《迫在眉睫》《密西西比谋杀案》《西点揭秘》《挑战星期天》等。

作为这样一位知名演员，他用父亲给他的教育结合自己的感受给年轻人以劝诫，希望他们能担负起家庭和社会的责任。

詹姆斯·伍兹始终认为自己如今的成功，是父亲模范地履行自己的责任对他感染的结果。

在詹姆斯9岁的时候，父亲做了心脏手术，因血型配的不对，产生了输血反应。在最后的5天里，他已意识到自己将不久于人世，他在去世的那一天打电话给詹姆斯才3岁的弟弟，对他说他已经去世了，去了天堂。他说："上帝让我打电话给你，跟你说声再见。你不要害怕，也不要难过，因为我很好，我是想让你知道我也想你。"

父亲没有打电话给詹姆斯，而是写了封信。在信中对他说，为他在学校里的成绩骄傲，父亲说希望有一天詹姆斯会考上麻省理工学院。后来，他果真上了麻省理工学院。父亲还对詹姆斯说，相信他无论做什么，只要尽力肯定都会成功的。

詹姆斯的母亲和父亲只为一件事情真正争吵过，这事涉及钱。父亲是想要为他们已经抵押出去的住房买份保险。他对母亲说："这笔投资是省不得的。要是我有什么不测，你和孩子就能保住这幢房子。"

可母亲反对说："我们没有钱买这份保险。"六个月后，父亲去世了，母亲想，这下他们要被扫地出门了。但在三星期后，保险公司的理赔员带来了一张支票，这笔钱正好是他们所欠的房款。原来，父亲在去世前自己设法偷偷省着钱，买了抵押保险，一直在缴付保险费，现在他安静地躺在墓地里，却还在关怀和照料着他们。

詹姆斯时常想起父亲说的那句话：一个人，要赢得尊重，就必须承担起自己的责任。他父亲用他的一生对这句话做了最好的解释，而这句话也成了他的人生准则。

"一个人，要赢得尊重，就必须承担起自己的责任。"这句话，这个故事，不仅让西点人受益匪浅，更应成为每个人必须认真思考的一个问题。

西点坚信，没有责任感的军官不是合格的军官，没有责任感的公民不是好公民。在西点一刻也不松懈对学员责任的灌输之下，学员们学会了勇于承担自己的责任。有许多或许并不是特别有名的西点学员，他们在为人处事上都奉行着不逃避责任、不推卸责任的态度。西点 1996 届的毕业生托尼森就是其中很普通的一个：

> 托尼森毕业后自愿申请去了越南服役，被派往越南金兰湾，负责修筑沿海地区的公路。以托尼森工兵团少尉的身份，再加上是美国大兵，在越南修路完全可以远远地监督工程的进度即可，但是他却实打实跟着大家一起同甘共苦。他对自己说：只要他们的双脚踩在泥水里，我就决不应该让自己的双脚干着。

那么，是什么让托尼森与别的军官不一样呢？毫无疑问，是强烈的责任感。因为心中那份强烈的责任意识，使得托尼森觉得，他也是修路队员中的一分子，他必须和其他人一样干活，没有任何特例。这种不推卸责任的行为，让他显示出与别人格外的不同。

毕业于西点的海军中将纳尔逊也是一个非常普通的具有强烈责任感的人。

> 纳尔逊 1870 年参加海军，21 岁荣升为上尉。在两次战役中，他分别失去右眼和右臂，复员返乡。1896 年，纳尔逊重返军队。两年后的 10 月 21 日，在古巴特拉法尔加角海战中，他率领的部队打败法西联合舰队，最终挫败西班牙入侵美国的计划，他也在作战中阵亡。在他闭上眼睛之前，他反复说的一句话是："感谢上帝，我履行了我的职责。"

纳尔逊最后的话，和很多士兵最后的话都不一样。他没有表达对生命的眷恋，没有表达对死亡的恐惧，没有对后事做出托付，而是表达了心中的一种欣慰，道出了军人的一个行为准则：履行自己应尽的责任。纳尔逊牺牲了，但英勇的他却用生命履行了自己的责任，给下属们做出了榜样。

托尼森、纳尔逊只是西点众多学员中非常普通的一人，但仅通过他们的故事，我们不难猜到其他西点人对责任的态度，他们一定不会比托尼森、纳尔逊逊色。

事实的确如此，西点人的责任意识是所有人公认的。而正因为西点人具有高度的责任感，美国政府经常非常放心地将重要任务交予西点人。如：

罗斯福总统曾任命西点出身的乔治·华盛顿·戈瑟尔斯负责接管巴拿马运河工程。至于为何选择这位西点军人，罗斯福是这样说的："我需要人们一直坚守岗位，直到我不愿再让他们待在岗位上，或者我说可以放弃任务。我相信只有军人才能做到，所以，我应当把工程移交给军队。"

又如：

每年春天西点将有 900 名左右的学员毕业，他们每人都被授予学士学位，并作为中尉在美国陆军服役，经过 6 周的培训后，他们都将被派到最危险、最有战争敏感气氛的地区去担任一份军官职务。

单单这个事实就让人震惊，一个国家把在编部队的安全交付给了仅二十一二岁的年轻人。更不要说看管和部署大规模杀伤性武器，维护和平和应付偶发战事。

可以说，人们过于焦虑了，其实根本没有什么可震惊或担忧的。美国政府既然做出这样的决策，一定是对西点人做过了一番考量，毕竟谁也不敢拿国家的安危来冒险。

而相关的事实是：一旦离开西点，绝大多数年轻人毫无疑问是胜任工作的。因为从他们踏进校园的那一刻起，学员就开始学习准备承担责任了，他们会在任何地点、时间将要负责的责任一负到底。

"西点人对待自己工作的那种强烈的责任感是无价之宝。"这是一位地方大学教授通过长时间考察西点得出的结论。很显然，这个结论是正确的。

一个人如果总是一味地推卸属于自己的责任,他就不可能以认真的态度去处理事情,更不可能主动去做事,结果注定失败。相反,一个勇敢承担责任的人,即使没有取得傲人的成就,也是一个生活中的强者,一个真正的男子汉。正如西点军校1954届毕业生、德州大学前校长詹姆斯·克拉克所说:“责任重于生命,我们的一生也许就是为了完成一个、两个或更多的任务。履行我们的责任,尽管有些任务不可能完成,只要尽责。那也是一种荣誉。”

千万不要推卸责任

西点人认为,推卸责任是一种奇耻大辱。当国家把安危交付给他们的时候,西点军人觉得没有任何事情能比承担起这个责任更为重要和伟大。就如西点毕业生罗伯特·爱德华·李所说的那样:“责任在我们的语言里是一个最崇高的字眼,做所有的事情都应尽职尽责。”

人生在世,每人都有着不可推卸的责任。西点军校就十分强调学员的责任感。

西点学员都必须宣誓要忠诚,并把自己和其他人区别开来。学员接受了与职务相符的所有特权,也必须承担应尽的义务。摆在学员面前的最棘手的问题是“不容忍”条款。这一条款每天都提醒学生记住,要承担神圣的职责,它远高于个人感情。

学生必须有鲜明的整体荣誉感,不能容忍或袖手旁观任何学生的任何有损荣誉的行为。容忍某一学生的违法违纪行为与学生的标准不符,也与社会对正直人的要求不符。“不容忍”是全体学员遵循军校座右铭“责任、荣誉、国家”的具体体现。任何违反荣誉准则或军校规定,甚至漫不经心以及找寻各种借口开脱的行为,都是西点所不能容忍的。不管是无意还是有意地违反规定的行为,有人见到不报告,同样也被视作违反了规定,甚至处罚更重,这就是西点独特的军规。

在规定时间内,学生如果未向上级报告与荣誉有关的尚未解决的事情,那么,这个学生就是以“容忍”的方式违背了荣誉准则。这个规定的时间长度被认定为不超过24小时。每个学生都必须牢记,迅速解决问题对所有牵涉其中的人都最为有利。否则,学员就很有可能受到牵连,一并受到严厉处罚。

假如某位学员确信发生了违反荣誉准则的事情,他可以当面询问有嫌疑的学员,并给他解释自己行为的机会。有时会发生一些看来可能是违反荣誉准则的事情,但一经严肃地查问后,发现那只不过是一种误解或错觉。遇到这种情况,学生可放弃干预此事。但如果学生仍怀疑确有违纪发生,那么他有责任:鼓励涉嫌学生向相关荣誉代表报告此事,同时必须向自己的相关荣誉代表报告“嫌疑案”。

在别人看来这么做是不近人情,但唯有“不容忍”违反纪律、玷污荣誉、逃避责任的行为发生,才是一个尽职尽责的真正军人。

可以说,任何一位西点精英都没有推卸和逃避责任的习惯,而在现实中,只有勇担责任、重视责任的人才是受人欢迎的人,受人尊敬的人。

5·12汶川大地震发生后,震区满目疮痍,但一所镇办初中——安县桑枣中学的校长却把孩子们全部安全带到了家长面前,告诉家长“娃娃连汗毛也没有少一根”,这真是一个奇迹!

创造这个奇迹的人叫叶志平,一位普通的中学校长。2200名学生,上百名老师,在地震中安然无恙，桑枣中学被首批授予“抗震救灾先进集体”称号，叶志平也被网友称为灾区“最牛校长”，他用自己的责任心换来了全校师生的生命安全。

叶志平认为，责任高于一切，责任心比任何东西都重要。在接受采访时，他说：“在桑枣中学，我们学校的墙上有句话就是‘责任高于一切，成就源于付出’。这句话是在哪本书上看到的，我已经记不清楚了，但这句话写得挺好。我认为我们老师是一个非常非常普通的人，我当了老师，又是校长，要对这个责任有一个清醒的认识，这个责任比什么都高，因为你的责任就是对孩子的生命负责，这是高于一切的责任。同时，这个责任又是对你最基本的要求，孩子到了学校，即便你不是校长，也不是老师，你作为一个善良的人，保护孩子的生命也是应该做的。所以我说这个责任对于我们来说，不但是高于一切的、最高的责任、最大的责任，同时也是对我们老师的一个最基本的要求，那就是保护孩子的生命。”

在2008年5月12日14点28分，四川省汶川县发生强烈地震以后，桑枣中学的全体师生，包括2200多名学生，100多名教师，分别从各个教学楼以及各个教室里，全部冲到了操场上，以班级为团队站好，总共花了1分钟36秒。地震发生时，校长叶志平正在绵阳县办理事务，手机没有信号，电话也打不通，他从绵阳县疯一般地冲回学校，眼前出现了这样的情景：学校外面的房屋全部遭受了地震的侵袭，学校内的八栋教学楼也震塌了一部分，都变成了危楼，最让他担心害怕的、加固了许多年的实验楼，却相对完好。当听到老师汇报“学生和老师们都安然无恙”的时候，他流下了激动的泪水。

叶志平自从出任桑枣中学的校长之后，就一直担心学校当时的实验楼。20世纪80年代中期建造的这栋楼，因为没找正规的建筑公司，也就没人敢验收此楼。于是，叶志平自1997年起，接连几年都在改造加固这栋楼，新建的时候才用了17万元，可仅加固就用了40多万元。学校里没钱，叶志平就一点一点地向教育局申请维修费。他心里清楚，光修建结实的教学楼还远远不够，在出现紧急情况时，有序地疏散学生也非常关键。自2005年起，每个学期，他都组织全体师生进行一次紧急疏散的实战演习。学校规定好各个班级固定的单行疏散路线。在疏散时，要求两个班共同使用一个楼梯，每个班一定要排成一线。各班疏散到操场上的地方也是指定好了的，每一次每个班级都站在各自的位置上。

10多年来，校长叶志平好像都在和死神进行着一场争分夺秒的赛跑。依照良心与责任，叶志平校长做了他觉得自己一定要做的那一点事情，在拯救全校2200多名师生生命的同时，也为人们提供了一个反思汶川地震灾难的全新视角。

叶志平曾说：“我经常想，如果学生出事了，我们怎么给学生家长交代啊，就是这么简单的道理。我大事做不了，你叫我去修三峡电站，我修不了，你给我惊天动地的大事业我也做不了，但是，我一定能够把小事做好。哪一件小事？就是当我发现我们学校有安全隐患，我又有能力想办法把它排除掉的时候，我一定要想办法把这个事情做好。”

正是校长叶志平强烈的责任心，才使桑枣中学的2200多名学生以及100多名教师在地震中能够平安生存下来，没有一个人伤亡！

在现实生活中，很多人只想着能够从工作中或社会上获得什么东西，却很少主动去付出什么，不付出怎能有收获？你只有在自己的工作岗位上尽职尽责，全心全意地做工作，才能在工作中有所成就。

是我们的责任，我们就必须认真履行。西点学员意识到了责任的重要，并以履行自己的职责为使命，他们做每一件事都要全心全意。如此，才能够获得荣誉，也才能获得成功。西点学员对于责任的这种精神激发着他们的潜力，成就了许多荣耀。

责任比能力更重要

一个人最大的能力其实就是履行职责，从某种意义上讲，责任就是能力！

在职场中，当你为企业工作的时候，不管老板将你安排在什么职位上，都不要小看自己的工作，都要对自己的工作负责。那些在工作中推脱任务，不停抱怨工作环境，为自己找很多借口开脱的人，那些对任何事情都不满意的人，常常是职场中的被动者，就算他们工作一生也不会取得任何成就。因为他们不明白用自己的双手和智慧来承担自己的责任，而个人的能力有通过尽职尽责的工作才可以完美地体现出来。能力永远由责任来承载，而责任本身，其实就是一种能力。

2007 年 10 月，一家大型企业的销售主管带领一批人去参加一个国际产品展示会。

在展示会开始以前，有许多准备工作要做，包括展位设计与布置、产品组装、资料整理以及分装等，需要员工加班加点地工作。但销售部主管带去的那批安装工人，其中有大部分人却与平时在单位时没什么两样，不愿意多干一秒，每到下班时间，就跑回宾馆或出去玩了。主管安排他们去工作，他们居然说："又没有加班费，我们为什么要加班啊。"更有人说："你也只是一个打工的，就是职位比我们高一点罢了，干吗那么卖命呢？"

没想到，这家企业的总经理在开展的前一天晚上亲临现场，查看展场的准备工作。

当总经理到达展场时，已经是凌晨一点了，他看到了令人感动的一幕：销售部主管正与一名安装工人大汗淋漓地跪在地板上，仔细地用抹布擦拭着装修时掉落在地板上的涂料。但令总经理十分吃惊的是，他并没有看见其他人。销售主管看见总经理，于是站了起来说："对不起，我失职了，我没能让其他人也来参加工作。"总经理拍了拍主管的肩膀，并没责备他，而是指着那名安装工人问："他是在你的要求下才留下来干活的吗？"

销售主管连忙说明情况，告诉总经理这名工人是自己主动留下来干活的，当他留下来的时候，别人还都嘲笑他是笨蛋。

在听完叙述之后，总经理并未做任何表示，只是喊他的秘书以及其余几名随行人员共同参加工作。

不过，展示会结束之后，一回到公司，总经理便将那天晚上未参与工作的所有工人以及工作人员都给辞退了，同时，提升那名和销售主管一起参加清洁工作的普通员工担任安装分厂的厂长。

那批被辞退的人非常不服气，都去找人力资源总监理论。"我们不就是多睡了几个钟头的觉吗，凭什么开除我们？而他只是多工作了几个钟头而已，凭什么当厂长？"他们所说的"他"，就是那个被提拔的员工。

于是，人力资源总监就对他们说："用前途来换取几个钟头的懒觉，是你们的主动行为，没有人逼着你们那么做，能怨谁呢？并且我可以通过这件事推断，你们在日常的工作中也可能偷了许多懒。他尽管只是多工作了几个钟头，可根据我们的考察，一直以来，他都是一个非常积极主动的人，平时他已默默地奉献了很多，比你们多干了很多活，任命他为厂长，是对他以往默默工作的报酬！"

多一份责任感，就多一份回报，对于那个主动留下来的工人而言，尽管他只不过是一名极为普通的员工，可他表现出来的强烈的责任感，却远远胜过其他更有能力的员工。

但让人感到非常遗憾的是，在现实生活与工作中，人们往往忽视责任而总是片面地强调能力。

确实，能力可以让我们在战场上直接打击敌人，也能在商场上直接为企业创造利润，而责任好像没起到直接打击敌人与创造利润的作用。也许正是因为这一点，才让人们比较注重能力而忽略了责任。

一个人本领再大、能力再强，如果不愿意付出努力，他也不能为企业创造价值；而一个愿意为企业全身心付出的员工，即使能力稍逊一筹，也能够创造出最大的价值来。

当然，我们这里所说的“责任比能力更重要”，并不是对能力的否定，而是强调在很多情况下，比如在能力相同或大致相同的情况下，责任心对结果往往能够起到决定性的作用。

工作意味着责任

在西点，没有责任感的军官不是合格的军官，而在公司，没有责任感的员工也绝对不是优秀的员工。一个习惯逃避责任的军官或士兵对自己的任务不可能尽职尽责，同样的道理，习惯逃避责任员工同样不可能做到尽职尽责。

一个人要成为一个好军人，就必须遵守纪律，有自尊心，对于他的部队和国家感到自豪，对于他的战友和上级有高度的责任感，对于自己表现出的能力有自信。这样的要求，对每一个企业的员工同样适用。

要将责任根植于内心，让它成为我们脑海中一种强烈的意识，在日常行为和工作中，这种责任意识会让我们表现得更加卓越。我们经常可以见到这样的员工，他们在谈到自己的公司时，使用的代名词通常都是“他们”而不是“我们”，“他们业务部怎么怎么样”，“他们财务部怎么怎么样”，这是一种缺乏责任感的典型表现，这样的员工至少没有一种“我们就是整个机构”的认同感。

责任感是不容易获得的，原因就在于它是由许多小事构成的。但是最基本的是做事成熟，无论多小的事，都能够比以往任何人做得都好。比如说，该到上班时间了，可外面阴冷下着雨，而被窝里又那么舒服，你还未清醒的责任感让你在床上多躺了两分钟，你一定会问自己，你尽到职责了吗？还没有……除非你的责任感真的没有发芽，你才会欺骗自己。对自己的慈悲就是对责任的侵害，必须去战胜它。

责任感是简单而无价的。据说美国前总统杜鲁门的桌子上摆着一个牌子，上面写着：Book of stop here（问题到此为止）。他桌子上是否有这样一个牌子，我们不能去求证，但我想告诉大家的是，这就是责任。如果在工作中，对待每一件事都是“Book of stop here”，我敢说，这样的公司将让所有人为之震惊，这样的员工将赢得足够的尊敬和荣誉。

有一个替人割草打工的男孩打电话给布朗太太说：“您需不需要割草？”布朗太太回答说：“不需要了，我已有了割草工。”男孩又说：“我会帮您拔掉草丛中的杂草。”布朗太太回答：“我的割草工已做了。”男孩又说：“我会帮您把草与走道的四周割齐。”布朗太太说：“我请的那人也已做了，谢谢你，我不需要新的割草工人。”男孩便挂了电话。此时男孩的室友问他说：“你不是就在布朗太太那儿割草打工吗？为什么还要打这个电话？”男孩说：“我只是想知道我究竟做得好不好！”

多问自己“我做得如何”，这就是责任。

还有一个美国作家的例子。有一次，一个小伙子向一位作家自荐，想做他的抄写员。小伙子看起来对抄写工作是完全胜任的。条件谈妥之后，他就让那个小伙子坐下来开始工作，但是小伙子却朝外边看了看教堂上的钟，然后心急火燎地对他说："我现在不能待在这里，我要去吃饭。"于是作家说："噢，你必须去吃饭，你必须去！你就一直为了今天你等着去吃的那顿饭祈祷吧，我们两个永远都不可能在一起工作了。"作家说那个小伙子曾对他说过，自己因为得不到雇佣而感到特别沮丧，但是当他有了一点点起色的时候却只想着提前去吃饭，而把自己说过的话和应承担的责任忘得一干二净。

工作就意味着责任。在这个世界上，没有不需承担责任的工作，相反，你的职位越高、权力越大，你肩负的责任就越重。不要害怕承担责任，要立下决心。你一定可以承担任何正常职业生涯中的责任，你一定可以比前人完成得更出色。

世界上最愚蠢的事情就是推卸眼前的责任，认为等到以后准备好了、条件成熟了再去承担才好。在需要你承担重大责任的时候，马上就去承担它，这就是最好的准备。如果不习惯这样去做，即使等到条件成熟了以后，你也不可能承担起重大的责任，你也不可能做好任何重要的事情。

每个人都肩负着责任，对工作、对家庭、对亲人、对朋友，我们都有一定的责任，正因为存在这样或那样的责任，才能对自己的行为有所约束。寻找借口就是将应该承担的责任转嫁给社会或他人。而一旦我们有了寻找借口的习惯，那么我们的责任心也将随着借口烟消云散。没有什么不可能的事情，只要我们不把借口放在我们的面前，就能够做好一切，就能完全地尽职尽责。

千万不要自以为是而忘记了自己的责任。对于这种人，巴顿将军的名言是："自以为了不起的人一文不值。遇到这种军官，我会马上调换他的职务。每个人都必须心甘情愿为完成任务而献身。""一个人一旦自以为了不起，就会想着远离前线作战。这种人是地道的胆小鬼。"

巴顿将军强调，在作战中每个人都应付出，要到最需要你的地方去，做你必须做的事，而不能忘记自己的责任。

千万不要利用自己的功绩或手中的权力来掩饰错误。从而忘却自己应承担的责任。人们习惯于为自己的过失寻找种种借口，以为这样就可以逃脱惩罚。正确的做法是：承认它们，解释它们，并为它们道歉。最重要的是利用它们，要让人们看到你如何承担责任和如何从错误中吸取教训，拥有如此工作态度的员工会被每一个上司所欣赏。

明确责任，让借口无处藏身

只有认清自己的责任，才能知道该如何承担责任；认清自己的责任，还有一点好处就是，能减少对责任的推诿，让借口无处藏身。

在职场上，出现找借口现象的原因是因为很多人不清楚自己的责任。一旦工作中出现问题，他们不会在自身上找问题，而习惯于把责任推脱给他人。尤其是在责任模棱两可或者责任共担的情况下，他们总会想方设法把自己身上的责任推得一干二净。

刘文龙曾经担任公司的财务总监。有一次，他下属的财务部在计算客户返利时，多算了15万元，而这15万元肯定是收不回来了。老板知道这事后很生气，他把刘文龙叫到办公室。

"你手下的人出了这个问题，这么长时间，你竟然没有发现？"老板问道。

“这些返利，通常是由营销部报到财务部，财务部签了字之后我再签。我事情太多，当时没有看清楚。”刘文龙说。

“没有看清楚？难道你的事情比我还多吗？”老板没好气地说。他把刘文龙叫来问话，实际上也并不是要刘文龙承担损失，只是给他敲敲警钟，希望不要让类似的事情再发生。刘文龙却以事情多为借口推卸责任，首先从态度上就不过关，令老板很失望。

刘文龙自知话没说对，赶紧表示立即处理，但他接下来说的话更糟糕：“我立即去处罚财务部经理。”

“处罚财务部经理？”老板终于愤怒了，“难道你认为自己就没有责任？难道你认为处罚就能够解决问题？我本来不想处罚任何人，但我现在觉得你才最该受到处罚，你的责任意识差到让人非常失望的地步了！这事应该由你负全部责任！”

财务部出了问题，作为财务总监的刘文龙是负有责任的，但他没有弄清楚自己的岗位职责，一直在为自己找借口开脱，甚至拿下属做垫背。这才是让老板愤怒的真正原因。

犯了错误不可怕，可怕的是人人都为自己找借口，没人愿意承担责任。这种现象将导致谁也不负责，形成恶性循环，最后，企业的城墙就会在这种“谁都没有责任”的环境中变成“豆腐渣工程”。因此，我们要弄清楚每个人的责任，不要让借口成为推卸责任的方式。

南京明城墙是我国保存比较完整的古城墙，也是世界上现存最大的古代砖城，这与它所用砖块的质量关系密切。据记载，该城墙所用砖块都是由长江中下游附近的150多个府(州)、县烧制的。砖的侧面刻着铭文，除时间、府县外，还有四个人的名字，分别是监造官、烧窑匠、制砖人、提调官(运输官)。

砖上刻人名的用意，用现在的话来说，就是职责分明、责任到位。参与人员的名字都刻在砖上，清清楚楚，一旦出现问题，谁也赖不掉。无论监造官、提调官，还是烧窑匠、制砖人，哪个环节出了问题，一样要被追究责任。这就使得参与人员丝毫不敢懈怠，都尽职尽责地努力工作。最后交砖时，检验更为严格，由检验官指挥两名士兵抱砖相击，如铿锵有声、清脆悦耳而不破碎，属于合格；如相击断裂，则令重新烧制。正因为责任如此明晰，才保证了城砖质量上乘。南京明城墙历经600多年的风雨，至今仍巍然屹立。

从上面的例子可以看出，要想解决找借口这一问题，主要是要明确自己的责任。只有认清了自己的责任，才能知道该如何承担责任。认清了自己的责任，还可以减少对责任的推诿。

明确责任才会更好地承担责任，明确责任才不会找借口推卸责任，明确责任才能让借口无处藏身。

拥抱责任就是拥抱机会

西点军人在执行任务中，无论要面对如何艰巨的困难，他们都会毫不犹豫地承担下来，绝不会推脱自己的责任。对西点军人来说责任就是荣誉。西点历来把能够承担责任的军人看作勇士，给予其比战死沙场还要光荣的评价。

的确，没有责任就没有尊重，没有责任更不可能有成功。一个逃避责任的人注定会失败，而一个勇敢承担责任的人，即使没有作出大的成就，也是生活中真正的强者。

面对责任，不找任何借口，勇于去承担，是每一个西点人成功的秘诀所在。

任何一个伟大的西点人都是永远不寻找借口的人，他们无论处于怎样险恶的环境，无论面对怎样巨大的挑战，都敢于担起属于自己的责任，并始终相信自己最终能够赢得成功。

相反，如果一个人总是千方百计给自己寻找借口，为自己的过失开脱，那么久而久之，这个人就会养成缺少责任心的恶习，久而久之其性格就会变得胆怯和懦弱，变得没有担当，还怎么可能会有迎接未来的勇气呢？

从某种程度上讲，责任就是机会，拥抱责任就是拥抱机会。机会往往垂青于敢于承担责任的人。而那些常找借口的人在推卸责任的同时也错过了许多机会。

现实生活中有很多人抱怨机会总是垂青他人，而自己总是缺乏成功的机会。事实上，机会存在于每一个人的身边。之所以很多人以机会太少为借口，是因为他们没有认识到责任就是机会，见到责任就躲，结果把机会也躲掉了。

因此，当你觉得自己缺少机会或职业道路不顺畅时，不要抱怨他人，而应该问问自己是否承担了责任。"责任就是机会"，或者说"拥抱责任就是拥抱机会"。

秦英和冯涛是新到速递公司的两名员工。他们俩是搭档，工作一直都很认真，也很卖力。上司对这两名新员工也都很满意。然而一件事却改变了两个人的命运。

一次，秦英和冯涛负责把一件大宗邮件送到码头。这个邮件很贵重，是一个古董，上司反复叮嘱他们要小心。

没想到，送货车开到半路却坏了。

冯涛说："怎么办，你出门之前怎么不把车检查一下，如果不按规定时间送到，我们要被扣奖金的。"

秦英说："我的力气大，我来背吧，距离码头也没有多远了。而且这条路上的车特别少。等车修好，船就开走了。"

"那好，你背吧，你比我强壮。"冯涛说。

秦英背起邮件，一路小跑，终于按照规定的时间赶到了码头。这时，冯涛说："我来背吧，你去叫货主。"他心里暗想，如果客户能把这件事告诉老板，说不定还会给我加薪呢。他只顾想，当秦英把邮件递给他的时候，他却没接住。邮包掉在了地上，"哗啦"一声，古董碎了。

"你怎么搞的，我没接你就放手。"冯涛大喊。

"你明明伸出手了，我递给你，是你没接住。"秦英辩解道。

秦英和冯涛都知道，古董打碎了意味着什么。没了工作不说，可能还要背负着沉重的债务。果然，老板对他俩进行了严厉的批评。

"老板，不是我的错，是秦英不小心弄坏的。"冯涛趁着秦英不注意，偷偷来到老板的办公室，对老板说。老板平静地说："谢谢你，冯涛，我知道了。"

随后，老板把秦英叫到了办公室："秦英，到底怎么回事？"秦英就把事情的原委告诉了老板，最后秦英说："这件事情是我们的失职，我愿意承担责任。另外，冯涛的家境不太好，如果可能的话，他的责任我也来承担。我一定会弥补上我们的损失的。"

秦英和冯涛一直等待处理的结果。这天，老板把秦英和冯涛叫到了办公室。老板对他俩说："公司一直对你俩很器重，想从你们俩当中选择一个人担任客户部经理，没想到却出了这样一件事情。不过也好，这会让我们更清楚哪一个人是合适的人选。"

冯涛暗喜，"一定是我了"。

"我们决定请秦英担任公司的客户部经理，因为，一个能够勇于承担责任的人是值得信任的。秦英，你用赚的钱来偿还客户。冯涛，你自己想办法偿还给客户。对了，你明天不用来上班了。”

“老板，为什么？”冯涛问。

“其实，古董的主人已经看见了你俩在递接古董时的动作，他跟我说了他看见的事实。我也看到了问题出现后你们两个人的反应。”老板回答说。

通过上面的事例，我们应该清楚责任就是机会的道理。其实你的老板、上司、同事都在关注你。如果你做出成绩了，回报自然就来了。如果出现问题你勇敢地承担了责任，那么大家都会尊重和敬佩你，好机会当然也会青睐你。因此，敢于承担责任，善于抓住现有的机会，才是聪明的举动。

约翰·格兰特在一家五金商店工作，每周只能赚两美元。他刚进商店时，老板就对他说：“你必须对这个生意认真负责、熟门熟路，这样你才能成为一个对我们有用的人。”“一周两美元的工作，还值得认真去做？”与格兰特一同进公司的年轻同事不屑地说。

然而，这个简单得不能再简单的工作，格兰特却干得非常用心。

经过几个星期的仔细观察，年轻的格兰特注意到，每次老板总要认真检查那些进口的外国商品的账单。而那些账单使用的都是法文和德文。于是，他开始学习法文和德文，并开始仔细研究那些账单。一天，他的老板在检查账单时突然觉得特别劳累和厌倦。看到这种情况后，格兰特主动要求帮助老板检查账单。由于他干得实在是太出色了，所以之后的账单自然就由格兰特接管了。

一个月后的一天，他被叫到一间办公室。老板对他说：“格兰特，公司打算让你来主管外贸。这是一个相当重要的职位，我们需要认真负责、能胜任的人来主持这项工作。目前，在我们公司有20名与你年龄相仿的年轻人，只有你看到了这个机会，并凭你自己的努力，用实力抓住了它。我在这一行已经干了40年，你是我亲眼见过的三位能从工作中发现机遇并紧紧抓住它的年轻人之一。其他两个人，现在都已经拥有了自己的公司。”

格兰特的薪水很快就涨到每周十美元。一年后，他的薪水达到了每周180美元，并经常被派驻法国、德国。他的老板评价说：“约翰·格兰特很有可能在30岁之前成为我们公司的股东。他已经从平凡的外贸主管的工作中看到了这个机遇，并尽量使自己有能力抓住这个机遇。虽然作出了一些牺牲，但这是值得的。”

作为职员，你应该记住：责任和机会是成正比的。没有责任就没有机会，责任越大机会越多，责任越小机会越少。因为机会从来不是独来独往，它要么牵着责任的手，要么和责任合二为一。所以，拥抱责任就是拥抱机会。

选择工作就是选择责任

放弃了自己对社会的责任，就意味着放弃了更好的生存机会。放弃承担责任，或者蔑视自身的责任，就等于在可以自由通行的路上自设路障，摔跤绊倒的也只能是自己。

有一位知名企业家说过，责任是分内的事情，是应当承担的任务、完成的使命和应该做好的工作。责任是一种神圣的义务，是一种崇高的使命，充当什么角色，就要承担起对应的责任。

责任无处不在,存在于生命的每一个岗位。我们在社会中生存,就必须要对自己、家庭、集体、社会承担一定的责任。作为社会人,不可能脱离责任而生存。

作为公司的一员,每个人都有其基本的工作职责。既然你选择了这份工作,你就应该承担起这份责任。工作就意味着责任,责任意识会让我们表现得更加卓越。只要我们用积极的心态去面对责任,就能够在工作中尽职尽责地完成任务。

当然,承担责任并不是一件轻松的事情,要有一定的付出,甚至要作出某种牺牲。

我们来看一个农艺师是如何用实际行动来诠释工作责任的含义的:

"既然选择了农业,就免不了要辛苦。我没有大的本事,只会农业这一行,就让我把党教给我的这些技术全都教给老百姓,这就是我的奋斗目标。"这是一位普普通通的农艺师说的话。30年来,他不仅说到了,而且做到了。

杨凡,云南省一个普通的共产党员,普通得如同他工作着的这一片不起眼的土地。他几十年如一日,为了大地的丰收,为了群众的微笑,辛勤耕耘着这片土地,在这片土地上播撒着科技的种子。

在农村,杨凡总会利用空隙时间与当地农民拉家常。在与农民的交往中,杨凡深切体会到老百姓渴望致富、需求技术的心声,他更加意识到自己肩负的责任。为了满足群众的需求,帮助农民寻找发家致富的路子。他每年都自费订阅《农村百事通》《农业科技报》等报纸杂志,广泛收集农村料技致富信息提供给老百姓。杨凡的朴实、耐心和热忱使群众对他产生了特殊的信任,农民都把他当作最亲近的人。他每到一处,都有熟悉的群众热情地叫他"老杨"。

过去,从事农业科技工作条件是非常艰苦的。由于许多村社都不通公路,通公路的农村也只有拖拉机,为了做好一个生产队的一项技术推广工作,他常常要和同事们徒步走几个小时的山路,黄胶鞋穿破了一双又一双。艰苦的环境不但没有摧垮他的意志,反而让他对工作中的责任有了更清醒的认识,从而更加努力地投入农业科技服务事业。受过的苦和累,杨凡早已忘记,但他始终没有忘记自己所担负的责任。

每个人的工作岗位可能不一样,但是都需要担负相应的责任,因为工作就等于责任。杨凡虽然只是一个平凡的农艺师,但他知道自己工作所要担负的责任,用自己的实际行动诠释了责任的含义。

我们来看一则发生在韩国现代公司一名员工身上的事例:

我国某个企业代表团到韩国洽谈生意,代表团的先导车由于开得比较快,就暂停在了高速公路的临时停车带,等待后续的车辆。几分钟后,一对驾驶现代车的年轻夫妇停靠了过来,问代表团成员,车辆出了什么问题,是否需要帮忙。代表团成员说明情况后,这对年轻夫妇的男士递过一张名片,称如果车有什么问题可以随时给他打电话,他是现代汽车公司的职员,他看到代表团使用的车也是现代的汽车,就过来看看有什么问题。说完,他说了声"祝你们愉快",然后开车离开了。代表团成员对此感到很惊奇,因为自己的车并没有坏,也没有打电话给现代车的维修部门,而这位男士也不是主管售后服务的人员,只是在路边遇到。如此强烈的责任感,真是叹服。

现实中,很多人对于工作的看法就是只要过得去就行,一般怀有这样心态的人往往没明白责任的意义。要知道,选择了工作就要承担相应的责任,就像上面现代企业的员工那样,身为公司的一员就要时刻对公司负责、对工作负责。也只有这样的员工,才是企业需要的员工。

选择工作，就选择了责任。正是因为有了这份责任，我们才会以满腔的热情和深厚的感情投入工作；正是因为有了这份责任，我们才有勇气和信心面对工作中的困难和挫折；正是因为有了这份责任，我们才能以苦为乐，才会每天都有新的感动。

当你因为面对工作的难题而苦恼时，记住这是你的工作。你选择了它，就要有为它负责到底的准备，这是你的责任。

因此，我们要时常提醒自己："我选择工作的同时也选择了责任。"

人生所有的履历都必须排在勇于承担责任的精神之后

在冰岛的一个渔村里，因经常发生渔民海难事故，于是村长召集村民商议成立渔村抢险队。这一提议得到全村渔民的一致通过，于是他们把村里最好的一只船作为抢险船，把村里最健壮的青年编入抢险队，毫无疑问成立抢险队的目的，是为了落难的村民和对生命负责任。

17 岁的青年凯勒是抢险队的队员。一天，负责海上情况瞭望的人员突然向村里发出了海上出现险情的预报，村长兼抢险队队长马上组织好人员，驾船迅速冲进了惊涛骇浪骤起的大海。这次，由于人员所限，凯勒没有出海。此时，全村的人都聚集到了海边，他们在为遇险的人、抢险的人祈祷。一个小时过去了，人们的心都跳到了嗓子眼上，但眼前除了翻滚的海浪外，什么都没有。两个小时又过去了，依然看不见抢险船上的灯光。人们的心几乎无法承受了，就在此刻远处终于出现了抢险船的灯光。

当船靠岸的时候，队长宣布了一个不好的消息：因为船的重量有限，还有一名遇难者仍在海中，必须组织第二次抢险。由于时间紧迫，说完他第一个又跳上了船，这时凯勒也冲了上去，但被他的母亲拽住了，她对凯勒说："孩子，十几年前，你的父亲在海上遇难了，几个星期前，你哥哥出海了，到现在还没有音信，我身边只有你了，如果你再有个好歹，我如何活下去啊？"母亲的话，母亲的心情，此时，凯勒是清楚的，也是理解的，但他还是对母亲说："妈妈。因为我是抢险队员，抢救遇难者是我的责任啊，如果这时大家都不去，我们对得起那些翘首以盼的遇难者，对得起我们应负的责任吗？妈妈，原谅我，我必须去。"说完，他深情地吻了一下母亲，第二个跳上了船。

当第二批抢险队出发的时候，所有的村民都没有离开，当人们在煎熬中期盼了两个小时以后，他们看见了返航的抢险船，站在码头的凯勒用手做成喇叭状向岸上的人群喊道："最后一名遇险者已经被救起了，他就是我的哥哥杜利。"这时，人群沸腾了，为最后一个得到解救的遇险者，更是为凯勒崇高的责任心。

不论是胜利还是失败，平稳还是危急，一名战士都会坚守自己的岗位，这是一名战士的职责所在，不容违反。实际上，不论是一名战士还是一个普通人，尽职尽责都是非常重要的。

的确，一个人是否具有高度的责任感往往决定其能否取得最后的成功。西点军校的学员都非常熟悉这样一句名言："人生所有的履历都必须排在勇于承担责任的精神之后。"

用认真的态度去对待每一件事情，只有用双肩担起责任，你才可能获得他人的认同与信任，才可能比旁人更接近机遇与成功。

法则七 诚信

诚实就是荣誉

在华盛顿举办的美国第四届全国拼字大赛中，南卡罗来纳州冠军——11 岁的罗莎莉·艾略特一路过关，进入了决赛。当她被问到如何拼“招认”(avowal)这个字时，她轻柔的南方口音，使得评委们难以判断她说的第一个字母到底是 A 还是 E。

评委们商议了几分钟之后，将录音带倒带后重听，但是仍然无法确定她的发音是 A 还是 E。

解铃还得系铃人。最后，主评约翰·洛伊德决定，将问题交给唯一知道答案的人。他和蔼地问罗莎莉：“你的发音是 A 还是 E?”

其实，罗莎莉根据他人的低声议论，已经知道这个字的正确拼法应该是 A，但她毫不迟疑地回答，她发音错了，字母是 E。

主审约翰·洛伊德又和蔼地问罗莎莉：“你大概已经知道了正确的答案，完全可以获得冠军的荣誉，为什么还说出了错误的发音?”

罗莎莉天真地回答说：“我愿意做个诚实的孩子。”

当她从台上走下来时，几乎所有的观众都为她的诚实而热烈鼓掌。

罗莎莉虽没赢得第四届全国拼字大赛的冠军。但她的诚实却感染了所有的观众，赢得了所有观众的心。

诚实是力量的一种象征，它显示着一个人的高度自重和内心的安全感与尊严感。

有一个年轻人，背着五个背包在赶路，那五个背包分别是“诚信，健康，才学，机敏，荣誉”。他要去一个叫“快乐岛”的地方寻找快乐。

来到河边，年轻人四下找寻，发现一条小鱼船。讲好价钱之后渔夫载着年轻人向着“快乐岛”驶去。途中遇到暴风雨，由于负担太重，渔夫要求年轻人抛掉一个背包，不然船就会沉。年轻人想也没想就抛掉了“诚信”。

年轻人抛掉了“诚信”后，平安地躲过了暴风雨。又经过一段时间的航行，船开进了一个叫“快乐岛”的港口。年轻人上了岸，想在“快乐岛”上寻找到快乐。

他走进了一家房产公司，想买一幢房子定居下来，于是他拿出金钱。接待他的工作人员看了看纸钞说：“对不起，您的纸币在我们岛上无法流通，如果您有‘诚信’的话，我们可以先把房子借给您。”然而“诚信”早被年轻人丢进了海底。于是他又去了银行，想兑换岛上的纸币。

“您的纸币我们没有见过。”银行的服务人员笑眯眯地说，“请问您是否有‘诚信’？如果有的话，我们可以破例为您兑换。”年轻人无奈地摇摇头，走出了银行。“难道我在快乐岛上无法生活？”他想，“不，我还有四个背包，我可以靠它们寻求快乐！”

下定决心后，年轻人来到一家正在招聘人才的大公司。他自信的在主考官面前出示了“健康”、“才学”、“机敏”和“荣誉”这四个鼓鼓的背包，主考官也非常满意这些。

“那么，请问你有没有‘诚信’呢？”最后，主考官问了这样一个问题。

“这很重要吗？”年轻人不解地问。

“当然。”主考官认真地说，“在快乐岛上，诚信是最宝贵的财富。”年轻人只好离开了这家公司。

“也许我不适合生活在这个岛上吧。”年轻人心想，“还是离开这里吧。”他又向来时的港口走去。忽然，迎面走过来一个美丽的女孩，她是那样的清纯可爱，年轻人不禁对她一见钟情。他走到女孩面前，问她是否愿意和自己交个朋友，并打开了四个背包。

“你有‘诚信’吗？”女孩微笑着问道。

“没有。”年轻人说，“不过，这四个已经足以弥补我缺少的‘诚信’了。”

女孩摇摇头：“你错了。虽然你很英俊，也有才华和学识，但如果没有诚信的话，就会成为一个不可靠的人。”女孩头也不回地离开了。

年轻人更加垂头丧气起来……

“年轻人，你怎么又回来了？”在港口，送年轻人来的渔夫问他。

年轻人苦恼地说：“这个快乐岛上，干什么都要‘诚信’，我待不下去了。”渔夫拍了拍他的肩膀，意味深长地说：“年轻人，其实不管在哪里，‘诚信’都是必不可少的通行证。这个岛上，人人都有诚信，所以他们才活得快乐，这也是‘快乐岛’这个名字的由来。你丢弃的，恰恰是最宝贵的东西！”

年轻人沉默了。他沉思了一会儿，忽然跳上了船，“开船吧。”他望着这远方，坚定地说，“我要再去寻找一次‘诚信’！”

诚信是做人的根本，一个没有诚信的人即使他又再多的金钱、再多的才华，相貌多么的出众，人们也不会接纳他。

失去了诚信，就等同于毁灭了自己。

视诚信如生命

社会交往、商业活动最基本的原则是诚实守信，我们不能因一己的私利而违背诚信的原则。医生在不能确诊病人病情的情况下，不要不懂装懂；律师不要为了代理费而说服客户进行不可能胜诉的诉讼;商人需要诚实正直、童叟无欺;记者不要为追求单纯的经济利益而写些下流无聊的花边新闻。如果简单地把敬业理解为简单地完成任务或创造收益,而不管其手段与过程是否合乎基本的道德标准,那么,作为公司,会因失去公信最终使自己陷入困境,作为年轻的员工,则很容易沦为赚钱的机器,完全丧失做人的准则,更别提什么敬业精神了。

2004年夏天,刚从广州外经贸大学毕业的刘国被广州亚光亚装饰公司录用。年底的一次经历让他懂得了诚信对于一个人来说是多么重要,诚信的力量真的是很伟大!

每年的12月份是亚光亚装饰公司的诚信月。亚光亚以“诚信家装,服务万户”为口号,全面开展诚信活动,为此公司领导在职工大会上一再强调,要树立良好的企业形象就必须以诚信为本。公司全体员工应该从自身做起,养成良好的诚信意识与习惯,以“诚信”来服务于每一位客户。

这一天是2004年12月15日,11月份与刘国签完家装合同的一位先生打来电话说橱柜有点问题,须尽快解决,否则会延误工期。但橱柜设计师的手机自从给客户测量完橱柜后就一直联系不上了。听得出来,客户在尽力控制怒气。刘国放下电话立马给橱柜厂打电话。厂长不在,另外一个负责人接听了电话,对方一个劲地说好好好。刘国满以为可以放心了。没想到过了2小时,刘国再给客户打电话,橱柜厂竟然根本就没和客户联系。

无奈之下,刘国又打电话给橱柜厂:“为什么不给客户打电话?答应的事为什么不落实?怎么不讲诚信呢?”

“很忙,没来得及。”对方回答。

“可是也得分清主次缓急呀!”刘国差点喊起来了。

“这事我不知道。”对方不紧不慢地说着。

“请叫厂长接听电话。”

“不在。厂长很忙。”

为了不让客户失望,不让客户对亚光亚失去信心。不得已,一向对工作认真负责的刘国又给总公司廖总打了电话。廖总的电话通了,听完后,只说了一句:“我叫厂长给你打电话。”几分钟后,厂长打来电话,问清客户的情况,说马上去解决。

一个多小时后,客户给刘国打来电话,这次的语调明显不同,言语间充满感激之情,说:“厂长来了,问题立马给解决了。对你这种讲诚信的员工,我表示非常感谢!这才是我心目中的亚光亚公司。”

2005年1月底,在年表彰总结大会上,总公司廖总在他的发言中专门提到了这件事,并对刘国的“诚信、敬业”精神予以3000元的物质奖励,号召亚光亚全体职工,特别是新来的大学生都应该向刘国学习。

通过这个例子,我们可以看到,如果我们每个人都能像刘国那样真诚地对待工作,那么,大对公司、小对个人的损失和惩罚将会大大降低。

诚信是一条自然法则,违背它的人会得到报应,受到应有的惩罚,就像万有引力定律不可违背一样,诚信的定律也是不可违背的。违背的结果就是受到惩罚,不可逃脱的惩罚。他们或许可以暂时地逃避,最终却无法逃避公理。

对老板和员工来说,诚信对双方都是有利的。如果老板不能诚实守信对待员工,那么老板就很难赢利;反之,如果员工不能诚实守信对待老板,那么员工也难以获得自己的利益。

人无信不立。良好的信誉会给你的生活和事业带来意想不到的好处。

以诚相待是人际交往中最重要的砝码。只要以诚待人,就会得到他人的信任,获得良好的赞誉,赢得和谐的人际关系。

人们都喜欢和诚实守信的人交往共事。因为“诚信”是不用设防的。诚信的人会逐渐形成宽阔的胸怀,营造着友爱和欢乐的环境;心灵纯洁的人会自觉养成廉洁自律的良好习惯,营造着祥和安宁的氛围。

伊丽莎白是一家大型公司的老板,在招聘员工和晋升方面,特别注重金钱方面的问题。一旦对方有金钱上的不良记录,即使应聘者工作经验丰富、条件优越,工作能力强,也不予任用和提拔。

她说这样做的原因有四:“第一,一个人除了有家庭责任感以外,对老板守信是最重要的;第二,在金钱上不守信的人,对任何事都不会守信用;第三,一个不具备诚信的人,在工作岗位上也会玩忽职守;第四,一个频繁出现财务困难的人容易导致偷窃和挪用公款。”

诚信是衡量人品行的试金石。诚实守信不仅反映出一个人的品行,而且能让人建立起对家庭、对社会的强烈责任感。

君子养心,莫善于诚

诚信是中华民族的传统美德之一,也是世界各地都在积极倡导的人类基本品质。无论在过去还是现在或者是未来,诚信对于人类社会的发展都极为重要。可为什么社会发展越来越文明,而失信的现象愈发严重呢?这正是我们要不断强调诚信的原因。孔老夫子说“人而无信不知其可”,意思是说,一个人如果没有诚信,他还有什么值得肯定,值得称道的呢?诚信是维系社会关系的基本因素之一,试想如果人人无诚信,欺世盗名、瞒天过海,那么这个世界将会是怎样的呢?这个社会上又会有谁真正获得信任、获得幸福呢?结果真是不堪设想。事实也是,社会上,我们将那些不讲诚信的人很鄙夷地称为卑鄙小人,而将那些惯守诚信为人正直的人尊敬地称为君子。诚信对于人的价值、对于人的重要程度,也是不言而喻的。

东汉时期有位叫杨震的大臣,他曾被任命为东莱郡太守,在赴任的途中,路经昌邑县时天色已晚,就住了下来。昌邑县令王密得到消息,决定要贿赂一下这位曾对自己有知遇之恩的上司。到了夜深人静的时候,王密悄悄带上5千克黄金来到杨震的下榻之处,一番寒暄之后,他取出黄金要私赠给杨震。杨震说:“作为老朋友我了解你,而你却不了解老朋友我,这是为什么呢?”王密连忙说:“大人,现在是深夜,没有人会知道的。”杨震正色答道:“天知、地知、你知、我知,怎么能说没有人知道呢?”王密听了这番话,感觉到非常羞愧,拿着黄金离去了。

杨震“不受四知金”的故事,说明他的道德修养已达到了不自欺的境界。在没有人监督的情况下,他能做到不自欺,这样的自律谁不赞叹?实际上这就是诚信,也就是常说的“君子坦荡荡”。

王师傅下岗后开了一家专营汽车维修和配件的小作坊,因为是小本经营,王师傅雇佣不起太多的人手,只有几个穷亲戚做学徒,一起给他帮忙。虽然王师傅手艺好,人也诚实,但是因为规模不大,附近又有好几家规模比较大的同行竞争,王师傅的生意很是惨淡,只能勉强维持生计。其实前来维修店的司机,在买卖成交之后,他们的修理费用和购买配件的款项都要拿回自己所在的运输公司报销,趁没人知道,一般都会请商家在发票上把结款数额写成大于实际的花销,中饱私囊,从中捞一笔。这些商家也有心拉回头客,而且实际数额由顾客的原公司承担,自己也不受什么损失,何不做个顺水人情,让对方高兴,自己也能得到长久的利益。附近的几家维修行,其实都做过这样的生意。慢慢的,这一条也就成了行业潜规则,因此回头客多,买卖才做得红火。王师傅从来都不做那样的生意,还叮嘱几个学徒也不要做。学徒丁觉得他真是死脑筋,为什么人家能做咱家就不能做呢?况且你再讲什么诚信,真正受益的运输公司也不知晓,也得不到对方的半分感谢,反而断了别人财路,得罪顾客,以后谁还来你的维修店啊?

有一天,王师傅的店里来了一个顾客,打算从店里进一批配件,而且下的单子数额很大,最后在开发票写结款的时候,对方拉过王师傅的胳膊,低声跟他商量,能不能把数额写大点,他可以给王师傅10%的回扣。几个学徒在一旁高兴,觉得店里的生意真是时来运转了,没想到王师傅却一本正经,一口回绝了对方的要求。那顾客一脸不高兴,对王师傅说:"你这人做买卖不要太死板,发票上写多少钱,损失的都不是你自己。按我的意思做,不但可以给你回扣,以后的买卖我都会拿到你这来做,这对你有什么不好的吗?我看其他几家维修行不也是这么做的吗?"王师傅严肃地回答:"是啊,别人确实是这样做的,但是如果我要这样做就砸了自家店诚信的招牌。纸里包不住火,总有一天会被别人知道,等到那时,生意就没法再做下去了。俗话说:'人无信不立,商无信不兴',今天我要做这样的买卖就等于搬起石头砸了自己的脚。谁想做,你找谁去做好了。"旁边的学徒工一听,王师傅又断送了一笔好生意,正在垂头丧气的时候,谁知道那顾客握住王师傅的手哈哈大笑起来。原来他是一家运输公司的老板,早就知道司机背着公司跟维修店的人合伙做假发票的勾当,所以一直在寻找一家信得过的维修点,作为日后固定的合作伙伴,自己一路演戏试探过来,只有王师傅的维修店信得过,当即决定跟王师傅签订三年的合同,这下几个学徒工乐得合不拢嘴了,心里这才佩服王师傅的诚信带来的实际价值。

也许一些投机取巧的人还在为自己的一点点所得而沾沾自喜,但很显然,诚信是全世界人民奉行的行为准则。坚持诚信的人虽然不会一时得利,但他们一直坦荡,不会患得患失。丧失诚信的人即使侥幸获利,也会要么被人看不起,要么心中有愧受到良心的谴责。做人还是要像王师傅那样,时刻谨守道德上的戒律,把诚实守信当作做人的首要原则,只要自己不被坏的风气沾染,不被不良习惯改变,总有一天,你会赢得别人的承认和敬重。

中国古代哲学家荀子曾说:"君子养心,莫善于诚"。要想从年轻时就立志做一个有道德的人,就必须从诚信做起,心怀一颗君子之心,你才能时刻坦荡快乐。而看不清诚信对一个人一生有多重要的人,很可能如美国伟人富兰克林所说:"失足,你可以马上恢复站立;失信,你也许永难挽回。"

说谎是最大的罪恶

西点军校的《学员荣誉准则》里明确规定"学员不得撒谎、欺骗和行窃,也不得容忍他人有上述行为"。

举例来说,如果学员从图书馆借阅的图书过期不还,就会被视为撒谎,绝不是罚些"滞纳金”或说声“对不起”便可了结的。

如果学员考试作弊，就会被视为行为恶劣的欺骗，而给作弊者提供“帮助”的学员，不仅也会被视为同犯，而且还会罪加一等，处罚也更加严厉。

如果考试时监考老师说了“停笔”，学员没有放下笔，还继续作答，那他就是违反了荣誉守则，这在西点军校视同作弊。听到停笔命令立刻把笔放下，这应该变成一种条件反射。如果他继续作答，就必须站出来承认错误，而其他同学看到他继续作答，也必须提出检举。

如果学员在撰写论文时，对一些引用的观点和文字不加以说明，一经查出，轻者就要被严厉批评，重者则会面临被勒令退学的危险。

对于签名，西点军校这样认为：个人签名或姓名起首字母肯定了一种书面信息。学员在文件上签了名就表明：他认为，文件是真实准确的，否则就不能签上高贵的名字。

对于缺席卡，西点军校规定：缺席卡简化了说明的程序，当学员在缺席卡上打记号或指定别人打记号时，即等于这个学员正式声明：在此时间内，他将缺席。此卡反映的是学员的踪迹。如果学员无意超过时间期限必须尽早向上级报告说明，否则校方将以说谎论处。

签名和缺席卡在我们的生活工作中也会经常用到。而西点军校对之所做的严格意义的规定则是我们普通人难以想象的。西点军校对学员生活的每个方面和细节都做了严格的约束，这些苛刻的规定，我们又有几个能保证做得到呢？

从这些我们看来是“小错误”的惩罚规定中，我们见识了西点军校对“荣誉”的坚决无条件拥护。西点军校关于诚实和不许说谎的标准真是比美国国家标准还要高。西点军校认为一个真正不说谎的人，不但不能对别人说谎，也不能对自己说谎。学员不单单在军队中要诚实可靠，在任何其他环境中都应该保持这种品格，因为荣誉是西点军校的生命。

在西点军校，“说谎是最大的罪恶”，必须给予严厉的惩罚。如果一个人无须面对自己的错误，无须为自己的错误负责，那将来他就会认为犯错误是理所当然的事情，根本无须担责任。久而久之，便把说谎犯错当成一种习惯，甚至对说谎得心应手、自圆其说，时间一长，便害人害己，至于荣誉更无从谈起。

西点军校对于学员违反荣誉的行为给予的严厉处罚也是我们闻所未闻的。对于犯错误的学员，学校会召开“荣誉听证会”——类似法庭审判一样，有关学员违规行为的正反证据都在听证会上一一列举，最后由荣誉委员会共同表决。如果最后判决的结果是该生确实违反了荣誉守则，违规学员就必须退学。西点军校曾经有这样一个例子：一位学员因为拷贝另一位学员电脑上的程式，然后修改了档案名称和一些细节后，以之充当了自己的设计交给老师。这名学员因此被其他学员控告欺骗（抄袭他人作品）而在听证会上接受调查。经荣誉委员会调查后判决，该名学员同时违反荣誉守则的两项规定。最后该学员被判欺骗（抄袭他人作品）以及说谎而遭到退学。

这在我们看来实在是匪夷所思，因为“抄袭”在当今社会已经是一个普遍存在的现象，即使法律也不能使之规范。而西点军校却能坚持令出必行，对违反荣誉原则者严惩不贷。以鲜明的事实论证了在任何情形下都言行一致的必要性。

的确，只有诚实，才能长久。正是有了对荣誉至上的拥护才成就了西点学员在许多领域尤其是商界的非凡成就。通过诚实合法的劳动取得的成功，其价值远比从欺骗中得来的利益大过千倍。

然而在现实生活中，谁又能保证自己从来没有说过谎呢？也许是迫于无奈才说的谎，也许是一种善意的谎言，但这种情况毕竟比较少。更多的谎言是从自身膨胀的欲望出发，甚至还有很多人都认为，欺骗、说谎是一种有利可图的勾当。他们利用着普通人的善心，以各种各样欺骗的手段博取善良人们的同情，以牟取金钱和名誉，有时候为了达到目的，他们甚至披着行善的外衣让人们辨不清真伪。从西点军校的事例中，我们又能借鉴什么呢？我们又该如何组织我们的“荣誉听证会”来审判那些说谎的人呢？

的确，“诚信”会让人变得高贵而强大。它是人类的“第二个”身份证，是最美丽的外套，是心灵最圣洁的鲜花。天底下没有一种广告能比诚实不欺、言行可靠的美誉更能博取他人的信任。一个言行诚实的人，自有正义公理作后盾，所以才能毫不畏缩地面对世界。而一个不讲诚信的人，是可悲的、可怜的、可恨的，也是可怕的。当他说谎时，他会在内心听到这样的声音：“我是一个说谎话的卑污者，一个戴假面具者”，而审判他的自有头顶的星空和心中的道德法庭。

诚实守信，遵守承诺

诚信是人的基本道德品质之一，也是受人欢迎的基本条件之一。一个诚信的人首先是一个诚实待己的人，一个敢于面对自我真实面目的人。这样的人能全面客观地审视自我，既不妄自尊大、自欺欺人，也少妄自菲薄、自我贬低。俗话说“知己知彼，百战不殆”。对自己的情况了然于心，就已经成功了一半。因为只有那些全面把握自己优点和缺点的人，才能真正了解自我成功的可能性和局限性，既不会因为他人的赞誉或阿谀奉承忘乎所以，也不会因为别人的否定或自己的一次失败就气馁。这样的人往往会在别人惊奇的目光中从小成功走向大成功。这就是诚信所具有的特殊人格力量。拥有诚信品质的人总能看到他人看不到的事实，总能达到别人达不到的成功。可见，具备了诚信的品质。就有可能把成功握在手中。

一直以来，诚信都是西点军校校训制度的核心内容。曾为西点学子的陆军部长牛顿·贝克就这样说过：“士兵的不诚实就是拿自己伙伴们的生命和政府的荣誉开玩笑。因此，这对士兵而言，已经不再是什么自豪或自尊的问题了，而是成为一种绝对的需要，即毫不含糊、不打折扣、绝对忠诚的性格。”

西点军校强调，虽然坚定地履行诺言是非常困难的，但是，实践了诺言之后，回报也是十分丰厚的。

1835 年，摩根成为“伊特纳火灾保险公司”的股东。不久，有一家在伊特纳保了险的公司发生了火灾，按照保险规定，完全付清赔偿金，保险公司就会破产，因此股东们纷纷要求退股。

按照规章，摩根也可以要求退股，可是，他认为信誉比金钱重要。于是，他四处筹款，甚至卖掉了自己的房产，低价收购了所有要求退股的股份，然后将赔偿金如数返还给了投保的客户。

这无疑是一种高效广告，一时间，伊特纳火灾保险公司声名大振，很少有人不知道这家公司的。

几乎已经身无分文的摩根就这样成了这家保险公司的“法人”。可是保险公司已面临破产，难以为继，无奈之中，他打出广告：“凡是再参加伊特纳火灾保险公司的客户，保险金一律加倍收取。”不料客户却蜂拥而至，伊特纳火灾保险公司也从此崛起。正是这次经历使得摩根开始走上了成功之路。

由此可见，诚信的力量真是不可估量！

“诚”是指诚实，“信”是指守信，合起来的意思是说，诚实正直，言而有信。诚是信的基础与前提。只有诚信于心，才能言行一致。自古以来，无论是西方还是东方，任何社会都把诚信作为美德加以推崇，诚实守信的人总能优先赢得别人的赞赏或认可。因此，诚信能为个体在社会中获得成功奠定坚实的基础。

百事可乐的总裁卡尔·威勒欧普到科罗拉多大学演讲的时候，有一个名叫杰夫的商人通过演讲会的主办方约卡尔见面谈一谈。卡尔答应了，但只能在演讲后而且只有15分钟的时间。

杰夫就在大学礼堂外面坐等。卡尔兴致勃勃地为大学生们演讲，讲他的创业史，讲商业成功必须遵守的原则，不知不觉中已过了与杰夫约定的见面时间，显然他已忘记了与别人的约定。

正当卡尔继续兴致很高地演讲时，一个人径直走到讲台上来，一言不发地放下一张名片后转身离去。卡尔拿起名片一看，背面写着：“您和杰夫在下午两点半有约在先。”

卡尔猛然省悟，没有犹豫，即对大学生们说：“谢谢大家来听我讲演，本来我还想和大家继续探讨一些问题，但我有一个约会，而且已经迟到了。迟到已经是对别人的不礼貌，我不能失约，所以请大家原谅，并祝大家好运。”于是他果断地终止了演讲，到外面找到了正在等他的杰夫。后来杰夫成了一名成功的商人，他把这一段经历告诉了他的朋友们。他的朋友们都对百事可乐产生了信任并决定经销和宣传百事可乐。

在西点人看来，作为一个单独的个体，我们不必去崇拜别人的成功。也不用去畏惧自己的失败。只要学会真诚，我们就能最大限度地把握自己的命运。

诚信能使你在与人交往中，展现出巨大的人格魅力。中国的孔子一贯主张人与人之间的交往要遵守诚信的原则。他说，“人而无信，不知其可也”。意思是说，人生在世，总要与别人交往，那么就不可避免地有一个取信于人的问题。要取信于人，就要真心诚意，表里如一，毫无矫揉造作地待人处事。那种“逢人只讲三分话，不可全抛一片心”的人生哲学，只能拉大与别人的心理距离，难以得到别人的理解和帮助。

另外，守信是人格确立的重要途径，也是人与人之间交往得以继续的前提。没有人愿意与不讲信用的人交往，只要欺骗别人一次，就很可能永远失去了别人的信任，更谈不上别人对你的重用。当别人知道你不可靠时，你的机会就将消失殆尽。客户不会喜欢与一个经常行骗的人做生意；领导不放心把一项重要的工作交给一个不值得信赖的人；朋友也不愿意与一个虚伪的人合作……尽管你有满腔成功的热望和满腹的才华，若失去了别人的信赖，你将再也没有施展才华的机会。

西点的校官们经常这样教育学员：若要成功，就该把创造信誉作为自己生命里最重要的事情，不断地向别人证明你是一个可靠的人，一个值得信赖的人。人们只有相信了你，才会去相信你的观点、思想或产品。一个人拥有了诚信，就会赢得更多的朋友，更多的合作者和更多施展自己才华的机会。

那么，我们要如何才能做到诚信？具体怎样做才能算得上是诚信呢？

首先，要做到真诚，不能只在外表上下功夫。说话表情和技巧虽好，而你的内心不诚，至多成为“巧言令色”的人罢了。对方如不是糊涂之辈，定会看出你的虚伪，因为内心不诚，凭你巧言令色，终有若干破绽，一旦给对方看出，人家怎么还会信任你呢？相反，内心真诚，即使拙于辞令，拙于表情，却能体现出你的真实感情，效力更大，只要对方对你素无误会，你的真诚，必能感人。

其次，与人交往切不可用欺骗手段，欺骗也许能得一时之利，却不能维持长久。如果你有过欺骗的行为，即使你某一次真是有诚意，仍会被认为是另一种姿态的虚伪。因此，做人千万不可有任何欺骗的行为。也许你曾遇过这种人，你以诚相待，他却以“诡”回报，于是，你便对诚信的效用产生了怀疑。其实，真诚的力量是绝对的，之所以会发生例外，只是由于你的真诚不足以打动对方的心。对一切你要“反求诸己”，不必“求诸人”，这是用真诚动人的唯一原则。

要想使自己成为真诚的人，首先要锻炼自己在小事上做到完全诚实。当你不便讲真话时，不要编造谎言，不要去重复那些不真实的流言蜚语。

这些看起来是微不足道的，但是当你真正在寻求真诚并且开始发现它的时候，它本身的力量就会使你着迷。最终，你会明白，几乎任何一件有价值的事，都包含着它本身的不容违背的真诚的内涵。如果你追求它并且发现了它的真谛，你就一定能使自己进一步完善。

平时没有树立诚实的好品格，到关键时刻你的话就不能引起足够的重视。诚实是一种长期投资。持久地坚持这个原则，迟早会给你带来丰厚的收益。

总之，想成功就要先做一个讲诚信的人，因为诚信是成功的助推器。

诚信意味着绝不欺骗

在西点决不允许撒谎与欺骗。

1966届有一位不幸的新学员，由于过不惯冷峻单调的生活而心慌意乱，跑去参加了一个学院的宗教团体晚会，想在那里找到几小时的安慰。

当晚回到宿舍后，他回顾了自己的所作所为，左思右想总觉得自己犯了罪。于是，他向学院荣誉代表坦白交代了。这时他才知道自己有权参加那个聚会，但一切都已经晚了，虽然他的行为一点也没有违反校规，但荣誉委员会认为他有违荣誉原则的动机，因而有罪，第二天他就被开除了。

第一次世界大战期间的陆军部长牛顿·贝克将军曾说过：

“在处理日常事情时。有些人也许因为工作的不精确，甚至不真实。受到同事的不尊重，或者受到法律的起诉。但是，作为一名军官。如果他的工作不精确、不真实。就是在玩弄他伙伴的性命，损害政府的荣誉。”

因此，对士兵来说，诚信问题已经不再是什么自豪自尊的问题，它已成为一种绝对的需要，这就迫使西点要求其学员养成这种优秀的性格，即毫不含糊、不打折扣、绝对诚信可靠的性格。

我们知道，诚信是一个人的立身之本，对西点学员来说是这样，对我们来说也是如此。

所以，不要以为生活中撒一些无伤大雅的小谎没有什么关系，也不要以为生活中那些欺骗总是能够给你带来好处。你要知道，每一个谎话出口之后，你都需要承受良心上的责难，都需要想更多的谎话来自圆其说。你一旦养成了谎话连篇的毛病，就会失去别人的信任，也就会像那个嚷嚷“狼来了”的孩子一样，落得一个孤家寡人的下场。

你要明白，诚信能够给西点军人带来成功，同样也能够带给你惊喜。当你能够严格要求自己做到不撒谎、不欺骗的时候，你就能拥有一张最具有说服力的金字名片，就能够在成功的道路上越走越远。

这个故事发生在美国的一个庄园主家里。

一天中午，庄园主从外面回来，带回一把精致的小斧子。他随手把斧子放在门边，就去做活了。

正巧，庄园主的儿子看到了这把斧子。他看着闪闪发光的斧子，十分喜爱，他拿在手里左看右看，心想：这么亮的斧子究竟快不快呢？他很想试一试。于是，他带上斧子跑到了樱桃园。

他选中了一棵细小的樱桃树，学着大人砍树的样子，举起斧子，用力砍下去，只听咔嚓一声，小树被拦腰砍断了。

男孩一看不好，知道自己闯下了祸，就赶紧跑回家，把斧子放到了原处，躲在他的小屋里，忐忑不安地捧起一本书，假装专心地读了起来。

几个小时后，庄园主回来了。他经过樱桃园时，发现自己最心爱的那棵樱桃树被砍断了，顿时大发雷霆。回到家里，他把果农叫来训斥了一顿，并要他一定得把砍树的人追查出来。

一直躲在屋里的小男孩看到这情景，心想：如果我不承认，万一错怪了别人，那多不好哇！但转念一想：如果去承认，爸爸不仅会责备我，也许还会打我的。该怎么办呢？他坐在床边犹豫了好一会儿，终于大胆地走到爸爸面前，低着头，红着脸说："爸爸，别再追查了，树是我砍的。"

父亲问明了情况，不但没有责备他，还把他搂在怀里，意味深长地说："孩子，我为你的诚实而高兴。要知道，做人首先要诚实，这比100棵樱桃树还要宝贵。"

小男孩点点头，把父亲的这些话牢牢记在心上。这个小男孩就是美国第一任总统——乔治·华盛顿。

不错，诚信是人的立身之本，一个人想要赢得别人的尊重，想要成就一番事业，离开了诚信是万万不行的。

诚信是做人的第一美德

有一个老锁匠，技艺高超，一生开锁无数，且为人正直。他把自己的姓名和地址告诉每个修锁的人，说："如果你家有贼进入，只要是用钥匙打开的家门，你来找我！"

老锁匠渐渐老了，为了后继有人，他开始物色徒弟。最后老锁匠将一身技艺传给了两个年轻人。

一年之后，两个年轻人有了一手技艺，但他俩之中只能有一个得到真传，老锁匠决定用一次考试来确定。

老锁匠拿了两个保险柜，分放在两个房间，让两个徒弟去打开，看谁花的时间短。结果大徒弟只用了半个小时就完成了任务，众人都觉得大徒弟必胜无疑。老锁匠问大徒弟："保险柜里装的是什么？"大徒弟顿时两眼放光，"有很多钱，全是百元大钞。"老锁匠转过脸又问小徒弟，小徒弟支吾了半天说："师傅，我没看，您只让我开锁，我就打开了锁，但没往里看。"

老锁匠很欣慰，郑重宣布二徒弟为他的真传弟子。大徒弟不甘心，众人也很纳闷，老锁匠微微一笑，"人行事都要讲一个'信'字，尤其是开锁这个活计，更需要高尚的道德情操。我是要把徒弟培养成一个技艺高超的锁匠，他心中只能有锁而不能有任何杂念，要对钱财视若无睹；否则一点点贪欲，就会引发杂念丛生，私心膨胀，登门入室或打开保险柜简直易如反掌，这对别人不负责，对自己更不负责。修锁的人，心中要有一把永远不能打开的锁。"

人心是把锁，有时能打开，有时决不能打开，比如私心贪欲的那部分。打开了私心和贪欲，结果反而什么都得不到。

老锁匠的话带给我们的思考也是深刻的。诚信是人的立身之本，一个人如果没有诚信就不会有人相信你；没有诚信，你也很难赢得别人的尊重。

西点就深明诚信对人发展的重要性，在西点学员的心里一直牢记着这样一句话：诚实是做人的第一美德，诚实守信是一个人最优秀的性格之一，诚实守信应该成为人永久的伴侣。

的确，一个人因为有了诚信，才会处处受人尊敬；因为有了诚信，才可能会梦想成真；因为有了诚信，才可能把握住机遇大门的钥匙；因为有了诚信才可能由平庸变得伟大。

当你步入社会之后，一定会遇到很多问题，也会遇到很多诱惑，当你面对这些问题和诱惑的时候，能否把持住自己内心的那把锁，能否保持诚信，也就是关系你最终成败的关键一环。

人生"诚"可贵，信任价更高

真诚地对待别人，也许无法让所有的人都喜欢你，但至少可以让大多数人都信任你。

一个人如果只懂得关心自己，那么他是一个自私的人，也不会被很多人喜欢。

要想他人喜欢自己，首先要喜欢他人。这种喜欢不一定要刻意的表达和赞美。也许，只是在别人感冒时，递了一张面纸一杯热水，但这份关心却是真诚的，发自内心的，别无所图。这样的人，自然会获得更多的朋友，赢得更多人的青睐，遇到更多好的机会，丰富自己的人生。另外，这里的"诚"除作"真诚"解释外，还有"诚信"的意思。只要心存诚信，不管千难万险，我们的生活都会充满阳光，走在成功的路上也不会太累。

生活中，倘若你欠了十元钱赖着不还，那么你的信誉也就只值十元了。诚实守信不仅是一个人品行的证明，同时，它还使人树立起对家庭、对社会的强烈责任感。要获得他人的信任，除了要有正直诚实的品格外，还要有敏捷、正确的做事习惯。即使是一个资本雄厚的人，如果做事优柔寡断、头脑不清，缺乏敏捷的手腕和果断的决策能力，那么与他合作的人就不免担心自己的投资是否能有应得的回报，所以他的信用仍然维持不住。

信任是极其宝贵的个人财富，就像是后天培养的珍贵资源，一个人一旦失信于人一次，别人下次再也不愿意和他交往或发生贸易往来了。只需要一次就可能会失去信任，但换回信任就难了。所以说，成大事希望最大的人倒不是那些才华横溢的人，而是那些最能以真诚的心，良好的信誉给人以好感的人。与这样的人往往可以保持良好的较为长久的合作。通常，教师认为最有前途的学生往往就是那最能博得他欢心的孩子；老板认为最称心满意的店员，也就是那最能投合自己心理的人。

人类仿佛有一种共同的心理，那就是如果有人能使我们感到高兴喜悦，即使事情与我们的心愿稍有相背，也不太要紧。我们生活中的许多例子都可以证明，能博得人的欢心，获得人的信任，是为人处世必不可少的。

要想博得人们的欢心、获得人们的信任，首先一条就是要有一种令人愉悦的态度，表情亲切，行为活泼。相反的，无论你内心中是否对别人有好意，但如果人们从你的脸上看不到一点快乐，那么谁也不会对你产生好感。

与人交流，最好少说自己的隐私和好恶，你应该学会做一个倾听者，常常流露出对别人的谈话兴趣，能仔细听对方说话。这样做对你自己丝毫无损，说不准还可以从别人那里学到更多的东西。而你所表现出的对别人的同情却往往能达到雪中送炭的效果，成为他们心中最重要的礼物。在这个过程中，无形地增加了对方对你的好感和信任。

任何成大事者都需要持之以恒的精神，同样，要获得别人的信任也是如此。良好的态度要一以贯之，千万不要今天扮了一天笑脸，明天难以自制而故态复发，显出粗俗急躁的本性。这样的人是极其虚伪和惹人厌恶的。良好的态度需要平和心做基础，而平和心又需要真诚的意念为前提。

一个志向高远、决心坚定的人，做任何事情都会有始有终，不会半途而废。获得别人的好感只是个好的开始，还需要用心去呵护它，这也是为自己今后的成功做铺垫。

真诚地对待别人，也许无法让所有的人都喜欢你，但至少可以让大多数人都信任你。而能够获得他人信任正是通往成功的路上必备的能力。

诚实让人变得强大

“不找任何借口”，便不会为了编制借口而欺骗；而不说谎和诚实让人变得强大而高贵。

但是，在现实生活中，许多人都认为欺骗、说谎话属于一种有利可图的勾当。

他们以为欺骗的手段是很值得使用的，他们也许并不正面说谎、欺骗，但他们往往会留有一些应该说，特别是作为一个诚实的人所必须说的话不说。他们平常也许愿意站在正直的一方面，但是一旦关系到自己的利益时，他们就要离开正直，就会不说正直话，不做正直事了。在工作中，这种为推卸责任找借口、说谎的员工常常成为公司裁员的对象。

我们来看一则事例：

孙强在一家外贸公司的分公司担任销售经理。一次，他们公司的产品在他负责的区域接壤的地方发生了一起严重的质量事故。按规定，这种情况不应该由他处理。但是因为负责那家分公司的经理陪同老总出国考察去了。孙强明白，按照惯例，这种情况必须由他出马，在第一时间内赶到现场处理。可是基于对出事地域的风土人情的了解和对处理同样事故的经验，孙强知道他面临的是一项非常棘手的工作，一不小心就会引火上身。于是，在总公司给他下指示之前，孙强谎称自己身体不舒服，向公司告假。总公司下达指示时，助理接完电话向他汇报，孙强以身体有病为由，让助理赶去处理。

由于助理欠缺经验，致使事件升级，陷入僵局。总公司不得不另外派人去处理，最后这次质量事故引起的风波虽然得到了平息，但是公司付出了很大的代价。总公司追究责任，经过调查，如果孙强在第一时间赶到现场处理的话，就不会造成这么大的损失。但是孙强却以自己告假为由，称自己并不知道这起事件的具体情况，一切都是助理自作主张，带领一帮人去处理的。虽然孙强把责任推到助理身上，但是总公司了解了事情的真相，知道孙强说谎了，对孙强的工作态度和人品产生了怀疑，害怕他把这种手段当作借口，影响分公司的团结和业务的开展，过了一段时间，找了一个合适的机会将他解雇了。

从上面的例子中可以看出，孙强并不是没有处理事情的能力，而是怕承担责任，于是采取逃避责任的态度，谎称自己身体不舒服，结果使公司遭受巨大损失，自己也恶果自食。

在职场中，每个公司都不喜欢找借口、说谎的人，这样的人也不能长久地得到领导和公司的认可。即使他能力很强，最终的结局也会像孙强那样，被公司裁掉。公司所需要的是无论发生什么事情，遇到什么困难都不会找借口推卸责任，对公司、对老板永远诚实的员工，也只有这样的员工才能最终得到赏识和重用。

我们来看一个现实中的例子：

陈小勇是一家公司的市场部经理，掌管着整个公司的销售大权，责任既艰巨又光荣。每天陈小勇都兢兢业业地工作，生怕出一丝差错。有一次，由于一时疏忽，他犯了一个错误，没有经过仔细调查研究，就批复了一个职员为欧洲某公司生产一万件商品的报告。然而等到产品生产出来准备报关时，公司才知道那个职员早已被"猎头"公司挖走了，这只是一个骗局。那批货如果运到欧洲，就会无影无踪，货款自然也会打水漂。

陈小勇一时想不出补救对策，一个人在办公室里焦躁不安。这时老板走了进来，见他脸色非常难看，以为他生病了，正想劝他去医院看看。还没等老板开口，陈小勇就立刻坦诚地向他讲述了一切，并主动认错："这是我的失误，我一定会尽最大努力挽回损失。"

听完陈小勇的话，老板被他的坦诚和勇于负责任的勇气打动了，答应了他的请求，并让他出差到欧洲考察一番。经过积极的努力，陈小勇联系好了下一家客户。一个月后，这批货物以比以前那个职员在报告上写得还高的价格转让了出去。陈小勇最终为公司挽回了损失，还得到了老板的嘉奖。

由此可见，一个人犯错并不可怕，关键要坦然面对自己的失误，并采取积极的措施予以补救，这样，你不仅会得到他人的原谅，还会获得他人的尊重。千万不要用说谎来推卸责任，否则后果不堪设想，说谎是最大的罪恶。松下幸之助说："偶尔犯了错误无可厚非，但从对待错误的态度上，我们可以看清楚一个人的责任感。"的确，只有那些能够正确认识自己的错误，并及时改正错误予以补救的人，才具有对工作高度的责任感，也因此能得到领导的赏识与重用。

天下没有一种广告比诚实不欺、言行可靠的美誉更能取得他人的信任。一个言行诚实的人，因为有正义公理作为后盾，所以能够毫不畏缩地面对世界。

金钱可化粪土，信誉恒久闪耀

社会生活中，人与人之间的交往贵在一个"信"字。如果人们都不以"真面貌"示人，那么，势必会陷入一种信任危机中，当然，我们希望得到别人信任的前提是自己要以"真"和"诚"待人，也就是人们常说的"做人要讲信誉"。

就个人而言，诚信是高尚的人格力量，是个人必须具备的道德素质和品格。一个人如果没有诚信的品德和素质，不仅难以形成内在统一的自我，而且很难发挥自己的潜能和取得成功。程颐指出："学者不可以不诚，不诚无以为善，不诚无以为君子。修学不以诚，则学杂；为事不以诚,则事败;自谋不以诚,则是欺其心而自弃其忠;与人不以诚,则是丧其德而增人之怨。"“诚”不仅是德、善的基础和根本,也是一切事业得以成功的保证。“信”是一个人形象和声誉的标志,也是人所应该具备的最起码的道德品质。

西点人常说:“诚实是最好的政策。”西点人是这么说的,也是这么做的。这也就是为什么西点能培育出大量重视信誉的商界精英。一位商界的西点人士对于西点的独特之处曾这样说:“美国前500强企业是教给人伦理,而西点是教给人品德。”“信誉”在中国人耳熟能详的影视明星成龙身上表现得尤为明显。

成龙出生在香港一个贫困家庭,很小就被家人送到戏班。按照旧时梨园行的规矩,父亲同戏班签了生死状,在约定期限内,成龙的生杀大权都在师傅手中。戏班里的管教异常严厉,他在师傅的鞭子与辱骂下练功,吃尽苦头。时间不长,他就偷偷跑回了家,父亲勃然大怒,坚决叫他回去:“做人应当信守承诺,已经签了合同,绝不能半途而废。咱人虽穷,志不能短!”他只好重新回到戏班,刻苦练功,这一练就是十几年。

22岁时成龙终于学有所成。由于他学得一身好功夫,且为人厚道,几年下来,他逐渐担当了主角,还小有名气。有一天,行业内的何先生约他出去,请他出演一个新剧本的男主角。“除了应得的报酬,由此产生的10万元违约金,我们也替你支付。”何先生说完强行塞给他一张支票,匆匆离去。

成龙仔细一看,支票上竟然签着100万,一笔巨款呀!他从小受尽苦难,尝遍艰辛,不就是盼望能有今天吗?可是他转念一想,如果自己毁约,手头正拍到一半的电影就要流产,公司必将遭受重大损失。于情于理,他都不忍弃之而去。

一宿难眠,次日清晨,他找到何先生,送还了支票。何先生很意外,成龙则淡淡地说:“我也非常爱钱,但是不能因为100万就失信于人,大丈夫应当一诺千金。”

公司得知后非常感动,主动买下何先生的新剧本,交给成龙自导自演。就这样,他凭借电影《笑拳怪招》创造了当年票房纪录,大获成功。

在一次电视访谈节目中,成龙回忆起这些往事,感慨万千,深情地说道:“如果当初我背信弃义,从戏班逃走,没有这身过硬的武功,或者为了得到那100万一走了之,我的人生肯定要改写。我只想以亲身经历告诉现在的年轻人,金钱能买到的东西总有不值钱的时候,做人就应当诚实守信,一诺千金。”

成龙说得对,金钱能买到的东西总有不值钱的时候,它最终会化为粪土,而信誉则会恒久远。这就是为什么成龙能有此巨大成就的原因之一。汤姆斯·麦考莱说:“在真相肯定无人知晓的情况下,一个人的所作所为能显示他的品格。”这正验证了孔子的话:“信则人任焉。”“人而无信,不知其可也。”诚于中而必信于外。一个人心有诚意,则必有信语;心有诚意,而身则必有诚信之行为。诚信是实现自我价值的重要保障,也是个人修德达善的内在要求。缺失诚信就会使自我陷入非常难堪的境地。同时,缺失诚信,不仅是自己欺骗自己,而且也必然欺骗别人,这种自欺欺人既毁坏了自我形象,也破坏了人际关系。因此,诚信是个人立身之本,处世之宝。

每个人都有追求荣誉的心,荣誉是自身价值的体现,但荣誉的获得往往是别人给予的,唯有给人以信誉,“本色做人,诚实说话,干真实事”,才能取信于人,也才能获取良好的人际关系。

信誉对一个人是非常重要的,一个人没有了信誉就像没有羽毛的鸟,会受大众的排斥和讨厌。

从这一启示中,我们应该能权衡好金钱和信誉在个人发展中的位置,对此,你要做到以下两点。

1. **不要为不义之财所诱惑**

人的一生会遇到很多诱惑，其中最能迷惑人的就是金钱。在那些不义之财面前，你一定要把握好自己，不要轻易向金钱低头，要坚持自己的原则。因为真正的财富不是金钱，而是那些能助你成功的品质。

2. **待人真心诚意**

中国古代思想家强调“正心诚意”和“反身而诚”在个人道德修养中的地位和作用，认为修德的关键是有一颗诚心和一份诚意。诚意所达到的程度决定修德所能达到的高度，正可谓“精诚所至，金石为开”，只要你能诚信待人，必定会赢得良好的人际关系。

法则八 理智

暂时无法前进时，就在等待中寻找突破的关口

西点军校之所以培养出了如此多的成功者，在很大程度上归功于西点军校少找借口的教育理念。西点精英们从不抱怨环境的恶劣，从不诅咒上天的不公，他们在别人抱怨或是咒骂的时候，已经开始为摆脱困境而寻找方法了。因而，当你暂时无法前进时，就在等待中寻找突破口，只要你不放弃，加上足够的自律、机智、勇敢，事情总会有转机的。

1860 年的美国总统大选成为内战的导火索。1861 年 4 月 17 日，弗吉尼亚州议会投票决定有条件脱离联邦，阿肯色、南卡罗莱那、田纳西等州相继响应。两天以后，林肯总统下令对南方分裂各州进行经济封锁，南北战争正式爆发。

1861 年秋天，杰克逊晋升少将师长，次年夏天晋升为中将军长。1861 年 10 月，邦联政府将弗吉尼亚北部前线划分为三个战区，杰克逊出任杉安道谷地战区司令，指挥的部队除了石墙旅以外，还包括洛林准将的一个旅和艾什比中校的第 7 骑兵团，总兵力有一万余人。12 月，杰克逊占据河谷北端的温彻斯特，派出艾什比的骑兵部队北上破坏巴尔的摩—俄亥俄铁路，并向西攻取巴思和罗姆尼两座小镇，战果微不足道，但部队却由于气候恶劣而吃尽了苦头。因为对冬季宿营地的分配不满，洛林准将和杰克逊发生了激烈冲突，杰克逊的指挥权受到严重干扰。

洛林早年毕业于乔治城法学院，27 岁出任佛罗里达州议员。墨西哥战争爆发以后，洛林投笔从戎，作战勇敢，战争结束已经升至中校。和杰克逊不同，洛林一直在联邦军队中服役，镇守西部边疆，同印第安人作战，1859 年还到欧洲考察军事，因此作战经验丰富。洛林 38 岁晋升上校，当时是美军最年轻的现役上校。1861 年 5 月，洛林辞去圣塔菲要塞指挥官的职务，毅然加盟南军，很快晋升准将。无论学历还是资历，洛林都明显胜杰克逊一筹，他是带着情绪来到杉安道战区的。

入冬以后，杰克逊安排石墙旅在温彻斯特宿营，而将洛林旅派到崇山峻岭镇守小城罗

姆尼。洛林旅十几名军官联名上书抗议，而洛林派自己的副官将抗议书直接送到里士满，在参议院传阅，最后将此事捅到邦联总统戴维斯那里。结果戴维斯听信了一面之词，指示战争部长本杰明发电给杰克逊，命令他将洛林旅撤回温彻斯特，不久还提升洛林为少将。

而且如此困境，杰克逊虽然遵命召回洛林旅，但并没有听任事态恶化下去。他向战争部长和他的上级约翰斯顿将军递交辞职信，信中写道："我的指挥权遭到如此干扰，已经无法有效履行使命，谨在此请求同其他教官一样回莱克星顿的弗吉尼亚军事学院待命。如果本申请不被认可，我请求总统阁下同意我辞去军职。"信送出去后，杰克逊就开始耐心地等待结果，他相信，事情必定会出现转机！

约翰斯顿接到信后，马上转呈州长莱彻，并在信后背书："如果此人辞职，我不知道还有什么人可以替代他。"莱彻得信深感震惊，立刻会见本杰明和戴维斯，言辞激烈地提出抗议，指出本杰明的电令开了一个极其恶劣的先例，恐怕今后南军将领将无法有效指挥自己的部队。在莱彻的劝说下，本杰明收回成命，并向杰克逊表达歉意。经过莱彻的耐心调解，杰克逊也收回了辞职信。1862 年初，洛林被调到佐治亚州，危机才算平息。

西点人讲究的是多为克服困难找到更好的解决方案，而不是消极地等待，而是指有目的地等待，有策略地等待，就像杰克逊，当他怒不可遏的时候，也是有底牌可打的，因为战争指挥权遭到质疑，会影响整个战争的趋势，这一结果谁心里都清楚。所以，可以强硬，但是，必须知道等待的方法和策略，要进行积极的等待筹备，而不是消极地坐以待毙。

蔡松芳先生精研太极拳推手，有一次在文化公园，一位佛山市的拳师上前要求与蔡松芳推手，蔡松芳与他推了几下，这位拳师突然脱开一手用钻劲向蔡松芳狠狠地击去，蔡松芳身体微微一动，对方并未击到蔡松芳，他自己却整个儿向后抛了出去。后来对方向他解释说："我知道明着推你的话，肯定推不过你，就想用偷打的办法来试试你。没有想到我自己反而受了伤。"太极拳推手在与对手推的过程中，在一定程度上来说，暂时无法前进时，就可以在等待中寻找突破口，以逸待劳，静等对方出现差错，然后以对方之力加上自己的灵活用力，往往能够出现转机。

当暂时无法前行时，说明事情可能会有更好的方法进行解决和处理，只是需要你片刻的等待和思考出最好的方案，这也是西点人强调的积极寻求解决问题的方法，而不是蛮干。要学会思考，学会暂时忍耐和等待，学会在等待中寻找突破口，而不是消极放弃式的等待。

冲动，绝不是真正英雄的性格

在军事教育发展方针中，西点明确提出培养学员"理性的勇敢"。

勇敢的人到处有路可走。西点军校正是看到这点，所以把勇气的培养放在了关键的位置。当然西点培养的并非是不顾一切、不计后果的莽夫，而是临危不惧、沉着冷静的勇者。

"理性的勇敢"不是那种不评估环境情况，轻率冲动的路见不平，就拔刀相助的勇敢；不是那种有所不屑就出手相搏的勇敢，或者说不是简单的血气之勇；不是三分钟热血的冲动。"理性的勇敢"更多表现为控制情绪、冷静分析、临危不惧的原则。

华盛顿从小就家教甚严，还是小学生时，家里就让他抄写一百遍"如何成为一名绅士"

的准则。

后来,已经成为一名上校的华盛顿驻防在亚历山大市,当时弗吉尼亚州议会正在进行议员选举,有一个名叫威廉·佩恩的人与华盛顿政见不同因此支持的议员人选也不同。

于是两人展开了一场唇枪舌剑的辩论,辩论进行到激烈之处,华盛顿一时没有管住自己的情绪,说了几句颇为难听的话。脾气暴躁的佩恩盛怒之下挥起手杖将华盛顿打倒在地。

华盛顿的部下迅速赶来,愤怒地试图为他们的长官报仇,华盛顿却劝阻大家平静地退回营地,他会自己处理所有问题。

第二天上午,华盛顿约佩恩到一家当地的酒店碰面。按照当时许多贵族的习俗,佩恩以为华盛顿会要求他道歉并且会和他决斗,他无法拒绝,只能无奈赴宴。

没想到到了酒店后,佩恩才发现等待他的不是盛怒的华盛顿,而是笑容可掬手持酒杯的华盛顿。华盛顿说:"佩恩先生,请你原谅我昨天的鲁莽冲动,如果你觉得我们已经互相抵消,不如就让我们握手言和做个朋友,如何?"

就这样华盛顿收获了一个朋友而不是敌人,从此之后,佩恩成为华盛顿坚定的支持者。

如果当时华盛顿选择继续鲁莽冲动行事,事情将会如何发展呢?或许当天愤怒的军官会猛揍一顿佩恩,于是他们可能会受到军纪的惩罚葬送前程。又或者第二天华盛顿要求和佩恩决斗,那么华盛顿自己可能会有生命危险,甚至还有可能危害无辜者的性命,但华盛顿化敌为友的选择,却让他遵守了纪律,得到了尊重,赢得了朋友。

没有人会怀疑华盛顿是一个英雄,美国首都因华盛顿而命名,但是鲁莽对他的政治生涯显然并无好处,冲动更加不是英雄的性格。宽容待人的风度和一笑泯恩仇的气度才是真正的成熟的处世原则。

一个孩子无法控制自己的情绪,常常无缘无故地发脾气,或是冲动鲁莽地给家里惹麻烦。

有一天,父亲给了他一大包钉子,让他每次发脾气或是冲动鲁莽行事时就在后院的栅栏上钉一颗钉子。

第一天,男孩在栅栏上钉了12颗钉子,几个星期之后,男孩看着栅栏上密密麻麻的钉子有所领悟,渐渐地学会了控制自己的情绪,遇事冷静处理,于是栅栏上新增的钉子渐渐减少了。

他很高兴地把自己的转变告诉了父亲。父亲又建议道:"如果你能坚持一天不发脾气就从栅栏上拔下一颗钉子好不好?我们来看看多久你能把钉子拔完。"男孩被激起了斗志,坚持不冲动不鲁莽,终于一段时间之后拔完了所有的钉子。

父亲拉着男孩的手来到栅栏边,对男孩说:"你做得很好。但是,你看,栅栏上留下了密密麻麻的小孔,再也无法恢复原来的模样了。对此,你有什么领悟吗?"

男孩思考片刻摇了摇头。父亲微笑着耐心说道:"你向别人发脾气之后,你的言语就会像钉子扎在别人的心上,即使事情已经过去,人们的心上也会留下小小的疤痕。如果你做了鲁莽冲动的事情,就可能造成不好的后果。虽然我们可以为你去弥补那些后果,但是,人们对你的观感和评价却无法完全弥补,也会留下密密麻麻的钉孔难以愈合。"

男孩想到自己曾经冲动的个性,有些后悔。父亲轻轻拍拍他的头说道:"没关系,从现在开始明白这个道理并不晚。心里要永远记住:冲动并不是英雄的性格。"

并不是所有言语的伤害都能够挽回,并不是所有冲动的行事都可以弥补。每一次冲动之前,或许思考一下自己可能付出的代价会有所帮助。

有人或许会说,做事冲动的人才是有激情和冒险精神的人。这种想法真是大错特错。做事有激情有冒险精神,与处理事情鲁莽冲动完全不同。

有激情有冒险精神时,人们的头脑是清晰的,行动建立在客观理性的分析之上;但是鲁莽冲动时头脑是混乱的,行动建立在主观失控的情绪之上。哪一种情况应该避免相信我们懂得判断。

即使是像巴顿将军那样的猛将,其实也完全不是头脑冲动之人。二战时,巴顿第一次见到有着“沙漠之狐”之称的德国统帅隆美尔时,并没有嚷嚷诸如“隆美尔,你这个混蛋,我要杀了你,过来送死吧”这样的话,而是高声喊道:“隆美尔,你这个老狐狸,我读过你的书!”

“我读过你的书……”,多有意思的一句话,彰显了巴顿的气度,也表现出了他的霸气。巴顿的言外之意就是:我看过你的书,即使你是我的敌人,我也尊重和欣赏你。我看过你的书,因此我了解你,即使你是只老狐狸,也别想从我手中讨到什么好处。

简简单单一句话,名将风采让人不得不折服。千万别以为巴顿是什么混世魔王般的将军,必然是个冲动鲁莽之辈,这简直是天大的误会。有时他只是用冲动的行动掩盖自己的实力麻痹他人的判断而已,光靠一股子蛮劲一味冲动怎么可能成为一代名将呢?

冲动是魔鬼。在你失去理智热血沸腾之际,需要考虑一下自己这样做的后果是什么,会不会对他人造成伤害?能不能保证自己的安全?即使你是去做一件正确的事情,也有必要衡量环境因素等各方面的风险再行动,任何事情如果危害他人的利益,威胁自己的安全都应当立即终止,在任何情况下保持理智。

在平时的生活中,我们总会遇到一些不开心的事,有时候我们会生气,有时候我们会烦躁,有时候我们会发火,有时候我们会抓狂。然而,这样的冲动往往会使我们做出平时不易做的决定,从而酿成让自己悔恨终生的大错。人人内心都有按照自己意志出牌、满足自我的欲望,这种欲望如果不经过理智的过滤网,就会滑入冲动的陷阱从冲动到理智与冷静的距离,有时只是一念之差似乎不远,但也绝不是很近,一切取决于你如何看待,怎么把握。

有耐心的人无往不利

“永不放弃”是西点军校的军规之一。西点军校有这样的规定:在任何时候、任何情况下,学员都应精神振奋、斗志昂扬,不允许有颓废之情。在西点校园内,很少听到“我不行”的话。在工作、学习和生活中,一旦上司有要求,你都必须回答“我一定做到”“我能行”,至少要回答“我执行”或“是”,任何想放弃的商量都不被允许。

在西点军校建校之初,曾经历了一段黑暗的日子,由于不良的管理,差点让西点夭折。但是“西点军校之父”塞耶却用他的耐心,用他永不放弃的精神和意志挽救了风雨飘摇中的西点。

> 那是在奥尔登·帕特里奇执掌大权、成为西点军校专职校长之后。帕特里奇性格古怪,喜欢拉帮结派。当时的西点军校只有几个人,而帕特里奇将他的亲朋好友安排在军校里,因此在他任西点军校校长期间,犯下了严重的任人唯亲和滥用职权的错误。这种错误差点毁了西点军校。帕特里奇对教职员很不信任,他偏袒的学员可以不经过教官的考核就

允许毕业,这造成了其他学员的普遍不满。在他执政期间,军校军规被滥用,一些对学员的惩罚甚至到了严酷的地步,军校内结党营私,帮派主义泛滥,学员们逃避责任和艰苦的风气蔓延,这一时期成为西点军校历史上的“黑暗时期”。帕特里奇成为学员们共同仇恨和“惧怕”的“敌人”。

帕特里奇喜欢任人唯亲,有目共睹。西点军校的炮兵连几乎全是由他的亲人组成,他的外甥担任指挥官。1814 年,帕特里奇安排他的叔父艾萨克在西点军校里出任学员餐厅的伙食管理员一职,这件事曾经引发了一场“人羊大战”。艾萨克打着改善学员伙食的旗帜买来一群羊,名义上是给学员改善伙食,实际上只有死羊肉才会出现在学员的餐桌上。由于有帕特里奇的庇护,艾萨克肆无忌惮,他任凭那些羊到处乱跑,整个学校成为羊群的“散步场”。这些让人愤怒的羊跑到教学区的操场上,跑到校园外,弄得学校到处臭气扑鼻,一些气愤的学员会抓住那些跑到校园外的羊,将它们杀死吃掉或扔下悬崖。

在提拔学员方面,帕特里奇喜欢一意孤行。他从不听取教官的意见,对那些准备提升的学员的名字从不与教官商议。而最有才能的学员却不被重视,甚至被贬抑。在这种情况下,西点军校的教学停步不前,学区内杂乱无章,有人断言:西点军校要垮下去了。

就在西点陷入一片混乱,即将垮下去时,西尔韦纳斯·塞耶少校来到了西点。

说实话,当塞耶亲眼目睹了西点的形势后感到震惊,学员们肆意酗酒、赌博,没有一点规矩,整天混日子,甚至有些人还负债累累。但塞耶没有被眼前的一切吓倒,他决心要把西点整出点样子来。

就在塞耶到西点的当天晚上,帕特里奇不辞而别,但这并没有影响塞耶。他和一些反对帕特里奇的教官们一起拟订计划,大张旗鼓地开始了对西点的整顿。但是当整顿工作正顺利开展时,帕特里奇又回来了,他想要夺权!

帕特里奇径直走进塞耶的办公室,傲慢地说:“这里是我的位置,请你出去!”

“不!”塞耶毫不让步。

但是学校里仍然有拥护帕特里奇的学员,他们除了是他的亲朋好友外,还有一些是想继续过无拘无束的日子、不求上进的学员。因此,当帕特里奇走到阅兵场,并大声宣布“西点的负责人是我”时,那些学员欢呼雀跃起来。

塞耶看到学员们的样子倍感头疼,但他没有退缩,他知道想要整顿这样的学校需要时间和毅力,还需要耐心。于是他暗下决心,一定要想办法平息这场骚乱,将危害西点军校的有害分子彻底从军校里驱除。他冷静下来,仔细考虑了一番,最后他给陆军部部长写了一封信,信中详细报告了帕特里奇闹事的场景,并主动离开军校动身前往纽约待命。

当陆军部部长看到塞耶的信后,立即对惹是生非的帕特里奇以叛乱、渎职、藐视指挥官和不服从命令等罪名进行军事审判。塞耶又重新回到了西点军校。

帕特里奇的“革命”虽然没有得逞,但摆在塞耶面前的麻烦依然不少:军校内部依然有很大一部分“不安分”的人,帕特里奇的遗毒还在校园里广泛存在。这些人经常会给塞耶制造出一些令他意想不到的事,他们继续在学校里兴风作浪,甚至许多学员都曾私自出卖过学校的军用物品。为保证各种新的规章制度的顺利实施,塞耶坚决果断地开除了一些违纪的学员,其中就有将军的儿子。

西点军校保证,不管学员的社会背景如何,学校都将对他们一视同仁,要做到这一点很有难度。1818 年,塞耶亲自写信给当时的美国政要平尼克将军,通知他由于他的儿子没能够按时返校,军校决定勒令其退学,平尼克将军解释说是由于天气不好,自己才把儿子留下的，塞耶明白考验自己的时候到了，他冒着得罪权贵的危险，果断地开除了平尼克将军的儿子。

塞耶的这一做法起到了杀一儆百的效果，之后很少有学员再敢藐视校规校纪了。

把几个"害群之马"开除之后，塞耶开始按照他制定的规章制度办学。由于在他来之前，学员的水平参差不齐，有的只会"读、写、算"，就顺利进入了西点，这个水平随便一个美国男孩都能达到。为了改变这种现状，塞耶规定只招收高中毕业生，而且申请入学的人必须经过严格的考试，学员根据不同的水平分年级，接受不同的授课。

而且塞耶还严格依照规章制度办学，学员必须遵守纪律、坚定果敢并忠于职守；学员不得结婚，在校期间不准看小说，甚至看报也必须经过特许。

塞耶大刀阔斧的改革很快就见成效了，西点军校的面貌大为改观，渐渐地走上了正轨，并开始在美国崭露头角。美国各地的年轻人都纷纷慕名而来，执意要在塞耶手下学习。杰斐逊·戴维斯，艾伯特·约翰斯顿，菲利普·乔治·库克，以及南北战争时期最著名的将领罗伯特·李，都在塞耶任职期间在西点军校中学习。

塞耶凭借着不屈不挠和永不放弃的精神改变了西点，创立了严谨的校风，并流传至今。为纪念他的丰功伟绩，西点军校在西点校园的"大厅"前为他竖起了一尊铜像，上面醒目地刻着几个大字："西点之父"。

塞耶永不放弃的精神值得每个人学习。只有不放弃，有耐心，迎难而上，我们才能有机会取得胜利，才能有机会证明自己能行。永远都要记住："我能行！"

明智的放弃胜过盲目的执着

某登山俱乐部组织了一次攀登珠穆朗玛峰的活动，许多登山爱好者纷纷报名参加。在一个风和日丽的日子，他们开始了这趟极富险趣的挑战。

在最初的1000米，大家皆兴致勃勃，谁都不甘落后。

第二个1000米，一小部分人开始气喘吁吁，体力明显不支。

到了第三个1000米，已经有好几个人自动放弃了挑战。

坚持到第六个1000米时，原来四五十人的大队伍只剩下不到10个人了。看样子，这几个人都已决心坚持到最后了。但是在到达6400米的高度时，一个人突然停了下来，他指着自己的心脏对其他人说："我不行了，你们上去吧。"说完，他便找了个比较安全的山洞钻了进去。

后来，所有爬到山顶的人均对这个人表示遗憾：就差那么一点点了，何不咬咬牙登上去呢？老了回忆起来，也算是完成了珠穆朗玛之旅了。

"不，"他微笑着摇摇头，表情很自然，"我原来是个登山运动员，我晓得我自己的极限，6400米是我生命的最高峰，所以我并没有什么遗憾。再往上登的话，除非我不要命。"

这句话顿时让所有人对他肃然起敬，为了他对挑战极限的明智理解，更为了他对生命的爱惜和尊重。

任何事情都存在突破口，但并非任何人都能跨越它，抵达更高的层次。量力而行，恰到好处，才是令人叹服的明智之举与最高境界。

中国当代著名学者林语堂曾说过:“明智的放弃胜过盲目的执着。”

谨慎自制,不仅是指能够控制住自己不去做一些违背自己原则与良心的事情,更是要求我们清楚地知道哪些事情是我们力所能及的,哪些事情是我们力有不逮的,进而避免自己在做事的过程中受到不必要的伤害。一位哲人说得好:“谨慎和自制是智慧的源泉。”血气方刚的男子汉,有些时候,事情坚持下去虽然能够彰显出你的气概,但还有些时候,明智的放弃,却比无谓的坚持更有意义。

沉着冷静是勇敢行事的前提

如果任凭感情支配自己的行动,那么便会使自己成为感情的奴隶。一个人,没有比被自己的感情所奴役更不自由的了。——西点军校毕业生汤玛斯·梅兹中将

曾经有人说过:“控制情绪保持冷静是一种高度的智慧。”只有这样的人才是真正的勇者。

西点军校1965年毕业生利富顿·卡尔曾经被派遣至越南。他在越南待了一段时间之后,被晋升为陆军中尉,换防至越南中部的一个偏远地区。

有一天傍晚,卡尔正准备回营帐,突然一枚炮弹在距离他前方9米的地方轰然爆炸,他的战友在前方高呼:“卡尔,我受伤了。”卡尔立即奔向前去,发现战友浑身是血。此时此刻炮火更为密集,敌人正在开展一场猛烈的地面攻击。

卡尔跑回营帐,抓起无线电话卧倒在地。他在若干年后的诉说中提到:“当时我卧倒在地,有那么一瞬间完全不知所措。在我过去二十几年的人生中,从未有什么事情威胁到我的生命,而这一次的攻击却是要置我们于死地。但是我知道,越危险的情况越需要保持冷静……”

卡尔在冷静下来之后,开始有条不紊地处理:他呼叫炮兵营进行火力支援,命令下属士兵进行反击,通知医护人员立即撤出受伤人员……正是他的这种冷静,才使得一系列行动有序开展,防止了更惨重的结果。

西点军校给所有学员设置了高难度的训练课程,其中很多课程不仅仅是在锻炼学员的体能,也是在培养学员在各种情况下保持理智和冷静的头脑。

比如在拳击和摔跤等方面的训练中,对方的拳头和招式眼看就要过来时,作为新手,难免会心慌,甚至连最基本的躲闪或是已经学会的防守招数都会忘记。

可是,在经过了严格的训练之后,情况就会有所不同,无论面对多么强大的对手,都会保持理智,寻找突破的机会。

面临危机和困难时,我们最需要也必须首先做到的便是沉着和冷静。一个临危不惧、镇定自若的人才能在危难面前不乱阵脚,充分运用他的理性在最短的时间内集中力量想出解决问题的最佳方案。而另一方面,沉着和冷静还能起到稳定人心的作用,让所有的人都能安心地共渡难关。

从小,我们就常听人说“做事要三思而后行”,意思是在做事前要经过多次考虑,然后再行动。虽然这个哲理在我们的脑海里早已经根深蒂固,但现在能够真正去遵照执行的人却屈指可数。

当然,倡导“三思而后行”,并不是要求我们都谨小慎微,更不是让大家遇事优柔寡断拿不

定主意，而是劝告大家遇事多动一动脑子、周密考虑，特别是在一些关键时刻、关键问题上，不要人云亦云、信口开河，不要心血来潮、随心所欲，而应该多问几个为什么。

凡事皆宜谋而后断

用兵作战，为了取得最佳战绩，都主张谋而后战。在经济领域，竞争越激烈，“谋而后战”的谋略越显得重要。在这种竞争中，只有那些重视经营谋略的企业，才会发挥自己的优势，取得最佳经济效益。

成熟持重，对于一般人来说，常常是一种不可多得的长处和美德。对于一个企业领导人来说，持重作为一种基本素质，则必须具备。

凡作出企业重大决策之前，领导人一定要谨慎稳重。有成功的可行性方案就开始执行，没有可行的成功把握就停止行动。在意外事件发生后，既不要轻易下令停止生产，也不要妄动继续生产。如果厂长经理都能做到这些，企业就不易陷入困境而不能自拔。

1985年6月雷雨大风中，吉林铁合金厂三分厂——这个担负着全厂重大生产任务的分厂，突然发出异样的声响。无疑，这是厂房断裂的信号！危房，应立即停止生产！冶金部、省政府授权给厂长徐世彬：无需报告，可随时停止生产。

下令停止生产，没责任，没风险，个人的权和利不受一点影响，可是工厂就不一样了。这个负担着全厂一半以上产值和利润的分厂一停，工厂就犹如失去了半壁江山，不要说腾飞、竞争，就是活动一下都会有困难。

不停产。难道冒险蛮干？不行！那是愚蠢和犯罪。那么能不能对厂房边加固边生产，赢得时间、资金，易地再建三分厂呢？徐世彬在思忖。他从北京请来钢铁设计院的专家，对三分厂的每一根房梁，每一根立柱进行全面检测、计算，在风险的漩涡中，找出了边加固边生产的可行方案，做出了边加固边生产的决策。

三分厂的生产在厂房的加固中艰难地进行着，为企业赢得了时间、产值、利润。

当三分厂易地重建工程竣工投产的时候，回顾三分厂边加固边生产的困难日子，徐世彬带领全厂职工在风险中搏击，给铁合金厂带来了历史性的飞跃。1987年全厂实现一系列突破：产量突破20万吨；利税突破一个亿；产品质量在全优的基础上，九种产品的企业标准被国家正式认定为国际先进标准；首批跨入国家二级企业的行列。

“须务持重。见利则动，不见利则止，慎不可举也。若此，则必不陷于死地。”这是古代兵法所揭示的一条非常重要的作战指导思想。

企业管理、用兵打仗以及为人处世的时候，“持重”不单纯意味着谨慎而缓慢，对“持重”的准确理解应该是，认真细致地分析实际，不仅要掌握切实可行的依据，更重要的是要找到切实可行的方案。

无锡农民企业家许福民，喜好《孙子兵法》，对《孙子兵法》中的谋略艺术极为佩服，在经营中他坚持未战先谋，谋而后战的原则，取得了一连串的胜利。许福民在开办河埒养殖场时，他运用生物链良性循环的道理，办了奶牛场，养鸭厂。牛粪、鸭粪流入鱼塘，为浮游生物提供滋生的条件，浮游生物正是鱼类理想的饵料。他养鱼采用立体式，水的上层养青鱼，中下层养鲫鱼，充分利用了水资源，比单一鱼种产量高出两倍多。联合国粮农组织专家来这里考察，认为这是亚太地区的最佳模式。许福民养鸭子也与众不同，一只鸭仅值几元钱，养产蛋鸭每只可收入30元，再把鸭蛋加工成皮蛋，一只蛋鸭又增收几十元钱。出售鸭子价格便宜，许福民想到北京的烤鸭很赚钱，他和同事们商量办了烤鸭店。北京的烤鸭以肥著称，河埒养殖场的英国“樱桃谷”良种鸭，正符合人们爱吃瘦肉的需要。于是，他们就到无锡闹市区办了“无锡烤鸭馆”，开张之后，三十几座经常座无虚席，开业10个月，营业额高达400万元。烤鸭平均每只25元，比活鸭高出几倍。鸭子的内脏还能远销国外，换取外汇。

为了适应国内外贸易的发展，我国许多地区先后掀起了许多种“热”，诸如兔毛热、羊皮热、地龙热、葡萄热——有的大获其利，有的深受其害。问题的关键是经营领导者要冷静地思考，不要被人家牵着鼻子走，更不要轻易将底牌全部亮开。要善于预测未来动向。当某种产品走俏时，买方可能会给你一个好价格，引诱你扩大投资，一旦他们摸清了你的底牌，就会改换面孔，拼命压价。有一个时期，我国出口草药颇受国外欢迎，于是人们盲目采摘、加工，产量一时剧增。在对外出口中，国内同行竞相降价，不仅减少了外汇收入，而且破坏了宝贵的中草药资源，也影响了中草药的声誉。与此相反，我国进口某种化工产品时，外商自以为奇货可居，待价而沽，大敲竹杠。我国转而自己生产，并且登报宣传，这样外商也只好看风使舵，低价出售。

商品经济条件下的“谋”，其内容是深刻而广泛的，谁想在竞争中取胜，谁就应当多谋善断，未战先谋。

克制冲动，理智的头脑才有金点子

“二战”中，毕业于西点军校的布莱德利不但善于指挥作战，而且善于管理部队。他对士兵关心体贴，也要求下属军官这样做。他反对军官对士兵简单粗暴，更不准他们虐待和体罚士兵。在西西里岛登陆战役结束时，他曾毫不讲情面地撤掉了他属下的美军第1师师长艾伦和副师长罗斯福的职务。这两个人都是美国陆军参谋长马歇尔所赏识的人才，其中罗斯福副师长又是美国总统罗斯福的儿子。其原因是他们的部下在其他部队面前，尤其是在后方部队面前，耀武扬威，蛮横无理，公开蔑视士兵，挑起事端；他们自己目无纪律，擅自行动，导致部队伤亡惨重。

布莱德利总是千方百计地减少士兵的伤亡。为此，他主张应充分利用装甲兵、炮兵和空军。布莱德利是一位战略和战术家，和同时代的那些美军名将相比，他更内敛随和，他作为一位指挥千军万马的高级统帅，却被人称为“士兵将军”，得到部下的普遍尊敬和爱戴。

因而他能够在西西里战役中攻克609高地，在“霸王”行动中，着手进行计划的细化、改进工作和部队的演练工作，他还实施了“蟒蛇”计划，他参与了诺曼底登陆计划，因而他为“二战”的胜利，作出了很大的贡献。

直到“二战”结束，他都是艾森豪威尔极其重要的人物，艾森豪威尔评价他：永远冷静、朴素的专家，总能提出合理的建议。艾森豪威尔把他看作是“我们军队的战术专家”，在战争结束时，他曾预言布莱德利最终会被人们公认为“美国最重要的战役指挥官”。

西点军校为了培养最合格的军官,发展了一套完备的军官品德和人格训练的规范,称之为“军校领袖发展系统”,其中包括克制冲动这一条。

控制自我情绪是一种重要的能力,也是一种难能可贵的艺术。一个不懂得控制自我的人,只会任由其情绪的发展,使自己有如一头失控的野兽,一旦不小心闯到熙熙攘攘的人群中,则会伤人伤己。人是群居的动物,不可能总是一个人独处,因此,一旦情绪失控,必将波及他人。控制自我是一个人必须具备的能力。传说有一个“仇恨袋”,谁越对它施力,它就胀得越大,以致最后堵死我们生存的空间。因此,当我们遇到令人生气的事情,不必再将怒火重新点燃,实际上这也于事无补。你打我一拳,我必定想方设法还你两脚,即使是好汉不吃眼前亏,也必当日后补上——大多数人都会这样想。这样做只能使对抗升级而无助于解决问题,更不论是谁对谁错了。

一个成功的人必定是有良好控制能力的人,控制自我不是说不发泄情绪,也不是不发脾气,过度压抑会适得其反。良好的控制自我能力就是不要凡事都情绪化,任由情绪发展,而是要适度控制,这是一种能力的体现。

控制好情绪才能成大事。人们只有用理性来平衡自己的情绪,接受理性的指引,先“谋定而后动”,管住自己的言行和举止,而后才能引导所有积蓄的力量流入成功的海洋。相反,如果一个人缺乏自制的能力,总是让自己的情绪主导着一切,口无遮拦、行无规矩、随心所欲、没有规划、也没有目标。那样的话,要么他所有的努力如同脱缰野马,根本控制不了,也达不到既定的目标;要么他的行为与环境格格不入,最终也达不到成功的彼岸。

有效地控制情绪能使你的人生之路变得平坦,还能为你开辟出许多新道路。如果你没有自我控制的能力,就会缺乏忍耐精神,既不能管理自己,也不能驾驭别人。

在某国的特种部队,流传着这样一个故事:一个间谍被敌军捉住以后,他立刻装聋作哑,任凭对方用怎样的方法诱惑、威胁他,他都绝不为诱骗、威胁的话所动。最后,审问的人故意和气地对他说:“好吧,看起来我从你这里问不出任何东西,你可以走了。”这个间谍会怎样做呢?他会立刻带着微笑,转身走开吗?不会的!要是他真是这样做,那就说明他的自制力是不够的,因为只要他一跨步,就意味着已经暴露了他的身份,死亡的危险马上就会降临。这个间谍听了审问者的话依然毫无动静,仿佛审问还在进行,审问者相信他确实是个残废人,说:“这个人如果不是聋哑的残废者,那一定是个疯子了!放他出去吧!”本来,审问者是想以释放他,在他自由的地方来观察他的聋哑是否是真实的。就这样,这名有经验的间谍,以他特有的自制力,使自己免遭一劫。

如果你想为人生的画卷描绘美丽的图案,则有必要学会在大小事上进行自我控制。你必须学会容忍和控制,感情必须服从于理性判断。你必须尽量避免坏的心情、坏的毛病等。这样,成功的钥匙才有可能掌握在你自己手中。

情绪化将扼杀你的幸福。一时的情绪化,常常是你自身幸福的杀手。众所周知,《红楼梦》中的林妹妹就是个极端情绪化的人。她多愁善感的个性使得她忽喜忽悲,一会儿涕泪纵横,一会儿又满腹欢喜,这让她原来就柔弱的身体更加憔悴。身体的不适也会令她伤春悲秋,如此循环往复竟造成了最终的悲剧。也许就是因其过分情绪化的表现掐断了她通往幸福的道路,因为王夫人等是不会让一个情绪多变的人来接掌贾府的,他们必然是选择性情老成持重的薛宝钗。林妹妹的多愁善感甚至掩盖了她技压群芳的才华,她不是输给了宝钗,而是输给了自己的情绪化。反之,一个会控制自己情绪的人即使面对困境,也依然会获得幸福。

过度的情绪化除了带给人不快乐的情绪,更多的则是与成功无缘情绪化会让你周围的人认为你喜怒无常,不敢委以重任或信赖你,因为你显得不够成熟情绪化还会让你丧失判断力,冲动之下说出错话,做出错误的决定总之,如果你想获得生活的幸福与美满,或者事业的成功与辉煌,那么你就要避免情绪化。

具备抗拒诱惑的能力

14 世纪,有个名叫罗纳德三世的贵族,是祖传封地的正统公爵,他弟弟反对他,把他推翻了。弟弟需要摆脱这位公爵,但又不想杀死他,便想了个办法。

把罗纳德三世关进牢房后,弟弟命人把牢房的门改得比以前窄了一些。罗纳德三世身高体胖,胖得出不了牢门。弟弟许诺,只要罗纳德能减肥并自己走出牢门,不仅能获得自由,连爵位也能恢复。可惜罗纳德不是那种有自制力的人,他无法抵挡弟弟每天派人送来的美食的诱惑,结果不但没有减肥,反而更胖了。结果也就可想而知,罗纳德一生都没有走出那个牢房。

一个抵御不住外界诱惑的人,就像被关在铁栅栏中的囚犯,永远都走不出那狭隘的牢笼,也就不可能在更为广阔的天地之中成就什么大事。

任何一个优秀的人都明白:如果没有自制力,如果抵御不住诱惑,就永远不可能成功。优秀的人勇于接受精神上和肉体上的磨炼;他们愿意接受超出自己想象的任务并全身心投入其中完成它;他们经常让大脑保持活跃,考虑一些有挑战性的问题,不断地思索需要认真对待的事情以期训练自己的自制力。

1981 年春,当时身为副总统的布什正在一次飞往外地例行公务旅行的飞机"空军 2 号"上。突然布什接到国务卿黑格从华盛顿打来的电话:"出事了,请你尽快返回华盛顿。"几分钟后的一封密电中,布什被告知总统里根已中弹,正在华盛顿大学医院的手术室里接受紧急抢救,飞机调头飞向首都华盛顿。

飞机在安德鲁斯着陆前 45 分钟,布什的空军副官约翰·马西尼中校来到前舱为结束整个行程作准备。飞机缓缓下滑时,马西尼突然想出了个主意,他说:"如果按常规在安德鲁斯降落后,再换乘海军陆战队一架直升机,飞抵副总统住所附近的停机坪着陆,再驾车驶往白宫,要浪费许多宝贵时间。不如直接飞往白宫。"

布什考虑了一下,决定放弃这个紧急到达的计划,仍按常规行事。

"我们到达时,市区交通正处高峰时期,"马西尼提醒道,"街道上的交通很拥挤,坐车到白宫要多花 10 ~ 15 分钟的时间。"

"也许是这样,但是我们必须这样做。"布什说。看到马西尼中校显得疑惑不解,布什解释道:"约翰中校,只有总统才能在南草坪上着陆。"

马西尼点点头,"是的,先生。"

西点著名学子、美国第 18 任总统格兰特曾说:"非常情况下能否坚持原则,常常是判断一个人道德水准的重要依据。"

上述小故事中,布什就坚持着这样一条原则:美国只能有一个总统,副总统不是总统。布什认为:总统与副总统之间建立在相互信任基础上的相互尊重,是成就一个成功的副总统的最重要的条件。

而这种自制力也决定了人们在关键时候的所作所为。传记作家兼教育家托马斯·赫克斯利说:“教育最有价值的成果,就是培养了自制力,不管是否喜欢,只要需要就去做。”

人的一生,必须干一些自己不想干的事,放弃一些自己深深迷恋的东西,这些都需要自制力;人的一生,还会有无数失败和挫折,有勇气战胜它们,才可能获得成功。

激情有分寸,思考要理性

不要轻易地喜欢和憎恨一个人。感情用事正是犯愚蠢错误的开始,只有理性思考的人才是真正明智的人。

《塔木德》中有这样一句话:“思考时请感情离开,因为你需要的是理智。”

一个犹太孩子和他的姐姐争夺玩具,他的姐姐不给他,他于是哭了。他旁边的父母这样笑话他:“笑是风力,哭是水力。”这句话是什么意思呢?是说笑就像风刮过去一样消失了,而哭就像水流过去一样没有了痕迹。那为什么他的父母不过去安慰他,而是笑话他呢?因为在他的父母看来,小孩的哭泣是他自己一种不愉快的感情的宣泄。而感情的宣泄对小孩有什么好处呢?小孩子任意地宣泄自己的感情,只是他不肯动脑筋想办法的一种没有能力的表现而已。犹太人是很不喜欢这样单纯的感情需求的,他们需要的是事情的圆满解决,而这只能依靠他动脑筋、想办法。

那么笑呢,也是一样的。没有根据的笑,和不解决问题的哭都是一种短暂的感情宣泄,都是没有多大意义的。犹太人始终认为,在任何时候运用理性的思考,想办法去解决摆在面前的问题,才是真正有用的。而遇到问题就感情用事,开始发怒、生气,这是一件很没有意义、让人觉得可笑的事情。

用理性看待这个世界,绝不能盲目,这是犹太人的思维方式。他们认为,在这个世界上。充斥着无知的偏激、盲目的躁动和人们的愚昧,而理性摒弃了我们的愚昧和偏见,人应该用理性去恢复这个世界的本来面目。

在他们看来,生活中有许多事情,是我们自己的盲目和冲动造成的。我们任意使用自己的感情才造成对世界的惶恐、惧怕。没有比对自己和别人说谎话更加有害的了。犹太人为我们列举了生活中我们由于感情的冲动而造成的偏见,诸如“我一点儿都不像自己的母亲”、“我忙得实在没有时间锻炼”、“我根本不需要治疗”、“我不想结婚”。再如,大家讨厌“恶”的行为,但犹太人却说:“恶的冲动有善吗?有。如果没有恶的冲动,相信就不会有人盖房子、娶太太、生孩子,或者拼命地赚钱了。”

“没有根据的憎恨是最大的罪恶。”犹太人这样理智地告诉人们不要轻易地喜欢和憎恨一个人。

这是一个充满机遇和诱惑的时代。比如在投资市场,有些人充满激情,敢于冒险,从而最终把握了投资市场的机会,获得了巨大的成功。其实,神话和现实往往只在一念之间,纵观那些成功案例的背后,我们可以发现他们都有一个共同的特质,那就是富于激情、敢于冒险,在与风险的搏击中获得了成功。有人说,没有冒险就没有成功者,这句话虽然说得有些绝对,但冒险在某种程度上意味着成功的开始,但这并不意味着追求成功只需要激情而不需要理智。一个真正成功的人,必当是两者兼备的。

西点军人的特质是:在开始做事之前,总是充分信任自己的能力,深信所从事的事业必能成功。这样,在做事时他们就能付出全部的精力,破除一切艰难险阻,直到胜利。然而,西点军人也并不是鲁莽行事,为了冒险而冒险。在决定做某件事情前,他们一定会挖掘足够的信息,然后才能够准确预测出“有所作为的风险”和“无所作为的风险”,这样的冒险才是智慧的选择,才能使自己立于不败之地!

克劳塞维茨说:“只有通过智力的这样一种活动,即认识到冒险的必要而决心去冒险,才能产生果断。”犹太人被公认是非常精明并且敢于冒险,正是兼备了这两种品质,他们才能解决遇到的危机。有一个故事颇能说明这个问题。

> 约瑟夫在1835年投资了一家小型保险公司。但是在他投资不久,纽约就发生了一场特大火灾事故。很多同行心慌手乱,认为自己这次赔大了,纷纷低价转让自己的股份。这时约瑟夫剑走偏锋,出人意料地买下了这所公司全部股东的股份。这真是一场大的赌博。然而在处理完理赔后,他的公司的信誉突然增加了。虽然约瑟夫把保险金提高了一倍,但很多新的客户却很放心地在他这儿投保,约瑟夫由此也发了大财。

在有的人看来,约瑟夫的做法是冒险的。但约瑟夫并不是有勇无谋,他就是掌握了人们对保险这一行业的消费心理,只有自信,才能让他人相信自己。约瑟夫很好地处理了赔偿正是向人们证明了他的公司的信誉。

每一次风险都隐藏着许多成功的机会,只有敢于冒险的人,才会赢得财富。

20世纪50年代,欧美兴起塑料花热,李嘉诚迅速投资生产塑料花;60年代后期,香港经济起飞,地价开始跃升,他迅速投资购买大量土地;70年代后期,香港股市炒得很热,他果断迅速投资入市。

了解李嘉诚的人都知道,在这一次次的投资中,每一次都伴随着风险,但李嘉诚却最终获得了成功。这其中的原因之一就是李嘉诚能及时把握政策,看清时势,果断投资。洛克说过“一个理性的动物,就应该有充分的果断和勇气,凡是自己应做的事,不应因里面有危险就退缩”。

如果我们细细揣摩一下这些成功者的经历,他们看上去都很冒险,似乎有些不可思议,但其实这些都是表面现象。就拿投资而言,其实在这些成功案例的背后,有着他们理性分析后所发现的投资潜在的巨大价值,而正是潜在的巨大价值才使得他们敢于在看似危险的时候果断进入。在这里,我们恰恰看到的是一种敢作敢为的精神。有专家认为,现代社会充满竞争,而要想在竞争中脱颖而出,风险意识是必须具备的一种现代意识。只有敢于冒风险,又能冷静下来理性思考,才能开拓崭新的事业,创造出一番新天地,获取巨大的财富。

在追求成功的过程中,只有充满激情、敢于冒险,并用理性指导自己的行动,学好更多的专业知识,做好更为周全的规划,这样才能在风云变幻的当今社会中取得成功。

这一启示更验证了《孙子兵法》里的一句名言“知己知彼,百战不殆”,要真正做到成功细中取,知己知彼才能把握机会。

1. 知己

虽然说富贵险中求,但每个人的风险承受能力都是不一样的,所以冒险也要因人而异。比如对于事业处在起步阶段的人们,风险承受能力大一些,可以从事一些“高风险”的冒险活动。而对于那些经历过失败的人们来说,情况就不一样了,需要三思而后行。

2. 知彼

除了需要把握自身情况以外，尽量让自己的努力与社会和市场接轨。另外，还需要给自己留条后路，能够保证最基本的生存条件，这样才能有“东山再起”的机会。

保持清醒与理智，让每一步走得更稳

科学家蒲柏曾说：“我们航行在生活的海洋上，理智是罗盘，情感是大风。”

当你的理智被情感打败，你就很可能会做出一些愚蠢的事情来：

当你和别人争吵时，你愤怒地举起了拳头；当你发现有人在背后说了你的坏话，你气急败坏地跳出来要别人还你清白；当你在发表某项言论时，有人公开表示了不满与轻视，你暴跳如雷地跟别人争辩……

可是，你这样做的结果如何呢？除了会让你心情更糟糕，与别人的关系更恶化之外，收获不了任何有益的东西。为何会这样呢？

因为在失去理智的时候，人们的判断力、理解力和自制力都会急剧下降，从而失去解决问题和冲突的最佳时机。

所以，学会保持理智吧！当你失去理智之前，先想想后果会是什么。如果你知道此时失去理智对你百害而无一利，那么请不要图一时之快，也不要逞一时口舌之利。你最好能约束自己的情绪，让自己尽快冷静下来。如果你不想被愤怒牵着鼻子走，如果你不想让自己的情绪影响了自己的判断，那么，开始培养你的理智吧！控制情绪，保持理智，是一种高度凝练的智慧，当你能够懂得这种智慧，你也将在成功的道路上走得更为稳妥。

生活中，我们会发现这样一个现象：交通事故的肇事司机不都是新手，而是技术熟练者；工作上出现纰漏的人也绝非都是经验尚浅的人，而是那些自恃资深的老手。这说明了这样一个道理：人们在成绩面前容易自我膨胀，飘飘然，以为自己很了不起，放松了要求，结果祸由骄傲生！的确，任何时候，如果有了一点成绩就无法保持思想上的清醒，骄傲自满，就会导致工作上的失败，导致事故的发生。

西点军校素有“美国将军的摇篮”之称。许多美军名将如格兰特、罗伯特·李、艾森豪威尔、巴顿、麦克阿瑟、布莱德利等均是该校的毕业生。西点之所以培养出如此众多的将军，与其严厉的惩罚制度是分不开的，也正是这一点让西点的每个学员都保持着清醒的头脑。

强化责任最直接的方式是强化纪律观念，通过提高对纪律的认识、理解和遵守执行，加深对责任的领悟和明确。西点纪律的严格人所共知，而且处罚甚多。正如学员们必须遵守的规章制度没完没了一样，发布处分的特别命令也是没完没了。警钟长鸣，红灯频闪，每个学员都在紧张的气氛中完成学业。如若不然，想挑战规章的权威，结果便十分不妙。

从一般意义上说，西点的做法未免苛刻，未免不近人情，未免不可理喻，但西点是“金字招牌”，容不得一点污迹。每个西点人都必须以发扬光大西点为己任，如果在军校学习期间不能固守这种观念，走向军事生活后就缺乏坚定的理性基础，就难成为对部属、对军队，乃至对国家负责的军人。

有一个国王，他统治着富足而强盛的王国，生活非常快乐。但是有一天他觉得很惶恐，于是召集王宫中的智者说：“我很想找到一个钟，用来使我安定。当我不快乐时看它，它会使我快乐，在我快乐时看它，它会使我忧愁。”智者绞尽脑汁终于设计出一个钟，上面刻着一句话:“这,也将成为过去。”

这则寓言故事告诉我们:世上的事,无论快乐还是忧伤,都将成为过去!明白了其中的道理,就能够控制好自己的情绪,能够将快乐和忧伤两种完全不同的情绪在心中自由转换,始终保持理智清醒的状态。

保持理智与清醒,才能做到成绩面前不骄躁;保持理智与清醒,才能做到挫折面前不气馁。对待挫折,一般有两种截然不同的态度。一种是破罐子破摔,一种是总结教训不再犯同样的错误。我们要的是第二种态度。工作中难免会发生一些失误,甚至发生事故。如果在发生问题后一蹶不振,一味自怨自艾,或把问题的责任全归结为他人和客观因素,那么就不可能吸取教训,就不可能从失败的阴影中走出来,最终只会继续犯同样的错误。因此,要保持理智与清醒,正确看待问题,正确分析发生问题的原因,尤其是要主动地、积极地检讨反省自己的过失,进而改正错误,使自己的工作重新回到正常的轨道上来。

取得了成绩也好,出现失误也罢,这都会成为过去。我们要从那句铭刻在钟上的话中获得启示,对已经发生的事情保持理智与清醒。成绩面前不盲目自大,事故面前不怨天尤人,始终保持良好的心态做好正在做的事。

一个人的意念可以控制调节一个人的心理状态。自制力在很大程度上就表现为对意念的控制,其中就包括保持清醒的头脑与理智。

对此,需要掌握两种训练方法。

1. 自我暗示

积极的自我暗示的作用在于使自己获得信心,进而提高自制力。但是,消极的自我暗示却正好相反。在你从事紧张活动之前,使自己进入安静舒适、松弛的状态,然后反复默念一些能够建立信心、给人力量的话,这样做是会有作用的。

2. 自我激励

无论干什么,都需要靠自觉。自觉往往指的是自己获得一种动力去积极行动。怎样才能获得一种动力去积极行动呢?这就要学会自我激励。自我激励即给自己提出任务、自己奖励自己、自己命令自己、自己做自己的司令员。自我激励的方式有以下四种。

(1)制订切实可行的计划。安排好必须做好与可做可不做的事情,然后给自己作出奖惩规定。

(2)写出座右铭,时时勉励自己。

(3)常写日记,在日记中进行自我监督与自我鼓励。

(4)口头命令。每当遇到困境、身临危急之时,要学会自己指挥自己。给自己下达口头命令可以获得精神力量,不妨训练一下,定会有益。

不以主观情绪投资风险管理

真正成功的商人很少以主观的情绪投资风险管理。即使在投机生意中,他们也十分讲究稳妥可靠。

从经商角度而言,投资不是在做生意而是在管理风险。有时候,靠准确地“投资风险”很多人得以发迹。

犹太人哈默最大的一次成功是在利比亚被意大利占领期间。当时,墨索里尼为了寻找石油,在利比亚大概花了1000万美元,结果一无所获。埃索石油公司在花费几百万美元却收效不大之后,正准备撤退,却在最后一口井里打出油来。壳牌石油公司大约花了5000万美元,但打出来的井都没有商业价值。西方石油公司到达利比亚的时候,正值利比亚政府准备进行第二轮出让租借地的谈判,出租地区大部分是原先一些大公司放弃了的利比亚租借地。根据利比亚法律,石油公司应尽快开发他们的租借地。如开采不到石油,就必须把一部分租借地还给利比亚政府。第二轮谈判中就包括若干孔干井的土地,但也有许多块与产油区相邻的沙漠地,来自9个国家的四十多家公司参加了这次投标。

哈默虽充满信心,但他也知道前途未卜。尽管他和利比亚国王私人关系良好,但他在这方面经验不足,同那些石油巨头们竞争实力悬殊太大。

哈默的西方石油公司的董事们坐飞机都赶来了,他们在4块租借地投了标。哈默的投标方式不同一般,投标书用羊皮证件的形式,卷成一卷后,用代表利比亚国旗颜色的红、绿、黑三色缎带扎束。在投标书的正文中,哈默加了一条:愿意从尚未扣税的毛利中拿出5%供利比亚发展农业用。此外,还允诺在国王和王后的诞生地库夫拉附近的沙漠绿洲中寻找水源。另外。他们还将进行一项可行性研究。一旦在利比亚开采出水源,他们将同利比亚政府联合兴建一座制氨厂。

最后,哈默终于得到两块租借地。这使那些强大的对手大吃一惊。这两块租借地都是其他公司耗巨资后一无所获放弃的。这两块租借地不久就成了哈默烦恼的源泉。他们钻出头三口井都是滴油不见的干井,仅打井费一项就花了近300万元。另外,还有200万元用于地震探测和给利比亚政府的官员贿赂金。于是,董事会里许多人开始把这雄心勃勃的计划叫做“哈默的蠢事”,甚至连哈默的知己、公司的第二大股东里德也对此失去了信心。

但是,哈默的直觉促使他固执己见。在创业者和股东之间产生意见分歧的几周后,第一口油井出油了,此后,另外八口油井也出油了,而且是异乎寻常的高级原油。更重要的是,油田位于苏伊士运河以西,运输非常方便。与此同时。哈默在另一块租借地上,还钻出一口日产703万桶自动喷油的珊瑚油藏井。这是利比亚最大的一口井。接着,哈默又投资1.5亿元修建了一条日输油量100万桶的输油管道。当时,西方石油公司的净资产只有4800万元,足见哈默的胆识与魄力。之后,哈默又大胆地吞并了好几家大公司。这样一来,西方石油公司一跃而成为世界石油行业的第八个姊妹。

哈默顶住重重压力,最后以自己准确的判断,大获成功。

在英文中,“投机”和“考察”是同义词,哈默的投机买卖可说是对该词的最好诠释。犹太人的考察,并不只看商品的流通情形,还要视该买卖的商品在转卖或交换之后的状况,以及当事人对于该项交易的最后满意程度。最后决定的投机买卖,一定是根据周详和缜密的思索之后所做出的商业行为。

“理性”的勇气更胜一筹

巴顿被人称为“铁血将军”,在电影里端着机枪打飞机,显得十分鲁莽。其实他的勇敢之中虽有“血气”成分，但一点也不乏智慧的内涵。他不仅在西点时学习成绩不错，还留学过法国，主办过坦克学校，当过旅长、师长、军长、集团军司令官，他的学历、阅历、资历，是他“血气”的基础。中国人说“艺高人胆大”，巴顿是真正学过“艺”的，他的勇敢是在“艺”的基础上或者是在“艺”与“血气”结合起来后形成的勇敢。

任何职业都不会一帆风顺，都有艰难，但任何职业都没有军事领导者面临的困难艰险多。军事斗争看上去打打杀杀，实际比任何职业承受的心理负荷都大，付出的心理能量都多。特别是随着现代科学技术广泛应用于军事领域后，现代战争的复杂性与日俱增，对指挥官的要求越来越高。军官是军队的领导者，他的勇敢不是单纯的个人行为，而是一个整体效应，是带有责任的勇敢。克劳塞维茨在《战争论》中指出，军官的职位越高，就越需要深思熟虑的智力来指导胆量，使胆量具有内在的动力，在追求目标的时候不至于冒很大的风险。因为军官的职位越高，涉及个人牺牲的问题就越少，涉及他人和全体安危的问题就越多。在高级军官的活动中，智力、意志力和认识能力起主导作用。这种有卓越智力指导的胆量是英雄的标志，智力和认识能力受到胆量的鼓舞越大，它们的作用也就越大，眼界也就越开阔，结论也就越正确。

没有胆量就根本谈不上成为杰出的军官。西点是深知个中深味的。他们通过一系列军事训练、体育活动，包括惊险的“生存滑降”等，不断激发学员的内在勇敢，使他们能够在战争需要的紧急关头，无所畏惧地冲上去。同时，在文化教育过程中，西点重视智力开发、思维训练，不断提高学员认识问题的层次，使他们在有胆中有识。

勇气很重要，但是理性的勇气更胜一筹，所以要把谋略当成勇气的朋友。

唐海北，曾任冰箱股份公司二分厂厂长助理，1995 年 5 月他被推到了这样一个严峻的现实面前：二厂正在进行无氟生产线的改造，德国专家已为此工作了一段时间，在调试全线的时候，突然提出了停产两周的要求。

“停产两周?”对于产品在市场上供不应求的冰箱股份公司来说，这几乎是不可能的。公司提出的时间表是“顶多 3 天”。“3 天?”德国专家直摇头，认为根本不现实。

在这关键时刻，既与无氟线改造有关，又与产量有关的重要设备——箱体发泡线成了重中之重。唐海北分管二厂设备，自然成了主要矛盾中的主要人物。于是，在 6 月 5 日凌晨，他被一阵急促的传呼声呼到了生产现场。

箱体发泡设备的核心问题是进口径向注塞泵老化了。在场的德国专家贝克说：“这种泵，在我们那儿从不打开，我也不会修，早该换新的了!”进口新的电机，这可以做到，但是等不起。怎么办? 唐海北等一时陷入沉思。

时间分分秒秒地流逝，唐海北的脑子飞快地转着，他不断地提出新方案，随即又不断地否定自己——他就这样来来回回地在生产线上走着。平日练就的对自动化设备性能烂熟于心的功夫，使他灵感顿生，突然一个大胆的设想出现在脑海里：“何不来个调包，将门体发泡的电机挪到箱体线上?”他赶紧将这个想法和同伴们说了，大家一致认为可行，于是在二分厂厂长马坚的办公桌上，唐海北提出了他们连夜想出的改造设备的两套方案。

方案是设计出来了，但还需决策层的认可。时间紧急，马坚又叫来设备处处长助理曲志龙，3 人又合计论证了一番，认为确实可行，于当晚 12 点汇报给副总经理柴永森。柴听了汇报，提出了几个需要注意的问题后，当即决定按唐海北的方案实施。

一个重大的设备改造方案就这么迅速而慎重地决定了。

方案通过了，从哪儿先入手? 一番冥思苦想之后，唐海北他们决定先弄清箱体和门体径向注塞泵的油流量。为了保证准确无误，他们在生产线前就地搭起了试验台，不厌其烦地进行测试，一遍一遍地用磅秤测流量，一次次地校对油的黏度，胳膊酸了，腿麻了——几个小时过去了，终于证实了门体电机的性能指标与箱体线的要求相近。大家满心喜悦地将门体的电机挪到了箱体上，生产线重新运作起来了。

但是事先考虑到可能出现的问题终于显露：换到箱体生产线上的注塞泵虽然运行正常，但仍不理想，生产能力只达到设计目标的一半。唐海北立即执行预备方案，果断地决定再挂一个国产泵“接力”。他们风风火火地购回了国产泵。还是老办法——

一秒一秒地测算……

一桶一桶地称油……

一次一次地变换压力……

每一个参数动一次，就需变动6种方案，唐海北和同伴们衣服湿了，汗水顺着脸颊滴到设备上……经过8小时的调整，终于将国产泵的状态调到了最佳位置。试车时，生产线运行正常，生产能力达标，比进口原装设备高出一倍。大家欣喜异常！就在这时，劳累过度的唐海北一下栽倒在发泡线上。

相处数日的德国专家，目睹此情此景，不禁一扫往日脸上的阴霾，竖起拇指，连连感慨：“不可思议，真了不起！”

有勇无谋是匹夫，有勇有谋才是企业需要的猛将。那种既能决战疆场，又能运筹帷幄的员工是永远最受企业欢迎的，是永远不会失业的。人们常说：一件事情需要三分的苦干加七分的巧干才能完美。勇气加上谋略才是现代人的最佳生存之道。勇气是剑，谋略是术，懂剑术的人才能天下无敌。

今天，一提起奥运会，所有的城市都会感到兴奋。每届奥运会，都有许多城市争相申办。但是1984年的第23届奥运会让许多国家及城市望而生畏，不敢接办，因为以往举办奥运会都是“赔本赚吆喝”的生意，还有可能赔得一塌糊涂。1976年，加拿大蒙特利尔亏损了10亿美元，巨额债务差点让市政府破产，该市用了10多年时间才还清那笔债。1980年，莫斯科举办奥运会，苏联当局花费了90亿美元。巨大的成本和风险，使奥运会成了中看不中用的烫手山芋，各城市市长对奥运会敬而远之。

1978年，申办下一届奥运会的，只有美国的洛杉矶一家，自然就轻松取得了主办权。取得主办权后，洛杉矶一点也高兴不起来，反而愁眉苦脸。

尤伯罗斯在当时只能算是个普通的百万富翁，美国人爱冒险的天性让他把自己的企业卖掉，开始搞起奥运经济。

尤伯罗斯接手奥运组办工作之后，发现组委会竟连一家皮包公司都不如，没有秘书、没有电话、没有办公室，甚至连一个账号都没有。一切都得从零开始，尤伯罗斯决定破釜沉舟。他以1060万美元的价格将自己的旅游公司股份卖掉，开始招募雇佣人员，把奥运会商业化，进行市场运作。

第一步，开源节流。

尤伯罗斯认为，自1932年洛杉矶奥运会以来，规模大、虚浮、奢华和浪费成为时尚，他决定想尽一切办法节省不必要的开支。首先，他本人以身作则不领薪水，在这种精神感召下，有数万名工作人员甘当义工；其次，沿用洛杉矶现成的体育场；最后，把当地的三所大学宿舍做奥运村。仅后两项措施就节约了数以十亿计的美元。

第二步，举行声势浩大的“圣火传递”活动。

奥运圣火在希腊点燃后，在美国举行横贯美国本土的1.5万千米圣火接力跑。用捐款的办法，谁出钱谁就可以举着火炬跑上一程。全程圣火传递权以每千米3000美元出售，1.5万千米共售得4500万美元。尤伯罗斯实际上是在卖百年奥运的历史、荣誉等巨大的无形资产。

第三步，别具一格的融资、盈利模式。

尤伯罗斯创造了别具一格的融资和盈利模式，让奥运会为主办方带来了滚滚财源。尤伯罗斯出人意料地提出，赞助金额不得低于500万美元，而且不许在场地内包括其空中做商业广告。这些苛刻的条件反而刺激了赞助商的热情。一家公司急于加入赞助，甚至还没弄清所赞助的室内赛车比赛程序如何，就匆匆签字。尤伯罗斯最终从150家赞助商中选定30家。此举共筹到1.17亿美元。

最大的收益来自独家电视转播权转让。尤伯罗斯采取美国三大电视网竞投的方式，结果，美国广播公司以2.2ML美元夺得电视转播权。尤伯罗斯又首次打破奥运会广播电台免费转播比赛的惯例，以7000万美元把广播转播权卖给美国、欧洲及澳大利亚的广播公司。门票收入，通过强大的广告宣传和新闻炒作也取得了历史最高水平。

第四步，出售与本届奥运会相关的吉祥物和纪念品。

尤伯罗斯联合一些商家，发行了一些以本届奥运会吉祥物山姆鹰为主要标志的纪念品。

通过这4步卓有成效的市场运作，在短短的十几天内，第23届奥运会总支出5.1亿美元，盈利2.5亿美元，是原计划的10倍。尤伯罗斯本人也得到45万美元的红利。在闭幕式上，时任国际奥委会主席的萨马兰奇向尤伯罗斯颁发了一枚特别的金牌，报界称此为“本届奥运最大的一枚金牌”。

尤伯罗斯这一系列有勇有谋的行动，使得第23届奥运会在没有任何政府资助的情况下，创造了2.25亿美元的盈利，开创了奥运盈利的先河，把奥运会变成了人见人爱的摇钱树。

勇敢，但同时也需要谋略。有勇有谋地去做事，才能有更大的获胜可能。

法则九
自制

强化自制力，千万不要纵容自己

西点毕业生、美国陆军五星上将欧玛·纳尔逊·布莱德利说："一个能自制的思想是自由的思想，自由便是力量！有时，为了获得真正的自由，必须暂时尽力约束自己。"

自制是指一个人自觉地调节和控制自己行动的品质。自制力强的人，能够理智地对待周围发生的事情，有意识地控制自己的思想感情，约束自己的行为，成为驾驭现实的主人。

一个人的成功需要有坚强的自制力。一个人在集中精力完成某项特殊任务时，在自制力的作用下，能排除干扰，抑制不必要的活动。在自制力的调节下，能够选择正确的活动动机，调整行动目标和行动计划。

西点军校希望自己的学员都成为既随和又文雅高尚的人。这不是要求他们没有个性、没有自己的爱憎情感、不讲原则，而是希望他们能够控制自己的情绪，更加冷静、艺术、得体地处理生活中的各种矛盾。

自制力薄弱的人遇事不冷静，不能控制激情和冲动；处理问题不顾后果，任性、冒失，他们易被诱因干扰而动摇，或惊慌失措。可见，培养和锻炼自制力，克服自制力薄弱的弱点，对生活、对自己是多么的重要。

那么，我们怎么培养较强的自制力来控制不良情绪呢？要成为一个自制力强的人，需做到以下几点：

1. 自我分析，明确目标

一是对自己进行分析，找出自己在哪些活动中、何种环境中自制力差，然后拟出培养自制力的目标步骤，有针对性地培养自己的自制力；二是对自己的欲望进行剖析，扬善去恶，抑制自己的某些不正当欲望。

2. 提高动机水平

心理学研究表明，一个人的认识水平和动机水平，会影响一个人的自制力。一个成就动机强烈，人生目标远大的人，会自觉抵制各种诱惑，摆脱消极情绪的影响。无论考虑任何问题，他都着眼于事业的进取和长远的目标，从而获得一种控制自己的动力。

3. 从日常小事做起

人的自制力是从学习、生活和工作中的小事中培养、锻炼出来的。许多事情虽然微不足道，却影响一个人自制力的形成。如早上按时起床、严格遵守各种制度、按时完成学习计划等，都可锻炼自制力。

4. 绝不让步迁就

培养自制力，要有坚定和顽强的意志。不论什么东西和事情，只要意识到它不对或不好，就要坚决克制，绝不让步和迁就。另外，对已经做出的决定，要坚定不移地付诸实践，绝不轻易改变和放弃。如果执行决定时半途而废，就会严重削弱自己的自制力。

5. 经常进行自警

如忍不住想看电视时，马上警告自己现在是学习时间；遇到困难想退缩时，不妨警告自己别懦弱。这样唤起自尊，战胜怯懦，成功地控制自己。

6. 进行自我暗示和激励

自制力在很大程度上表现在自我暗示和激励等意念控制上。意念控制的方法有：在从事紧张的活动之前，反复默念一些建立信心、给人力量的话，或随身携带座右铭，时时提醒激励自己；在面临困境或身临危险时，利用口头语言，如“要沉着、冷静”，以影响自身的心理活动，获得精神力量。

7. 进行松弛训练

研究表明，失去自我控制或自制力弱，往往是在紧张状态中。若此时进行些放松活动，则可以提高自控水平。因为放松活动可以有意识地控制心跳加快、呼吸急促、肌肉紧张等，获得生理反馈信息，从而控制和调节自身的整个心理状态。

西点人深知，自制力强的人，能理智地控制自己的欲望，合理处理社会要求和个人身心发展所必需的欲望，对不正当的欲望坚决予以抛弃。自制力强的人，处在危险和紧张状态时，不轻易为激情和冲动所支配，不意气用事，能够保持镇定，克制内心的恐惧和紧张，做到临危不惧，忙而不乱。自制力强的人，在崇高理想的支配下，能够忍耐克己，做出惊天动地的成就。

具有高度的自制力是一种最难得的美德

西点认为，年轻人血气方刚，很容易意气用事，结果毁掉了自己的前程。

在任何情况下，要能稳住自己，就必须使你身上的情绪和自制力达到平稳。长期在纪律的严格要求下行事，你才会具有自制精神。而这种自制精神，是做任何事情都不能缺少的。

也许拥有自制力就意味着成熟。当自制力从你的心中崛起时，人就将远离往日的欢乐。但请你相信，自制力是事业成功的必要条件。

控制自己不是一件容易的事情，因为每个人心中永远存在着理智与感情的斗争。“做自己高兴做的事”或者采取一种不顾一切的态度并不是真正的自由。你应该有战胜自己的感情、控制自己命运的能力。如果任凭感情支配自己的行动，就使自己成为了感情的奴隶。

如果你今天计划做某件事，是否能离开温暖的小窝义无反顾地披衣下床？如果你要远行，但身体乏力，你是否要取消旅行的计划？如果你正在做的一件事遇到了难以克服的困难，你是继续做呢，还是停下来等等看？对诸如此类的问题，若在纸面上回答，答案一目了然，但当你身在其中，自己去拷问自己时，恐怕就不会回答得那么干脆了。眼见的事实是，有那么多的人一旦在生活、工作中遇到了难题，就被吓倒了。他们不是不会简单地回答这些问题，而是在思想上难以控制自己。

如果一个人任由冲动和激情支配，那么，在特殊时刻，他可能会完全放弃自己的道德标准，会随波逐流，成为追赶强烈欲望的奴隶，甚至侵害到他人。因此，我们又说自制力是一切美德的根本。

1980年美国总统大选期间，里根在一次关键的电视辩论中，面对竞选对手卡特对他在当演员时期的生活作风问题发起的蓄意攻击，当时他丝毫没有愤怒的表示，只是微微一笑，诙谐地调侃说：“你又来这一套了。”一时间引得听众哈哈大笑。里根这么做，反而把卡特推入尴尬的境地，从而为自己赢得了更多选民的信赖和支持，并最终获得了大选的胜利。

自制不仅能使人充满自信，也能赢得别人的信任。人们总是相信那些能控制自己的人，那样的人更值得信任；人们也相信一个无法控制自己的人既不能管理好自己的事务，也不能管理好别人的事务。一个人可能在缺乏教育和健康的条件下成功，但他绝不可能在没有自制能力的情况下成功。只有通过对自己的约束，才能使自己度过艰难的岁月和困苦的境地而冲到最前面去。

但真正能做到自制的人很少，因为他们总是很容易败在自己手里。他们总是很容易在思想上放松对自己的约束，所以要自制就必须从树立自律意识入手。

掌握思想，明白自己想要什么、不能要什么，这是认识的问题；然后再弄清楚，怎样拒绝不能做的事，强制自己专做该做的事，这是方法的问题；最后再掂量一下，自己做了该会如何，不做又该如何，这是建立自制自律的问题。

控制好目标坚持下去，可以使自己杜绝外界的诱惑，可以使自己保持自制。在目标的指引下，就会有一股力量与勇气，使自己保持对成功的渴望与追求。

你应该把你计划要做的事，结合你的个人情况，做一个统筹的安排。这可不是一件轻松的事，有的人往往不但不明白自己要做哪些事，而且还不明白在什么时候，用多长时间来做某件事。如果把很多事和有限的时间充分地融合在一起，事情做好了，时间也没白白浪费，你就可选择时间来工作、游戏、休息。当我们能控制时间时，就能改变自己的一切。

在日常生活中，时时提醒自己要自律，有意识地培养自律精神。比如，针对你自身性格上的某一缺点或不良习惯，限定一个时间期限，集中纠正，效果会比较好。

一个想要成功的人，千万不要纵容自己，给自己找借口。对自己严格一点儿，时间长了，自律便成为一种习惯，一种生活方式，你的人格和智慧也因此会变得更完美。

会限制自己的人，就会发展自己；会发展自己的人，也会限制自己。坚持自己该做的事情，是一种勇气。限制自己需要顽强的意志和毅力，这种意志是一个逐步积累的过程。

自制力是顺利通过悬崖边的安全屏障

托马斯·杰斐逊是美国第3任总统,在他给孙子的忠告里,他提到了以下10条生活的原则:

(1)今天能做的事情决不要推到明天。

(2)自己能做的事情决不要麻烦别人。

(3)决不要花还没有到手的钱。

(4)决不要贪图便宜购买你不需要的东西。

(5)决不要骄傲,因为那比饥饿和寒冷更有害。

(6)不要贪食,吃得过少不会使人懊悔。

(7)不要做勉强的事情,只有心甘情愿才能把事情做好。

(8)对于不可能发生的事情不要庸人自扰。

(9)凡事要讲究方式方法。

(10)当你气恼时,先数到10再说话,如果还气恼,那就数到100。

看到杰斐逊的这10条自律原则,你想到了些什么呢?每一位成功人士往往都有着超乎常人的自我管理能力,因为他们严格按照自己的原则在办事,所以,他们往往能够在最短的时间内达到自己的目的。

的确,自制力对我们而言有着不可低估的重要作用。既能很好地激励我们勇敢地去执行决定,又能很好地帮助我们抑制那些不符合既定目的的愿望、动机、行为和情绪。在某种程度上说,自制力是坚强的重要标志。

因为如此,才会有人这样说:“在人生路上,自制力是你顺利通过悬崖边的安全屏障,失去自制力,你将在欲望的泥沼中无法自拔。”

就像罗伊·L.密斯说过的那样:“自制力宛若受到控制的火焰,正是它造就了天才。”的确,只有能够约束住自己的人,才能管住自己不去做那些对自己不利的事情,只有能够约束住自己的人,才能集中精力去做好每一件事情。

所以,在你的生活当中不妨也给自己一些约束吧!当你想要放纵自己的时候,想一想:这样会给你带来任何有益的东西吗?当你想要松懈的时候,想一想:松懈会让你失去什么?

当你想得多了,给自己的约束多了,你的自控能力也就会在潜移默化中得到质的提升。

要征服世界,先征服自己

被人们称为“黑珍珠”的世界球王、巴西足球运动员贝利,自幼酷爱足球运动,并很早就显示出他超人的才华。有一次,小贝利参加了一场激烈的足球赛,累得喘不过气来。

休息时,贝利向小伙伴要了一支烟。他得意地吸起烟,嘴里吐出一缕缕淡淡的烟雾。小贝利有点儿陶醉了,似乎刚才极度的疲劳也烟消云散了。

这一切，全被父亲看到了，父亲的眉头皱起了一个大疙瘩。晚上，父亲坐在椅子上问贝利：“你今天抽烟了？”“抽了。”小贝利意识到自己做错了事，红着脸，低下了头，准备接受父亲的训斥。

但是，父亲并没有发火。他从椅子上站起来，在屋里来来回回走了好半天，才平静地对贝利说：“孩子，你踢球有几分天资，也许将来会有出息。可惜，你现在要抽烟了，抽烟，会损害身体，使你在比赛时发挥不出应有的水平。”小贝利的头垂得更低了。父亲又语重心长地接着说：“作为父亲，我有责任教育你向好的方向努力，也有责任制止你的不良行为。但是，是向好的方向努力，还是向坏的方向滑去，取决于你自己。我只想问问你：你是愿意抽烟呢，还是愿意做个有出息的运动员？孩子，你该懂事了，自己选择吧！”说着，父亲还从口袋里掏出一沓钞票，递给贝利，并说道：“如果你不愿意做个有出息的运动员，执意要抽烟的话，这点钱就作为你抽烟的经费吧！”父亲说完便走了出去。

小贝利望着父亲远去的背影，仔细回味着父亲那深沉而又恳切的话语，不由得哭了。他哭得好难过，过了好一阵，才止住哭声。小贝利猛然醒悟了，他拿起桌上的钞票还给了父亲，并坚决地说：“爸爸，我再也不抽烟了，我一定要当个有出息的运动员。”

从此以后，贝利不但与烟无缘，还刻苦训练，球艺飞速提高，15 岁参加桑拖斯职业足球队，16 岁进入巴西国家队，并为巴西队永久占有“女神杯”立下奇功。如今，贝利已成为拥有众多企业的富翁，但他仍然不抽烟。

控制自己不是一件容易的事情，因为我们每个人心中永远存在着理智与情感的斗争。然而，有时候，想要达成某个伟大的目标，我们又必须要控制自己。

西点著名学员和教官约翰·阿比扎伊德中将曾这样说：“一个人想要征服世界，首先要战胜自己。”

因为如此，西点军校将“控制自己”作为学员入校后重点培养的一个方面。

为了保证学员们在任何情况下都能足够冷静与自控，西点为学员们设置了很多高难度的课程。比如西点著名的拳击和摔跤等方面的训练，对新手而言，对方的拳头和招式眼看着就要招呼过来，很多新人难免心慌，于是连基本的躲闪或者已经学会的防守招式都会忘记。但在经过严格的训练之后，情况就会有所不同，无论他们面对多么强大的对手，都会保持理智，在对方的狂风暴雨中寻找突破的机会。

不错，一个人想要成就大事，就必须先要有征服自己的勇气。一个连自己都征服不了的人，我们也很难奢求他能做出什么成就来；一个连自己都征服不了的人，也很容易就会受到外界环境的诱惑，在人生的道路上陷入很多弯路、岔路。

其实，“征服自己，控制自己”不仅应该成为西点学员训练的标准，更应该成为每一个人所必须培养的一项能力。知道哪些事情是自己应该做的，哪些事情是自己不应该做的，在人生的道路上，管住自己内心的感性冲动，用理性的舵盘把好人生的方向，才能让你更好地奔向成功。

培养钢铁般的心理素质

西点认为：在战场上，胜败与否绝大部分都取决于指挥官临阵的心理素质。同样，在商战上，企业的成败也大都取决于企业家在决策问题上是否镇静自如。所以，从古到今，“镇静自如”在各种场合中都发挥着重要的作用,尤其在现在的商场上。

在美国加利福尼亚州的一个荒野里,一批蒙眼、裸体的男子正在任人摆布:先受烈日毒晒、暴雨冲淋之苦,又遭受像狗那样趴在地上吃食的侮辱,然后逐个接受盘问,稍有支吾或语塞,便招来拳打脚踢、冷水泼面……

假如有人目睹这一切,必定以为自己误入法西斯的战俘营,并对战俘的蒙难深表同情。其实,这些“战俘”,不是从战场上强行抓来的,而是从商场上自行赶来的。也就是说,他们都是自愿吃苦受辱的,为此还像参加某个专业培训班那样交付一笔学费,每人待5天的费用达400多美元。

花钱买罪受,岂不是神经病!

其中的缘由,说来话长,应从这些“战俘”的来处——美国厂商与外国厂商、特别是日本厂商的争斗谈起。

综观愈演愈烈的日美贸易战,一方正在以凌厉的攻势长驱直入,一方则以非凡的勇气进行反击。不论是炮火连天的“对射”,还是短兵相接的“巷战”,或是唾沫横飞的舌战,美方的反击虽勇,终为日方的进攻所挫。

请看一则实例——美国S公司与日本J公司为一笔交易而进行的谈判:美方代表口若悬河,滔滔不绝,似操纵着谈判的主动权;日方代表挥笔疾书,少言寡语,似乎很被动。以后的几次谈判,都是如此,一直到美方代表对谈判丧失信心而泄气时,日方代表突然表态,以闪电般的速度讨论完所有的细节,使美方代表措手不及而陷入窘境。

这类实例,举不胜举。对此,美国驻日本大使馆负责经济工作的公使威廉·皮茨深有体会地说:“在商业活动中,要想打动日本人,简直就像剥洋葱皮一样,开始剥了还不知道里面是否真有什么东西,这一切简直如同坐禅一样。”参照此说评论这场舌战,日方的胜利,与其说是耍权术,不如说是有耐心:不厌其烦地倾听对方的讲话,不露声色地琢磨对方的底牌,滴水不漏地盘算制胜的对策,一丝不苟地等待时机的到来。

这一切,诚如美国人马文·吉·沃尔夫在《日本的阴谋》一书中所说,日本人做生意“具有侍弄盆景那样的耐心”。正是这种非凡的耐心,使日本厂商在国际商战中屡获大胜。这一点,当今日本的经营管理人员已直认不讳,并自鸣得意地说:“日本之所以能取得惊人的经济成就,其关键在于经营管理方面素质强,如耐心、纪律、灵活性、作长远规划的能力。”令人注目的是:在上述各素质之中,耐心列于第一位。

近几年来,美国厂商为了反击日本厂商的进攻,一直在研究、学习日本厂商的制胜之法。有些发现,既惊又喜,很想效法。那么,怎样效法日本而使自己增强这种素质呢?美国人注意到一些日本企业培训中心所开设的“特别课程”:清晨四点半必须起床,按武士传统用毛巾快速擦身,然后面向富士山三次振臂高呼“我来干”;强迫学生趴在地上去拔连找也找不到的杂草;强令每个人干一些诸如“在大白天站在街头高唱淫荡歌”那样难为情的行为,等等。日本式的磨炼被美国人发现后,在美国便不乏跃跃欲试者——甘愿受苦以求得“锻炼自己的精神和肉体的忍耐力”。在这种心态的孕育下,一个为有志者提供锻炼耐力的场所——“模拟战俘营”应运而生。说来有趣,“模拟战俘营”的创办者,竟是一位与商战似无牵连的越战老兵、前美国特种部队队员威廉·安加曼。但话又说回来,近几年来美国人一直把日本厂商对美国市场的种种入侵视为一起起“经济珍珠港事件”。此人本来是军人,虽然已经退役,但也不忍垂手旁观,何况当今的兵商日趋合一:商家以兵家为鉴而争胜,兵家亦好伺机从商而获利。所以,此人此举的本身正好表明:不论是兵战,还是商战,耐心这一素质在决胜中都具有特殊重要意义。

与实力相当的对手竞技,不只是双方的技能的竞争,还掺杂着双方的心力的较量。这是因为,一个竞技者的心态如何,不仅极大地影响着自身的技能的发挥,还可承受种种非常变故,以致抗御濒临失败的风险而反败为胜。所以,这里所说的耐心,不仅是耐苦忍辱,更为重要的是要战胜自己心理上的种种失态(精神压力、肌肉紧张、恐惧对手、内心怯懦、丧失信心、情绪烦躁、不祥预感,等等),保持良好的竞技状态——神态自若。只有这样,才可望充分施展自己的技能而从容取胜。由此管窥商战,耐心在决胜中所起的重要作用,显现得更为清晰。

山东省国际经济技术合作公司总经理赵永昌,在东北的一次谈判中,为付款期限问题与对方僵持不下,不欢而散。当谈判有可能破裂的风险同时向双方袭来时,赵永昌根据分手时对方的两个细节(当自己离开谈判桌时对方未动,并要求第二天给他们去电话),从而坚信:“对方对风险的耐力未必大于我们。”第二天,对方采取迟10分钟打电话、再次表明“难以接受”的方式继续向我方施加压力,赵永昌以“再支持一下”自勉,不动声色地静观其变,终于取得最后胜利。

这里所说的耐力,实是意志力,是人的心理素质的集中体现,是商业谈判、也是其他商务活动不可忽视的重要因素。在国际商战中,不论所遇的对手何等强大、所处的境遇何等险恶,都能使自己神态自若而从容对付,是心理素质好的标志,可望在反复较量中赢得最后的胜利。

学会控制情绪,收获美满人生

如果情绪的好坏可以决定你人生的成败,你还会忽略它吗?

拥有好情绪,就是胜利的保证,乐观的态度能指引我们更上一层楼。谁都希望自己多一些快乐,少一些烦恼。所以怎样去感觉生活是一种习惯,挑剔和抱怨不是我们面对生活的态度。倘若你能主动调整好自己的情绪,形成一个磁力中心,好事就容易发生在你身上,相反,坏事就随之而至。

你在工作上遇到麻烦处于逆境的时候,有没有想过可能是你的工作情商使然?简单地说,情商是一个人自我情绪管理以及管理他人情绪的能力指数。

其实,一个人的EQ对这个人的职场表现有着非常重要的影响。

说出来你还不能不信:一项针对全美前500名大企业员工所做的调查发现,一个人的智商和情商对他在工作上成功的贡献比例为1:2,也就是说,情商对工作成就的影响是智商的两倍,而且职位愈高,情商对工作表现的影响就愈明显。这不是危言耸听。

有一位安妮小姐,是做客户服务的,每天工作的主要内容就是接客户的订单。通常一天要接几十份订单,每个客户都会催着她快点把订单做出来,每一张订单还要经过反反复复地修改。不断有电话、传真过来,同时又要面对客户的投诉。这样日复一日,她觉得工作既无趣又把自己折腾得身心俱疲,有时候真是难以支撑下去了,以前想象的工作的乐趣根本找不到。每个季度公司开总结会布置新任务的时候,安妮就会不断地问自己,这样的日子何时是尽头。她真想大叫一声:好玩的工作究竟在哪里?为什么会出现这样的情况呢?

心理学家们发现,在有趣的情绪中工作,我们较能专注,而创意也比较丰富,解决问题的能力会大增，也更有弹性及适应力来面对挫折。所以整体而言，觉得好玩的积极心态会让一个工作者的工作效率大增。感激是快乐的激活力，时时提醒自己生活中值得感激之处，你就会立即感受到心情快乐。

事实上，如果你在心情低潮时想三个值得感激的事情，就能抛弃负面的情绪，重新感受到快乐。好情绪同样需要自己去寻找和创造。如果你认为人生很无聊，那么为何不在无聊的人生里加入精彩的调味料呢？

在团队合作的公司做事，尤其如此。艾瑞克最近有点烦。公司给他所在的团队布置了一个很大的项目，艾瑞克看了很多资料，收集了很多数据，写出了一个自我感觉良好的方案。在开会的时候，他向组里的成员说了自己的想法，可是大家似乎都有一些大大小小的反对意见。为此，艾瑞克据理力争，结果那次会议不欢而散。在之后的几次会议中，艾瑞克又觉得别人提出的想法并不符合自己的想法，根本没有自己的好，于是他再次大胆地提出自己的不同意见，可是结果还是不欢而散。现在组里的人好像在刻意疏远他，在他的感觉是其他人有意不赞同自己的意见，有事也不和他商量。这使他很苦恼，他很想对他的组员说，其实他说的话都是对事不对人的，他只是想把工作做得更好些……

某种意义上讲，调整好自己的情绪，就调整好了人生。

一个人如果无法调整好自己的情绪，一生都可能被情绪所困扰；如果能有效地控制自己的情绪，就能够推动事业的发展，增加优势资源的空间，扩大人脉网络，一生就会带着快乐和幸福一起走进成功的殿堂。愉快、积极的心境才是人生最大的收获。

培养自己承受悲惨命运的能力

在人生的道路上，你战胜了苦难，它就是你的财富，苦难战胜了你，它就是你的屈辱。每个人都可能在某个时候遇到人生的困境，但只要适当地调整好心态，积极地去寻求务实的解决方法，将一切烦恼当作成长的垫脚石，沉着忍耐，相信有一天一定能够达到自己的人生目标。

只要肯吃苦耐劳，默默地在自己应走的轨道上前进，那么即便是在最严酷的环境下，一个人也能安全地度过生命中的“冬天”。

霍金是举世闻名的科学家，他虽然备受疾病的折磨，已在轮椅上生活了三十多年，但他的脸上永远挂着宁静的笑容。在一次学术报告结束之际，一位年轻的女记者用既敬仰又悲悯的口气问道：“霍金先生，卢伽雷病已将你永远固定在轮椅上了，你不认为命运让你失去了太多东西吗？”

霍金面带恬静的微笑，他用还能活动的手指，艰难地叩击键盘，于是，宽大的投影屏上缓慢而醒目地显示出如下一段文字：“我的手指还能活动，我的大脑还能思维；我有终生追求的理想，有我爱和爱我的亲人和朋友；对了，我还有一颗感恩的心……”

顿时鸦雀无声的会场掌声雷动，人们纷纷拥向台前，簇拥着这位非凡的科学家，向他表示由衷的敬意。人们推崇他，不单是因为他是智慧的化身，更因为他还是一位人生的斗士。

霍金在巨大的不幸中，仍以恬静的微笑示人，使人们感受到了一种蕴含在微笑后面坚实的、无可比拟的力量——那是一种对生活的巨大的热忱和信心，一种高格调的真诚与豁达，一种直面人生的成熟与智慧。这正是支撑起一个科学巨匠心灵的基石。只要具备了这种淡然如云、微笑如花的人生态度,那么,任何困境和不幸都能被锤炼成通向平安幸福的阶梯。

当苦难降临时,我们狭小的藩篱被打破,我们的世界也被打乱了。我们一时间好像生活在尖锐、刺耳的惊叫声中,没有出路,只有回声。那些昨天还是我们念念不忘的"大事",突然间变得没有任何意义,我们的日常所想也变得微不足道,这个时候我们最需要的是冷静,我们要告诉自己:痛苦和磨难与喜悦和顺境一起构成了生活,那么不幸也就成了我们必须承受的生活,我们一旦懂得承受,就没有什么大不了的,在困境面前,我们要坚信我们本身就是"太阳",就算目前有天大的烦恼,"黎明"一定会到来,"晴朗"的日子一定会到来,"春天"一定会到来。

我们每个人都应该把黑暗的时刻看作成长的时刻,在苦难中认识生命中更为可贵的东西,从而增加人生体验,要把困难看成一种契机,因为它可以让你重新认识生命的重要性。虽然最初的痛苦也许会让我们无法承受,但时间会将它治愈,我们饱经沧桑的心灵会努力复原,我们自身的价值不会因为挫折而贬值。

有一位著名的演讲家在一次演讲时取出一张崭新的20美元纸钞,他郑重地问大家:"这是多少钱?"大家虽然有些疑惑不解,不知演讲家葫芦里卖的是什么药,但还是如实地回答"20美元"。紧接着,演说家把钞票揉成一团,用力捏了几下,然后再把它展开,又问大家:"现在,它是多少钱?""20美元。"演说家又把钞票扔在地上,然后再踏上一只脚,用力踩了几脚。他捡起钞票,钞票变得又脏又皱了,"现在,它是多少钱呢?"演说家又问。"20美元。"

于是演说家发表了如下的精彩结论:"无论怎样糟蹋这张20美元的钞票,它的价值依旧是20美元。我们每个人表面上即使伤痕累累,却依然没有失去我们原有的价值。除了自己,没有人能真正地让你贬值。"

是的,一个人在经历了痛苦之后是完全可以复原的,悲伤与痛苦都是有期限的。不过,当它们渐渐离去的时候,我们要小心地重塑自身。它们曾使我们的生活陷于混乱,但也给了我们重新认识自己的机会。

当沙粒进入了蚌壳里的时候,蚌觉得极不舒服,但又无法排除沙粒。此时蚌没有怨天尤人,而是逐步用体内的营养将沙粒包围起来,使之成为有光泽的圆形颗粒,即珍珠。珍珠不仅成为蚌体内和谐的一部分,而且将其取出还成了昂贵的珠宝。

蚌能够设法适应、利用自己无法改变的环境,人为什么不可以像蚌那样去包容一切不如意的事情,使之为我而变、为我所用呢?我们不要害怕悲伤与痛苦,悲伤与痛苦会带给你超乎寻常的创造力。没人会去追求不幸,但也没人能够躲避不幸,只要认清了不幸的真实面目,就可以对不幸善加利用了。

牡蛎之所以不容易受伤,是因为它有一层坚硬的甲壳保护着自己,但它是孤立的,虽然很安全,却没有创造性,所以它享受不到欢乐,而有些人对待苦难的方式也同牡蛎相类似,就是将自己进一步与他人隔绝。也许他们别无选择,也许是伤痕太深,使他们害怕承受再次的打击,但是他们不明白以轻松和积极的思想去防止创伤,以宽恕治疗旧创,过一种创造性的生活,会比躲进"盔甲"里更安全。

西点军校告诉我们,即使饱经磨难,也应该对未来充满希望。我们不否认自己的痛苦,但也不应该逃避。我们应该坦然地接受人生的苦难,我们知道人生如花开花谢,潮起潮落,有得便有失,有苦也有乐。我们看到过许多身处黑暗的人,磕磕绊绊,最终还是走向了成功;而另一些人往往被眼前的光明迷失了前进的方向,终生与成功无缘。

我们无论身处何时何地，都不要灰心丧气。我们要始终坚信：一扇大门关闭了，还有很多扇大门开启着。只要将忧愁的目光从这扇关闭的大门转向其他开启的大门，我们就会看到隧道尽头的亮光，让成功与快乐重新降临到我们身边，所以一定要记住：越是幸福的生活，其实越脆弱，因此，在享受幸福的过程中，我们千万别忘了锻炼自己承受不幸的能力。

一点小小的克制，会使人变得强而有力

生活中，面对不同的环境，不同的对手，有时候采用何种手段已不太关键，而如何保持好自己的情绪才至关重要。每个人都有自己的情绪，而情绪有时滑溜得让人捉摸不到，但是，不管怎么滑溜，你都要想办法将它捏得紧紧的。

因为这关系到你能否在社会上游刃有余地生存。

很多人能把情绪收放自如，这个时候，情绪已不仅是一种感情上的表达，而且成了攻防中使用的武器。生活中，每个人都难免会碰到这种擦枪走火的状况。但是，聪明人有将不良的情绪马上收回来的本事。情绪处理得好，可以将阻力化为助力，帮你解危化险、政通人和。情绪若处理得不好，就容易失去控制，产生一些非理性的言行举止，轻则误事受挫，重则违法乱纪。

克制，乃为人的一大智慧，它有助于人们在攀登理想境界的征途中，消除情感世界不可避免的潜在危机。因而，对于一个成功的开拓者来说，它既是实现既定目标的保证，又是取得更大成功的起点。

比尔·盖茨只是哈佛大学的一个二年级的肄业生，他不仅没有获得计算机主业的博士学位，甚至连本科文凭也没有。但是，他却成了"计算机革命的点火人，软件业的天才！"他是在近代第一个靠观念、智慧、思维和科技创新致富的人。比尔·盖茨的成功与他超强的自律能力是分不开的。正如他本人所说："我个人以为，既然想要做出一番事业，我们就不能太善待自己，只有自律的人，才能够最后取得事业的成功。"他几乎所有的时间都花在工作和学习上，从不轻易放松自己。在中学的时候，他就靠自学、靠自己钻研，掌握了高深的计算机技术。

其实，在创造微软帝国辉煌的道路上，盖茨经历过无数次极端痛苦和无奈的选择，每当他的价值观与事实发生冲突的时候，他的自律精神就会立即发挥作用，帮助他维护好自己的事业。

比尔·盖茨的故事告诉我们，一点小小的克制就会使人变得强而有力。没有任何人可以在没有克制的情况下获得并维持住成功。甚至可以这么说，无论一个人有多么过人的天赋，如果他不运用自律，就绝不可能把自己的潜能发挥到极致。自律能促使人攀向高峰，也是领导者的领导能力得以卓有成效地维持的关键所在。

歌德说："一个人切不可放任自己，他必须克制自己，光有赤裸裸的本能是不行的。"在我们心灵深处，总有一种力量使我们茫然不安，让我们无法宁静，这种力量叫浮躁。它是成功的敌人。怒气似乎是一种能量，如果不加控制，它会泛滥成灾；如果稍加控制，它的破坏性就会大减；如果合理控制，甚至可能有所收获。任何一个成功者都有着非凡的自制力。如果生气是一种习惯，不生气也是一种习惯，那么请培养一种不生气的习惯吧。

人的确需要冷静，冷静使人理智稳健，冷静使人宽厚豁达，冷静使人有条不紊，冷静使人高

瞻远瞩。在一个浮躁、善变、功利的社会中，尤其需要一位冷静者，冷静的习惯有助于我们消除自己的浮躁心，可以让自己真正宁静下来后再投入社交、投入工作、投入事业。冷静的习惯是我们处事的好帮手。

很多西点人都听到过这样一个故事：

曾有一位不速之客突然闯入美国石油大王洛克菲勒的办公室，直奔他的写字台，并以拳头猛击台面，大发雷霆："洛克菲勒，我恨你！我有绝对的理由恨你！"接着那暴客恣意谩骂他达10分钟之久。办公室里所有的职员都感到十分气愤，以为洛克菲勒一定会拾起墨水瓶向他掷去，或是吩咐保安员将他赶出去。然而出乎意料的是，洛克菲勒并没有这么做。他停下手中的活，用和善的神气注视着这位攻击者，对方越暴躁，他就显得越和善！

那无礼之徒被弄得莫名其妙，渐渐地平息下来。因为一个人发怒时，遭不到反击，他是坚持不了多久的。于是，他咽了一口气。他是故意来此与洛克菲勒作对的，并想好了洛克菲勒将要怎样回击他，他再用想好的话语去反驳。但是，洛克菲勒就是不开口，所以他就不知道如何是好了。

末了，他又在洛克菲勒的桌子上敲了几下，仍然得不到回响，只得索然无味地离去，洛克菲勒呢，就像根本没发生任何事一样，重新拿起笔，继续他的工作。

洛克菲勒先生是懂得自制，不会用浅薄的报复来对待别人的人。许许多多的成功企业家心中装着的是大千世界而不是狭隘的个人荣辱。

西点军校告诉我们，如果你总跟自己的坏情绪较劲，并任由坏情绪控制自己的行动，那么，你的一时冲动可会给你带来终生的悔恨。要做一个理智的聪明人，就要学会控制自己的坏情绪。不理睬他人对自己的无礼攻击，便是给他最严厉的迎头痛击！成功者每战必胜的原因，就是当对手急不可耐时，他们依然故我，显得相当冷静与沉着。

情绪时时刻刻都伴随着我们，我们虽然无法做到心如止水，没有丝毫情绪的波澜，但我们应该学会理性地控制自己的情绪，要时常在心里提醒自己不要被琐事所烦，控制好自己的情绪。人生短暂，聪明的人不会浪费时间，为一些无关紧要的小事而烦恼。当我们过于注意微不足道的一点点小事时，愤怒的情绪犹如人体中的一枚定时炸弹，随时都可能造成无法弥补的后果。在关键时刻不能让怒火左右自己的情绪，不然你会为此付出惨痛的代价。

一个人总会遇到各种各样的变化，如何在变化的过程中，理智地处理各种事情，做到不感情用事是至关重要的，要干大事的人应当提高自己控制情绪的能力。能驾驭自己的情绪，才能真正驾驭自己。这样，对身体健康和事业发展都有着莫大的帮助。

法则十
包容

原谅伤害过你的人

只有原谅那些曾经伤害过自己的人或事，才能体会出那事实上短暂而又有风险的生命意义；只有懂得宽容那些不可能宽容的人，才能看见自己心中的辽阔，才能重新认识自己。

身处逆境时，会有一些愿意伸出援助之手的人出现，他们会拉我们一把，给予我们鼓励，给我们笑容，让我们感受到天空并不全是阴霾。可是，身处逆境之时，我们有没有感谢过那些曾经伤害过我们的人呢？

如果那些人不曾伤害过你，现在你又会怎样？原谅伤害过你的人，他们使你的人生与众不同。只有原谅那些曾经伤害过自己的人或事，才能体会出那事实上短暂而又风险的生命意义；只有懂得宽容那些不可能宽容的人，才能看见自己心中的辽阔，才能重新认识自己。

乔治·罗拉在维也纳当了多年律师，但在二战期间，他逃到瑞典，一文不名，很需要找份工作。因为他能说并能写好几国语言，所以他希望能够在一家进出口公司里谋一份秘书工作。大多数公司都回信告诉他，因为正在打仗，不需要这一类人才，不过他们会把他的名字存在档案里。唯有一家公司在给乔治·罗拉的回信中写道："你对我生意的了解完全错误，你既蠢又笨，我根本不需要任何替我写信的秘书，即使我需要，也不会请你，因为你甚至连瑞典文也写不好，信里全是错误。"

当乔治·罗拉看到这封信时，简直气得发疯。于是乔治·罗拉也写了一封信，目的是想使那个人大发脾气。但接着他就停下来对自己说："我怎么知道这个人说的不对呢？我虽然进修过瑞典文，可并不精通，也许我确实犯了很多我并不知道的错误。如果是这样的话，那么我想得到一份工作，必须再努力学习。这个人可能帮了我一个大忙，虽然他本意并非如此。他用这种难听的话来表达他的意见，并不表示他就亏欠我，所以应该写封信给他，在信里感谢他一番。"于是乔治·罗拉撕掉了他已经写好的那封骂人的信，另外写好了一封："首先感谢你这样不嫌麻烦地写信给我，尤其是你并不需要一个替你写信的秘书。对于我把贵公司的业务弄错的事我觉得非常抱歉。我之所以写信给你，是因为我向别人打听，而别人把你介绍给我，说你是这一行的领导人物。我并不知道我的信上有很多语法上的错误，我觉得很惭愧，也很难过。我现在打算更努力地去学习瑞典文，以改正我的错误，谢谢你帮助我走上改进之路。”

没几天，乔治·罗拉就收到了那个人的回信，他邀请罗拉去看他。罗拉去了，而且得到了一份工作。乔治·罗拉由此发现“原谅伤害自己的人也是避免自己受到更深的伤害，或许还能得到别人的帮助”。

我们也许不能像圣人般去爱我们的仇人，可是为了我们自己的健康和快乐，我们至少要原谅他们，忘记他们。

美国前纽约州长威廉·盖洛被一份内幕小报攻击得体无完肤后，又被一个疯子打了一枪几乎丧命。当他躺在医院为生命挣扎的时候，他还是微笑着对所有来探望他的人说：“每天晚上都原谅所有的事情和每一个人，第二天当太阳升起的时候，我照样以快乐愉悦的心态迎接新一轮的太阳。不要因为你的敌人或对手而燃烧起一把怒火，它会烧伤你自己。”

圣经上说：“怀着爱心吃青菜，也会比怀着怨恨吃牛肉好得多。”德国伟大的“悲观论”哲学家叔本华虽曾说生命是一种毫无价值而又痛苦的冒险，但在他绝望的时候，他还是说：“如果可能的话，不要因为别人对你造成伤害或者别人忘恩负义而不开心。人活在这个世上，就该以平和的心态潇潇洒洒地为自己活着，永远不要去试图报复我们的仇人，因为如果那样做的话，我们只会更深地伤害自己。”

海纳百川，有容乃大

天空收容每一片云彩，不论其美丑，故天空广阔无比。西点人认为，开阔的胸襟是做人的一种风度和境界。

“海纳百川，有容乃大；壁立千仞，无欲则刚。”为人处世，首先应当提倡“豁达大度”的胸怀。

宽容是一种高尚的人格修养，一种大将风度，是成大事的必要条件，宽容的人往往会得到生活的青睐。

下面是美国南北战争中罗伯特·李将军在战败后率领南军向格兰特将军投降时，两人之间的故事：

1865年4月罗伯特·李将军和尤利西斯·格兰特将军约定在弗吉尼亚州拓克斯镇会面，商议李将军麾下2.8万军人投降的条件，在此之前，格兰特已经和林肯达成共识，他们将以宽容的心态接受对方的投降，将尽可能给予很好的条件来使得美国尽快从战火中平息下来。

李将军准时到达了指定的地方，南军的战败让他颇有沧桑之感，但是他仍然保持着干净整洁的仪表、无可挑剔的风度，就如同往常一样。格兰特恭敬可亲地将投降条件文件交给李将军。

李将军看完之后，说：“谢谢你们的宽容与大度，我可以再提一个要求吗？”

“如果我能办到将不胜荣幸。”格兰特将军回答道。

“感谢你们非常大度地让我的军官保有马匹，我希望骑兵们也能保留他们的马匹，将来他们的生活也许会需要。”李将军说道。

格兰特非常敬佩李将军对下属的责任感和关心，更钦佩他没有把战败的责任推给下属，而是宽容对待他们并一力承担困难，根据格兰特和林肯的约定，这件事情是在格兰特的决定范围之内的，于是他回答：“我理解。骑兵将来会需要这匹马谋生，我留给他们。”

于是，两位名将就这样握手言和。在以后的岁月里，两人多次在公开场合赞美对方，并且共同投身到重建美国的事业当中去。

“当紫罗兰被脚踩扁的时候，却把芳香留给了它。”这是美国作家马克·吐温给宽容作的一个最为形象的注解。其实，宽容别人的同时，也是释放自己的过程。

曾获得过美国侦探小说大师奖的畅销书作家托尼·希勒第一份工作竟然是在一个农场做农场工，而且他从这份工作中受益匪浅。

托尼·希勒14岁时，英格拉姆先生敲响了他们在俄克拉荷马的萨克勒哈特农舍的门。

这个老佃农住在马路那头大约一英里的地方，他过来是想找人帮助收割一块紫苜蓿地。这就是托尼得到的第一份有报酬的工作——1小时12美分。要知道这在还处于经济大萧条时期的1939年已经很不错了。

有一天，英格拉姆先生发现一辆装有西瓜的旧卡车陷在自家瓜地中。很显然，有人想偷走这些西瓜。

英格拉姆先生说车主很快就会再回来的，让托尼在那儿看着，长点见识。没过多久，一个当地因打架和偷窃而臭名昭著的家伙带着两个体格粗壮的儿子出现了。他们看起来非常恼怒。

英格拉姆先生却用平静的口吻说道：“哎，我想你们要买些西瓜吧？这些西瓜很不错的。”

沉默了很久，那个男人回答：“嗯，我想是的。你要多少钱？”

“25美分1个。”

“好吧，你帮我把车弄出来的话，我看这价格很适。”

结果，这成了他们夏天里最大的一笔买卖，而且还避免了一场危险的暴力事件。等他们走后，英格拉姆先生笑着对托尼说：“孩子，如果不宽恕敌人，就会失去朋友。”

几年以后，英格拉姆先生去世了，但托尼永远也忘不了他，忘不了第一次打工时他教给自己的东西。

莎士比亚说：“不要因为你的敌人而燃起一把怒火，炽热得烧伤你自己。”广览古今中外，大凡胸怀大志、目光高远的仁人志士，无不是大度为怀。置区区小利于不顾。相反，小肚鸡肠、竞小争微，对片言只语也耿耿于怀的人，没有一个是成就大事业的人，没有一个是有出息的人。

一个人只有经历一次忍让，才会获得一次人生的洗礼；只有经历一次宽容，才会获得一次境界的提升。

就像西点军校对学员的要求，西点希望学生能够被打磨得为人有信心、对他人宽容、做事态度谦虚，能够成为一名最棒的将军的同时也是谦谦君子。

一个有大气量的人，其容人之量、容物之量也不会小，能和各种不同性格、不同脾气的人们处得来，能兼容并蓄，听得进批评自己的话，也能忍辱负重，经得起误会和委屈。

要让自己快快乐乐地生活在充满爱的世界里，自己首先要做一个宽宏大量的人。要真正做到宽容并不容易，如果你心里有恨和苦，宽容不了他人；或者，如果你认同宽容是很高尚的行为，不过难以时时做到，你应该远离品头论足的人，随着时间的推移，你会发现，你的宽容多了，你心里的平安和喜悦也多了。

抱怨会把感恩越抛越远

感恩是一种处世哲学，也是生活中的大智慧。学会感恩，为自己已有的而感恩，感谢生活给你的赠予。这样你才会有一个积极的人生观和健康的心态。

生活中充满了不如意，所以我们习惯了抱怨：抱怨命运不公，抱怨生不逢时，抱怨造化弄人，抱怨人微言轻，抱怨薪水微薄……但在抱怨中，我们却对拥有的幸福熟视无睹、不懂珍惜，并且单纯地放大缺憾；在抱怨中，患得患失、斤斤计较，因此，把感恩的心态越抛越远。

海伦从小又盲、又聋、又哑，但是她没有抱怨命运的不公，没有抱怨父母没让她成为一个健全的人。她怀着一颗感恩的心，感谢父母给了她生命，用顽强的毅力与病魔做斗争，学会了多种外语，最后毕业于哈佛大学德吉利夫学院。她用笔写了一部又一部的文学作品回报社会和父母。正因为拥有一颗感恩的心，海伦变得更加坚强和勇敢。是感恩，让她体会到了人生的快乐。与海伦比，我们能够自由地看，能够痛快地听，能够放声地唱，谁说这不是一种命运的恩赐？谁说这不是人生的最大幸福？

感恩是没有抱怨，心存感恩的人永远不会抱怨。

假如按照那些常抱怨的人的观点，那么尼采应该抱怨他的长相丑陋；拿破仑应该抱怨他的个子矮小……可是，这些人没有一个抱怨，他们更多却是感恩，感恩社会给予他们的一切。

其实，每个人都有遇到挫折的时候，需要发发牢骚，排解生活中的烦恼，这个本身没有错。可是问题的关键就在于，一旦你养成“抱怨”的习惯，后果就非常可怕了。

如果你把每一件不如意的事情都情绪化，坏运气就会渗透到你人生的每一个领域，因此，你离成功会越来越远。你看到的是一个半空的玻璃杯，而那些乐观主义者看到的却是一个半满的玻璃杯。一个悲观的抱怨者，当遇到飞机晚点45分钟，或当他已经下载了80%的免费软件网络突然断线，或一场重要的球票卖完了，或必须等半个小时才有座位就餐，他总会说：“我怎么这么倒霉啊！”

今天你的上司找你谈了话，回到办公室你非常不开心，于是拉了个同事开始抱怨领导对你有多么多么的不好；回到家，你又把今天碰到的烦心事告诉你身边的每位亲人，而且是不停地说；

上班的第一天，你就洞察到办公室里人心叵测、各怀鬼胎，存心给你下马威；

回到家就开始跟家人诉说“无能”的同事又加薪了，而你却只能等下次了；

你在逛商店时看好一条连衣裙，可穿上后并不是那么理想，恋恋不舍地脱下，你抱怨自己腰太粗，腿太短，肤色也不好；

你最近每天都在跟别人说这个城市的空气越来越差，再这样下去，你会短命好几年的；

你最近在看一本畅销书，但是你觉得它写得很一般，封面也难看，价格还贵，买了真是上当；

你每天抱怨不停，牢骚不断，还用一些幽默来娱乐自己；

你觉得你的朋友吃得像货车一样多,却丝毫不发胖,而你呢,只要看一眼巧克力就会变胖;

……

当遇到问题或经受挫折的时候,你把你的注意力全都放在了抱怨上,你虽然能在短时间内有所发泄,但是你不知道它的恶劣后果。大多数人都会觉得抱怨是很好的发泄工具,可以在受到挫折或面临困难的时候放松自己的心情,然而往往忽略了这种情绪对自己的严重影响。

你有这么多可抱怨的东西,你眨着无辜的眼睛哭诉着自己的不幸。可是你这个抱怨者,难道就不知道很多抱怨都是你自己一手造成的吗?你的工作没做好,上司自然会找你麻烦;你不注意减肥,没有适合你的衣服这很正常;你不看天气预报,就有可能被雨淋湿。所以,你抱怨的时候不从自己身上找原因,养成习惯之后,你就再也不愿意从自己身上找原因,你的人生就不会有什么快乐了。于是你会变得非常软弱,会经常思考那些被你抱怨的事情,情绪也会变得低迷,别说做一番事业出来,就是连最基本的生活都会让你感到厌倦。

从现在开始停止抱怨吧!与其抱怨,不如改变自己。懂得宽容和感恩,用一颗感恩的心去根治,用自己的行动去点燃人生的蜡烛,照亮通往成功的旅途。

接纳整个世界,打开宽广的胸襟

宽容是一种豁达的风范,对于人生,也许只有拥有一颗宽容的心,才能从容面对自己的人生。年轻的你无论现在处于什么样的境遇,都不要抱怨、不要放弃,既来之则安之,坦然地接受外界赋予自己的一切,才能奋起直追,用宽阔的胸襟拥抱理想,拥抱未来。

从西点学员那里,我们发现,有时候宽容是一种坚强,而不是软弱。宽容所体现出来的退让是有目的、有计划的,主动权掌握在自己的手中。他们进入西点之后,没有任何时间来抱怨,而是必须以最快的速度适应这个环境,只有接受周围赋予自己的一切,一切从零开始,才能重新塑造自我。这一点,年轻的你能做到吗?你能真正做到放低自己去接纳整个世界吗?

一个满怀失望的年轻人,千里迢迢来到法门寺,对佛家学者法明说:“我一心一意要学丹青,但至今没能找到一个能令我心满意足的老师。”

法明笑笑问:“你走南闯北十几年,真没能找到一个自己的老师吗?”年轻人深深叹了口气说:“许多人都是徒有虚名啊,我见过他们的画,有的画技甚至不如我呢!”法明听了,淡淡一笑说:“我虽然不懂丹青,但也颇爱收集一些名家精品。既然施主的画技不比那些名家逊色,就烦请失主为老僧留下一幅墨宝吧。”说着,便吩咐一个小和尚拿了笔墨砚和一沓宣纸。

法明说:“我的最大嗜好就是爱品茗饮茶,尤其喜爱那些造型流畅的古朴茶具。施主可否为我画一个茶杯和一个茶壶?”年轻人听了,说:“这还不容易。”于是调了以砚浓墨,铺开宣纸,寥寥数笔,就画出一个倾斜的水壶和一个造型典雅的茶杯。那水壶的壶嘴正徐徐吐出一脉茶水来,注入那茶杯中去。年轻人问法明:“这幅画您满意吗?”

法明微微一笑,摇了摇头。

法明说:“你画得确实不错,只是把茶壶和茶杯放错位置了。应该是茶杯在上,茶壶在下呀。”年轻人听了,笑道:“大师为何如此糊涂,哪有茶壶往茶杯里注水,而茶杯在上茶壶在下的?”法明听了又微微一笑说:“原来你懂得这个道理啊!你渴望自己的杯子里能注入那些丹青高手的香茗,但你总把自己的杯子放得比那些茶壶还要高,香茗怎么能注入你的杯子里呢?涧谷把自己放低,才能吸纳融会百川,成汹涌之势啊。”

法明的话很有道理,一个人只有先放低自己,愿意接纳世界,才能获得外界的恩赐,为自己注入新鲜的能量。可能现在的你正遭受着某种苦难,可能你认为这个世界对你是不公平的,可能你满腔怨气。但你想过没有,即使你抱怨又能怎样?会改变现状吗?当然不能。那么,何不坦然地接受,然后鼓起勇气,从零开始寻找新的出路呢?

退一步,海阔天空。对于过去,我们不要太执着,而是要接受现在,把握现在。放宽心,把握现在,才能收获未来!

那么,该怎样才能做到接纳整个世界呢?

1. 接纳自己的现状

即使你正面临很多困难、痛苦和烦恼,你不必做任何改变,不必增添什么,或消除什么,此时此刻的你是完美的,让这样的认知进入心中。你若真能如此,所有的批判就会自动销声匿迹。

2. 接纳别人的现状

不论他们有什么习性或可靠与否,你不必改变他们,他们也不必改变自己来博取你的接纳。他们无需你的认可,而你也无需他们的认可。他们没有问题,而你也没有问题。没有谁对或谁错,你们都是并肩而立。当你接纳了别人,你的心灵就开放了。当你接纳了别人,你对自己也会更加慈悲。

3. 接纳目前的生活现状

你不必改变生活的现状,每一情境本身都是完美无缺的,所有的人际关系本身也一样是完美无缺的,每一种人生课程都有助于你的成长,每一个外在障碍都在帮你深入爱的终极泉源。不必设法诠释你的生活,否则你会发现有所缺失,其实你没有失落任何东西。但是,不论是正面或反面的诠释,都是你这一生必须突破的幻境。

接纳就是这么简单,但同时也是最难的一门学问。有了接纳,小我才会让路,这就是接纳之路。凡是你无法接纳的,你会抗拒到底,这种对立便成了你的束缚。凡是被你接纳的,就会轻轻地进入你的心房。没有任何东西强迫得了你,也没有任何东西牵绊得住你,这就是你接纳之后的心境。

胸襟的广阔决定处世的高度

西点军校虽然是一所培养军事力量的学校,但却教导学生:征服人心并不是依靠武力,而是依靠爱和宽容。西点信奉这样的格言:天空收容每一片云彩,不论美丑,故天空广阔无比。做人也是一样,胸襟广阔,才拥有更高的风度和境界。

这是一场激烈的世界职业拳王争霸赛。正在比赛的是美国两个职业拳手,年长的叫卡菲罗,35岁,年轻的叫巴雷拉,28岁。上半场两人打了六个回合,实力相当,难分胜负。在下半场第七个回合,巴雷拉接连击中老将卡菲罗的头部,打得他鼻青脸肿。

短暂的休息时,巴雷拉真诚地向卡菲罗致歉。他先用自己的毛巾一点点擦去卡菲罗脸上的血迹然后把矿泉水洒在他的头上。巴雷拉始终是一脸歉意，仿佛这一切都是自己的罪过。

接下来两人继续交手。也许是年纪大了，也许是体力不支，卡菲罗一次又一次地被巴雷拉击倒在地。

按规则，对手被打倒后，裁判连喊三声，如果三声之后仍然起不来，就算输了。每次卡菲罗都顽强地挣扎着起身，每次都不等裁判将“三”叫出口，巴雷拉就上前把卡菲罗拉起来。卡菲罗被扶起后，他们微笑着击掌，然后继续交战。

裁判和观众都感到吃惊，这样的举动在拳击场上极为少见。最终，卡菲罗以108:110的成绩负于巴雷拉。观众潮水般涌向巴雷拉，向他献花、致敬、赠送礼物。巴雷拉拨开人群，径直走向被冷落一旁的老将卡菲罗，将最大的一束鲜花送进他的怀抱。

两人紧紧地拥在一起，相互亲吻对方被击伤的部位，俨然是一对亲兄弟。卡菲罗真诚地向巴雷拉祝贺，一脸由衷的笑容。他握住巴雷拉的手高高举过头顶，向全场的观众致敬。

卡菲罗虽然败了，但败得很有风度；巴雷拉赢了，却赢得十分大气。在自己失败的时候，还能够坦然为成功的敌手庆贺，表现出的是一种难得的宽容和自信；在自己胜利的时候，还热情地给失败的对手以鲜花，这是一种伟大的品格，是人生的桂冠和荣耀。它是一个人高贵的财产，它构成了人的地位和身份本身。

林肯被选举为美国总统之后，任命了一个强有力的政敌担任要职，他的幕僚都非常的不理解。但林肯只是笑了笑答道：“把敌人变成朋友，既消灭了敌人，还多了一个朋友，何乐而不为？”这就是林肯的胸襟和智慧。胸襟的宽广决定了他处世的高度，没有这份胸襟和气度，林肯又怎么可能从贵族林立的政客中杀出重围成为美国最著名的总统呢？

胸襟广阔，代表你能够站在别人的角度思考问题，代表你能够从善如流合理采纳他人的建议，代表你能够用一种成熟有高度的方式处世。

本杰明·富兰克林曾经获得的杰出成就和他的胸襟与气度密不可分。

富兰克林出生于一个铁匠家庭，12岁时就到费城打工。费城一个阴险狡诈的印刷厂厂长雇用了他。当时富兰克林已经是个熟练的机器操作员，并且拥有家传的制作字模的方法。但他并没有藏着自己的本事，而是对一些薪水低廉的操作工人倾囊相授。

厂长眼看廉价劳工已经学会了富兰克林的技术，就开始无缘无故找富兰克林的麻烦甚至克扣他的工资。当富兰克林发现他的阴谋时，对他说：“行了，不用绕弯子了，我会主动离开这里。而且你可以放心，在我最后工作的几天中，我仍然会把技术传授给那些工人，这样的话，如果将来他们被你开除，还可以凭手艺找到一份好工作。”

后来，在富兰克林发展的道路上，那些他曾经无私帮助过的人都给予了他莫大的支持。他在二十几岁时正是依靠朋友合办了一个印刷厂而起家。富兰克林是美国历史上著名的科学家、文学家、音乐家和政治家，迄今为止，百元美钞的头像仍然是本杰明·富兰克林。

如果富兰克林从未真心实意帮助过那些工人，后来他难以获得如此之多的助力。如果当时富兰克林因为那个印刷厂长而愤世嫉俗，从此变得与人斤斤计较，甚至被仇恨所左右，那么他不可能拥有后来的成就。宽容就是有这样的力量，能够让你少一分阻力，多一个成功的机会。

当然宽容也是有限度的，那是明辨是非之后的一种胸襟和态度，而不是对于得寸进尺之人的纵容与怯懦。真正的宽容是对异己的包容，对陌生的欢迎，和对不如己者的体谅。真正的胸襟是一种用天下之材，尽天下之利的气度。这样才能获得更多的朋友，成就更高的事业。

君子有容人雅量

有一次李嘉诚接到了一份来自美国商人的订货单，可就在他完成订货后，美商却突然变卦不要了，他只好解除订单。按照合同，违约方必须做出巨额赔偿。可是，当美商试探地问李嘉诚需要多少赔偿金时，李嘉诚却说："生意场上的事，变化莫测，换了我也会发生这种事情。虽然你不要了，但我这批产品还未受到损失，所以不必赔偿了。中国有句话：'生意不成情意在嘛。'"美商千恩万谢而去。

时间久了，李嘉诚也慢慢淡忘了这件事。两年后，美国来了另一个商人，专找李嘉诚要买他的塑料花，一下子让他赚了一大笔。事成之后，李嘉诚问道："先生为什么专门要我的产品？"对方回答："我有一个生意上的朋友，经常谈到你，说你这个人不错，待人仁厚，不斤斤计较，可以打交道，所以我就找上门来喽。"李嘉诚这才恍然大悟，会意地笑了。

的确，生意场上风云莫测，瞬息万变，出现什么事情谁都无法预料，当合作方"伤害"到李嘉诚的利益时，他却设身处地地为对方着想，难怪那位美商会心悦诚服且知恩图报，不断向同行说他的好话了。

李嘉诚虽然失去了眼前的利益，却能做到对别人的错误宽容以待，进而换来了长久的"财富"及千金难买的口碑。

作为一条合乎道德的行为原则，以德报怨本意是让人超越个人之间的恩恩怨怨，与人为善，容人之过，宽宏大量地协调好人际关系。但从厚黑学的角度看，由于以德报怨所造成的极为明显的回报效果，使得这个道德原则在现实的社会生活中，很容易同时成为一种驾驭别人的谋略。因为人一般都有点自知之明，自己的所作所为心里多少是清楚的，所以在对不起他人的地方，难免有愧疚之意，心态本来就比较低，一旦得到了不曾想到的原谅，甚至对方主动让自己得遂所愿，这种由巨大反差所引发的感激之情，不是语言所能表达的，这种恩典也不是语言所能报答的。

楚庄王的"绝缨大会"大概是经常被人引用的以德报怨实例。

楚庄王大宴群臣，突然蜡烛燃尽了，有人乘暗中拉扯劝酒的王妃的衣袖，结果被王妃扯走了帽缨。楚庄王听了王妃的申诉后，乘蜡烛尚未点燃，肇事者身份不明之时，命群臣全部摘去帽缨，投诸火中，保全了这位大臣。以后在楚国攻郑的战役中，有一员战将表现十分突出，楚庄王询问之下，方才得知此人即是那个被扯去帽缨者。楚庄王以德报怨，臣下以德报德，一直传为佳话。

历史上这类故事不胜枚举。孟尝君原谅了一个同其夫人私通的门客，并举荐和资助他去卫国担任要职，后来此人冒生命危险谏止了卫君攻打齐国的打算。汉光武诛杀了一个谋反者，收缴到群臣中与此人相勾搭的书信数千封，不予追查而付之一炬，以使群臣放心。曹操战胜袁绍后也有过同样的举动。

尽管楚庄王、孟尝君、汉光武等人的做法，很可能出于超出常人的心胸和气度，像汉光武就没有诛杀一起中兴汉室的功臣，这在开国皇帝中是不多见的。但以德报怨所带来的极好效果绝不可能逃过注重实利的中国人的眼睛。楚庄王的故事结尾，一定要把楚庄王的赢利情况交代清楚，就反映了这一点。在中国人看来，道义上的成就感如果再加上点实利方面的盈余，绝不是一件坏事。从这一点再往下推,那么仅仅是实利的盈余,作为交易也值得一做了。

北宋时守边大将钟世衡能征惯战,足智多谋。当时胡人中有一个部落最强大,其首领叫苏慕恩。一天,钟世衡请苏慕恩来饮酒,还让一个长得很美的侍妾在一旁劝酒。席间钟世衡有事进了里屋,苏慕恩酒入情怀,乘机调戏侍妾。钟世衡出其不意,突然转身出来,“活捉”了苏慕恩。苏慕恩十分惭愧,请他原谅,钟世衡却笑着说:“你要她?那就送给你了。”从此,凡胡人部落中有怀二心的,钟世衡都让苏慕恩去讨伐,每次都大胜而归。

在现代大生产、大经济的情况下,管理系统中需要各式各样的人才,要将他们有机地组织起来,各展雄才,现代企业领导者更必须有宽大的胸怀,“肚大能撑船”,至今仍是有益的格言。这样,领导者就会像一块磁石,把各种人才紧紧吸引在自己的周围,同时,又像润滑剂,在人才之间周旋,使人才们有效地协同运转。

广州造船厂厂长严明就是一位既有用才之能,又有容才之量的企业家。

严明认为,一个人不只在被使用的时候才有价值,而且本来就有价值,关键在于如何尊重他、发挥他的价值。

厂里有一位所谓“特嫌”人物,是1953年的中专毕业生,业务上肯钻研,办事精明强干,还有摄影、音乐等多方面爱好。那年,国外刊物上登出了船厂保密产品的照片,一查就追到他的头上。他喜欢摄来照去,还有一副“不讨人信任”的眼镜儿,“嫌疑就最大”。就这么一怀疑就达十三年之久。青年熬成了中年,可“控制使用”的禁令还没有撤销。直到后来严明出来声明:“这个‘特嫌’是错案,我当时是保密委员会主任,了解得很清楚。再说,他在业务上有一套,又是个实干家,启用他符合三中全会精神。”一场争议终于平息下去。

“肚大能撑船”,“严明用人有海量”,人们这样赞美他。严明的宽大心胸,不是居高临下的做作,也不是出于怀柔的考虑,而是因为他的思想和决策需要一批志同道合的人来参谋、监督。因此,打过他,编过他假材料的人,只要能干事,他决不另眼相看。厂长助理老王原来是生产副组长,曾经坚决反对严明。后来严明成了一厂之长,他颇有点儿忐忑不安。一次诚恳的谈话有效地缩短了他们认识上的差距:“老王啊!你优点很突出,敢说敢干,有技术,有魄力,为人坦率,没有自己的‘小九九’。过去的事不要老惦着,今后协助我一起干吧。”从这以后,老王把全部心思都用在了工作上。

严明的容才之量,使财务人员、调度人员、工程技术人员、副厂长都敢与他争论,只要符合政策,有利于提高经济效益,他都会认真考虑。广州造船厂在他有效的领导下蒸蒸日上。

德国知名剧作家席勒曾经说过:“不尊重别人的人,别人也不会尊重他。”

哲学家汉纳克·阿里德更是指出:“堵住痛苦回忆的激流,唯一的办法就是宽恕。”

宽容是一种气度,包容他人更是一种涵养。在非原则性的问题上,以大局为重,包容他人,你会体会到化干戈为玉帛的喜悦,更可能赢得永久的朋友。

有多大的胸怀,就有多高的境界;有多高的境界,就能干多大的事业。宽容是一种非凡的气度、宽广的胸怀,是对人对事的包容和接纳。

英国诗人济慈说:“人们应该彼此容忍,每个人都有缺点,在他最薄弱的方面,每个人都能被切割捣碎。”

那么,如果你想成为一个受人尊重的人,如果你想赢得别人更多的好感与信任,就请学会宽容吧!当你能够以宽容博大的胸襟与别人相处的时候,你会发现别人也会回报给你意想不到的尊重与信任。

容忍别人不友好的态度

一个优秀企业领导者是能够包容异己的，理解别人的背景，能够换位思考，懂得什么对他人来说是重要的，这样才能显示出对别人的尊重。

宽容是领导者的成功之道。任何领导者，都必须与人打交道。有人把管理定义为"通过别人做好工作的技能"。一旦同人打交道，宽容的重要性立即就会显示出来。人与人之间的差别是客观存在的，所谓宽容，实际上就是容忍人与人之间的差别。不同个性、不同特长、不同爱好的人是否凝聚在组织目标和愿景的旗帜下，靠的则是领导者的宽容。

作为西点毕业生，马克斯韦尔说："在西点，要用宽容之心容忍别人的过失。西点人认为，宽容是属于领导力的一个素质，宽容就是对他人的弱点的接纳，放下执着，并且看别人的优点，相信对方能够改善。所以面对别人的过错，不妨多一些宽容和理解。唯有宽容才会团结大多数人。"

马克斯韦尔还讲述这样的故事：

在西点军校的这座博物馆里，南北战争中联邦军的主将格兰特与南方叛军主将罗伯特·李的两幅很大的油画半身像并排地挂在显著的地方，非常引人注目。假如你略微了解一点美国历史，就必然非常吃惊：怎么能将一个英雄人物和一个叛逆者的画像挂在一起呢？

以前，格兰特与罗伯特·李是一对好朋友，都是从西点军校毕业的，一起加入美国联邦军队，并一起参加过对墨西哥的战争：那时候，罗伯特·李是赫赫有名的上校，而格兰特不过是一名默默无闻的中尉。然而，在后来美国南北战争中，这一对好朋友却成了两军对抗的敌人。

美国内战爆发的时候，罗伯特·李已经是美国联邦军队中一位声名显赫的将军，美国总统林肯曾经有意让他担任北方军队的统帅。当时，罗伯特·李的心情十分矛盾：他强烈地反对奴隶制，非常不赞同南方脱离美国独立；同时，也很反对北方对南方采用武力，去攻打他的故乡弗吉尼亚。他说："我不会举起我的双手，去反对我的亲人、孩子以及我的家乡。"最后，他脱离了美国联邦军队，到南方军队去了，并成为南方军队的总指挥官。

美国内战开始之后，最初，罗伯特·李凭借他军事上的经验和才能，使南方军队曾一度处于优势；后来，林肯任命格兰特担任北方军队的统帅，战斗的形势发生根本的转变。格兰特将军其貌不扬，不修边幅，嗜酒如命，可在战场上是叱咤风云的英雄。他的口号是："攻击！攻击！再攻击！"在弗吉尼亚大会战中，南方军队被北方军队包围，伤亡非常惨重。罗伯特·李不愿意看到很多的士兵死亡，他的故乡遭受更大破坏，这样他选择了投降。唯一的条件是，希望北方军队能保证每一个南方士兵的安全和尊严。

1865 年 4 月 9 日，遵照林肯总统的命令，格兰特将军仁慈地对待了南方士兵，并答应：不惩罚战俘，每个放下武器的南方士兵可以自由地回家，可以将自己的马和骡子带走，便于他们重建家园；南方军官们还能体面地保留他们的手枪和佩剑；另外，格兰特还答应发放粮食给南方士兵回到家乡。

罗伯特·李将军回到自己的军营，告诉他的军队说："兄弟们，你们被赦免了，现在可以回家了。"这时，士兵们紧紧握着罗伯特·李的手，很多人哭了起来；罗伯特·李也流出了眼泪。

三天后,4 月 12 日,罗伯特·李将军率领他的军队向北方投降。这是南方军队最后一次列队,军旗在微风中飘扬,士兵们齐步走向另一边的穿着蓝色军服的北方军队。这时响起了嘹亮的军号,北方军队向南方军队行军礼,南方军队也仗剑向对方回军礼。礼毕,身着灰色军服的南方军队放下他们的武器,降下了南方军旗。格兰特将军感慨地说:“内战已经结束了。现在南方人又是我们的同胞了。”

南北战争不仅将所有的奴隶解放出来,而且向大家展示了宽容、和解、尊重的文明风格。是林肯和格兰特这样的宽容的领导者,用非凡的政治智慧和博大的胸襟,化解了南北双方因战争而造成的仇恨。

马克斯韦尔认为,领导者有宽容包容之心。只有善于容忍下属的缺点和过错的领导者,才能赢得下属的敬重与爱戴,才能更好地团结下属,从而使自己的事业变得更为顺利。

在下属面前,领导者应该讲究威严。但是,善于容忍下属的缺点和过错,对下属一些细小的毛病或无心的冒犯不予计较,却是领导者团结部下,维系上下之间的关系,以及收服人心的一大妙法。任何地方都有犯过错误的人,在获得上级的宽容后,一定会心存感恩之心,以后必然会在工作上用更大的努力以回报领导的关怀之情。其实在这种情况下,领导者所付出的很少,他只需拥有一个包容的胸怀,负起因部下的过错而带来的一点损失,而他因此所收获的却是良好的工作气氛,上下团结的团队,有时在关键时候,还可能得到知恩图报者所带来的丰厚回报。

因而有人如此形容:如果一个人能容一个班,就仅仅只能做班长;能容一个团的人,只能做团长;能容数千万人的人,就可以成为伟大的领袖。

马克斯韦尔强调,对一个企业来说,也是如此,把文化宽容当成好企业判断标准之一。宽容是企业文化中最强大的东西,也是企业最具有核心竞争力的地方。

美国惠普公司不但以卓越的业绩跨入全球百家大公司行列,更以其对人的尊重和宽容的企业文化而闻名于世。

在惠普公司,将存放机械零件的实验室备品仓库全面地开放,允许工程师在公司或家中可以任意使用。惠普的观点是:不管他们拿这些零件做什么,反正只要他们摆弄这些玩意儿就总能学到东西。公司没有作息表,也不进行考勤,每个员工可以按照个人的习惯和情况灵活安排。惠普在员工培训上一向不惜血本,即便人员流失也在所不惜。

惠普的创始人比尔·休利特说:“惠普的成功主要得益于重视人的宗旨,就是从内心深处相信每个员工都想有所创造。我始终认为,只要给员工提供适当的环境,他们就一定能做得更好。”这就是惠普之道。惠普之道就是尊重每个人和承认他们每个人的成就,个人的尊严和价值是惠普之道的一个重要因素。

惠普公司极力创造一个可以容纳不同观点、鼓励创新的宽松工作环境,努力实现确定一致的总体目标,并允许个人在实现公司目标的时候,灵活地运用自己最佳的工作方式。

惠普公司还通过必要的激励机制承认每个员工的成就。惠普公司有一套完整的补偿措施——薪水和福利制度,从而使它在同行业中处于领先地位。惠普公司按照业绩为员工提供就业安全保障;这样为员工们营造一个安全、快乐、完备的工作环境,以便发挥他们的各种各样才能。惠普公司还对员工的贡献给予奖赏,有利于员工从工作中得到满足感和成就感。

惠普公司为员工营造了宽容的环境。每当员工遇到的个人问题暂时影响工作表现,在这种情况下,惠普公司强调大家都给予理解,这样问题才能获得解决。

这样，惠普形成了尊重、宽容和稳健的人性化氛围，吸引了那些能力超卓、个性迥异及富于创新的优秀人才，使他们的梦想和公司的目标紧密结合，实现最大程度的公司发展和个人提升。

企业领导者的宽容，就能够使近者悦远者来，天下归心。公司领导的目的是形成下属的遵从和追随，而只有自觉的遵从和追随才是领导成功的保证。所以，企业领导的“宽容”能力就是一种影响能力，这种因宽容而形成的“宽容领导力”就成为企业领导成功的基因所在。

“海纳百川，有容乃大”。作为一个公司领导，具有博大的胸襟才是获得事业成功的重要条件。

法则十一
谦虚

别太把自己当回事

布思·塔金顿是20世纪美国著名小说家和剧作家,他的作品《伟大的安伯森斯》和《爱丽丝·亚当斯》均获得普利策奖。在塔金顿声明最鼎盛时期,他在多种场合讲述过这样一个故事。

那是在一个红十字会举办的艺术家作品展览会上,布思·塔金顿作为特邀的贵宾参加了展览会。其间,有两个可爱的十六七岁小女孩来到他面前,虔诚地向布思·塔金顿索要签名。

“我没带自来水笔,用铅笔可以吗?”布思·塔金顿其实知道她们不会拒绝,他只是想表现一下一个著名作家谦和地对待普通读者的大家风范。

“当然可以。”小女孩们果然爽快地答应了,布思·塔金顿看得出她们很兴奋,当然她们的兴奋也使布思·塔金顿倍感欣慰。

一个女孩将她的非常精制的笔记本给布思·塔金顿,布思·塔金顿取出铅笔,潇洒自如地写上了几句鼓励的话语,并签上他的名字。女孩看过布思·塔金顿的签名后,眉头皱了起来,她仔细看了看布思·塔金顿,问道:“你不是罗伯特·查波斯啊?”

“不是。”布思·塔金顿非常自负地告诉她,“我是布思·塔金顿,《爱丽丝·亚当斯》的作者,两次普利策奖获得者。”

小女孩将头转向另外一个女孩,耸耸肩说道:“玛丽,把你的橡皮借我用用。”

那一刻,布思·塔金顿所有的自负和骄傲瞬间化为泡影。从此以后,布思·塔金顿都时时刻刻告诫自己:无论自己多么出色,都别太把自己当回事。

不管我们取得了多少傲人的成绩。也不管我们拥有了多么响亮的名声。在某些人的眼中我们只不过是普通人而已。所以,无论自己多么出色,都要把自负和骄傲收起来,不要太把自己当回事。

乔治·马歇尔是美国的一代名将,在第二次世界大战中,他作为美国陆军参谋对建立国际反法西斯统一战线作出了重要贡献。

鉴于其卓越功勋,1943 年,美国国会同意授予马歇尔美国历史上从未有过的最高军衔——陆军元帅。但马歇尔坚决反对,他的公开理由是如果称他“Field Marshal”很别扭。其实真正的原因是这将使他的军衔高于当时已病倒的陆军四星上将潘兴。

在马歇尔心目中,潘兴才是美国当代最伟大的军人,自己又多受潘兴提拔和力荐之恩,马歇尔不愿使他崇敬的老将军的地位和感情受到伤害。

马歇尔拒绝当元帅后,为了表示对他的敬意,美军从此不再设元帅军衔。1944 年底,马歇尔晋升五星上将——美军的最高军衔。

每一位能够进入西点军校并且顺利毕业的学员都是百里挑一的天之骄子,他们通常对自己具有强烈的信心。西点军校鼓励学生相信自己,但同时又要求学生具有一切从零开始的心态,并且懂得虚心进取,低调行事。

两年前,佳佳在一家公司打工,老板是位广东人,对下属非常严厉,从不给一个笑脸,但他是个说一不二的人,该给你多少工资、奖金,不会少你一个子儿,佳佳他们都拼命工作。

公司有个规定,不准相互打听谁得多少奖金,否则“请你走好”。虽然很不习惯,开始工人们还是一直遵守着,努力克制着从小就养成的好奇心和窥私癖。有一个月,大家都发现自己的奖金少了一大截,开始不敢说,但情绪总会流露出来,渐渐地大家都心照不宣了。那天中午,吃工作餐时,大家见老板不在公司,就有人摔盆碰碗地发脾气,很快得到众人响应,一时怨声盈室。

有一位来公司不久的下岗妇女,一直安安静静地吃饭,与热热闹闹的抱怨太不相称,引起了大家的注意。

工人们问她,难道你没有发现你的奖金被老板无端扣掉一截?她有些吃惊地回答:“没有啊!”工人们比她更吃惊了,整个饭厅一下子安静下来,每个人都一脸疑惑,每个人都在心里揣摩,人人都被扣了,为何她得以逃脱?莫非她与老板有那种瓜葛?她这把年纪,至少有三十几了吧,且瘦得一把骨头一张皮的,哪个男人会对这种肉干一样的女人感兴趣?那么是什么原因使她独享优惠政策?后来才知道她是被扣得最多的一个。不久她被提升了,其他人又嫉妒又羡慕,她的工资会高出一大截来,还有奖金。

很久以后,她向工人们描述当时自己的心情,她的确没有装,她是这样想的,这个月我一定做得不好,所以只配拿这份较少的奖金,下个月一定努力。为何别的人没有这样的想法呢?她是这样分析的,那时她工作了近 20 年的工厂亏损得已很厉害,常常发不出工资,开工不足,工人们都在等待(那时还没有下岗的说法),她等不下去了,因为家庭负担太重,上有生病的老人,下有读书的孩子,还有因车祸落下残疾的丈夫,于是她就出来打工了,收入比起她以前的工资要高出百十元钱,这让她喜出望外,非常珍惜这份工作,甚至有一种感激的心情。

后来,佳佳离开了那家公司,跳了几次槽,至今都没有跳到一个满意的地方。去年 10 月,在一次商务茶会上佳佳又碰到她。她认出了佳佳,而佳佳已认不出她来,不仅是因为她胖了些,白了些,那身合体的高级职业装和与脸型非常相称的发型,精致的妆容把她烘托得典雅且老道,那神态有一种阅尽人世变迁的沉稳与平易,让人一见就会产生与她打交道做生意是可靠的、有保障的感觉,此时,她已做到了经理助理的位置——公司的二老板,是标准的白领丽人。谁能想到四年前,她不过是个战战兢兢的下岗女工,且人到中年。看她很熟练且极有分寸地与人周旋，佳佳内心的感慨是无法用语言来描述的。

其实，海纳百川，成汪洋之势，是因为它位置最低。生活在社会上，只要务实肯干，总能寻找到一个属于自己的位置。

你现在站得低并不代表没有乘着热气球跨越式升高的可能，地位低不是尊严低，只要肯以虚心的姿态追求着自己的梦想，珍惜着到来的机会，那么生活也会满腔热忱回报给你的。

犯了错误敢于承认

犯错是人生必要的经历，因为错误提供的重要信息能帮助我们应付变局。在每一次错误中，我们都能找到未来成功所需的宝贵的经验教训。

现代社会中的大部分年轻人，都抱着谨慎与保守的心态，害怕自己一不小心犯下错误，于是墨守成规，了无新意，久而久之便丧失了应有的勇气。

热情敬业的年轻人却完全不同，他们愿意冒险，敢于冒险，也不会因为犯了错误而沮丧。著名的企业家、钢铁大王卡内基曾说："没有完美无缺、从不犯错误的人，即使犯了错误，世界也不会因此而灭亡。我主要根据掌握到的讯息做决策，有时讯息不够完整，就会导致决策错误。这种错误可以让我积累经验，让我换一种方法解决问题。我从来不会因为犯错而苛责自己，经营企业所需的决策成千上万，不可能每个都正确无误。"在这里，我们要特别申明一个问题，错误和挫折有本质的不同。挫折是由个人能力之外的因素所造成的，而错误则是因为个人的失误所引发的。我们能够防范某些错误，尽量减少错误，但不可能完全杜绝错误。值得庆幸的是，我们若能认识错误，认真检讨错误，分析造成错误的原因，就能帮助自己更有效地做好工作，以至于改变自己的处境。

犯了错误敢于承认，是走向成功的第一步。错误对于人们是有教育意义的，人们可以从错误中学到不懂的东西。小的错误可以警告人们避免大的错误。有些人碍于情面和虚荣心，不愿和不敢承认错误，则失去了避免犯大错误的宝贵经验，以后难免会犯同样的错误，最终的结果往往是停滞不前或哀叹自己悲惨的命运。

> 1929年的夏天，波士顿红袜队一垒手卡尔·耶克斯成为美国棒球史上第七个击出3000次本垒打的人，所有的新闻媒体都把目光投到他身上，数百名记者在破纪录前一个星期就开始报道他的一举一动。其中有一位记者问他会不会被这些成绩所产生的压力击垮，耶克斯笑着回答说："在我的运动生涯中，我击球已经超过10000次，其中有7000次没有成功击出本垒打，没击中的球是击中的球的两倍。所以，没击中是很正常的事，我不会为此而垮下来。"

许多年轻人都承认成功和失败是相对的，事实上，它是一页书的两面，以耶克斯为例，打中和打不中都可能发生，不会永远打中，也不会永远打不中。这个道理同样适用于思考和行动，它能孕育成功的机会，也能产生错误。而害怕犯错误，不敢大胆地去做，你就会因此而丧失一切成功的机会。看看我们的周围，成功者为何屈指可数？那些大学生们、管理人员、教师、机关职员以及无数害怕失败的人，就是因为不敢去尝试新事物而错过了许多成功的机会。

不要羡慕成功的人和对自己的屡屡失败嗟叹不已。要知道成功者往往是失败次数最多的人,能够一蹴而就的人是极少数的。

人生本是充满试验和错误的过程,那些一生从来没有犯过错误的人,必定是碌碌无为、无所事事的人。错误并不可怕,它是上天给你的一次机会,让你下一次能明智地重新开始。

综观人们所遇到的各种各样的困境或难题,不难发现有许多是由于自身的错误造成的。然而,一些人不能客观地看待自己,不愿意承认自己的错误,以至于使自己在错误的泥潭中越陷越深,造成无法挽回的损失。

那些成功者们,不仅能坚定不移地向正确的目标前进,而且在发现自己犯了过错时,也能勇敢地面对,他们应对错误的策略主要有五种,当然这也是他们用来改正错误的常见方法。这些方法不仅体现出他们智慧的头脑,还展现了他们的勇气。

(1)承认错误。这需要一定的勇气,还需要一定的头脑。勇气是敢于认错的前提,头脑是正确分析错误的基础。只有承认自己犯了错误,才有可能指出和改正错误,然后总结经验,吸取教训!

(2)分析原因。承认错误之后,接下来就要分析产生错误的原因。遗憾的是,有些人根本就无视自己的错误,根本不把它当回事;而有些人却无论如何也忘不了自己所犯的错误,长时间地处在自责之中。分析错误最主要的作用是把握产生错误的真实原因,使你将来不再犯类似的错误。

(3)制定改正计划。很多人在承认错误与分析错误之后就万事大吉了,其实接下来应该制定控制损害程序,并着手纠正错误。

世界上最好的东方地毯大多来自中东的小山村,而且这种地毯全部采用手工织成。织工通常是在背面看不见正确花纹的情况下编织,如果一时心不在焉,就会编错花纹或颜色。出现这种情况后,如果把织错的地方拆掉不仅浪费时间,而且会造成浪费,于是他们将错就错,把织错的花纹和谐地织进原设计图案中去,除设计师以外任何人都看不出破绽来。

(4)向相关人员道歉。说一句“对不起”是消除错误的最有效方法。成功人士中有95%的人表示他们会在犯错之后道歉,并一致认为这是消除错误影响的关键。

既然知道是自己的错,你完全可以大大方方地说一声“对不起”,然后问对方如何做才能弥补你的错误。当对方告诉你他们想要的东西时,你必须仔细倾听他们所说的话。如果对方的要求合理,就应照做;假如你无法同意,也应该告诉对方,并建议采用其他方式进行弥补。

(5)调整自己的思维方式。这个策略能够帮助你解脱对于自己错误的悔恨,调整做法,避免再犯类似错误。

当我们做错了事,即使没有被人察觉,自己也会内疚,自己承认错误,同样会起到警示的作用。

永远不说“做得够好了”

作为企业里的年轻人,永远都要有精益求精、追求完美的敬业精神,努力把工作做得更好。因为企业就是在不断的追求完美中发展的,自我满足就意味着停滞不前,就意味着被社会的车轮所淘汰。一个员工如果满足于目前的水平,就会故步自封,难以突破自我,慢慢地就会逐渐找不到自己的位置。

只有追求完美，总想着把事情做得更好些，才能不断发展，获得进步和成功。

我们常听到功亏一篑的事情。比如说，开水烧到99度，你想差不多了，不用再烧了，那你永远也喝不到开水。这就是说，99%等于0%。作为企业的一名员工，在工作中，应该严格要求自己，能做到最好，就不能允许自己做到次好；能完成100%，就不能只完成99%。在《把信送给加西亚》中，罗文就是这样一类人，一种异常优秀的人，他们不仅仅会做别人要他们做的，而且会出人意料地做得非常完美。

上帝赋予每个人都有一种才能，比如，管理的才能、写作的才能、思考的才能。无论你的才能是什么，上帝都不希望你藏起来或存放不用，而是希望你尽量去发挥你的才能。更进一步说，上帝不但希望我们发挥才能，而且更希望我们追求完美——让我们指定一个高于他人的目标。

人们总觉得自己已经做得足够好了。真的是这样吗？你真的已经发挥了自己最大的潜能，已经做到尽善尽美了吗？

在很久以前，一个财主要出门远行，临行前，他把仆人们叫到一起并把财产委托他们保管。依据他们每个人的能力，他给了第一个仆人10两银子，第二个仆人5两银子，第三个仆人2两银子。保管10两银子的仆人用它做买卖，赚到了10两银子。同样，保管5两银子的仆人也赚到了5两银子，但是，保管2两银子的仆人却把它埋在了土里。

过去了很长一段时间，财主回来了。

第一个的仆人掏出另外10两银子，主人说："做得好！你是一个非常自信的人。我会让你掌管更多的事情。现在就去享受你的奖赏吧。"

第二个仆人掏出另外的5两银子来，主人也夸奖并奖赏了他。

最后，第三个仆人来了，他说："主人，我害怕丢钱，把钱埋在了地下。"主人回答道："懒人！你该把钱存到银行里，以便我回来时能拿到利息。哼，多劳多得，你尽管没丢钱，我却什么奖赏都不会给你。"这个仆人原以为自己也会得到主人的赞赏，因为他虽然没有使金钱增值，但也没丢失，就算是完成主人交代的任务了。然而他的主人却不这么认为，他不想让自己的仆人顺其自然，而是希望他们能主动些，做得更出色。

通过这个故事可以看出，每个人都拥有自己都难以估计的巨大潜能，每个人做每一件事都应该抱着追求完美的精神，努力做得更好些。在追求完美的过程中，我们不断地提高对自己的要求，潜能才能最大限度地发挥出来。在做好事情的同时，也不断提高自己的能力，为将来的成功积累筹码。

年轻人在做完一件工作以后，应该这样说："我愿意做那份工作，我已经竭尽全力，我更愿意听取人家对我的批评，以求做得更好。"

事物永远没有"够好"的时候，"够好"其实还是意味着不完美。在职场和商场中，无论客户、上司还是老板，真正存心挑剔的时候并不多，他们提出的要求，都是由于某种需要。客户担心产品出问题；上司怕工作质量影响业绩；老板则迫于市场的巨大压力才严格要求，因为他从来都无法对市场说："我已经做得够好了，你降低要求吧！"有时可能只比竞争对手稍逊一点点，就可能被淘汰出局。要知道，市场是无情的。

有位企业家说："你要求自己的标准，必须远远高于市场对你的要求标准，才可能被市场认可。"这与比尔·盖茨时常训诫员工的话不谋而合："如果大家做得不好，那么，微软离破产就只有15个月！"

上帝手中有一架天平，一端是你的付出，另一端是你的所得。有些人当任务完成得不理想时，他们习惯说："我已经做得够好了。"这样的人注定收获平平。

每个年轻人都有一种突出的才能，各有特色，不尽相同。无论你的特色是什么，你都不要把自己藏起来，你应该积极地把你的才能发掘出来并发挥得淋漓尽致。只要你倾注了激情，花费了心血，迟早你会有收获，包括给企业创造价值，当然也为自己的升职加薪打下了基础。

新飞冰箱有一句广告语“没有最好，只有更好”，是说只有不断地对自己提出新的要求，不断地往更高的台阶迈进，才能到达理想的巅峰。事实上，事物永远没有“够好”的时候，只有把它“做得最好”才能真正成功。面对激烈的竞争，每个人都应该不断地超越平庸，追求完美。

用谦逊来完善和超越自我

一个有教养的人必定是一个崇尚礼节、谦恭有礼的人。谦恭礼让不仅是良好内在素养的体现，还能改善我们的人际关系，减少很多不必要的摩擦。

乔治·林肯是西点军校1929年的毕业生。他仕途顺利，升迁迅速，38岁时就成了陆军准将，是美国陆军在第二次世界大战结束时最年轻的将军。

林肯在美国陆军总参谋部担任过战略规划和计划职务，做过马歇尔上将的助手，曾为1945年罗斯福总统、丘吉尔首相和斯大林元帅在苏联雅尔塔举行的重要会议做过直接的组织工作。

战争结束后的1947年，已经是少将的林肯，完全可以向老首长马歇尔将军要求美军中的任何一个职务和岗位。但他竟出人意料地主动再三要求去西点军校的社会科学系教书，给当时任系主任的一位准将军衔的老战友做副主任。

但西点的系副主任至多只能是上校军衔，林肯为了能到西点社会科学系任职，他向上级要求连降两级，从少将变成上校。

马歇尔再三劝阻无效后，只得批准了林肯的请求。这段“能上能下”的佳话，显示了林肯追求“百年育人”事业的卓越见识，和为了理想抛弃名利地位的出众品格。

林肯后来在西点社会科学系主任的职位上又升为准将。按美军惯例，军官以退休时的军衔为最终和最高军衔，故林肯楼里，有关林肯的记载和牌匾都称他为林肯准将。

每个人都希望生活在一个和谐的环境中，希望得到别人的尊重和友谊，要实现这样的目标，离开谦恭礼让是绝对不行的。

无论是同学、朋友、家人之间，还是陌生人之间，多一分谦恭，就能得到多一点认同，多一些礼让，就能少一些冲突。

谦恭礼让就是要摆正自己的位置，时刻保持谦逊有礼的态度，在为人处世方面宽容一些，多为别人想想，多帮帮别人，不能为一点小事就斤斤计较。

但是，谦虚并不是说要放弃努力、放弃竞争，在学习的过程中，你大可以竭尽全力，学好每一门专业知识，然后在考试中充分发挥，争取每一科都比别人考得优秀。

谦让并不是不努力的借口。

当然，谦让也不代表退缩，谦让虽然是一种崇高的美德，但退缩怯懦的性格，会使你缺乏与人正面交锋的勇气，丧失很多机会。

因此，谦让也要讲原则，它是一种手段与方法，而不是目的与结果。

实事求是，不说大话

在西点军校，有四种回答军官或高年级学员问题的标准答案，“报告长官，我不知道”就是其中之一。

西点并不认为告诉别人“我不知道”是错误的或是可耻的，相反，所有的西点人都认为在事实情况下回答“我不知道”是一种诚实的表现，是维护自身荣誉与原则的表现，是有责任感的表现，更是一种谦虚的态度。

“我不知道”比不负责任地寻找借口，或是盲目骄傲自大要好上许多。与其绞尽脑汁寻找借口来掩饰自己的无知，或是刚愎自用认为自己什么都懂，倒不如态度恭敬地回答一句“我不知道”。

有了错误并不可怕，可怕的是不去改正错误；遭遇失败并不可怕，可怕的是在失败之后不能总结经验再站起来；遇到问题回答“我不知道”也并不可怕，可怕的是不懂装懂，不了解自己的无知。

西点军校是在1802年由当时的美国第三届总统托马斯·杰弗逊签署法令成立的，由此开始了它辉煌的历程。杰弗逊总统以其谦逊的风度和好学的精神而被美国人所牢记。在他那个时代，他几乎像是无所不知的存在，他精通农业、考古和医学，他所发明的小器械为人们带来了便利，而他渊博的知识则来自他永远不自满的态度。

杰弗逊出生于美国贵族家庭，他的父亲是军队上将，母亲是名门之后。当时的贵族很少和平民来往，但是杰弗逊却并没有秉承这些贵族恶习，而是常常谦虚地向平民讨教各种知识，无论是园丁、仆人、农民或是工人，他都乐于从他们身上汲取有用的知识。

杰弗逊仪表堂堂，风度翩翩，对数学、农艺和建筑学都有颇深的造诣，他自行设计的府邸迄今都是经典建筑，它能够拉得一手漂亮的小提琴，他的谦虚风度让他在社交界非常受欢迎。

他还劝说法国政治家拉法耶特：“你应该像我一样去老百姓家里多走走。看看他们吃什么，喝什么，尝一口他们的面包，喝一口他们的水。如果你真的这样做了，就会明白他们不满的原因，也会因此懂得正在酝酿的法国革命的意义所在了。”

一位熟悉杰弗逊的作家曾经这样写道：

“杰弗逊看上去不像总统，更像是一位谦虚的哲学家。在他参加宣誓就任总统的典礼时，是独自一人骑马而来，然后自己把马拴在栏杆上，步行去参加典礼，为人谦虚行事低调。”

杰弗逊的著作有50多卷，现已全部出版。1776年，他所起草的《独立宣言》曾经让千万人为之振奋。

杰弗逊曾经说过：“每个人都是你的老师。”他用自己渊博的知识和谦虚的态度征服了美国民众的心，成为美国历史上著名的总统。而古希腊著名哲学家苏格拉底同样非常谦虚。在人们赞叹他渊博的学识时，总是回答：“我唯一知道的就是我自己的无知。”

麦克阿瑟将军曾经说过：“为了更上一层楼，有时你不仅需要助手，还需要对手。”事实确实如此，如果对人对事有着谦虚的态度，有时候还需要去主动找对手。

海湾战争之后，美国陆军陆续开始使用一种MlA2型坦克，这种类型的坦克具有当时世界上最强的防护装甲，而MlA2的研制者乔治中校则是美国陆军最优秀的坦克防护专家之一。

此前乔治中校为了研究最优秀的坦克防护装甲，请来了麻省理工学院最优秀的破坏力专家工程师迈克共同组建研究小组，两人态度谦虚不断切磋，一个负责防护装甲，另一个则负责摧毁装甲。当时最坚固的坦克就在这种“防护与破坏”周而复始的过程中诞生了。也因此两人共同获得了美国政府的勋章。

如果乔治和迈克不具备谦虚的态度，就无法在不断切磋的氛围中产生成果。一个真正成功的人，一个真正超越他人的人，往往是一个谦逊的人。不是因为他逊色于别人，而恰恰是因为他优秀，他明白“人外有人”的道理，就如同任何一门学问都是无穷无尽的海洋，都是无边无际的天空一样，明白越多，也越是了解自己的不足。只有那些什么都只懂得一些，却又不甚精通的人才会处处显耀自己。

爱因斯坦是20世纪最伟大的科学家之一，他的相对论以及他在物理学界其他方面的研究成果，留给我们的是一笔取之不尽、用之不竭的财富。然而，就是他这样一个人，还是在有生之年不断地学习、研究，活到老，学到老。

有人问爱因斯坦，说：“您老可谓是物理学界的空前绝后了，何必还要孜孜不倦地学习呢？何不舒舒服服地休息呢？”

爱因斯坦并没有立即回答他这个问题，而是找来一支笔、一张纸，在纸上画上一个大圆和一个小圆，对那位年轻人说：“在目前情况下，在物理学这个领域里可能是我比你懂得略多一些。正如你所知的是这个小圆，我所知的是这个大圆，然而整个物理学知识是无边无际的。对于小圆，它的周长小，即与未知领域的接触面小，他感受到自己未知的少；而大圆与外界接触的周长长得多，所以更感到自己未知的东西多，会更加努力地去探索。”

没有一个人能够有骄傲的资本，因为任何一个人，即使他在某一方面的造诣很深，也不能够说他已经彻底精通了。所以，谁也不能够认为自己已经达到了最高境界而停步不前、趾高气扬。如果那样，则必将很快被同行赶上、很快被后人超过。

西点军校为了培养学生谦虚的态度，要求所有学员必须以上司为榜样。著名的巴顿将军就曾经被布莱德利将军这样评价：“他总是乐于并且全力支持上级的计划，而不管他自己对这些计划的看法如何。”

所有的西点学员对上司怎么评价自己，虽然关心但是绝对不会太在意，他们会一如既往地做好自己的本职工作，并且对上司指出了自己的不完善之处而充满感激。

骄傲就如同一位殷勤的“向导”，专门把无知与浅薄的人带进满足与狂妄的大门。一个人，一旦有了满足和狂妄，往往便无法再向前了。相反，一个真正的成功者永远明白自己的不足，正是这些不足敦促着他们向更高的目标前进。

富兰克林年轻时就是个才华横溢的人，但同时他也很骄傲轻狂。对此，他浑然不知。

有一天，富兰克林到一位老前辈家去拜访，当他准备从小门进入时，因为门框低了一些，他高昂着的头被狠狠地撞了一下。这时，出门迎接的老前辈告诉富兰克林：“很痛吧！可是，这将是你今天来这里的最大收获。如果你想实现自己的理想，就必须时时记得低头。”

富兰克林猛然醒悟，也发觉自己正面临失败和社交悲剧的命运。从此他改掉了骄傲的毛病，决心做一个谦逊的人。也就是因为具有这一美德，他得到了人们的广泛支持，在事业上取得了巨大成功，成为了美国开国元勋之一。

越是真诚而谦逊的人，越容易获得他人的好感，得到他人的助力，同时别人也越能看到他的优点；相反，越是骄傲自满的人，自视清高、了不起，往往只会获得别人的厌恶，让人只是关注到他的缺点。

美国石油大王洛克菲勒就说："当我从事的石油事业蒸蒸日上时，我晚上睡前总会拍拍自己的额头，告诫自己如今的成就还是微乎其微！以后路途仍多险阻，若稍一失足，就会前功尽弃，切勿让自满的意念侵吞你的脑袋，当心！当心！"

同样，即使是比尔·盖茨这样的世界级首富，也是一个十分谦虚的人。很多年前，当Windows还不存在时，他去请一位软件高手加盟微软，那位高手一直不予理睬。最后禁不住比尔·盖茨的请求，才同意见上一面，但是一见面，这位高手就劈头盖脸讥笑说："我从没见过比微软做得更烂的操作系统。"但比尔·盖茨没有丝毫的恼怒，反而诚恳地说："正是因为我们做得不好，才请您加盟。"那位高手愣住了。比尔·盖茨用他谦虚的精神把高手拉进了微软的阵营，后来这位高手成为开发Windows的负责人，终于开发出了世界最普遍的操作系统。

越是有涵养、稳重的成功人士，态度越谦虚，相反，只有那些浅薄地自以为有所成就的人才会骄傲。

盲目骄傲自大的人就像井底之蛙，视野狭窄，自以为是，严重阻碍了自己继续前进的步伐。傲慢者可能有一点小才，但他井蛙窥天般的狭窄视线会使他忽视不断进取的重要性，也使得他无法领会"不进则退"的内涵，逐渐变得无知，然后因无知而变得愚蠢，因愚蠢而变得更加傲慢，逐渐在一个恶性的循环中来回往复，最终贻误了自己。

所以，切勿让骄傲支配了你们。由于骄傲，人们会拒绝有益的劝告和友好的帮助，会失去判断事物的客观标准。

打开自己的心胸，善于接纳更多的信息，善于宽容和尊重暂时比不上自己的人，以人之长，补己之短；有则改之，无则加勉，彻底将傲慢的不良习性抛之脑后，同时也不断地提升自我、完善自我。

法则十二

修养

礼貌是必不可少的标准

西点 71 届学员美国汽车保险公司总经理麦克·德莫特说："军人并不是一个让人敬而远之的角色，事实上，当人们有困难时，肯定会把我们当作上帝的使者，军人永远是受大家欢迎的。"

西点队员的礼貌不是矫揉造作，它是一种习惯，但这种习惯来源于谦逊和自尊，以及一种发自内心的为他人服务的愿望。谦逊是在接受教官训练时养成的习惯，自尊则是稍后建立起来的，而为他人服务的愿望则源自当他做好事时，教官脸上难得一见的笑容。

西点队员学会了突出自己的想法或在回答时加上"长官"这一称呼。在新兵训练营的最初 12 个星期内，他甚至必须在对上级军官所说的每一句话之前加上"长官"这两个字。

现代企业界，客户服务正成为越来越多的竞争对手之间的区分因素，而员工的礼貌水平似乎正呈逐渐下降的趋势。在许多行业，客户可以在任何商店、公司或工厂里买到相同的商品。如果价格相同，客户在考虑从什么地方购买时，唯一可能起决定作用的因素就是较好的服务质量。

与产品自身的性能相比，客户与公司销售人员之间的良性互动更能决定客户的满意度。只要公司销售人员真心实意愿为客户服务，任何问题都可以解决。

每一家公司的管理者都应该向下属灌输一种只有在西点中才能看到的守礼意识，并且完全可以从"是的，先生"或"是的，女士"开始。

许多公司得以生存，依靠的不是首席执行官或管理者的决策，而是其服务人员的行为。然而诸多与公众打交道的员工似乎都没有认识到，客户购买他们的产品或服务的唯一原因，是客户个人所受到的待遇。

作为公司的管理者，在任何时候，面对任何员工，都要保持礼貌，都要表现出一副温文尔雅的姿态。不要以官阶压人，更不可大摆上司的架子。对待别人的办公室及所有公司的财产，都像对待自己的东西一样珍惜。定了约会,就必须准时赴约,不要让别人等待。不可随意浪费,尤其是不能随便浪费下属的时间。

永远牢记要像西点军人那样,清楚明白地向别人介绍自己,以及其他在场的人,切不可敷衍了事。也要永远记住随时说“请”和“谢谢”,以礼待人会使你的事业兴旺发达。

懂得关心别人才能受人欢迎

西点军校前校长 A·L. 米尔斯说:“西点培养的军人不是一个让人敬而远之的角色,相反是在需要时,能为大家提供帮助的人。”

从西点毕业的学子在各个领域都取得了优异的成绩,这除了与他们本身的能力有关外,还有一个重要的原因就是,在西点,他们学会了如何使自己成为一个受欢迎的人。

西点军校所致力的教育目标,不仅是培养一流军官,而且是要把一流的年轻人培养成受人欢迎的人,培养成未来全方位的领导人才。

要使自己成为受欢迎的人并不是一件困难的事,只要能真心对别人感兴趣,不出两个月,就能收获更多的朋友。

在一些公司,许多员工却错误地用使别人对他们感兴趣的办法来赢得朋友。这种方式是没用的,别人不会对你感兴趣,他们只对自己感兴趣。

纽约电话公司对电话中的谈话做了详细的研究,想找出哪一个字眼在电话中最常被提到。你大概也猜到了,这个字就是第一人称的“我”。在 500 次电话谈话中,这个字被使用了 3950 次。

如果只是通过在别人面前表现自己来使别人对我们感兴趣的话,你永远也不可能成为一个受欢迎的人。真正的朋友,不是用这种方法交来的。

阿尔夫·阿德勒曾说:“对别人不感兴趣的人不仅一生中困难最多,对别人的伤害也最大,人类的所有失败,都出自这种人。”

保持良好的礼仪

举止优雅、仪表整洁的人无论走到哪里都能受人欢迎,因为他们拥有着受人欢迎的通行证——良好的礼仪。

西点军校对学员的仪表、着装有严格的要求。在什么时候要穿什么样的衣服,西点军校对学员都做了详细的规定。因为保持良好的仪表不仅代表着个人的形象,更代表了西点军校的形象。一个容忍自己仪表邋遢的人是不受欢迎的。每个西点学员都明白:衣服不需要昂贵,但一定要整洁合身。

此外,西点军校对于学员的礼貌和仪表训练也丝毫不放松,学校鼓励学员通过建立自己的人格魅力,以礼貌、友好、严谨的形象赢取良好的人际关系。每个参观西点军校的普通民众一进入校园都会获得前所未有的被尊重和重视的感觉,这让他们感觉惊讶和满足,因为这和外面一墙之隔的注重自由、随意的美国风格截然不同。

西点学员的礼貌并不是虚伪造作的，在长期的训练中，它已经成为一种习惯，这种习惯来源于西点学员的谦逊和自尊，以及一种发自内心的为他人服务的愿望。经过新兵训练营的训练，学员们的父母都不敢认他们从前那个爱说俏皮话、爱高谈阔论的孩子，而新学员们也诧异，自从加入西点后，他们与父母的谈话方式也改变了，张口就是“先生、女士”。

礼仪其实是礼貌和仪表的总称，是一个人有良好教养的体现。礼仪直接影响了你给他人的基本印象，如果你行为粗鲁、衣装不整、蓬头垢面，即使你内心善良，也无法提升你在他人心目中的印象。

伊丽莎白·斯图亚特·菲尔普斯曾经说过：“干净整洁的服装是人的精神力量的源泉，这与人的良知同样重要。很多穿着浆过领的衣服、带着干净手套的人在困难面前显得无比从容，而如果他们衣服不整，则很有可能被困难所征服。”

霍伯特·乌里兰本是铁路上一名普通的路段工，但是没过多久，他就被提拔为全纽约铁路委员会主席，这跟他注重仪表是分不开的。曾经在一个有关如何获得成功的讲演中，他这样说：“衣服不能决定一个人的命运，但是好的着装确实给很多人带来了工作机会。如果你手里有25美元，你希望找一份工作，那么，我建议你花20美元买一套衣服，花4美元买一双鞋，剩下的钱用来刮脸、理发和清洗衣领。然后你就可以去应聘了。我想要比你留着25美元却又着装褴褛要好得多。”

良好的礼仪有助于你成功。满身污垢、衣着褴褛的人或是那些仪态不佳的人总会被人厌恶，衣冠整洁、仪表大方的人总能受人喜欢。上天会赋予懂礼貌、懂得尊重他人并给予他人快乐的人以最大的恩赐。

爱默生曾经说过：“美好的行为比美好的外表更有力量。美好的行为比形象和外貌更能带给人快乐。这是一种精美的人生艺术。”一句简单的“谢谢”，一句真诚的“对不起”，一句温暖的问候，几句谦卑的话语都充满了友好，都会让人对你流露出表示欢迎的态度。

菲利在遇到钢铁大王卡内基的母亲前，只是一个百货商店的雇员。这天天下着大雨，一位老妇人步履匆忙地进入了店内，被雨淋湿的衣服不断地淌下雨水，很快脚下的地板就被她从身上淌下的雨水浸湿了。店内的雇员一个个都流露出很不满的情绪，只有一位小伙子走过来问她：“请问我有什么可以帮助您的吗？”

“不用了，谢谢，我只是暂时避一下雨。”老妇人用沉稳而略带感激的语调对小伙子说。但是淌在地上的雨水令她感觉很不安，她不好意思地看看地板，又无助地看了一眼小伙子。

小伙子显然看出了她的不安，于是不等她解释，赶紧搬来了一把椅子，并且说：“您坐下休息一下吧。”

雨停了，老妇人向小伙子道谢，并要了一张他的名片。

几个月后，商店的老板收到了一封信，信中指明要菲利去苏格兰，接收一份装潢材料的订单和几个家族公司整个季度的办公用品供应订单。老板异常震惊，因为这两份订单给店铺带来的收益超过了他们两年的利润总和。

当他们看到落款时，才发现原来写信人正是几个月前在店铺内躲雨的老妇人——而她正是钢铁大王卡内基的母亲。

老板开始对菲利刮目相看，他立刻吸收菲利做了自己的合伙人，就在菲利起身去苏格兰之前，这家百货商店已经有他一部分了。那年菲利才刚刚22岁。

菲利加入卡内基麾下不久，就凭着踏实、诚恳与良好的仪表成了卡内基的左膀右臂。

随着他的作用的不断发挥,他逐渐成了美国钢铁业的灵魂人物。

一句礼貌而温暖的问候、一把解人尴尬的椅子,成就了菲利一生的成功与魅力。

良好的礼仪是成功的金钥匙,是获得他人尊重、欣赏和喜爱的法宝。良好的礼仪可以弥补一个人的缺陷,可以让一个人成为最具魅力的人。良好的礼仪比智慧和学识更重要,更容易给人留下良好的印象。光明而美好的前途往往会青睐那些具备良好礼仪的人。

想得到尊敬,就必须尊重别人

尊重意味着认可并欣赏所有人的尊严和价值。每个人都渴望得到别人的尊重,作为企业领导,更渴望得到自己属下的尊重,这样可以让自己很有面子。有这种想法,可以理解。但是作为一位企业领导更要明白:只有尊重自己的员工,才能赢得员工的尊重。

杰斐尔·亚瑟介绍说,西点教官与学员们之间关系牢固,能够从他们的相互尊重、信任和信心程度以及道德程度上得到反映。其中更重要的是教官要尊重学员的人格,无论是任何种族和性别,必须平等待人。

在西点,一直贯彻的一种领导理念就是“尊重下属”。好莱坞的电影经常会刻画一些领导的形象,对下属的人格不尊重,甚至虐待他们。但在目前的军队中,这种情况已经不存在了。领导必须尊重下属的人格和尊严。同样如此,在商业领域里,这些原则也一样适用。否则,下属就会选择远离这些人的领导,跳槽到其他工作环境和氛围更加和谐融洽的公司去。

杰斐尔·亚瑟认为,员工只有感觉到自己被尊重,才会竭尽全力地为企业贡献自己的聪明才智。因此,尊重应当成为企业管理的第一宗旨。

杰斐尔·亚瑟倡导“尊重”的企业文化,“尊重”成为他所领导艾迪公司的企业文化建设的一部分。艾迪公司规定:公司一级及下属各层管理者的办公室的大门要始终敞开着,意在表明,领导者与一般员工是平等的,始终保持着交流,准许员工随时进入领导者的办公室提出意见和发泄不满。而且还要向员工说明,领导者和员工一样必须全力以赴地投入工作当中,不得在企业内部办理个人的私事。

尊重是促使员工自动自发地高速前进的助推器。1929 年,美国哈佛大学的心理病理学教授梅奥进行了著名的“霍桑工厂实验”,他在这个实验中发现:员工的工作效率与工厂环境和福利待遇并没有很明显的关系,但却受心理因素和社会因素的很大影响。美国哈佛大学教授詹姆士也在研究中得出这样的结论:员工在实行计时工资时只发挥其能力的 30%,而在受到激励的时候能发挥其能力的 90%。所以,企业领导者应当把物质激励与精神激励有机地结合起来,既要把员工当作是“自然人”,满足他们的物质需求,又要把员工视为是“社会人”,给予他们权利、关心、彼此认同、成长的空间以及自我实现的机会等等。

摩托罗拉公司的创始人高尔文说过这样的一句名言:对每一个人的尊重都要保持永远不变。在这种理念的指导下,高尔文在创办摩托罗拉公司之初就在这个基础上形成了一整套以尊重人为宗旨的企业制度,并将这种思想渗透到公司文化的各个方面。

在摩托罗拉,人格尊严主要包括:

(1)和谐的工作环境;(2)明确的个人前途;(3)开放的沟通渠道;(4)足够的隐私空间;(5)充分的培训机会;(6)平和的离职安排。

在辞职问题上,更能体现出摩托罗拉公司对员工的尊重。公司尽最大努力以免裁员,当应该裁员的时候,裁员名单要按员工的业绩、技能和工作年限等作出抉择。譬如,在公司工作满10年的员工没有经过总裁批准不得列入裁员的名单。当员工因个人或者公司业务的需要而离开的时候,公司还要提供很多的帮助。比如,发放补偿金、安排其他工作、帮助介绍工作等。摩托罗拉公司以人为本、尊重个人、发挥个人的潜能、实现个人价值与公司共同发展的经营理念,从而形成了员工与公司相互尊重的文化氛围,并创造了很好的工作环境。

摩托罗拉公司是以尊重为管理的基础。创始人高尔文认为,尊重包括有四种含义:(1)肯定个人价值;(2)给予特殊信赖;(3)创造和谐氛围;(4)满足具体要求。

在摩托罗拉公司,一切规章制度、关键举措、重大活动都有很高的透明度。高尔文在公司里还设立了“畅所欲言”信箱,员工可以对公司各项事务提出建议或者投诉。高尔文常常召开经理人座谈会,员工可以与领导面对面进行交流,讨论一切具体问题。为此,公司还特意设计了“肯定人格尊严”的答卷:

(1)你的工作是否确定而充实?

(2)你的培训是否适当而积极?

(3)你如何掌握具体工作规范?

(4)你如何认识自身职业前途?

(5)你能否得到最及时的反馈?

(6)你能否得到最公正的对待?

任何一个成功企业均离不开互相尊重与员工的智慧,绝不能脱离员工,必须相互关心和帮助、尊重人格、富有同情心、要有必要的奖赏、要有良好的沟通。

企业文化就是要创建一个人性化的管理,要舒适、友好、尊重、同心协力、集思广益、关心体贴员工的工作和生活,合理的薪金制度,能保证员工赚更多钱的自由发展空间,让员工都能从工作中受益,享受美好的生活,这些品质与美德对企业绩效是很有效的,并且对那些优秀的人才具有更大的吸引力。

尊重是企业管理中一种最人性化、最有效的激励方式。企业领导者只有首先尊重员工,才会得到员工对公司惊人的回报。因此,现代企业应该倡导“以人为本”的管理模式,而“以人为本”的首要法则就是尊重员工。

领导者必须营造良好的氛围,使得每个人都能活得有尊严,受到尊重。企业领导者必须尊重自己的员工,这种尊重会使员工产生一种由衷的自豪感,从而激发他们为企业拼命的工作热情。

注重仪表和礼貌

仪表整洁,举止优雅的人即使离开了金钱,在陌生的环境中也能成功,秘密就在于他们拥有世界各地最受欢迎的“通行证”——礼貌。

礼貌和仪表是一个人给人的最直接的印象,往往决定了第一次交往是否顺利以及是否有可能继续交往。西点深知“礼貌”在人与人之间的重要性,所以在日常的举止上,十分注重学员谦逊的品格及优雅的举止的培养。

西点军校要求新学员对包括学长在内的人敬礼，并称呼“长官”、“您”，这在社会上有时被视为是软弱的行为，但在军队，新学员必须学会尊重、谦虚，这样做是必需的。另外，西点还要求每个新学员记住1 400名其他新学员的名字，实际上一年后，新学员一般都能记住4 000名学员的名字和基本情况，因为西点认为记住对方的名字是有礼貌的表现。

这样的训练不仅使西点的学员学会对他人的尊重、忠诚与服从，更使西点的学员在离开西点走入社会后成为同样受人欢迎的人。

格罗夫·克利夫兰夫人那优雅的仪态和礼貌，与她个人的魅力一起，使她成了白宫里最受欢迎的女主人。她对富有的女士和最贫穷的乡村妇女给以相同的礼遇。一个人倘若能做到这点，是很不容易的，这是她礼貌而平等的待人习惯，与她对个人教养的重视是密切相关的。

在白宫举行的一次见面会上，大家都希望能与总统夫人握手，一位老妇人也在向前挤着，但由于不小心，她把手帕弄掉了。她本想把手帕捡起来，然而焦急的人群从后面推着，根本没有人管这位老妇人是否能捡回她的手帕。她只好身不由己地随人群一直向前涌。可是，克利夫兰夫人敏锐的目光注意到了这一幕，她走上前，把已被踩过的手帕捡了起来，叠好塞到自己的衣袋里，然后又拿出她自己全新的、用最好的布料和花边做成的精美手帕，微笑着递到老妇人手里，亲切地说：“请拿，可以吗?”就像在请求别人帮忙，而不是赠予别人东西一样。

爱默生说：“美好的行为比美好的外表更有力量。美好的行为，比形象和外貌更能带给人快乐。这是一种精美的人生艺术。”

对所有的人都以礼相待，尊重每一个人，这样的人才能受欢迎，人们才愿意与你交往。

上天也同样赋予了每个人讲礼貌、给他人尊重和快乐的能力，这很大程度上依赖于年轻时接受的训练。所以西点对于学员的礼貌和仪表训练丝毫不放松，鼓励学员通过自己的人格和礼貌赢取良好的人际关系。

此外，作为基本的礼貌，西点军校也十分注重学员的军容风纪，对仪表、着装有着严格的要求。

良好的仪表与良好的教养有着紧密的关系，保持良好的仪表也是十分重要的。一个容忍自己仪表邋遢的人是不可能受人欢迎的。对于每个西点毕业的学员来说，他们都明白：衣服不需要昂贵，但要整洁合身，符合场合。

整洁的仪表有利于个人自身的发展。很多大企业都对着装和仪表有严格的要求，因为员工的仪表往往也就代表了企业的形象。一个仪表邋遢的人会让人产生不信任感，试想一个连自己的仪表都不能妥善打理的人又怎么能很好地完成别人交付的工作呢?

一位慈悲心肠的富有女士创建了一所女子中等工业技术学校，这里的女学生可以受到良好的英语语言教育，并且可以学到一些自立的技能。这位女士需要一个管理学校的人和老师，有一个委托机构便给她推荐了一位年轻的女士，委托机构的人高度评价了这位年轻女士，说她有能耐、有头脑、知识渊博，是这个职位的最佳人选。学校的创办者立刻邀请这位女士来面试。表面上看，这位女士符合这个职位的一切要求，但是，没有给出任何原因就拒绝了这位面试的女士。很久以后，当一个朋友又提起这件事，问她为什么要拒绝这么一位有能力的老师时，她回答：“只是个细节问题，但是就像埃及的象形文字那样，细节问题也有很深远的含义。这位年轻女士来的时候打扮非常时髦、穿着很昂贵的名牌,但是,她却带了一双肮脏而且有窟窿的手套,而且她鞋上的扣子有一半没扣上。这样一个懒散的女士是不适合教那些女学生的。”这个求职者也许永远也不会知道为什么她未能得到这个职位,毫无疑问,她能胜任这项工作,但是她却没有重视那些看似不需费心的穿着细节。

衣着干净整齐,头发、指甲等细微的地方也修理干净,这样能给人很有精神的感觉,才能受人欢迎,自然获得成功的机会也就更大。

谨慎自己的言行,让整洁的仪表和礼貌的举止帮助自己建立良好的人际关系,叩开成功的大门。

靠爱和宽容征服人心

巴格达的哈里发(最高统治者)阿尔马蒙有匹千里马。有个叫奥玛的商人路过巴格达,看到阿尔马蒙的马,羡慕不已,提出用十个金币来换,但阿尔马蒙说,就是有一百个金币,他也不换。奥玛恼羞成怒,决定用诡计把千里马骗到手。

奥玛打探到阿尔马蒙每天独自遛马的路线,就选了一个离城门最远、人迹罕至的地方,乔装成病重的流浪汉,躺在路旁。果然,善良的阿尔马蒙看到有病人躺在野外,赶紧把他扶上千里马,打算带他进城治病。奥玛装作有气无力的样子,指了指地上的包袱,阿尔马蒙把他的包袱拾起来系在马背上。奥玛又指了指远处的一根木棍,阿尔马蒙以为这是流浪汉的拐棍,忙转身去捡。奥玛却趁机纵马往相反的方向奔去。

卫兵和行人都没有听到阿尔马蒙的叫声,他跟在马后追了很久,终于跑不动了。奥玛知道奸计得逞,便想奚落奚落阿尔马蒙。他勒住马,得意洋洋地对阿尔马蒙喊:“你丢了千里马,连一个铜子儿也没得到,都是因为你太慈悲了,你还有什么要说的?”

“马可以归你,但我有个要求,”阿尔马蒙大声说,“别告诉人们你骗千里马的方法。”

奥玛哈哈大笑:“原来哈里发也怕别人嘲笑!”

“不,”阿尔马蒙喘着粗气回答,“我是担心人们听说这个骗局后,会怀疑昏倒在路边的人都是骗子。说不定哪一天,你我也会染疾倒卧路边,那时,谁来帮助我们呢?”

听了这话,奥玛一声不响地调转马头,奔回阿尔马蒙身边,含泪求他宽恕自己的罪过。阿尔马蒙不计前嫌,请奥玛回王宫,像贵宾一样招待他,两人结下了深厚的友谊。奥玛后来成了巴格达历史上最受人们爱戴的大法官之一。

我们可以试想一下:如果阿尔马蒙对于奥玛的欺骗不依不饶会怎样?除了会让自己大动肝火之外,根本不会收获任何有益的东西。相反,阿尔马蒙对奥玛的欺骗行径选择了宽容,收获的也是奥玛对他的敬重。

宽容是一种胸怀,它能融化怨恨,缓和矛盾,宽容他人,可为他人和自己开启多扇通往成功的门。

关于此,西点对之有更深一步的阐释。众所周知,西点是一所培养军事力量的学校,但它却这样教导学员:征服人心不靠武力,而是靠爱和宽容。

在西点军校,学员恪守着这样一个规则:宽容豁达。因为他们知道对别人不宽容是心眼狭小之人的特点,是一种心胸狭窄、思想不健康的表现,这种人非但不能认识他人的长处,更不能发现自己的短处。

当别人不经意间对你有了冒犯,当别人无意之中给你造成了伤害,当别人的意见和你发生了冲突,你是怎么做的呢?是大度一笑,选择宽容,还是斤斤计较,睚眦必报?

你的选择不同,你的人生境界也就会不同。选择前者,那么无疑,你是一个大肚能容之人,会更受别人欢迎;选择后者,那么很可惜,你会落入小肚鸡肠的行列,遭到别人的疏远。

就像我们在前面所言,天空收容每一片云彩,不论美丑,故天空广阔无比。做人也是一样,胸襟广阔,修养良好,才拥有更高的风度和境界。正直如山,宽容如水,生活当中,你对别人多表现出良好的修养,你人生的旅途也将会更为平坦与顺畅。

礼貌的行为比美好的外表更有力量

天色近黄昏,一个年轻人骑马赶路,迎面走来一位老农。年轻人勒住马缰,在马上高喊:"喂,老头儿,离客栈还有多远?"老人回答:"五里。"年轻人策马飞奔,跑了十多里仍不见人烟,暗想:这老头儿真可恶。五里,五里,哪里只有五里!

年轻人喃喃着猛然醒悟:"五里"不是"无礼"的谐音吗?问路不讲礼貌,怎么能得到正确答复呢?于是他掉转马头往回赶,发现老人还在原地等候。年轻人赶紧翻身下马,恭敬地叫了一声"老伯"。话没说完,老人就说道:"天色已晚,如不嫌弃,可到我家一住。"

年轻人前后的态度不同,得到的回复也就截然不同。

的确,在现实生活中,那些彬彬有礼的人往往更受人欢迎,相反,那些高傲自大、目中无人的人,往往也会遭到别人的厌弃。

因为深知"礼貌"在人与人之间的重要性,西点对于学员的礼貌训练丝毫不放松,一直鼓励学员通过自己的礼貌赢取良好的人际关系。

然而,和西点对礼貌的重视程度形成鲜明对比,现实生活中,我们很多人却缺乏一些基本的礼仪观念。比如:得到别人的帮助很少说"谢谢",需要别人的帮助从不说"请",做了伤害别人的事从不说"对不起",与人见面几乎从不说"你好""早上好"之类的话……也许你会觉得这些都是小事情,做与不做没什么区别。

这种想法大错特错。对所有的人都以礼相待,尊重每一个人,这样的人才能更受欢迎,人们才更愿意与之交往,而忽略了基本的礼仪,则会给人留下无礼的印象,让他人对你的好感大打折扣。

作为社会的人,每个人都无可避免地要跟别人打交道,如果你因为没有礼貌而受到大家的疏远,而遭到大家的嫌弃,无疑是一件非常遗憾的事情。

用心打造"一见钟情"

如果想让人对你有好感,首先要看得顺眼才行。赏心悦目的外表和优雅温和的举止可以打造"一见钟情"的印象,让人过目不忘。

"以貌取人"是个贬义词,但外貌装扮始终是衡量人印象好坏的主要尺度。优雅温和的举止,则是内在涵养的体现。在平时的人际交往过程中,人的第一印象往往是最深刻的。所以,我们一定要注意自己的第一印象。

如果一个人能做到与人初次见面就达到一见如故的程度,那可真是妙之又妙,当然这样的人也少之又少。也许很多东西第一次见面还不好体会,但至少一个人的表情还是可以传达友好的信息的。例如:微笑。

微笑是沁人心脾的佳酿。好的沟通绝对离不开微笑,与陌生人的交往更是如此。如果你板着一张面孔同陌生人交往,很可能让别人觉得你拒人于千里之外,那还怎么让人家亲近你呢?

微笑是一种极为丰富多彩的表情语言,是自我魅力的外在表现,在人际交往中发挥着举足轻重的作用。

2008年北京奥运会虽然过去了,但是数以百万计的志愿者他们那亲切迷人的微笑却传遍了全世界,为中国国际印象的提升作出了极大的贡献。这样的微笑是真诚而友好的,这样的微笑是跨越了一切隔阂的,这样的微笑已经不只是一个微笑,它是一种力量。一种吸引人,吸引成功的力量。

在我们的日常生活中,不相识的人因为微笑而相识;闹别扭有误会的朋友再次见面,因为一个真诚的微笑,就很可能让彼此冰释前嫌。微笑,可以缓和气氛,拉近距离,一个没有笑的世界简直就是人间地狱。而一个不会微笑的人,就仿佛一座冰山,让人望而却步,还怎么可能让人喜欢呢?

一个微笑不仅仅只是一个微笑,在一个适当的时候、恰当的场合,一个简单的微笑可以创造奇迹;一个简单的微笑可以使陷入僵局的事情豁然开朗。微笑是人内在涵养和性格的体现,是幸运的使者,是成功的推动器。

有人说著名推销员休华普的微笑价值百万美元,这句话一点也不夸张,他的成功,就是凭他个人的人格魅力和不懈努力获得的,他那魅力十足的微笑,可以说是他受欢迎的最主要因素之一。也正是因为微笑,而使得他的事业上了新的台阶。

由此可见,一个会心的微笑与渴望已久的成功之间有着多么美妙的关系。就像著名的推销大师原一平说:"微笑可以消除对方的戒心,容易打开僵局。"可以说,世界上再没有一个比微笑更能简单的达到目的的事了。微笑是传达善意的使者,是走遍天下的通用语言。

一些人不懂得利用微笑的价值,实在是不幸的。

因为,微笑在社交中能发挥极大的效果:无论在家里、办公室,还是在途中遇到朋友,只要你不吝惜微笑,立刻就会显示出意想不到的良好效果来。难怪有许多专业推销员,为了拥有极具亲和力的微笑,每天清早洗漱时,总要花个两三分钟时间,面对镜子训练,视之为每天的例行工作。这是职业的要求,也是培养个人魅力的有效方式。

微笑在工作和事业中的贡献之大,影响之大是大家有目共睹的。

美国联合航空公司宣称,他们的天空是一个友善的天空,微笑的天空。的确如此,他们的微笑不仅在天上,在地面上就已经开始了。

有一位叫珍妮的小姐去参加联合航空公司的招聘,她没有任何"后门"关系,完全是凭着自己的本领去争取。她被录取了,原因就是她的脸上总是带着微笑。令珍妮惊讶的是,面试的时候，主试者在讲话时总是故意把身体转过去背着她，你不要误会这位主试者不懂礼貌，他是在体会珍妮的微笑，感觉珍妮的微笑。因为珍妮的工作是通过电话进行的。那位主试者微笑着对珍妮说："小姐，你被录取了。你最大的资本就是你脸上的微笑。你要在将来的工作中充分运用它，让每一位顾客都能从电话中体会出你的微笑。"

这就是微笑的力量，也许你不曾真实地看见它，但可以从对方的言语声调中去体会，去感觉它，面带微笑交流的时候，给对方的感受是截然不同的。同时，微笑又是吸引他人的磁石。当客人来访或是你走进一个陌生的环境，由于陌生和羞涩，你往往会端坐不语或拘谨不安。此时，你若微笑，就能使紧张的神经松弛，消除彼此间的戒备心理和陌生感，相互产生良好的信任感和亲近感，无形中加深别人对你的好印象。

微笑，伴幸福而发，随喜悦而生。只要你时时超越自我情绪的困惑，你就能保持轻松愉快的心情，你的面孔也会因此而展现幸福的笑，并感染他人，而且他人的微笑又反过来强化你的愉悦和微笑，形成人与人之间良性的人际关系循环。

对初次见面的人，请展现你迷人的微笑，为自己的好人缘开个好头儿。众所周知，有一个好人缘，什么事情都好办。

如果在与人相处的过程中，能够再做到容纳和承认这两点的话，那么就基本达到了好人缘的要求。之所以要容纳，是因为每个人都希望被别人完整的接受，做一个能给大家带去轻松和自在的人，自然会被很多人喜欢。之所以要做到承认，是因为承认对方是一种积极的相处表现，是对对方优点的真诚肯定而绝非忍耐。

戴尔·卡耐基说："人的成功只有百分之五靠专业技能，百分之九十五靠人际关系。"做到了微笑，容纳，承认这三点，你就会成为一个受人欢迎的人，成为一个有良好人际关系的人，一个离成功很近的人。

将心比心，为他人着想

俗话说得好："种瓜得瓜，种豆得豆"给人关爱，自己获得的也会更多。所以说，善良，也是一种策略。

"人生知己最难求"认识一个人是容易的，但要真正理解一个人却很难。虽然如此，但是，替别人设身处地地想一想，这倒是每一个人都可以做到的，同时这也显示了人们豁达的品质。

生活中时不时会发生这种情形：对方或许完全错了，但他仍不以为然。在这种情况下，不要指责他人，因为这是愚人的做法。你应该尝试去理解他，而只有聪明、宽容的人才会这样去做。对方为什么会有那样的思想和行为，其中自有一定的原因。探寻出其中隐藏的原因来，你便会得到了解他人行动或人格的钥匙。而要找到这种钥匙，就必须诚实地将自己放在对方的立场上。

假如你对自己说："如果我处在他的困难中，我将有何感受，有何反应?"这样你就能消除许多烦恼，也可以掌握许多处理人际关系的技巧。

那么怎样做才算是真正的为他人着想呢？让我们来看一个小故事来体会这点，相信大家都会有不同的收获。

卡耐基有在公园散步的习惯也很爱护树木,所以每当他看见一些小树被人为烧掉时,就非常痛心。这些失火事件不是由粗心的吸烟者所致,大多都是由到园中野炊的孩子们引起的。有时这些火蔓延得很凶,以致必须叫来消防队员才能扑灭。公园边上有一块布告牌,上面写道,凡引火者应受罚款及拘禁。但这布告竖在偏僻的地方,很少有人能看见它。有一位骑马的警察在照看这一公园,但他对自己的工作不大认真,火灾仍然时有发生。

有一次,卡耐基跑到一个警察身边,告诉他一场火灾正急速在园中蔓延着,要他通知消防队。警察却冷漠地回答说,那不是他的事,因为不在他的管辖范围内。卡耐基急了,所以从那时起,卡耐基自愿承担起保护公共场所的责任。最初,他没有试着从儿童的角度来对待这件事。当他看见孩子们在树下起火野炊时就非常不快,急于想做出正当的举动来阻止他们。他上前警告他们,用威严的声调命令他们将火扑灭。如果他们拒绝,他就恫吓要将他们交给警察。这只是在发泄情感,而没有考虑孩子们的想法。结果呢?那些儿童遵从了——怀着一种反感的情绪遵从了。但当他离开以后,他们又重新生火,并恨不得烧尽公园。卡耐基的做法获得了适得其反的效果。

多年以后,卡耐基增长了一些有关人际关系学的知识,再遇到类似事情的时候,他不再发布命令不再威吓孩子,而是走到火堆前,向他们说道:“孩子们,这样很惬意,是吗?你们在做什么晚餐?……当我是一个孩童时,我也喜欢生火。但你们应该知道在这公园中生火是极危险的,我知道你们不是故意的,但别的孩子们不会是这样小心,他们过来见你们生了火,也就会学着生火,回家的时候也不扑灭,以致使火焰在干树叶中蔓延,以致烧毁了树木。没有了树林以后要去哪里玩呢?我不干涉你们的快乐,但请你们将树叶扒得离火远些——在你们离开以前,要小心用土盖起来,下次你们取乐时,请你们在山丘那边沙滩中生火好吗?那里不会有危险。多谢了,孩子们。祝你们快乐。”

这种说法产生的效果就不同了,它使孩子们产生了一种同你合作的欲望,没有怨恨,没有反感。他们没有被强制服从命令,保全了面子。他们觉得好,觉得这些话完全是在为他们自己着想。当然,卡耐基也感觉很好,因为他在处理这件事情时,考虑了孩子们的想法。

就像富兰克林说过的:“如果自家的窗户是玻璃的,就不要向邻居家的窗户扔石头。”当你学会换位思考的时候,就会在遇到问题时多站在别人的角度看问题,设身处地地为别人着想,然而只有我们做到这些的时候,我们才能够更多地理解别人,宽容别人,也才能够顺利又和谐地解决问题。毕竟责备和埋怨都不是我们所需要的东西,只有从根本上解决问题才是我们的最终目的。

在生活中学会换位思考,当遭遇挫折时,不妨化消极为希望,阳光就会向你微笑。

当我们学会并做到换位思考的时候,我们会发现原来生活其实很美好,每一天的心情都是很好的;在工作中,要学会换位思考,当受到领导的批评时,不妨反思一下自己工作中的不足、标准上的差距,听进他人之言虚心改进,工作就会变得得心应手、游刃有余。即使与同事发生矛盾,也能化干戈为玉帛,重建良好的友谊。

总之,如果你习惯站在他人角度看待问题,那么你很可能得到一颗成功的种子,善加管理耐心呵护一定会开出漂亮的花朵,结满甘甜的果实。

因为分享,所以快乐

快乐需要发现,快乐需要挖掘,快乐需要创造,更需要分享。

快乐是生活的赐予,我们谁都可以拥有;快乐不用花钱购买,但也不是俯拾皆是。一个人快乐与否,不在于物质上的拥有,而在于你自己用什么样的心态去看待它,你自己怎样去寻找、经营它。一份好心情,不仅可以改变自己,还能感染别人;一份快乐若拿来分享,不仅感染了别人,还收获了双倍的幸福感。另外,由此带来的附加值不可估量,快乐的人大多成为了受人欢迎的人。

英国《太阳报》曾以“什么样的人最快乐”为题,举办了一次有奖征答活动,从应征的八万多封来信中评出四个最佳答案:

(1)作品完成后,吹着口哨欣赏自己作品的艺术家;

(2)正在用沙子盖房子的孩子;

(3)为婴儿洗澡的母亲;

(4)实施手术挽救了危重病人的外科医生。

要使自己成为快乐的人,从第一个答案中,要学会快乐,必须有一份追求,为自己去寻找快乐的事务;第二个答案告诉我们,要学会快乐,必须学会想象,对未来充满希望;第三个答案告诉我们,要学会快乐,一定要心中有爱;第四个答案告诉我们,要学会快乐,要有助人为乐的技能和一颗懂得付出的心。

如果还有第五个,那么应该是分享。要学会快乐必须懂得与人分享,只有这样,这份快乐才会两倍、三倍、甚至无止境的传递下去,才会有“众乐乐”的美妙感受。

我们拥有的快乐里有一般以上都是别人给予的,或者在别人的帮助下获得的,所以当自己获得一份快乐的时候,饮水当思源,应该很自然地想到与人去分享,这样快乐就可以良性循环的发展下去,而因此带来的积极乐观的心态也会跟着循环发展下去。

无论何时,都要记得:给予是快乐的源泉,为别人带来快乐的同时,我们自己也会处于快乐的包围之中。快乐是可以分享的,你给别人带来了快乐,你分给别人的东西越多,你获得的东西就会越多。你把幸福分给别人,你的幸福就会更多。但是,如果你把痛苦和不幸分给别人,那你的痛苦和不幸不会减少什么,还会因此获得一份更让人难受的怜悯。生活中你如果整天愁眉苦脸待人,那别人会以同样的面孔对你,你看到了更多的愁容;相反,如果你以笑脸相迎,你会看到更多的笑脸,你的快乐心情就加倍了。

从前有个国王,非常疼爱他的儿子,总是想方设法满足儿子的一切要求。可即使这样,他的儿子却总是整天眉头紧锁,面带愁容。于是国王便悬赏找寻能给儿子带来快乐的能士。

有一天,一个大魔术师来到王宫,对国王说有办法让王子快乐。国王很高兴地对他说:“如果你能让王子快乐,我可以答应你的一切要求。”

魔术师把王子带人一间密室中,用一种白色的东西在一张纸上写了些什么交给王子,让王子走入一间暗室,然后燃起蜡烛,注视着纸上的一切变化,快乐的处方会在纸上显现出来。王子遵照魔术师的吩咐而行，当他燃起蜡烛后，在烛光的映照下，他看见纸上那白色的字迹化作美丽的绿色字体："每天为别人做一件善事！"王子按照这一处方，每天做一件好事，当他看见别人微笑着向他道谢时，他开心极了。就这样，王子一天比一天快乐，最终成为了全国最快乐最幸福的人。

由此可见，分享的魔力在于，快乐分享更快乐，忧愁分享变快乐。

另外，在这个纷繁复杂的社会中，每个人都需要别人的帮助，因此具备一颗施与之心是十分必要的。生活是个万花筒，有时不免长出一棵忧郁、烦恼的花，破坏好心情，而在此时把自己的快乐分给别人，把别人的不快乐用快乐来化解，这会给你及你帮助的人的心灵都带来舒适和美好。生活中如果我们能以乐观的态度去对待一切，好心情就会常伴我们。生活中有人什么都不缺，就是不快乐；而有的人什么都不如别人，但他却整天乐呵呵的。他们的差别不在于拥有多少，而在于内心是否知足，对快乐的东西是否懂得去分享。

在我们的日常生活中，给予快乐，分享快乐的机会有很多，关键在于自己是否真的想去做。在每天忙碌的工作之中，繁忙或者焦躁都是常客，那么快乐呢？其实它就在你的身边。在与客户交流的过程中，在与同事聊天的时候，在向上司汇报任务的过程里。一次良好的合作，一段有趣的办公室趣闻，一份得体又实用的报告……所有的所有，都是一种分享，而这种分享的体验在无形中增加了自己的沟通和交际能力，促成自己拥有良好的人际关系。

我们要知道：所有的努力都是为了成功，而成功的终极目标却是愉快地活着。

人人为我我为人人

西点认为，军官与其上下级之间关系的牢固程度，可以从他们的相互尊重、信任和信心程度以及道德程度上得到反映。这一关系中尤为重要的是领导者要尊重下级的人格，不论种族和性别，公正待人。官兵之间的紧密关系是十分必要的，特别在战斗中更是如此。

西点认为，军官与其上下级之间关系的牢固程度，可以从他们的相互尊重、信任和信心程度以及道德程度上得到反映。这一关系中尤为重要的是领导者要尊重下级的人格，不论种族和性别，公正待人。官兵之间的紧密关系是十分必要的，特别在战斗中更是如此。战斗中占统治地位的恐惧不是害怕惩罚，而是害怕负伤或死亡。在大多数令人生畏的战斗情形中，只有那些尊重和信赖自己的领导和同伴的士兵，才能有目的地进行战斗，甚至以死相拼。

《美国陆军军官手册》明示，每个士兵都希望确信无疑地得到自己指挥官的公平对待。最能引起士兵响应的动力是得到指挥官的信任、保护和尊重，并与他们同甘共苦，生死与共。军官绝不能在士兵中有自己偏爱的朋友或"哥儿们"，军官不得成为"老伙计"，也不得成为"老兄老弟"。如果军官深得部属拥戴，那只能是善于领导，办事公正，知识丰富和决策明智。西点正是从这些实际需要出发，引导学员获得人际关系的技能。

军官与军官之间的关系也十分重要。陆军军官是美国公众中的典型代表，国家幸福和国防安全利益把这个由不同成分组成的群体凝聚到一起。连接军官之间的友谊纽带使军官队伍得到加强。同其他职业一样，军官中存在着竞争，但要求是健康的竞争，与人为善的，专业上互相尊重的，机会均等的竞争。军官必须成为为国效劳的榜样，并树立绝大多数青年都愿意效仿的形象。西点正是从陆军甚至美国的需要出发培养学员的。

西点军校有计划地培养学员在人际关系方面的种种技能。比如,与所有团体的人们交往的技能,包括与女兵、少数民族士兵以及种种民间人士的交往;影响人们态度和信念的技能,包括道德征服,人格引导,说服教育等;在部队中通过商讨,说教和争论有关问题,形成种种非正式准则的技能。人际交往技能优化了学员的人格。

以平常心面对人生起落

一个人活着,活得是否滋润,是否真实,取决于本人修养。心态平和者,无论遇到什么事,都不会大喜大悲。

每一年的每一天,无论心性如何,不管境遇怎样,生活赋予你的酸甜苦辣,你都得承受,因为这就是生活。

每一年的每一天,无论心性如何,不管境遇怎样,岗位上属于你自己的活儿,你得天天去干,因为这就是工作。

用平和的心态赢得胜利——从心理学角度而言,有了自信,有了平常心,一个人就不会把自己视为生活的机器,工作的奴隶。他会注意到身体生理机制的调节,该休息时就休息,该努力时就努力,他不会与时间赛跑,但却可以取得事半功倍的效果。

人生如海,总有沉浮,沉时冷,浮时静者,必有过人之处。

在经商的过程中,成功的商人多,失败的商人也多。许多人第一次失败时,不是积极反省,而是怨天尤人,结果终于失去了再次成功的希望。而有的人或许一开始就面临失败的诸多因素,但他们从不怨天尤人,而是脚踏实地地奋力拼搏,最终到达了胜利的彼岸。在这之中,一颗平和之心尤为重要。

> 1935 年 4 月,罗斯经营了五年多的化肥厂宣布停产,公司的倒闭对于罗斯来说打击太大了。这时他已经 48 岁了,拖着两条像灌满了铅的腿,垂头丧气地回到了家里,突然有许多从未想过的问题——关于生命、金钱、人生的价值,还有活着的意义,一时间塞满了罗斯的整个思绪。但是,他并没有怨天尤人,而是选择了艰难的重新生活。
>
> 为了还债和生活,罗斯背上空空的行囊踏上了前往阿拉斯加的路途。当罗斯来到人潮汹涌的码头时,被眼前的景象惊呆了。不要说劳务市场里人山人海,就连附近一些还未竣工的楼房里,都东倒西歪地躺满了没找到活的民工,看到这些衣衫褴褛的落魄民工,谁都会禁不住倒吸一口凉气。
>
> 尽快找到一份工作,这是罗斯唯一的愿望。然而当时正值生产的淡季,绝大部分工厂不招工,奔波了数天的罗斯一无所获。由于兜里的资金有限,他不得不离开了那家一个晚上 15 美元租金的小旅馆。当时露宿街头是十分危险的,在昏黄的灯光下,罗斯终于在一个立交桥下的桥洞里找到了住处。为了生存,罗斯开始了捡垃圾的工作。一分汗水一分收获,罗斯平均每天可以挣 60 美元左右。可是,随着"拾荒队伍"不断地扩大,"货源"一天一天地减少,有时挑着担子跑了几十里,收获却寥寥无几。
>
> 这时,已有 1 万美元的罗斯发现街头有几家俄罗斯烤羊肉串摊位,便也照葫芦画瓢地干了起来。刚开始时,罗斯的生意不如那些俄罗斯人好,但他肯动脑筋,知道顾客对餐饮最

关心的就是卫生。所以,他把自己的衣服洗得干干净净,烧烤用具擦得锃光瓦亮,盘子里的羊肉串摆得整整齐齐。这一招很有效,人们开始拥向罗斯的烧烤摊。这时,他又在质量上下功夫,不仅向同行学习,还向顾客请教,结果罗斯烤出的羊肉串,清洁卫生,香气扑鼻。后来,罗斯的摊位由一个增到两个、三个……随着规模的不断扩大,他的烧烤店成了阿拉斯加街头颇有影响的烧烤点,最后他创办了罗斯羊肉食品公司。

罗斯的成功关键在于失败时候不但没有气馁,还保持了敏锐、冷静的情绪,一颗看透得失的平常心。失败是难免的,生意失败了就应该像他这样不气馁,不服输,不怨天尤人,抱一颗平常心探询商机。

老子就曾经说过:“胜人者力,胜己者强。”

这就是说,能战胜别人的人只是有力量,能战胜自我、超越自我的人才是真正的强者。商人要在市场经济条件下做到从失败中走出来,首先要战胜自我,更新观念,转变思路,把抱怨化成行动的力量。在超越中实现心理的升华,看淡人生起伏和得失,做到宠辱不惊,越是艰难而关键的时刻,越需要这样冷静又过硬的心理素质。

一个人的心里没有大得大失,没有大喜大悲,听来有点像是有极深修行的大师,其实是一种风雨考验后的升华与获得,是极其宝贵的人生财富。

平和者的人生没有“滑铁卢”。

法则十三 求知

提升自我，永不知足

西点学子为了在激烈的竞争中胜出，他们从训练中吸取经验，探寻智慧的启发以及有助于提升效率的方法。不管西点学员是要攀上国防部的顶峰，还是希望在目前位置上获得良好声誉，他都得不断地提升自己的能力，让自己的专业技能随时保持在巅峰的状态。

但是在公司中，一帆风顺的职业生涯却成了员工成长的阻力。如果沉溺在对昔日以及现有表现的自满当中，学习以及适应能力的发展便会受到阻碍。要是没有终生学习的心态，不断追寻各个领域的新知以及创造力，员工终将丧失自己的生存能力。终生学习能够去除自满的心态，或是避免自满心态的扩大。

西点学员对自己的技能层次时时保持警觉，并且探寻能够让他的专业技能更上一层楼的机会。通过阅读、聆听、训练、冒险以及吸取新的经验，西点学员可以克服无知的障碍；避免无知滋生出自满，损及他的军人生涯。专业能力需要不断提升技能组合以及刺激学习的能力配合。不论是在军界生涯的哪个阶段，学员学习的脚步都不能稍有停歇。

不管你有多成功，都得在业余时间不断地给自己充电，如果不这么做，工作表现自然无法有所突破，终将陷入日复一日重复的陷阱里头。维系成功的唯一法门在于终生学习，在新的方向不断探寻、适应以及成长。

不管你有多能干，千万不要自我膨胀到目中无人的地步。开放心胸接受上司或是同事的指点，了解自己有哪些能够加强的地方，发挥自己的才能，并且探寻新的机会。你所需要的是能够对你直言不讳的上司，并且激发你接受未知挑战的力量；这样的上司将是你在专业领域上的无价宝藏。

看看毕业于西点军校的ABC晚间新闻的主播彼得·詹宁斯在电视上侃侃而谈的样子，实在很难想象他刚在西点军校电视台出道时生涩的模样。他退伍后刚在电视上出现的时候，不过是个初出茅庐的年轻小伙子，实在看不出来日后会成长为如此成熟稳健又广受欢迎的主播。

年轻的彼得·詹宁斯当了3年主播之后，就做了一个很大胆的决定——他辞去了人人艳羡的主播职位，决定到新闻第一线去磨炼记者的工作技能。

在《主播生涯》这本书当中，罗伯特·戈德堡以及杰拉尔德·杰伊对彼得·詹宁斯的生涯历程有很清楚的描述。彼得·詹宁斯虽然毕业西点军校，但是却以事业作为他的教育课堂。他在国内报道许多不同路线的新闻，并且成为电视网头一个常驻中东的特派员，后来他搬到伦敦，成为欧洲地区的特派员；经过这些历练之后，他才回到ABC主播台的位置。

还有这样一个故事：

徒弟去见师傅："师傅！我已经学足了，可以出师了吧？"

师傅问："什么是足了呢？"

"就是满了，装不下去了。"

"那么装一大碗石子来吧！"

徒弟照做了，师傅问："满了吗？"

"满了。"

师傅抓来一把砂，掺入碗里，没有溢；师傅又问："满了吗？"

"满了。"

师傅抓起一把石灰，掺入碗里，还没有溢出；师傅再问："满了吗？"

"满了。"

师傅又倒了一盅水下去，仍然没有溢出来。

不少年轻人抱着雄心壮志走上社会，可是几年后，取得了一些小小的成就，棱角也开始磨平了，追求也消磨殆尽，他们开始对一切感到乏味，于是满足于现有的一切，喝酒、打麻将、打游戏……有多少机遇都在酒桌和麻将桌上被错过了。

西点军校的约翰·科特上尉建议："勇敢面对挑战，并且大胆采取行动；然后坦诚地面对自己，检讨这项行动之所以成功或是失败的原因。你会从中吸取教训，然后继续向前迈进，这种终生学习的持续过程将是你在这个瞬息万变的环境中的立足之本。"

现在的公司对于缺乏学习意愿的员工是很无情的，员工必须负责精进自己的工作技能，否则就会被远远地抛在后面。社会呈爆炸式进步，只要没有定期充电，转眼之间就会被时代淘汰。上司固然能够鼓励你努力成长，但是最后还是要你自己刺激学习的意愿，才能够吸收到所需的专业知识。你所具备的知识越是丰富，你所具备的价值也就越高。

一滴水只有放在大海里，才能永远不会干涸，同样，只有时刻提升自己现有能力的员工，才能永葆生命的活力。向西点学习吧！永不满足，生存的过程就是一个不断自我超越的过程。

学习是一种非常重要的能力

在西点军校，所有的学员都知道，人生是一个漫长的过程，需要持续的动力，而要想保持这种动力，就只有不断地学习，不断地积累知识。在他们看来，学习是一种非常重要的能力，只要具备这种能力，就能不断自我提升，就没有得不到的成功。

埃里克·霍弗将军说："没有哪个人可以永远独占鳌头，在瞬息万变的世界里，唯有虚心学习的人才能够掌握未来。"是的，人生需要不断学习，如果不继续学习，就无法使自己适应急剧变化的时代，就会有被淘汰的危险。只有善于学习、懂得学习的人，才能具备高能力，才能够赢得未来，在漫长的人生道路上留下精彩一页。

英国杰出的军事家、英国陆军元帅伯纳德·劳·蒙哥马利曾经多次到西点军校访问和讲演，他对学习的浓厚兴趣和执着精神，成为西点学子学习的重要榜样。

据说，蒙哥马利没有太多的嗜好，他不喝酒，不抽烟，不好女色，不爱交际，他一生中唯一的兴趣和爱好就是军事。在他的心中，训练、作战、胜利是全部的内容。正是这种别人无法相比的敬业精神，使蒙哥马利能够在同辈人中出类拔萃，声名显赫，战功卓越。

蒙哥马利对自己的职业几乎达到了狂热的程度，为了把事业做得更好，他不断学习。为了争取到印度服役，与印度士兵沟通，蒙哥马利刻苦学习印度的乌尔都语和普什土语；为了能使用和管理营里的运输工具，他对有关骡马的知识也作了深入的了解，把野战勤务条令背得滚瓜烂熟。他这种不断学习和热爱职业的敬业精神使他在世界军事史上留下了光辉的形象，成为无数人心中的大英雄。

没有什么东西能随着时间的流逝历久弥新，知识、技能皆如此。停下就意味着被超越，在战场上就意味着牺牲。因此，只有不断为自己补充能量，才能使自己保持强劲的动力，一直向前进。

在西门子公司的车间里，有一位做杂活的年轻人。这个年轻的小伙子非常憨厚，平时不爱说话，每天只是闷头干活。

平时，员工们在工作之余会坐在一起聊天，说些笑话，但这个小伙子却很少在休息时间里与人聊天，和大家说笑，他自己也并不歇着，而是站在一些生产设备前看个不停，一会儿摸摸这儿，一会儿动动那儿，时不时他也会和大家沟通几句，但内容都是一些关于生产的问题，有兴致的时候，他也能饶有兴趣地和工人讨论一些产品生产中的问题，大家在一起讨论得非常开心。

其实一开始，他的行为遭到了同事们的嘲笑和不屑："你这么拼命、这么努力，难道你还想做技术工人不成？"但他每次对这样的嘲笑和奚落却只是笑笑，并不在意，该怎么做依旧怎么做。他的努力真的没有白费。

一天，车间的一台机器出了问题，技术师傅忙了半天也没修好，小伙子自告奋勇，过来摆弄了一会儿，机器就恢复正常，继续工作了。此举让所有人大吃一惊。原来，这个憨厚又执着的小伙子已经在这两个月中学习了产品生产的全过程，并且对机器的操作也非常熟练了。大家都非常惊讶地说："你的学习能力真强！"

很快，这件事情就被主管知道了。主管非常欣赏他的学习精神，于是就把他提升为车间负责人。然而，小伙子并未因此停下学习的脚步，依然像原来一样，抓住各种机会学习。在学习产品生产和其他知识的同时，还自学了外语，并每个月自费去总部参加培训。一年之后，这个其貌不扬的年轻人又被提拔为总公司生产制造部的主管，由于深得总裁信赖，三年以后，他成为了经理。

作为一名员工，你需要不断学习，把学习当成一种习惯，通过学习新知识来提升自己，适应企业的发展。然而，在工作中，很多员工会在公司里抱怨，说老板不重用他，不给他加薪，不提升他，等等。其实，如果你真的具备一定的能力，老板不会看不见，提升自己之后，你自然会得到你想要的东西。

这一点,西点学子是所有人的榜样。尽管西点学员是在最好的军校受训,但是他们还是有很强的危机感。没有人希望自己不被社会认可或被淘汰掉,西点学子也是如此,他们更不能接受被淘汰的命运。走进西点,就意味着成功和进步。因为西点赋予每一个学员这样的使命:要保持西点永远的经典,要保持学员永远的优势和荣誉感。为此,西点为学员准备了很多"加油站",努力学习,不断提升自我,从而取得了伟大的成功,让西点的经典成为永恒。

总之,一个具备学习能力,能够积极利用一切条件学习的人,就能克服任何困难,实现自己的理想。也就是说,人不光是靠他生来就拥有的一切,而是靠他从学习中所得到的一切来造就自己。

在所有的能力当中,学习能力应该是人才应具备的各种能力的核心。如果没有了学习能力,人的思维就会僵化,就无法获得进步,最终被新知识、新观念所淘汰。人生竞争将是学习能力的竞争,一个善于学习的人,前途必将一片光明。

虚心向周围的每一个人学习

西点军校向来都非常重视学员们的学习,无论是在紧张的训练中,还是在日常生活中,学校都给学员们提供了很多学习的机会。西点学员非常清楚,学习是战胜一切困难和挫折,赢得最后胜利的保证。

西点军校教诲学员,要保持一种谦逊的心态,要虚心向比自己优秀的人学习。不管你有多能干,千万不要自我膨胀到目中无人的地步,唯有虚心学习,才能够成功掌握未来。

福特作为一个大公司的创始人,有着非常执着的创业精神。他十分善于学习,从来不耻于向任何人请教。他觉得只有虚心向别人求教,才能使自己尽快获得提升和进步。他之所以能取得如此辉煌的成绩,与他虚心求教,敢于创新的精神有着非常密切的关系。正因如此,他创立了"福特生产方式"——流水线生产,并且赢得了今时今日福特公司在全世界的顶尖地位。

应该说,福特的成功正是得益于他的虚心好学,不断进步。当然,在这个世界上,因为虚心学习而获得成功的人还有很多,福特只是其中一个而已。

在世界500强企业中,有一个叫琼斯的经理,他就是一个喜欢向周围的每一个人学习的人。

琼斯的学习不局限于学校,他有着丰富的社会实践经验。从一上大学开始,琼斯就开始在修理厂实习。在实习的过程中,他接触了很多行业的、形形色色的人,在与他们接触的过程中,琼斯开阔了视野,学会了如何同人相处。

琼斯说:"人要适应环境,因为无论做什么工作都要和人打交道。要把自己放在一个恰当的位置,向所有的人学习。所以,每次实习,我都会学到新东西。"

此外,琼斯还喜欢一个人旅游,他认为这也是一个非常不错的学习机会。于是,每到一个地方,他都要和当地人沟通交流,了解当地的风俗民情,了解当地人们最感到骄傲的东西。在旅游中,用餐、住宿、行程安排,等等,全都靠自己。后来,琼斯每到一地,都能用最快的方式找到既便宜又好的旅馆和饭店,这与他善于学习的精神是分不开的。

因此,大学毕业后,琼斯选择了世界500强公司,他觉得在这样的大企业里,自己的学习机会更多，自我提升就会更快。在面试的时候，琼斯表现得很自信，他坦率地说："面试之前，我没做太多准备，平时我涉猎很广，机械、政治、哲学、艺术，等等。我知道，很多公司更看重专业之外的一些东西。很多知识，大家都知道，这不稀奇，公司看重的并不是这一部分；他们看中的是你所独有的，这些源自你平时的学习。"

最终，琼斯被录用了，因为虚心学习的精神，他把周围的每一个人都当作是自己的老师。因此，他进步神速，没过多久，就从一个小职员升为部门经理。

也许我们的身边没有福特和琼斯，但是我们身边肯定有和他们一样的人，他们都有一个共同的特点：虚心向周围的每一个人学习。其实，名人也罢，身份普通的人也好，他们都有值得让你学习的地方。即使有的人身份比你低，知识或能力也不如你，但只要他身上有值得你学习的地方，你都应虚心求教。这是自我提高的一个重要所在。

其实，对于很多人来说，学习并不是什么难事。向书本学习，向朋友学习，甚至向竞争对手学习，这些已经成了不少人的良好习惯。对于一名年轻人来说，要想提升自我，在竞争中立于不败之地，就要通过高效的学习，虚心地向每一个人学习，在当今社会显得尤为重要。

因此，年轻人，努力培养善于学习和愿意思考的能力，让自己养成这样的习惯，这样你就会成为一个能量无穷的人。只有虚心向人请教，就能不断提高自己，为成功打下良好的基础，为自己开创出一个精彩未来。

生活中的每一个人、每一件事都是最好的教材。只要你用心，你一定可以从周围人身上学到一些你原来没有的东西，从而使自己突破现在的局限。虚心学习，能让你获得更快的成长。

学习需要"钉子精神"

西点学员都知道，只有不断学习，才能自我提高和完善，才能在漫长的人生之路上充满斗志和激情，保持持久的生命力。在西点，每个学员都利用有限的时间学习最多的东西。即使没有时间，他们也会去挤出一些时间。雷锋曾说过："钉子有两个长处：一个是挤劲，一个是钻劲。"显然，西点学员很好地践行了雷锋精神，他们已经把"挤"和"钻"变成了一种自觉的行为，变成一种责任。

其实，无论时代如何发展，"钉子精神"永不过时。时代发展越快，人们需要学习和掌握的东西就越多，然而时间有限，如何在有限的时间里学到更多的知识呢？这就需要钉子精神，需要"挤"和"钻"。

一个善于挤出时间学习的人，一定是一个勤奋的、上进的，一心想要自我提高的人。这样的人，最终必然会因为这种难能可贵的钉子精神而获得巨大的成功。下面这个故事就是"钉子精神"的最好体现。

日本著名作曲家小泽征尔是一个非常热爱学习，善于挤时间的人。日本作曲家武满彻曾经在小泽寓所住过一段时间，亲眼见证了大师的崇高精神。

武满彻说："每天清晨4点钟，小泽屋里就亮起了灯，他就开始读总谱。我真的没想到他是如此用功。"

其实，小泽从青年时代就养成晨读的习惯，一直坚持到今天。小泽曾这样说过：“我是世界上起床最早的人之一，当太阳升起的时候，我常常已经读了至少两个小时的总谱或书。”

正是因为小泽比别人早起了两个多小时，多挤出了一点时间，他就比别人多学了两个小时的知识，所以，他成了日本著名的作曲家，成为人们非常尊敬的人。当然，他更是所有人学习的榜样，学习他那种学习时的“钉子精神”。

然而，在现代社会，真正能够全身心投入学习的人已经不多了，有的人觉得现在过得衣食无忧，无需再补充知识；有的人虽然想学习，但是总觉得心有余而力不足；有的人天生就不爱学习，终其一生只能庸庸碌碌。

在现今市场竞争残酷，技术日新月异，知识不断更新的社会，如果我们不能很好地筹划自己的未来，不能给自己不断地充电，那很有可能会被社会所淘汰，势必会使自己将来的生活水平永远停留在社会的基准线以下。要提升自己，要给自己充电，要想让人生过得精彩，生活获得幸福，事业赢得成功，你就需要拿出不怕困难的“钉子精神”，这样会让你产生强大的精神力量，更能助你成功。

当然，有些人会说现在工作那么忙，根本就没有时间学习。其实，学习不在于工作忙，而在于你愿不愿意学习，会不会挤时间。学习的时间是有的，问题是你善不善于挤，愿不愿意钻。一块好好的木板，上面一个眼也没有，但钉子为什么能钉进去呢？这就是靠压力硬挤进去的，硬钻进去的。在学习上，只要你也抱着这种“钉子”精神，善于挤和善于钻，你就能为学习提供充裕的时间。

要知道，时间对任何人来说都是公正、平等的，只是每个人在利用上有所不同。对善于科学利用时间的人来说，一天可当成两天用，没时间也可以挤出时间用。如果你再有一股“钻”劲，不管遇到什么困难，都千方百计把它搞懂，那么，你就会不断进步，不断提高。

小武是一个来自农村的小伙子，在偌大的城市中打工是他的心愿，他觉得自己能在城市里出人头地，实现自己的梦想。

他每天除了在工地上辛苦工作到很晚，还要跑到学校去上课，晚上回到宿舍还要继续学习。用他的话说，学习的时间都是挤出来的，虽然工作累，但是，学习的劲头上来了，就忘了累。现在不辛苦，只能永远给人打下手。他的目标是要让自己和家人过上吃穿不愁的，快乐无忧的幸福生活。

小武就是凭着这种不服输的精神，无论风霜雨雪，他都没有一天不去学校学习。他说“每天学习一点点、每天掌握一点点，我就能成长一点点、离成功就近了那么一点点”，在小武朴实无华的话语中，流露出的正是一种锲而不舍的精神，这就是“钉子精神”，一个平凡的钉子成就的伟大而崇高的精神。其实，任何人具备这种精神，都会迎来人生的精彩，事业的成功！

年轻人，时代在发展，人类在进步，未来的职场竞争将不再是知识与专业技能的竞争，而是学习能力的竞争，一个人如果善于学习，他的前途会一片光明。如果你没有学习的能力，不能在人才济济、竞争激烈的市场大潮中为自己谋得生存之本，那么，未来的路将会举步维艰。

因此，现在你就应该以西点精神为指引，重视时间，抓紧一分一秒，学习“钉子精神”，争取竞争的主动权。不要再为学习找任何借口，只有学会充分利用时间，认真钻研，才能不断自我提高，才能让你有限的生命之树开满鲜花，硕果累累。

天下没有不劳而获的事情，只有充分利用“钉子精神”不断学习才能让你获得想要的一切。可以说，“钉子精神”是人们走向成功的最坚实的基础，是人们事业成功的保证。

在竞争中学习，在学习中提升

“未来唯一持久的优势是，比你的竞争对手学习得更好。”这是彼得·圣吉对职场中人的忠告，学习已经成为职场中人赖以生存的手段。

未来的竞争实质就是学习的竞争，谁学习得更快、理解得更深，谁就会走在发展的前列。在竞争日趋激烈的今天，职场中人面临着社会、技术高速发展和高频变革的挑战，面临着更新观念和提高技能的挑战，因此要树立终生学习的目标。

通用电气公司（GE）首席教育官、GE发展管理学院院长鲍勃·科卡伦在《我们如何培养经理人》一文中提出：

“在GE内部，一旦你进入了公司，你是来自哈佛大学还是一个不起眼的学校并不重要。因为一旦你进入公司，你现在的表现比你过去的经历更重要。

“如果你从事一项新工作，你做得不是太好，没关系，我们知道你在学习，你能追上来。我们希望人们的表现高于一般期望值，工作得很出色。不过期望值不是一成不变的，期望值会随时间而变化。如果你停止学习，一段时间内一直表现平平，而期望值因为竞争的关系，因为客户需求，因为技术进步而上升，但你却不再学习，你就可能被淘汰。要知道，在企业，期望值年年上升。如果你今年销售额达到2000万美元，明年就要达到2200万美元，而在接下来的年头，你需要做得更多。

“如果你停止学习，从个人的角度看这个问题，就像水在涨，而你就站在那里，你不会游泳，就会被淹死。这对你个人和事业来说都是一件坏事。”

对于优秀员工的成长来说，学习是十分重要的。从不懂到懂，直到成为专业能手，就是一个不断学习实践的过程。不学习将失去竞争力，好员工永远把“学习、学习、再学习”作为自己的座右铭。在勤奋和好学的基础上，员工也自然而然会在实际工作中产生新思路、新做法，这样的员工才称得上是优秀的员工。

把工作当作学习的殿堂，以不断地学习来提高自己的实际工作能力，为自己打造无人可以替代的个人品牌。

在现代的竞技场上，竞争无处不在，并日趋激烈。谁不能坚持不断地去学习新知识、不能使自己的才能得以提高，谁就会落后。在工作中，有很多人根本不学习新知识、不提高自己的才能，可是，还经常埋怨老板，说老板不重视自己。其实，问题在他自己本身，从不学习新知识，能力一点没有提高，很多的工作他已经很难胜任，老板又如何能重视他呢？

如今，想要找到一份让人满意的工作非常难，想要在工作中站稳脚跟那就更不容易了。假如不能在工作中不断地学习，丰富自己的专业知识，提高自己的工作才能，就算你曾是公司的三朝元老，就算你有再高的学历，若不能胜任本职的工作、为公司创造出应有的价值，那么，为了公司的前途和利益，你的老板也会炒你鱿鱼，让你另谋出路。

如果想要在日趋激烈的竞争环境中保持职业常青，始终处于不败之地，关键就是要在工作中不断学习新知识，吸取新的营养和新的技能，这些是你成功之路的坚实后盾。

卡莉·费奥瑞纳女士曾是惠普公司董事长兼首席执行官，也曾被称为“全球第一女

CEO”,她的职业生涯是从秘书工作开始的。卡莉·费奥瑞纳女士是怎样提升自我价值,迈向成功,并最终成为“全球第一女CEO”的呢?

她的答案是:坚持不懈地在工作过程中学习。

法律、历史和哲学方面的知识她都曾经学过,可这些并不是卡莉·费奥瑞纳女士最终成为CEO的重要条件。她不是学习技术出身,但在惠普这样的一家以技术创新而领先的公司中,她就是通过自己坚持不断地学习才在这个属于男人的世界中脱颖而出的。

卡莉·费奥瑞纳女士说:“一个CEO成功的最起码的要素就是要不断学习。在这里所说的不断学习,就是要不断地总结工作中的经验,对于新的环境和层出不穷的变化要不断地学会适应,不断总结过去的工作方法和效率,以便找出更佳的工作方法和效率。最初,我也做过一些不起眼的工作,可是我还是以自己的兴趣为出发点,找到了最适宜自己的位置。原因就是只有我的工作与我的兴趣相符,我才能以最大的热情在工作中最大限度地学习新的知识和经验。在惠普,并不是只有我自己需要在工作中不断学习,整个惠普都有激励员工学习的机制,大家每过一段日子就坐在一起进行一次相互交流学习,以此来相互了解对方和整个公司的动态,了解业界的新的动向。正是这些小事情,保证了大家紧紧与时代的步伐共进,并在工作中充实自己,得以不断提升自身才能。”

天生就具备领导能力的人是罕见的,也可以说没有,只有在工作中坚持学习,不断积累实践经验才能走向成功,才能成为一个真正成功的领导者。

如果你想要学习的话,在工作过程中学习也是一样的,只要你想学、用心刻苦努力地学就肯定能学好。假如你对自己的工作非常感兴趣、并十分热爱它,那么,你随时随地都能在身边发现值得学习的东西,学会了这些东西,你的能力、技能都会随之提升,你的工作也将完成得更加完美。

人的能力和智慧都是随着工作中不断地努力学习得以提升的,无论现在的你是处在什么职位、什么职业阶段,都必须保持学习的脚步,把你所做的工作看作是最好的学习机会。你的学识和你的能力是你人生道路上非常有价值的宝库,能让你的人生多姿多彩、充实快乐,因此,你要时刻坚持监督自己,让自己与时代的发展同步。

终身学习

随着科技水平的日新月异,士兵再也不是仅四肢发达的勇士。西点的经典之处就在于它不仅培养了体魄强健的勇士,更塑造了一批批具有个性魅力和丰富底蕴的时代精英。西点学员在训练中学会了不断提高自己的能力,对他们来说,这就意味着生存。只有自己比敌人拥有更丰富的知识才能在战斗中获胜。

西点人把每一本书、每一个人、每一件事都当作是最好的教材。他们认为经验和教训是深入浅出、生动翔实的教材,它们极具针对性和实用性,绝非那些脱离实际的理论可比。

知识丰富是西点人的又一共通之处。无论是驰骋疆场的将军,还是商场上的精英,再或是活跃在各行各业的西点人,他们都有深厚的知识底蕴。艾森豪威尔将军可以背诵世界地图、麦克阿瑟将军则会操作几乎所有的武器……

许多公司的员工并不反对终身学习,心里却过分重视大学教育,未受过大学教育的员工更是如此。那些因家境困难或身体状况不佳或其他原因未能升入大学的员工,往往认为这是一种无法挽回的损失,是一生都无可弥补的缺陷;有些员工甚至以为不管以后如何自学都于事无补,以为自修得来的学识毕竟有限。

这种思想是极其可怕的,有这种思想的员工心存依赖,他们总是被动地去接受教育,等待着别人来传授知识。而实际上,终身学习并不难,因为我们一生中时时处处都有接受教育的可能性。中年员工甚至比年轻员工更有利,因为他们有更多的经验,具有更好的判断力,知道光阴的宝贵,更善于把握一切机会。

严格地说,不管员工愿意不愿意,自觉不自觉,每个人的一生都在接受教育,每个人都在进行终身学习。因为他们置身其中的公司就是一个大学校。在为事业而进行的奋斗中所接触到的经验,都是这所大学校里最好的教材。因为它们深入浅出,生动翔实,极具针对性和实用性,绝非那些脱离实际的所谓理论可比。只要员工开放自己的耳目,他们就可以随时随处吸收很好的知识。

“养成每天阅读10分钟好书的习惯,20年后你们就都可以来做校长。”这是西点军校前校长乔纳森·威廉姆斯在毕业典礼上的一句话。

熟悉各种门类的大量书籍是每个人都应该具备一种重要能力。善于辨别选择书籍以供阅读就像是一个军人善于选择武器一样,对你所从事的事业大有裨益。

“在各界做事的人,无论是商业界、交通界还是军界,”毕业于西点的海德雷上尉说,“他们最需要的人才是高等学府培养的、能善于选择书本并活用书本知识的青年。”

西点学员宁可在衣着上节省,也不会在书籍上节省。很多学员的成功就得益于此。亨利·克莱将军年幼时,他的母亲把替人家洗衣所得的钱用来给他购置书籍。

许多公司员工以“生活太忙碌,没有时间……”为自己不读书找借口,其实所谓最忙碌的人也可能完全充分地利用时间。只要把工作和生活稍加安排,就会腾出许多时间。

西点学员习惯利用晚上的空余时间,来研究白天的所见所闻、白天所思考的训练方法和各种技巧。经过这一番思考、分析、整合,从中得到的益处,要比白天训练所获的效果高出数倍。

在公司中,我们每天都听到有人抱怨薪水太低、运气不好、怀才不遇,但他们不知道,自己其实正身处一所可以求得知识、积累经验的大学校里。而日后一切可能的成功,都要看他们今日学习的态度和效率。

每个月,甚至每隔两个星期,走出办公室到当地的公共图书馆或者大学的图书馆去工作一天。到图书馆之后,先找一张大桌子坐下、开始安排所有你要做的工作的顺序,趁机检查一下正在着手的工作项目的细节,完成所有撰写工作报告的琐碎杂事。如果你的工作项目较大,就将它分成几个部分逐个来完成,整理好的资料可以留给下属工作人员去装订。同时,你还可以利用在图书馆的时间整理一下自己的点子笔记本。该发文的发文,该答复顾客的答复顾客,该写感谢卡的写感谢卡,写成后一并寄走。

在图书馆工作一整天,既安静又没人打扰,工作效率通常可以达到在办公室工作效率的十倍,快速完成大量工作的感觉能够提高你的信心、提高你的胆量,也会有一种才干超人,一切都在掌握之中的感觉,而且还会鼓励你努力做好自己日常的本职工作。

未来的职场竞争将不再是知识与专业技能的竞争,而是学习能力的竞争,一个人如果善于学习,他的前途必然会一片光明。

拿破仑是位军事天才,但他的天才是不断地刻苦求知得来的。他自幼奋发攻读,酷爱军事、历史、地理、天文、数学等知识,无所不学,对《圣经》《古兰经》等也有兴趣。

拿破仑的一生经过大小战役60次,每次他都要带上相当多的图书资料上战场,以备不时之需,被称为"随军图书馆"。

拿破仑总是利用战争间隙读书,其中还包括《孙子兵法》。他远征埃及时,随身携带的历史著作就达125卷。他被誉为"战争之神",与此不无关系。

硝烟弥漫的战场上,脚步迟缓的军人瞬间就会被甩到后面。虽说西点学员是在最好的军校受训,但他们还是有很强的危机感。不被社会认可或被淘汰掉,这不仅是学员自己不能忍受的,也是西点军校不能接受的。保持西点永远的经典,保持学员永远的优势和荣誉感,这是西点永远的使命。为此,西点也对学员们提出了这样的要求——终身学习。

成长,在于每一天的获得和积累;提高,在于自己的学习和努力。

小到言谈举止,大到人生态度,都离不开主动的提升。成功的路不止一条,成功的标准也不止一个。有勇气不断超越自己、不断超越过去的人,才有可能跻身于成功者的行列。

所以,如果你想在竞争中独占鳌头,如果你不想被别人甩在后面,那么,从现在开始就努力不断去学习吧!在不断学习的过程中充实自己,在不断学习的过程中提高自己,你也就能在竞争中处于不败之地。

停滞在现有水平等于倒退

前微软全球副总裁、微软中国研究院院长李开复是一位在语音识别、人工智能、三维图形和国际互联网多媒体等领域享有很高声誉的人,在给中国大学生的信中,他曾这样说:

"我在苹果公司工作的时候,有一天老板突然问我什么时候可以接替他的工作。我非常吃惊,表示自己缺乏像他那样的管理经验和能力。但他却说:'我建议你给自己一些机会展示这方面的能力,你会发现自己的潜力远远超过了你想象中的那样。这些经验是可以培养和积累的,我希望你在两年之后就可以做到。'

"有了这样的提示和鼓励,我开始有意识地加强自己在相应方面的学习和实践。果然,在两年后,我接替了他的工作。

"在这里,我也把这句话送给年轻人,我建议你们也给自己一些机会展示自我,或许像我一样,你会惊讶自己在某方面的潜力远远超过了自己的想象。

"只在一所好大学取得好成绩、好名次,就认为自己已经功成名就是非常可笑的事情。人的潜力是无限的,你不主动尝试新的机会,你就永远也不知道自己还能做什么。

"要知道,山外有山,天外有天。在21世纪,竞争没有疆界,你应该开放思维,站在一个更高的起点,给自己设定一个更具挑战的标准,才会有确切的努力方向和广阔的前景,切不可做井底之蛙,满足于目前的成就。"

当你相信自己能做得更好的时候,你就能做得更好。一个人的潜力是无限的,我们只要有全面提升自己的意识,就完全有可能做到自我超越。

而这也恰与西点的精神不谋而合。在西点,没有失败,只有暂时的不成功。现在的失败只意味着你还要更加努力;如果现在你是胜利者,那你也不能停止自己前进的步伐,必须终身拼搏。在西点永远没有最好。

正如西点军校第一任校长、著名政治家和科学家乔纳森·威廉斯所说的那样:"不管你有多么伟大,你依然需要提升自己。如果你停滞在现有的水平上,事实上你是在倒退。”

在21世纪,竞争已经没有疆界,你应该放开思维,站在一个更高的起点,给自己设定一个更具挑战性的标准,才会有准确的努力方向和广阔的前景,切不可做“井底之蛙”。

只在一所学校取得好成绩、好名次就认为自己已经功成名就是可笑的,要知道,山外有山,人上有人,而且,不同地方的衡量标准也不一样。所以,用终身拼搏的思想来要求自己吧!不论何时何地,都不要满足于自己既有的成绩,永远以一种全新的姿态投入新的征程当中去,你会发现,在这个过程中,你所取得的进步也会是惊人的!

取人之长补己之短

这个世界是由很多很多的平凡的人组成的,而他们都有自己的缺点和陋习,但是他们却能时时刻刻地完善自己,把别人得优点变成自己的长处。这就是他们为什么可以存在的理由。

人总是各有所长,各有所短,只有善于发现他人的优点,才能真正地使其为我所用。很多时候,别人的缺点不是我们要注意的,优点却是要学习的,相反的,自己优点是应该有的,缺点却是需要注意去改正的。下面这则可爱的故事就很好地说明这一点。

一天,一只骆驼和一只羊相遇了。

骆驼很高,羊很矮。骆驼说:“长得矮不好。”

羊说:“不对,长得高才不好呢。”

骆驼说:“我可以做一件事情,证明矮不好。”

羊说:“我也可以做一件事情,证明高不好。”

它们俩走到一个园子旁边。园子四周有围墙,里面种了很多树,茂盛的枝叶伸出墙外来。骆驼一抬头就吃到了树叶。羊抬起前腿,趴在墙上,脖子伸得老长,还是吃不着。

骆驼说:“你看,这可以证明了吧,矮不好。”羊摇了摇头,不肯认输。

它们俩走了几步,看见围墙上有个又窄又矮的门。羊大模大样地走进园子去吃草。骆驼跪下前腿,低下头往门里钻,怎么也钻不进去。

羊说:“你看,这可以证明了吧,高不好。”骆驼摇了摇头,也不肯认输。

它们俩找老牛评理,老牛说:“高有高的长处,矮有矮的长处;高有高的短处,矮有矮的短处。你们只看到别人的短处,看不到别人的长处,是不对的。”

正所谓金无足赤,人无完人,谁都会有自己的缺点。相反的“尺有所短,寸有所长”,每个人也都有自己的优点。我们只有善于发现别人的优点,才能好好地利用这些优点为自己服务。认识自己、提升自己、把握自己,使我们能够成为一个在这个世界上最有存在价值的人。那样的自己才会活的更有价值,有意义。

善于取人之长补己之短的人,是真正聪明的人。总是发现别人的优点,虚心向别人学习,一定会不断进步的。

善于发现别人的优点,就要避免下面几种情况的发生:

首先,不以第一印象作为取舍判断的唯一标准。

第一印象,也就是第一次对人知觉时形成的印象,它往往最深刻,而且常会成为一种基本印象而影响对他人各方面的评价。俗话说,先入为主,讲的就是这个道理。通常人们很重视别人给自己的第一印象,但也该看到,第一印象得之于较短时间的接触,又无以往的经验作参照,主观性、片面性较强。所以,一定要注意其消极的一面,既不能因第一印象不好而全盘否定,又要防止被表面的堂皇所迷惑。“金玉其外,败絮其中”,这样的例子也屡见不鲜。所以,万万不能以貌取人,那不仅是对对方的不尊重,更体现了自己的肤浅。要练就一番透过现象看本质的本事,就要在长期的相处中全面、正确地认识和了解他人。

其次,不因一时一事评价人。

某人刚犯了一个大错误,于是就说,他从来就不是好人,这是近因效应在作怪。我们都不是圣贤,即使是圣贤也是可能犯错误的。对于不经常出现的错误,我们应该抱着宽容的心态去看待对方,这样他也会有所感悟,自己暗地里给自己使劲。

在较为长期的交往中,最近的印象比最初的印象更占优势,这也是一种心理惯性。由于这种惯性的作用,人们往往会以最近的印象来评价人。事实上,不管情感如何变化,交往的深浅,我们都应该辩证地看待每一个人,每一件事情。

另外,还有所谓“光环”效应,即人的一种优点、优势放大变成了笼罩全身的“光环”,甚至原来的缺点也被掩盖或者蒙上了一层夺目的光彩,这种对他人认知的最大失误就在于以偏概全。俗话说:“可爱之人必有可恨之处。”一个人优点过于明显的时候,往往缺点也是显而易见的,这一点在我们的周围都是有据可查的。

“借一斑而窥全豹”并不总是适合于一切人和事,个别和局部并不一定能反映全部和整体。在人的诸多行为或性格特征中抓住某个好的或不好的,就断定他是好人、坏人,无疑是幼稚的。恰当地、全面地认知他人,就要克服说好全好、说坏全坏的绝对化行为。

再次,切莫先入为主。

第一印象固然是一种先入为主,除此之外,在我们的头脑中,总有一些现在的、得之于各种途径的观念,并常常以此来评价和判断他人,因为这样所耗费的心理能量最少,也就是说,它最省事。但是,图省事往往会造成一些认知偏差。比如德国人严谨,美国人开放,英国人保守,商人精明世故……这些说法虽与某些人的特征相吻合,但绝不是个个如此,还要“具体问题具体对待”。人有多面,各不相同,不能用同一个概念来衡量所有的人,把人简单化。每个人都有个性的一面。

最后,不以自己的好恶评价人。

每个人都有自己的好恶,如果投你所好,你就全面肯定,不合你的胃口就一棒打死,让个人好恶蒙蔽了眼睛,你当然很难发现别人真正的优点,基本失去了和这个世界上一半人友好交往的可能。

善于发现别人优点的人,必然心胸广阔,老是看到别人缺点的人,往往是自己心理阴暗,或者说,是一种嫉妒心理在作怪。也许自己正好在这一面不如对方。记住,挑剔别人的同时也是在挑剔自己。

世界上没有一无是处的人,正如世界上没有完美无缺的人一样。我们要善于发现别人的优点,学习别人的优点,同时可以正视自己的缺点,努力改正,这样良性循环下去,想不变强都难。

这个世界是由很多很多的平凡的人组成的,而他们都有自己的缺点和陋习,但是他们却能时时刻刻地完善自己,把别人的优点变成自己的长处。这就是他们为什么可以存在的理由,也是我们存在的理由。

成为所在领域的专家

要想做好工作、成就卓越。就要用实力说话，让自己成为所在领域的专家。

无论从事什么职业，都应该精通，下决心掌握自己职业领域的所有问题，比别人更精通。如果你是工作方面的行家里手，精通自己的全部业务，就能赢得良好的声誉，也就拥有了潜在成功的秘密武器。

上海正雄印刷器材有限公司创建于2001年，是一家集研发、生产、销售特种印刷设备与耗材产品于一体的现代印刷机械企业。公司自成立以来，始终秉持“实干求效益、质量求生存、信誉求荣誉”的经营理念，一直坚持以“全力打造精品”的发展方向，致力于自动化移印、丝印技术的研究和开发。十年来，公司坚持以科技、品质、服务三大要素为核心，精心打造每一台机器和每一罐油墨。十年的不懈追求、十年的奋力拼搏，使公司每年迈上一个新台阶；十年的艰苦创业，十年的诚信服务，使“正雄”品牌得到广大客户的极大认同。

目前，正雄公司科研技术力量雄厚，聚集了一大批资深的专业技术人才，可根据客户的不同需求进行专业设计精工制造移印机、丝印机、烫印机等特种印刷设备，满足不同行业在各种情况下的生产应用。

此外，正雄公司产品的主要零部件均来源于欧美等国际知名企业，全部采用现代先进的机电一体化技术，其产品精密稳定、先进耐用。正雄产品系列包括以下几大部分：

一是移印机系列：台式迷你机、单色移印机、单色双头移印机、双色暖风穿梭移印机、四色转盘移印机、四色穿梭移印机、双色穿梭移印机、可调双色移印机；

二是周边设备系列：拉网机、手动吸气台、网版烤箱、PE表面火焰处理机、烫金机、烫画机、平面UV光固机；

三是全自动印刷系列：全自动火焰处理笔杆印刷机、全自动笔杆丝网印刷机、全自动曲面UV丝网印瓶机、移印机系列一气动单色移印机；

四是气动曲面丝印机系列：曲面丝网印刷机、平圆两用丝网印刷机、立式曲面印刷机、曲面丝网印刷机。此外，正雄公司的油墨系列包括德国马来宝、德国迪高、英国高氏、日本精工、帝国PPE、日本东洋、马莱宾、金华天、嘉宝莉；感光浆系列有英国柯图泰、村上AD20、1400瑞士731、1711等。

正雄公司通过十年的发展之所以取得今天的成绩，源于志在十年如一日“追求完美，成于精确”的不懈努力之中。公司董事长自豪地向大家保证：“正雄机械每一次完美的印刷，不仅基于机械安装的精度，还来自于水路、墨路的平衡，精准的色彩转换技术，以及合压的准确性。我们就是要把正雄机械打造成该领域数一数二的公司，成为领域的佼佼者。目前，我们‘正雄’公司的产品现已被广泛应用于塑胶、电子、玻璃、陶瓷、文具、玩具等诸多行业印刷，行销国内二十多个省市地区。以其严格的品质管理、合理的价格、完善的售后服务，受到广大客户的一致好评。无疑，‘正雄’品牌已经名副其实地成为国内先进的印刷机械生产供应商。”

一个企业要想在竞争中占据一席之地,就一定要站在行业的前沿,成为该领域的专家。时刻保持领先一步,才能使你保持不败之地。

同样的道理,一名员工要想在工作中赢得良好声誉,成为企业不可或缺的人物,也一定要精于技术,成为所在领域的专家。

一个年轻人就个人努力与成功之间的关系请教一位伟人:“你是如何完成如此多的工作的?”“我在一段时间内只会集中精力做一件事,但我会彻底做好它。”

如果你对自己的工作没有做好充分的准备,又怎能因自己的失败而责怪他人、责怪社会呢?现在,最需要做到的就是“精通”二字。大自然要经过千百年的进化,才长出一朵艳丽的花和一颗饱满的果实。但是现在的年轻人随便读几本法律书,就想处理一桩桩棘手的案件,或者听了两三堂医学课,就急于做外科手术——要知道,那个手术维系着一条宝贵的生命啊!这种人注定会是失败者,家人和同事也会为他们感到沮丧和失望。

一个人无论从事何种职业,都应该尽自己的最大努力,发挥出所有的优势,求得不断的进步。这不仅是工作的原则,也是人生的原则。如果觉得自己一无是处,毫无特长可言,没有了理想,失去了方向,生命就会变得毫无意义。一位先哲说过:“如果有事情必须去做,便全身心投入去做吧!”另一位明哲则道:“不论你手边有何工作,都要尽心尽力地去做!”无论你身居何处(即使在贫穷困苦的环境中),如果能以全部精力投入热爱的工作中,最后就会获得经济自由。那些在人生中取得成就的人,一定是在某一特定领域里进行过坚持不懈的努力。

消灭不专业的借口——“差不多”

工作中经常会听到很多员工这样说:

“过得去就行啦!”

“也没人要求你做得那么好,自己给自己定那么高的标准做什么!”

“反正我也不打算以此为职业,要那么专业做什么!”

“别人都是这么做的,我为什么要做得比他们更好呢!”

“就差这么一点点,谁能看得出来!”

“差不多”也是一种不负责任的借口,工作怎么能够差不多呢?要做就做到最好,不能够留有遗憾。这才是一名员工的工作准则。

为了发展海尔整体卫浴设施的生产,1997 年 8 月,33 岁的魏小娥被派往日本,学习掌握世界先进的整体卫生间生产技术。在学习期间,魏小娥注意到,日本人试模期的废品率一般都在 30% ~60%,设备调试正常后,废品率为 2%。

“为什么不把合格率提高到 100% 呢?”魏小娥问日本的技术人员。

“100%? 你觉得可能吗?”日本人反问。

从对话中,魏小娥意识到,不是日本人能力不行,而是思想上的桎梏使他们停滞于 2% 的废品率。作为一个海尔人,魏小娥的标准是 100% 的合格率,即“要么不干,要干就要争第一”。她拼命地利用每一分每一秒的学习时间。三周后,她带着先进的技术知识和赶超日本人的信念回到了海尔。

时隔半年,日本模具专家宫川先生来华访问,见到了“徒弟”魏小娥,她此时已是卫浴分厂的厂长。面对着一尘不染的生产现场、操作熟练的员工和100%合格的产品,他惊呆了,反过来向徒弟请教问题。

“有几个问题曾经使我绞尽脑汁地想办法解决,但最终没有成功。你们又是怎样提高产品合格率的呢?”

“用心。”魏小娥简单的回答又让宫川先生大吃一惊。

用心,看似简单,其实并不简单。

原来,魏小娥从日本学成归国之后,便开始重点抓卫浴分厂的模具质量工作。魏小娥在实践中把2%放大成100%去认识。比如,她发现有的产品成型后有不易察觉的黑点,就马上召集员工商量对策。有的员工说:“这个黑点不仔细看根本看不见,再说,经过修补后完全可以修掉……”

魏小娥说:“这些有黑点的产品万一流向市场,就会影响海尔的信誉。用户可以拿着放大镜、听诊器去买冰箱,也会拿着这些东西来买卫浴设施。所以,既是‘白璧’就不能有‘微瑕’。产生这个小黑点的原因就是我们的现场没能做到一尘不染。”

不管是工作日还是节假日,魏小娥紧绷的质量之弦从来没有放松过。有一次在试模的前一天,魏小娥在原料中发现了一根头发。这无疑是操作工在工作中无意间掉进去的。一根头发丝就是产品的定时炸弹,万一混进原料中就会出现废品。魏小娥马上给操作工统一制作了白衣和白帽,而且要求大家统一剪短发。

就这样,在魏小娥的努力下,2%的责任得到了100%的落实,2%的可能被杜绝。终于,100%这个被日本人认为是“不可能”的产品合格率,被魏小娥做到了。

魏小娥用实际行动告诉我们:工作没有差不多,既然要做,就要确保结果完美无缺陷。

消灭“差不多”这一不专业借口,我们要时常提醒自己:

“要做就做最好!”

“没有差不多,只有零缺陷!”

“责任未完,工作就不能停止!”

“高标准要求自己,才能做到尽善尽美!”

“糊弄工作就是糊弄自己!”

持续“充电”,提高自己的含金量

对于每个人而言,学习能力是我们适应环境、实现自己的人生理想的保障,将为我们提供掌控未来的能力。

学习能力比先天的禀赋更加重要,缺乏学习能力,天才也难以成大事。你唯一能够改变的就是自己,你不可能也不可以去阻止别人的进步。而改变自己的唯一途径就是努力地学习,通过学习可以改造内在的品性与能力,从而改变外在的处境与地位。只有战胜自己的人,才是最伟大的胜利者、成功者。

“欲胜人者必先自胜。”一个对知识和技能马马虎虎，不把功夫放在自己身上的人，失败是必然的。那么怎样才能学习知识与技能，怎样才能战胜自我呢？答案很简单，那就是充分运用你的学习能力。汤之盘铭曰：“苟日新，日日新，又日新。”只有不断运用学习能力，才能达到持续更新、持续发展的高境界。

汤姆和洛尔吉斯同时被一家软件公司录用为程序员。

汤姆毕业于一所著名大学的电子系，他才华横溢，设计的程序简洁明了，而且漏洞非常少，一开始就赢得了主管的青睐。

而洛尔吉斯却是靠自学成才的，他甚至连一个像样的文凭都没有，有人传言说，洛尔吉斯之所以能够被录取，完全是因为总经理和他的父亲是故交。

为此，汤姆总是瞧不起洛尔吉斯，他甚至说：“和这样的人在一起工作，简直是我的耻辱。”平常的工作量对汤姆来说很轻松，所以他花费了大量的时间用于交际、享受，而洛尔吉斯却只有起早贪黑，才能勉强完成工作任务。

半年以后，洛尔吉斯却被提升为设计部的主管，对此汤姆愤愤不平：“只要高层有亲戚就可以顺利提升，完全不考虑工作能力，这样的公司有什么前途！”

主管给汤姆拿来了一份洛尔吉斯的设计程序，汤姆看后大吃一惊，洛尔吉斯的程序和原来的相比竟然有了脱胎换骨的进步！简直可以用完美无缺来形容。

原来，在汤姆得意于自己才能的同时，洛尔吉斯却在努力学习，而此时，洛尔吉斯设计出来的程序已经比汤姆的优秀得多了！

两年后，洛尔吉斯成为微软某部门的高级主管、高级程序设计师。而汤姆，依然是一个普通的程序员。

汤姆在安逸的生活中忘记了变化的存在，而洛尔吉斯却可以通过不断的学习来充实自己，提高自己，最后在变化当中独领风骚。

学无止境！这不仅对学生如此，对每个员工亦然。学习不是一天两天，或者某一个阶段的事情，而是应该贯穿于整个工作过程中，贯穿整个生命的事情！

李凡初进公司的时候只是一名普通的业务员，后来，他一步一个脚印，由业务员成为公司的市场部经理；随后又成为公司的市场总监。那么，李凡究竟是如何一步一步成长起来的？学习是这其中的催化剂。让我们看看他从一个市场部经理成长为市场总监的过程吧。

在成为公司的市场部经理之后，李凡很快就对自己的工作有了一个正确的定位；那就是要成为公司真正需要的人才，之所以这么想是因为李凡觉得公司给予他的培养已经够多了，应该到了自己回报企业的时候了。而回报企业应该从提升自己的能力做起。

在企业的营销过程中，市场部经理的位置十分重要，一个优秀的市场部经理，能够协助市场总监完成营销战略任务。李凡认为一个优秀的市场部经理必须具备以下四种基本素质：

(1)具有营销策划的能力。因为市场部首先是为营销服务，如果一个公司的营销流程缺乏一个鲜明的营销主题来总领的话，那么这个公司的营销质量就不会得到很大的提高。

(2)具有品牌策划的能力。品牌策划也是一个很宽泛的概念，每个企业都能碰上，市场部经理最基本的工作是能够把本企业的品牌在本企业所处的具体环境中迅速做大、做强，让品牌快速成长。

(3)具备产品策划的能力,即从产品的设计、立意等方面配合产品营销能力。

(4)具有对市场消费态势潜在性的分析能力。如果公司的市场部经理或者市场总监能够对未来发生的消费态势进行一些前瞻性的捕捉,掌握领先一步的策略,那么公司以后的道路就会走得更好一些。

后来,李凡又认真研究了大多数公司对市场部经理的更高要求,他觉得自己应该在目前的能力基础上进一步学习,以提升自己的工作能力。

首先,他从掌握各项营销政策入手进行学习,因为他过去从事的是广告策划工作,对营销政策知之甚少。之后,他又开始不断强化自己的执行力,因为他发现自己对于公司营销推广的整个过程监控实施的力度很差。另外,李凡认识到自己的市场应变能力很差,缺乏市场销售过程的锤炼和市场销售体验,这是他在工作中最大的软肋。

有了这些深刻而全面的认识之后,李凡开始着手提升自己的业务素质。他首先对自身的软弱因素进行弥补;先让自己成为一名优秀、称职的市场部经理。后来,他又用了三年的时间来亲身体验营销实践。与此同时,李凡又学习了丰富的组织管理知识、全面的法律知识和财会知识,因为这些知识在工作中很有用处。当然,修炼对团队的掌控能力也是李凡学习的一个重要方面,如果控制不了下属团队,那么一切都是空谈。

通过几年的认真学习和实践锻炼,李凡终于如愿以偿地晋升为公司的市场总监;为公司的市场营销工作作出了极大的贡献。在担任公司市场总监以后,李凡仍然在不断地充实自己。

现在,李凡已经成为公司中不断成长的楷模,董事长总是让公司其他员工向善于成长的李凡学习。面对这些成绩他只说了一句话:没有学习就不会有我的成功。

李凡的成长经历告诉我们,当你选择了一个行业,以及进入一家公司开始你的事业之路时,你就应该知道自己要以什么样的高度开始自己的事业,并且需要哪些知识来开拓自己的发展空间。年轻人只有先让自己升值,才能够为自己赢得更大的发展空间,也才能更好地贡献企业,感恩企业,回报企业,源源不断地为自己补给知识的能量,用自己的能力之水浇灌企业之树。主动而持续地学习,只有这样才能保证自己在职场中百战百胜,才能保证职业之树常青。

如衣食住行伴随一生的是学习

在科学技术飞速发展的今天,知识竞争力已经成为一个人、一个企业、甚至一个国家能否在竞争中获胜的重要因素。而知识尤其是信息技术的更新速度之快,常常让我们应接不暇,知识危机感每天都会伴随我们左右。新时代渴望成功的年轻人,你们只有从现在起,努力学习,并让学习时刻伴随左右,才能使自己的内涵丰富和深刻。而这正是成功的西点学员有如此骄人的成绩的原因。人们要不断进取、发挥才能,否则将被淘汰。这是每一位西点人都谨记的一句至理名言,它感染着每一个西点人为了自己的理想而不断奋进。

西点学员深知当今社会竞争激烈,要想在竞争中胜出,必须让自己的专业技能不断跟进。为此,西点学员对自己的技能要求很高,并且不断探寻能够让他的专业技能更上一层楼的机会。西点学员通过阅读、聆听、训练来吸取新的经验。不论是在军界生涯的哪个阶段,学员学习的脚步都不曾稍有停歇。另外,西点军校告诉学生,在学校里接受教育仅仅是一个开端,其价值主要在于训练思维并使其适应以后的学习和应用。西点告诉学生要把握生命的每分每秒,把学习当作终身的事业。

真正的知识是没有尽头的,正如有句话说“吾生也有涯,而知也无涯”。如果你想不断适应变化速度逐渐加快的现今社会,就必须学无止境,把学习当成一项事业,并把这项事业贯彻到每天的生活中,如衣食住行一般。

哈佛大学的一位专家也指出:学校里学的知识是十分有限的,在工作中和生活中所需要的相当多的知识与技能完全要靠我们在实践中边学边摸索。社会是更大的一本书,需要经常不断地去翻阅。须知,在现代社会中不充电很快就会没电。在学习的过程中,最需要的就是干劲。

而生活中,有几个人有这种意识,而正是因为如此,很多人只能甘于平庸,甚至跟不上时代的步伐。但实际上,在中国古代,人们已深知这个道理。

黄帝带领六位随从到贝茨山见大傀,在半途上迷路了。他们巧遇一位放牛的牧童。

黄帝上前问道:“小孩,贝茨山要往哪个方向走,你知道吗?”

牧童说:“知道呀!”于是便指点他们路向。

黄帝又问:“你知道大傀住哪里吗?”

牧童说:“知道啊!”黄帝吃了一惊,便随口问道:“看你年纪小小,好像什么事你都知道不少啊!你知道如何治国平天下吗?”

那牧童说:“知道,就像我放牧的方法一样,只要把牛的劣性去除了,那一切就好办了呀!治天下不也是一样吗?”

黄帝听后,非常佩服:真是后生可畏,原以为他什么都不懂,却没想到这小孩从日常生活中得来的道理就能理解治国平天下的方法。

正所谓:活到老,学到老,终生学习,才能不断进步。一切事物随着岁月的流逝都会不断变旧,我们掌握的知识、技能也一样会变旧。唯有虚心学习,才能够成功掌握未来。求知与不满足是进步的第一必需品。

李嘉诚是一位终身学习的楷模。小的时候,李嘉诚想方设法博览群书,为自己的成长和事业的成功打下坚实的基础。年轻的时候,李嘉诚努力学习粤语和英语,为自己立足香港提供了保证。即使后来功成名就了,李嘉诚也没有停止学习的脚步。现在,李嘉诚仍然坚持不懈地学习着。他除了学习有关经济和科技方面的知识外,还特别喜欢看名人传记,从中吸取经验和智慧。

李嘉诚没有因为成功和年龄而放弃学习,学习成了他生命中不可或缺的一部分。有人曾问李嘉诚,他靠什么赢得成功。李嘉诚回答说,靠学习,不断地学习。李嘉诚不仅把终身学习作为自己的信条,更是用自己一生的行动证明了终身学习的巨大力量。

终身学习是一件既非常简单又极端困难的事情。说它简单是因为学习不是一件必须正襟危坐的事,它就实实在在地存在于我们日常生活的每一天。它的内容无限广泛,它的方式也是因人而异。一个故事,一次经历,一番谈话……都可以让你收获良多。生活中处处都值得你学习,你不要让一个个学习的机会与你擦肩而过。用心观察思考,勤于动手动脑,随时随地学习才是正事!说它困难是因为我们常常或者因自满而中途放弃,或者把它当成一种苦差事而不愿做。

要坚定“奋斗不息，学习不止”的信念，日复一日，沿着知识的阶梯步步登高，养成重视学习的习惯。世上没有绝对的成功，只有不断努力，才能让你的成功之路走得更快更远。

一个人的工作也许有阶段性完成的一天，但一个人的教育却没有终止。那么，怎样才能够做到终生学习呢？

1. 树立终生学习的理念

需要走出“时间太晚、年龄大了”的误区。学习是没有时间和年龄限制的，只要努力学习、刻苦自励，从现在开始学习，为时未晚，年龄大不是拒绝学习的理由。

2. 增强使命意识和危机意识

终身学习是飞速发展的时代向我们提出的要求。21 世纪是知识经济的年代，高新技术带动生产力突飞猛进地发展，不断改变着我们的生存环境和生活方式，更需要我们不断提高对新知识、新科技的掌握能力，以及对新环境、新变化的应对能力。我们假如仅仅满足于在学校学得的那点知识，不注意及时“充电”，就远远不够了。

3. 积极拓展知识领域，开阔学习视野

终身学习理念中重要的一点是要学会不断拓展自己的学习领域，开拓自己的视野。孔子说：“好学近乎知(智)”。拓展学习领域关键要培养学习兴趣。学习是一种习惯，终身学习则是一种理念，兴趣是成功的一半。一个人树立起终身学习的理念，就会认同“万事皆有可学”这个道理。

学习是迈向成功的推动力

现实生活中，我们每个人都有自己的理想，并渴望成功，而最终能成功的人只不过是极少数，而大多数只能与成功无缘，他们不能成功是因为他们往往空有大志却不肯低下头、弯下腰，不肯静下心来努力学习、从身边的本职工作开始积聚自己的力量。要知道，只有一步一个脚印，踏实、不浮躁地学习，才能为成功奠定基础。而实际上，这正是生活中的一些男孩们所欠缺的，有些时候，他们总是怨天尤人，给自己制订那些虚无缥缈的目标。而每一个成功的西点人，他们的成就都不是一蹴而就的，他们成功的不变因素都是努力学习。

作为西点学子榜样之一的美国前总统威尔逊，出生在一个贫苦的家庭。威尔逊 10 岁的时候就离开了家，在外面当了 11 年的学徒工，每年只能接受一个月的学校教育。

在经过 11 年的艰辛工作之后，他已经设法读了 1000 本好书——这对一个农场里的孩子是多么艰巨的任务啊！在离开农场之后，他徒步到 100 英里之外的马萨诸塞州的内蒂克去学习皮匠手艺。

在他 21 岁生日后的第一个月，他就带着一队人马进入了人迹罕至的大森林，在那里采伐圆木。威尔逊每天都是在天际的第一抹曙光出现之前起床，然后就一直辛勤地工作到星星出来为止。在一个月夜以继日地辛劳努力之后，他获得了 6 美元的报酬。

在这样的困境中，威尔逊暗下决心，不让任何一个能够发展自我、提升自我的机会溜走。很少有人能像他那样深刻地理解闲暇时光的价值。他像抓住黄金一样紧紧地抓住了零星的时间，不让一分一秒无所作为地从指缝间白白流走。

12 年之后,他在政界脱颖而出,进入了国会,开始了他的政治生涯。

威尔逊的成功就是勤奋学习的结果。学习是向成功前进的推动力。而当今社会,日益激烈的竞争告诉每个人,只有知识才能改变命运,只有学习才能突破自我,才能具备竞争力。

CNN 电视台名嘴赖瑞金曾经邀请全美国 43 位最精英的人士来一起探讨如何迎接新世纪,并请他们提出一些建言。这些精英人物提出最多次的字眼就是"改变"和"学习"。赖瑞金走进国会图书馆,找出一些上百龄的报纸,看看一百年前的建言与今日的差别何在。结果他真的查找到了同样的字眼。全录公司首席科学家约翰·西里·布朗提到,将跨越 21 世纪的人首先要学会如何去学习,并且学会如何去喜爱学习新事物。曾经有这样一个故事,也说明了这样的道理。

在一个漆黑的晚上,老鼠首领带领着小老鼠出外觅食。在一户人家厨房的垃圾桶之中有很多剩余的饭菜,对于老鼠来说,就好像发现了宝藏。

正当一大群老鼠在垃圾桶及附近大吃之际,突然传来一阵令它们肝胆俱裂的声音,那就是一只大花猫的叫声。它们震惊之余,更各自四处逃命,但大花猫决不留情,穷追不舍。最终有两只小老鼠被大花猫捉到。正在大花猫张开大嘴将它们吞噬之际,突然传来一连串凶恶的狗吠声,令大花猫手足无措,狼狈逃命。

大花猫走后,老鼠首领从垃圾桶后面走出来说:"我早就对你们说过,多学一种语言有利无害,这次我就因此而救了你们一命。"

这个故事提示我们:多一门技艺,多一条路。

在西点,学员不仅仅接受严格的军事训练,更要刻苦学习各类文化知识。西点相信,一个符合现代社会要求的军人除了有过硬的军事本领和才能,更要有丰富的知识。正是全面而充足的知识储备、理论的知识与实际经验的密切结合,使得西点毕业生到战场上以后能够得心应手,进入社会各界也都能迅速适应。

毕业于西点又曾经在西点任教的奥马尔·纳尔逊·布莱德利将军就十分注重文化素养的培养。他认为"有知识素养、善于思考和处世灵活的士兵才是最有价值的士兵"。并且他还曾这样说过:"在西点任教,不仅使我的洞察力更为敏锐,也大大开阔了我的视野和心胸,令我变得成熟。那些年,我开始认真读书,研究军事历史和人物传记,从前人的错误中学到了很多东西。"

知识就是力量,也是使人变得勇敢的最好途径。对此,你可以做到以下几点。

1. 认识到学习的重要性

实际上,任何一个人都知道学习的重要性,但这些往往是泛泛之谈,并不能起到任何实质性的作用。而一旦将这一想法与自身情况相结合,比如根据自己的兴趣树立人生目标和理想,多考虑自己的现在和未来,这一想法就具备了可实施性。

2. 树立不断学习的理念

学海无涯,知识是没有尽头的,而同时,现今社会知识更新速度之快更要求你具备不断学习的理念和行动。

3. 付诸行动,坚持每天学习

任何知识的学习都需要持之以恒地坚持才能收到效果,也只有这样,才能不断拓展自己在该领域的认知度和专业度。

永不满足，才能不断自我超越

众所周知，西点军校的学子们成绩傲人，在全世界享有盛誉，很大原因在于他们具有永不满足的学习态度，他们能通过不断的学习，使自己的专业技能更加娴熟，使自己永远保持在最好的状态，从而实现自我超越。

关于不满足，西点军校的约翰·科特上尉说："勇敢面对挑战，并且大胆采取行动，然后坦诚地面对自己，检讨这项行动之所以成功或是失败的原因。你会从中吸取教训，然后继续向前迈进，这种终生学习的持续过程将是你在这个瞬息万变的环境中的立足之本。"

的确如此，人只有永不满足，持续学习，才能不断进步，使人生的过程成为一个不断自我超越的过程。对此，培根曾说："不满是向上的车轮。"因此，要想永远立于不败之地，就需要保持一种永不满足的态度。

西点军校告诉所有的学员，只要向着更高更远的目标前进，就可以做得更好。因此，每一个西点学员都有这样的思想：永不满足现状，一定要做得更好。西点毕业生、著名作家爱伦·坡说："强烈的成功欲望会使一个人忘记一切苦痛，迎来成功的一天。"

是的，不断追求，不断进取，就能不断进步，最后迎来成功。然而，你要知道，成功仅代表过去，如果一个人总是沉迷于以往成功的回忆里，就容易失去继续前进的动力，而不再向更高的目标冲刺。在这个竞争日趋激烈的社会，停止前进也就意味着后退，就会被远远地甩在后面，甚至被淘汰。要想不断进步，就要拥有归零的心态。归零的心态就是回到原点，就是重新开始。

正如有人所说的，第一次成功相对比较容易，第二次却不容易了，原因是不能归零。因为人容易满足，不容易忘掉现有的成就。要想取得第二次或者更多的辉煌和成功，就只有把成功忘掉，心态归零，才能正确面对新的挑战，才能不断发展，迎来新的曙光。

在这个世界上，除了西点精英之外，还有许许多多的成功人士，他们的成功也都得益于永不满足的心态。美国迪斯尼乐园的创始人沃尔特·迪斯尼说："做人如果不继续成长，就会开始走向死亡。"进取心塑造了一个人的灵魂。我们每个人所能达到的人生高度，无不始于一种内心的状态。当你的渴望越来越强的时候，你才会冲破种种束缚，达到你内心渴望的高度。齐白石到93岁才画了600幅画，歌德到80岁的时候才写出世界名著。正是因为他们都怀有一颗不满足的心，才取得了让世人为之惊叹的成就。

无数事实说明，进取是没有止境的，而不满足是进步的第一必需品。因此，人永远都不要满足于已经得到的，而需要不断地开拓新的领域。进取心是人类聪明的源泉，是威力最强大的引擎，是决定我们成就的标杆，是生命的活力之源。

在生活或工作中，不管愿不愿意，自觉不自觉，每个人都要保持一种永不满足的精神，终身学习。现代社会知识更新特别快，只有不断充实自己才能保持竞争优势。社会变化越来越快，大脑也要不断地"充电"、不断地更新，才能跟上时代的步伐和潮流。而这一切只有"不满足"才能满足。

"在各界做事的人，无论是商业界、交通界还是军界"，毕业于西点的海德雷上尉说，"他们最需要的人才是高等学府培养的、能善于选择书本并活用书本知识的青年。"因此，年轻人，无论你在职业生涯的任何一个阶段，都不能停下学习的脚步，要把学习当成终生的事业。

只有通过不断的学习，才不会因物质丰富而感到自满，才能不断提高自己的知识修养水平，才能在公司中发挥更强的作用，为自己的事业奠定一个良好的基础，不会被时代甩在后头。

总之！成功需要有永不满足的心态。每当实现了一个近期目标，不要自满，要把一个阶段的成功用来更好地推动下一个阶段的成功，而要想挑战新的目标，争取新的成功，就要把原来的成功当成是新的成功的起点，时刻保持进取的心态，不断学习，努力奋斗，这样才能不断攀登新的高峰，尽情享受成功的乐趣。

“不满足”就存在于我们的生命之中，是一种内在的推动力，它从不允许我们“休息”，总是激励我们为了实现自我超越而努力奋斗。

法则十四
合作

学会与人合作

在西点军校,教官都会对新学员进行教育,使他们懂得:一个人的能力是有限的,当一项任务远远超出个人能力范围时,团队合作就势在必行。在充满挑战的第一年"魔鬼训练"生活中,没有学会与他人合作很有可能会面临被淘汰的危险。

在西点军校,新学员面临的挑战很多来自于学长的"刁难",面对"绝对服从"的军规和学长花样翻新的百般"捉弄",新学员之间必须要学会合作。他们的共同目标是做一个优秀的服从者,为避免受到学长的"特别注意",新学员必须同心协力,共同打败他们的"敌人",实现"合作以毕业"。换句话说,学校有什么新规定大家要通风报信。比如,新学员之间互相转告"每日一问"的内容,包括当天上演的电影、当日菜单、距离最近的一些活动还有多少天等。这些信息每天都会改变,新学员要学会在电脑网络上实现"资源共享",通过大家的合作,节省彼此的时间和力气。如果有谁拿到菜单,把内容传到网络上,其他多名新学员就不必都跑去餐厅抄菜单了。这就是"合作以毕业"的具体行动。

为保持一种战场上的紧张感,西点学员和战术教官之间常常存在着一种模拟的敌对状态。在"敌对状态"下,就需要学员之间的密切合作来躲避教官的巡查。据说曾经有学员们在学校里养仓鼠,这当然是教官们所不能容忍的,由于学员们的巧妙伪装和默契配合,巡查的教官们只能找到仓鼠的毛爪子印!西点学员们还合作过一件更加离经叛道的大事。那时,西点军校有一门叫学员们起床、出操的火炮,每天早晨学员们的美梦总是被它打断。而这天,火炮竟一直都没响!

负责鸣放火炮的军士一早起来发现火炮不见了,他赶紧报告了值日官,值日官也急了——平时这门火炮没少遭学员们戏弄,无非是藏个零件、挪个位置什么的,今天居然有人把它偷走了!事关重大,西点的警卫士兵们开始了"掘地三尺"式的搜寻。终于,火炮的零部件接二连三地出现了:在水沟里,发现了一只轮子。在学员部附近,发现了另一只轮子和炮架,但炮身却始终没有找到。

西点军校的上司们大为恼火,他们知道,单凭一个人的力量是绝对完不成这件事的,肯定是一个小团体共同搞的恶作剧。但却始终追查不出肇事者的丝毫痕迹。炮身仿佛融化了一样,消失了。直到有一天,一位学员去地下室拿东西,突然被绊倒,才偶然发现了炮身。于是值日官带着一群人进入地下室把炮身重新搬回到地上。

被调查的学员们一个个闭紧了嘴巴,谁也不肯泄露半点消息。最后值日官也查不出罪魁祸首是谁,只好命令学员们每天24小时轮流看守火炮。

通过合作,学员们在日常活动中养成了彼此帮忙的习惯,体验了团队合作的好处,也增进了彼此之间的友谊。合作使每个人都变得更有力量,每个人的聪明才智也被充分地调动出来。

西点军校在训练学员时,尽量模拟学员将来在战场上可能经历的情境,培养他们的合作精神。在西点校园旁边美丽的波波洛本湖岸上,有一个巴克纳营,作为西点军校的常设营区,里面的设备非常简单,为了让学员充分体验"合作"的重要。学员们都要在这里接受6个星期的密集战地演习,包括步兵战斗、炮兵射击、攀登、野战通信、救生训练等。这些尽可能模拟真正战争环境的训练,不但需要学员在体力上竭尽全力,也要在智慧方法上通力合作。

巴克纳营演习,主要针对的是已经受过一年训练的新学员,虽然学员们已经通过了一年级的"魔鬼"训练,自认为已经是铜墙铁壁,所向无敌了。但到了暑假的巴克纳营演习,他们才发现一年级的艰辛实在微不足道。而现在这种艰难是没有亲身经历的人所不能体会的,只有西点共同经历过的同学才清楚其中付出的血汗与苦乐。正是这种独特的共同经历,使得西点学员之间能够惺惺相惜,相互安慰与扶持,也因此结下了终身的友谊。

巴克纳营的训练从一开始就注重培养学员的合作意识,让学员自己去体会团队合作的根本障碍,提出解决之策。有一项任务是:6个学员一组,在规定时间内必须爬上一个有4级台阶的10公尺的高台,而每级台阶间隔2.7米,每个人都必须爬上去再爬下来。学员们看到这个心里都非常清楚,不论用什么方法,一定离不开通力合作。

这个活动有两大阻碍,一是技术问题,怎样才能从地面爬上平台。解决的办法可以是各组以"叠罗汉"的方法,先把最高的一个送上去,再由最高者拉大家上去。第二个是人的问题,怎样克服个别弱点,比如个子矮或体重最重怎么办?每个学员只有通过合作协商,综合团体的智慧,最终才能选择一个最理想的解决办法达成任务,获得成功。

在野战营还有一个"组合桥梁"活动,学员被分成35人一组的几个小组,各组在规定时间内必须完成组合桥梁的任务,看哪一队先把桥梁搭好。在战场上,搭建这种组合桥多半是由于迫切的任务:或是逃避敌人的追击,或是运输重要物资等需要。在这种危急情况下,针对这个"假想敌",更需要激发士气,学员之间通力合作。组合桥的每一块桥面和梁柱都有几百公斤重,搬起三四百公斤的大桥墩,就需要一群人的力量。所以这是一个通过合作才能完成的任务。

巴克纳营的演习训练了学员们有共同的价值观和共同的目标,加强了学员的团队精神,让他们了解了合作的重要性。演习同于战争,在战争中,不允许有个人的行为动机,只有整体团队的目标。一盘散沙的军队注定会被战争淘汰,只有懂得默契合作的团队才能集结共同的智慧结晶,打赢一场漂亮的战役。

让我们像西点军人那样学会"与人合作",这对我们的学习和生活也有深刻的意义。现代社会"合作精神"已经深入到了我们生活、工作的方方面面。一个人是否懂得合作,关系到他的人际关系是否和谐、工作能力是否突出等。因为人是社会的人,在社会的大集体中,面对困难,个人的力量也许微不足道,而团体的力量却是巨大的。一个人的智慧完成不了的事情,通过合作就能集结全体智慧的结晶,找到解决问题最有效的方法。

哲学家威廉·詹姆士曾经说过:“如果你能够使别人乐意和你合作,不论做任何事情,你都可以无往不胜。”

三只狼打不过一只狗,是因为一只狼倒下后,另一只狼才冲上去。人的一生有太多时候,必须把自己的命运交付在别人手中,必要的合作远胜过任何分组作业或活动的效果。

相互协作,共同进步

西点人十分注重相互协作,只有合作才能发展,个人自身的力量是渺小的。在西点,优秀的学员都懂得,良好的伙伴关系要求合作对双方都有互补性,而真正的互补又需要付出很多努力才能建立。

许多公司就是没有正确认识到两家公司合作的因素是什么,只认为合作兼并了好公司就能化危机为赢机,而忽视了条件的重要。要想协同作战一定要注意选择合适的伙伴。

这一点对公司的发展也是很好的启示。特别是现代的公司,公司与公司之间的合作毫不逊色于西点学员间的相互协作。

被人们所熟知的卓越公司如沃尔玛公司、英荷石油公司、微软公司等都极富协作精神,并构筑了自己独特的公司文化。他们懂得协作对于一个企业的重要性。

只有善于合作,才能把企业做大、做强。坚持利他利己的合作是王永庆一贯的宗旨。他拥有广阔的胸怀和长远的战略眼光,他相信为别人设想得越多,自己的收获越大。他与人合作本着相通相融、互相提携、互相合作、互相扶持的原则,坚持精诚合作、共存共荣、共谋发展。

1958 年,为了解决塑胶粉的销路问题,王永庆决定对塑胶粉进行一次加工,于是王永庆设立了南亚塑胶厂。但是,南亚厂的规模并不大,消耗的塑胶粉十分有限,无法彻底解决塑胶粉销路不畅的问题。这个时候,王永庆开始考虑对塑胶粉进行二次加工,生产日用品。他认为塑胶制品能走进千家万户,市场前景将十分广阔。

接下来的问题是:二次加工厂由谁来办?他一直找不到合适的人选。有一次,王永庆乘坐飞机时,遇到了一个名叫卡林的美国人。两人经过简短的交谈,王永庆了解到卡林熟悉塑胶加工,并在日本神户开了一家属于二次加工性质的吹气玩具厂。王永庆想,如果能和卡林合作,塑胶粉的销路就不成问题了。下了飞机,王永庆热情款待了卡林,并真诚地邀请卡林到台湾办厂。卡林比较犹豫,因为当时他的加工厂在日本已经有了一定的基础,而且他并不熟悉台湾市场,卡林认为在这种情况下投资办厂有一定的风险。王永庆耐心地说:“台湾的劳动力比日本还要便宜,如果你肯去台湾,办厂的费用我出,赚的钱归你。”卡林很是惊讶。

王永庆认真地说:“我是生产塑胶粉的,正在寻找销路。我决定自己开设加工厂。如果能搞成的话,塑胶粉的销路问题也就解决了。所以我希望跟你合作,你赚了钱就等于我赚了钱。”话都说到这儿了,卡林不再犹豫。双方很快进行了有效的协商,王永庆向卡林提供厂房与资金,同时台湾当局在税收等方面给予了一定的优惠待遇。

王永庆与卡林合作的工厂设在新店,取名叫卡林塑胶公司,主要生产雨衣、浴室帘布小小尿裤等塑胶制品。而且王永庆将冠名权让给卡林。

在以后的几年里,王永庆又陆续与人合作兴建了几家二次加工厂,塑胶产品销路迅速扩大。仅卡林加工厂就消耗了台塑总产量的20%,卡林由此也获益匪浅。

二次加工厂陆续办成并取得成效后,王永庆又开始新的探索。他认为二次加工的业务开拓范围是有限的,市场开发还不够,必须进行三次加工,生产人们的日常必需品。经卡林的介绍,王永庆结识了几位从事窗帘业务的商人。经过充分准备和洽商,王永庆决定创办专做三次加工的新东塑胶加工公司。

经历了几年的发展和磨炼,公司条件比以前更好了,而他本人也具备了丰富的经验,因此创办三次加工厂的事情进行得比较顺利,其产品以价廉物美不断地打进国际市场。

这时的王永庆已今非昔比,他已经建立起石油化学工业中下游一体化生产体系:台塑公司生产塑胶粉,南亚公司利用塑胶粉原料制造二次用胶布、胶皮等产品,再供应给新东与其他众多三次加工厂商生产各种塑胶制品。

在经商的道路上,王永庆与别人合作时始终坚持共存共荣原则。

台塑的玻纤与美国PPG合作充分显示了王永庆一贯坚持的合作理念。PPG在玻纤方面驰名世界,一开始他们提出了Know-how的费用。

王永庆解释说,双方合作,一切应该以合作公司未来的成就及发展为前提,而双方不但要放弃各自的片面利益,而且还要承担各自的义务,尽其所能多做贡献,在这样的前提下,双方投资比例各占一半,避免产生揽权的心态。

关于PPG要求支付know-how的费用问题,王永庆指出,公司将来的发展成就是双方合作最为优先的目标,如果双方任何一方为了一时的权利,要求报酬,就会造成合作公司在未获利之前,就要付出一笔费用,为公司发展制造负担。假如一切投入都是为了合作公司的长远发展,那么合作公司不仅可以建立稳健的财务基础,双方也会彼此尊重、互利,为公司的更好发展创造一个良好的环境。

对于合作公司生产技术人员的待遇问题,PPG提出对所派人员应当和该公司其他外派人员一样,除依PPG一般薪金核薪外,应该有津贴,这部分费用要由合作公司承担。王永庆说,双方合作人员都是在合作公司任职,应该一视同仁,如果在待遇问题上有任何差别,尽管主要的合作者都能了解,但双方所派人员在工作上是密切联系,彼此是相辅相成的,缺一不可,这么做会使工人产生不公平的感觉,造成人事纷争,给工作带来不必要的麻烦。

分析了各种情况后,王永庆提出所派人员的待遇一概依照合作公司的规定,与台湾当地人员完全相同。经过认真考虑,PPG终于同意了王永庆的要求。

新的合作公司成立后,经过一段时间的适应,PPG派来的工作人员,都圆满地完成了任务,陆续返美。在采购设备方面,双方又产生了分歧,PPG力主采购他们过去有经验的品牌,而台塑企业却坚持自己的询价参考制度,工厂完工时,实际费用却只有PPG预算的65%,这样就为合作公司的发展打下了良好的基础。

与此同时,南亚方面同意将19公顷的工厂用地以非常优惠的价格卖给合作公司,表示诚意。

在这种合作精神下,王永庆成功地与国外企业携手,把先进技术引进台湾,壮大了自己的企业,提高了竞争力。由此可见合作的重要意义,不仅达到了自己的利益,还完善了自身发展,为企业的奋进奠定了基础。

现代公司的竞争就是团队间的竞争,就是团队协作能力的竞争。精诚合作的团队精神是公司成功的保证。在专业分工越来越细、市场竞争越来越激烈的前提下，单打独斗的时代已经过去，合作变得越来越重要。在现代公司团队建设中，打造一支“西点军人协作型团队”无疑是公司实现目标最有力的保障。

星巴克的每位员工在工作上都有较明确的分工，有人专门负责收款，有人主管咖啡的制作，有人专门管理内部库存。但每个人对店里所有工种所要求的技能都能熟练掌握，因此在分工负责的同时，又有很强的不分家概念。也就是说，当一个咖啡制作员忙不过来时，其他人如果不算太忙，会主动帮忙，完全没有“莫管他人瓦上霜”的态度。

所有在星巴克工作的员工，无论你来自哪个国家，在商店开张之前，都要集体到星巴克总部接受3个月的培训。学习研磨制作咖啡的技巧当然用不了三个月，培训的大部分时间用于磨合员工。公司设计了各种各样有趣的小礼品来及时奖励员工的主动合作行为，让每个人都时时体会到合作是公司文化的核心。

协作永远是使自己受益也让别人受益，而只顾自己的人不会让别人受益自己也不会受益。只有懂得协作的人，才能明白协作对自己、别人乃至整个团队的意义。一个放弃协作的人，也会被成功所放弃。这是每一个西点人都遵守的至上原则。

合作达到双赢

西点军校十分注重培养学员合作的精神，在很多训练项目中，都要求合作才能够完成。让学员们懂得，个人的力量是有限的，只有合作才能发展。要想取得胜利一定要注意选择到合适的伙伴。西点优秀的学员都懂得，良好的伙伴关系要求合作对双方有互补性。

这一点在企业里也同样适用，一个企业要想发展壮大，必须注意寻求良好的合作伙伴。

英国巨富石油大亨保罗·盖蒂，年轻时家境并不好，守着一大片收成很差的旱田，有时他挖水井时，会冒出黑浓的液体，开始他并不知道这是石油。后来才知道这是宝贵的石油，于是旱田变油田，保罗·盖蒂开始雇工开采起石油来。开始的时候，保罗·盖蒂会跑到油井旁去看，每次都看到浪费现象，他便把工头找来让他解决这些问题。然而，却是无济于事，每次去看，浪费现象依然如故。保罗·盖蒂想不明白，为什么他再三劝告也无济于事？该如何解决这个问题呢？保罗·盖蒂便向一位管理专家请教这些问题。专家只说了一句话，他说：“因为这是你自己的油田。”这一句话点醒盖蒂，于是他立即招来各工头，向他们宣布：“从此把油井交给各位负责经营，收益的25%由各位全权分配。”

从这以后，保罗·盖蒂再到各油井去巡视时，不仅没有发现浪费现象，而且效率也大大提高。正是靠这种高效的经营，才使得保罗·盖蒂形成了自己的石油王国。

保罗·盖蒂的成功得益于他坚持了双赢的经营理念。一个企业的成功不仅意味着老板的成功，也意味着员工的成功。只有老板成功了，员工才能够成功。老板和员工的关系可以说是“一荣俱荣，一损俱损”。

生意场上，双赢是最佳的选择，但要做到这一点却是很不容易的。首先，要打消自私自利的念头，与对方搞好关系，时刻站在对方的角度上考虑问题，双方合作愉快，双赢的局面便形成了一半；其次，还要掌握对方的业务特点。在对双方具体情况的深入分析中知彼知己，取长补短，才能在激烈的竞争中实现双赢。

1987年6月法国网球公开赛期间,保罗·弗雷斯科和韦尔奇在巴黎招待他们的商业伙伴并一起观赏这一盛大赛事。法国政府控股的汤姆逊电子公司的董事长阿兰·戈麦斯也在他们热情的邀请之列。

韦尔奇事先已经与戈麦斯约好第二天去他办公室拜访。见面时的情形和韦尔奇与别的商家会谈时没有什么两样,只是一次普通的合作。彼此的企业都需要帮助。汤姆逊公司拥有一家韦尔奇想要的医疗造影设备公司。这家公司叫CGR,实力不是很强,在同行业内排名也只是第四或第五。而韦尔奇的GE公司在美国医疗设备行业则拥有一家首屈一指的子公司,这家子公司几乎垄断了从X光机、CT扫描仪到核磁共振治疗仪等医疗设备的全部业务。但是他们在欧洲市场却没有明显优势。尤其重要的是,由于汤姆逊公司是法国政府控股,实际上这就等于将韦尔奇的公司关在了法国市场之外。

在会谈中,阿兰·戈麦斯明确地表示他不想把他的医疗业务卖给韦尔奇,但韦尔奇决定看看他是否对业务交换感兴趣。因此他向戈麦斯说明,他可以用自己的其他业务与他们的医疗业务进行交换。在此之前,韦尔奇非常清楚阿兰·戈麦斯不喜欢GE的那些业务和公司,因此,他绝不会做赔本的交易。于是,他站起身来,走到汤姆逊公司会议室的讲解板前面,拿起一支水笔,开始在上面列出他能够卖给他们的一些业务清单。他列出的第一个项目是半导体业务,对方不想要。然后,他又列出了电视机制造业务。

这时,阿兰·戈麦斯立刻表示对这个想法很有兴趣。在他看来,他的电视业务规模目前还不算很大,而且全都局限在欧洲范围之内。他认为,通过这项交换可以把那些不赚钱的医疗业务甩掉,同时又能使他一夜之间成为第一大电视机制造商。他们两人对这项交易都很感兴趣,于是马上开始谈判。很快,他们达成一致。谈判结束后,阿兰?戈麦斯陪着韦尔奇走出了电梯,一直把他送到等候在办公楼外面的轿车旁边。

当车发动起来并从道路上疾驰而去的时候,韦尔奇一把抓住了他身边的秘书,激动地说:“天啊,是上帝来让我做这笔交易的,我当然有理由把它做得更好。”“而且,我认为阿兰·戈麦斯是真想做成这笔交易。”秘书回答他。他们都开怀大笑起来。韦尔奇确信阿兰也会有同样的感觉,因为阿兰·戈麦斯也同样清楚,他的电视机公司规模太小,根本无法同日本人竞争。这笔交易可以使他获得一个相对稳定的市场地位,从而加强了自身实力去应对一场巨大的挑战。

对韦尔奇来讲,他在国内的电子产品的业务年销售额为30亿美元,拥有员工3231人。而汤姆逊的医疗设备业务年收入为5亿美元。这笔交易将使韦尔奇在欧洲市场上的占有份额提高到15%。他将更有实力去对付GE的最大竞争者——西门子公司。

在余下的6周之内,交易过程中的所有手续全部顺利完成,并于7月份对外宣布。除了做交换的医疗设备业务之外,汤姆逊公司还附带给了GE公司10亿美元现金和一批专利使用权,这批专利权将会每年为GE带来一亿美元的收入。而同时,汤姆逊公司也变成了世界上最大的电视机生产商。

然而,韦尔奇出售电视机业务一事成了很多人批评的对象。许多媒体指责他向日本人屈服,另一些人则攻击他不爱国,只爱钱。他甚至被称为在战斗中开小差的胆小鬼。但韦尔奇对此发表评论说:“这些批评都是媒体的一派胡言。事实是,通过交易,我们的医疗设备业务更加全球化,技术更加尖端,而且我们还得到了一大笔现金。每年专利使用费的收入就比我们前10年里电视机业务的纯收入还要多。而且,我们由此上缴国家的利税也是前些年的好几倍。”

就这样，韦尔奇与汤姆逊公司在很短的时间内做成了这笔交易，各自都扩大了业务量，最终双方都取得了成功，并成了很好的朋友。

双赢的魅力是建立在真诚地为他人着想的基础之上的，是双方合作愉快的结果，是促进企业快速成长的决定性因素。双赢思维有助于在工作中形成良性的竞争氛围，提高组织的凝聚力，避免出现两败俱伤的局面。

竞争在商场上虽然重要，但合作对企业生存而言，重要性绝不亚于竞争。

聪明的经营者具有双赢的思维。双赢思维在很大程度上是寻求互利，利人利己可使双方互相学习、互相影响及共谋其利。要达到互利的境界必须具备足够的勇气及与人为善的胸怀。

人“合”万事兴

与什么样的人合得来，有什么样的朋友；与什么样的公司合作，出什么样的效益，与合得来的朋友合作，创万事兴旺之大局。

一个“合”字多少深意。懂得合之道的学生，能团结同学；懂得合之道的长者，是兴家之瑰宝；懂得合之道的商人，方能财源滚滚。

合作本身代表一种机遇。经常与他人合作，一个人就能发现自己新的能力。如果自我封闭，身上的潜力永远也发挥不出来。要想提高自己的生活质量，为自己创造更多的机会，就要广泛地结交朋友，与他人互动。毕竟，没有一个人能在孤身的环境中发挥自己全部的能量。下面的例子就很好地说明了这一点。

1986年，中日两国决定合拍一部反映中国教育现状的电视短片，一位正在念大学三年级的女学生通过自身的努力，被工作人员选为电视片中女主人公之一。说实话，这位念中戏表演专业的女生，身材还可以，可长相就太一般了，尤其是那两颗突出来的虎牙特别难看。剧组领导曾经想到要让她到口腔医院拔牙，后来因为担心开机而作罢。将近一个月的戏终于拍完了，她得到了200元的报酬。几乎没有多少人看过这部名义《暑假里的故事》的教育短片，更没有赢得几个人对她所扮演角色的肯定。但这次却成为这位大三女生演员生涯中最底部石头的打磨，也正是由于这次的表现而使她第二年就进入了电影《红高粱》剧组，从此一炮走红。她就是如今在国际影坛上大紫大红的巨星巩俐。

这就说明，一个成功的人绝不是靠单枪匹马闯出来的，他需要有人助他一臂之力。优秀的合作精神可以带来广阔的前景，独木难成林，一个人的能力再强也是有限的，只有善于与人合作，才能弥补自己的能力不足，达到自己原本达不到的目的。

我们的一生之中，总会闪现一两个难得的机遇，出现一两个难得的人，这就构成了难得的合作。有些人你没有感觉在依靠，其实无时无刻不在依靠，他就是合作者。其实，大家从事相关联的工作，守护不同的环节，但却有着相同的志趣和目标，这就要求双方精诚合作，互相配合，所以说，合作是一荣俱荣的关系，人“合”才能万事兴。

与什么样的人合得来，有什么样的朋友；与什么样的公司合作，出什么样的效益，与合得来的朋友合作，创万事兴旺的大局面。找到一个适当的人去合作吧，也许那就是你优秀的起点，成功的起点。

当自己拥有一定能力的时候，找一个合适的机会，找一个合适的合作对象，这些都是成功必不可少的前提条件，也是拥有一个优秀起点的基本保证。

俗话说："家和万事兴"。对于合作也是一样的，只不过这里的"合"包含了更多的深意，对个人的要求不能有任何的折扣，否则，这种合作是没有多大意义的。

合作本身无非是双方或者几方的人一起讨论并完成某项事情，在这个过程之中，善于合作的人就能利用对方不动声色的完成自己的目的，而不懂得合作的人，只能白忙一场，竹篮打水一场空了。

怀着一颗努力向上的心，打造出一个适合与人去合作的自己，找到一个志同道合的人，一起去寻找成功的喜悦吧。

众人拾柴火焰高

在这个纷繁复杂的社会里，年轻人靠单打独斗就可以取得成功的时代已经渐渐远去，任何年轻人都不可能是全能的，也没有一个组织或个人能拥有自己所需要的所有资源。这就决定了合作的必要性。即使是完成一件最简单的事也离不开和其他人的合作，除此之外，我们别无选择。

中国谚云："团结就是力量"，"三个臭皮匠，赛过诸葛亮。"西方谚云："Two head is bigger than one（两人智慧大于一人）。"一个人的力量再强大也总是有限的，与人合作却可以壮大自己。特别是在成功的路上，大凡明智之人都懂得联合起来改变自己的命运。

很多人都追求独立自主，但独立自主并不意味着独来独往，也不意味着排斥合作，大凡功成名就的人都懂得合作的巨大力量。他们大多善于从同伴那里汲取智慧，从同行者那里获得前进的动力，或者直接利用合作伙伴的力量来成就自己的事业。

合作其实就是大家通过共同努力来实现一个共同目标，属于解决问题的协作性行为，在合作过程中，人际关系的和睦与否，制约着团队的成功与否。你没有钱，可以找有钱的帮忙；你没有技术，可以请有技术者与你共创事业；如果你不善于经营管理，你也可以聘请有经验的人入伙与你一道奋斗，其结果要的就是双赢发展。

一次，比尔·盖茨应邀到某大学演讲。一个学生问他："你是怎样在短时间内创造巨大的财富的？"

"不，不是'你'，而应是'你们'，"盖茨纠正后继续说，"微软有今天的成就，不是我一个人的努力，而是所有微软人的共同努力。比如艾伦，我13岁时就开始和他合作了，还有史蒂夫·鲍默尔等等。"

俗话说："众人拾柴火焰高。"也就是说，一个人的力量总是有限的，有了大家的帮助，个人才能有更大的发展。

庄吉集团之所以能取得成功，就是其领导人陈敏在前进的道路上不断寻找合作伙伴，从而加快了其成功的脚步。

作为一位著名的民营服装企业家,1982年,陈敏曾在温州市工艺美术研究所工作。创业的冲动,使陈敏不安于平淡的工作。一天,他突发奇想:“温州服装生意这么好,何不试着做做。”在国内商品稀缺的年代,温州前店后厂的服装生意很是火爆。陈敏便和自己的同学一起到百货公司去买面料,请人加工制作了五件风衣拿到市场上去试销,结果一周后全部销出,每件获利20元。这第一个100元给陈敏很大的鼓舞,改变了陈敏的命运,使他从此与服装业结下了不解之缘。

陈敏在27岁时正式下海,创办了温州华联服装厂,生产、经营西服。20世纪80年代末,正是温州服装红遍大江南北的时候。款式新、价格低、变化快、销售渠道畅通等诸多优势,使温州服装企业饱尝了甜头。赶上这一创业的繁盛期,“华联”的产值也成倍增长,第二年就赚了100多万元。经营实践使陈敏认识到,温州服装不打自己的品牌很难有长足的发展,为此他请人设计了三个商标,从中选了一个“金顶针”。“金顶针”很快在温州脱颖而出,1995年时产值超过2000万元;利润居温州市同行业之首,而且创造了产品无积压的奇迹。在理性思考和实践灵感的碰撞中,陈敏领悟到:办企业不仅仅是为了谋生,而是营造企业文化、提升员工素质、实现企业目标的重要手段。这使陈敏在品尝创造的快乐的同时,也完成了自己的原始积累,进入了企业经营的新境界。

当物质积累达到一定的程度后,人的精神需求也会随之升华。1995年,全国服装行业百强评比,有上万家成员的温州服装企业竟然无一上榜。进而陈敏还看到,有13亿人口的中国服装工业在国际上名不见经传。作为服装行业的一员,一种强烈的民族自尊心和责任感促生了陈敏的一种强烈愿望:“为民族服装工业争品牌。”这一理念一旦形成,便成为他的一个不解“情结”,也决定了他以后的发展道路。

有了这一触动,陈敏想,如果把温州几家规模较大、效益较好、影响力较强的服装企业组织起来,走联合发展的道路,组建温州服装工业集团,不就可以形成温州服装联合舰队吗?而有了这只“联合舰队”,不就可以做大做强温州的服装工业吗?进一步,利用这种合力还可以创造出中国一流的服饰名牌产品。遗憾的是,当陈敏把欲组建温州服装联合舰队的想法提交“金顶针”董事会时,却当即遭到了其他股东的坚决抵制,他们担心“金顶针”会被其他企业拖垮。此时组建温州服装联合舰队已经成为陈敏梦寐以求的强烈愿望,同时这一设想也成为其他同行企业嘲笑的把柄。

或许是命运之神的有意安排,此时温州庄吉服饰有限公司董事长郑元忠也在苦苦寻求将企业做大做强的发展之路。在不断充实自己和创立品牌的过程中,有两件事使郑元忠对品牌有了很深刻的认识:一件是买衣服的事。有一次他到商场买了一套国外某著名品牌的西服,标价是4000多元,而他看到国内某品牌的西服,面料、款式相近,标价却只有1000多元,这使他在感叹巨大差价的同时也在心中树起了创立品牌与洋人一争高下的信念。另一件是卖衣服的事。郑元忠到温州市经济技术开发区创建了庄吉服装有限公司之后,在杭州某大商场,庄吉专柜和国内某品牌的专柜紧紧相邻,因为另一品牌创立时间较早,知名度较高,西服的售价差距很大,庄吉的西服只能卖900多元,另一品牌同款同料工艺还不如庄吉的西服,却能卖到1900多元,而且卖得很火。这一残酷的现实让郑元忠真正地感到切肤之痛。

正缘于同一种共识和同一种目标,1995年,在温州服装商会的一次活动中,陈敏见到了郑元忠。通过交谈,在创立服装名牌、探索联合发展、为民族服装工业争品牌等问题上,两人发现彼此之间有着惊人的相似或相同的看法,因而颇有相见恨晚的感觉。志同道合的理想和信念使陈敏和郑元忠的手紧紧地握在了一起。他们认识到,民营企业只有走联合发展之路,才能在最短的时间内做大做强。

有道是人生知音难觅。正缘于此,陈敏在与金顶针公司其他股东意见难以统一的情况下,1996年初,从"金顶针"撤出了自己的所有股份,将资金全部投向了郑元忠的庄吉公司。同年3月,庄吉集团有限公司宣告成立。

在联合的道路上迈出第一步后,陈敏和郑元忠又邀请时任浙江精益电器集团有限公司董事长的吴邦东加盟。这使得"庄吉"的联合,一开始就摆脱了亲缘和家族的局限,建立了一整套新型的法人治理结构,率先在温州推行现代企业管理制度。在当时情况下的温州,此举可以说是对"宁做鸡头,不做凤尾"的传统经济的超越。此时陈敏对温州服装业的发展有了更加清晰的认识:实行现代企业管理制度,走集团化发展之路,以现代企业文化推进产品升级,全力开创温州服装名牌,走向全国乃至世界。

中国民营企业界学者型老板冯仑曾说:民营企业跟梁山的组织机构很像,大家目标一致后,事业一开始就是"排座次,分经营,论荣辱"三关,不少企业为这三关斗得矛盾四起甚至不欢而散,温州也不乏其例。有趣的是庄吉虽未能免俗,却很顺利地过了这三关。正缘于此,很多熟悉的人谈到庄吉时,无不称道郑元忠、吴邦东和陈敏的三人组合是"黄金三角",堪称样板。

合作精神是一切事业成功的基础。不管是在经商中,还是在其他事业的建设上,凡事若以"合作"的观点来看这个世界,你将会越来越成功。美国国务活动家韦伯斯特曾说过一句有名的话:"人们在一起可以做出单独一个人所不能做出的事业;智慧、双手、力量结合在一起,几乎是万能的。"有合作就有回馈,合作得愈多,回馈也就愈多。其实,这是一个与人合作的人生,当我们与别人合作的同时,我们也受到别人的赠与,也因为共同合作的结果,使人愈来愈富有。

扬长避短,精诚合作

军队是一个有组织有纪律的团体,需要所有的军人共同协作,才能达到胜利的目标。西点军校正是意识到了这一点,所以非常注重学员间的合作,训练学员的合作能力,并将"善于合作"作为一项要求,明确写入了自己的22条军规之中。

从前,有两个饥饿的人得到了一位长者的恩赐:一根鱼竿和一篓鲜活硕大的鱼。其中一个人要了一篓鱼,另一个要了一根鱼竿,然后他们分道扬镳了。

得到鱼的人原地就用干柴搭起篝火烧起了鱼,他狼吞虎咽,转瞬间,一篓鱼就被他吃了个精光。不久,他便饿死了。

另一个人则提着鱼竿继续忍饥挨饿,他向前走着,当他马上就要接近大海的时候,他浑身的最后一点儿力气也使完了,最后他也只能带着遗憾撒手人间。

另有两个饥饿的人,他们同样得到了长者恩赐的一根鱼竿和一篓鱼。只是他们并没有各奔东西,而是商定共同去寻找大海,他们俩每次只烧一条鱼,经过艰苦的跋涉,来到了海边,从此,两人开始了以捕鱼为生的日子。

几年后,他们盖起了房子,有了各自的家庭、子女,有了自己建造的渔船,各自都过上了幸福安康的生活。

这个故事告诉我们，一个只顾眼前利益的人，得到的终将是短暂的欢愉；唯有学会合作，才能真正实现长久的安逸。

合作才能生存，合作才能让人扬长避短，从而达到一种最优化的结果。在战场上，缺乏合作的部队就好似一盘散沙，如果各自为战，最终只会被逐个击破。因此，西点军校一直以来都非常强调学员适应团队合作的能力。

西点军校要求学员：有事情要通风报信；训练中经常有必须一组人才能完成的任务；在训练中还会出现因你的同伴“死亡”，你将不得不一个人面对几个敌人的情况；创造一个“共同”的敌人，比如有的教官会有意识地和学员处于“敌对”状态，以增加紧张气氛，让学员们变得更加团结……

这些措施，都是为了让学员们在校期间能学会合作，在日后无论是战场、商场或是生活中，都能成为团队中的一员。一个团结的团队才是有力量的团队。在当今商业社会中，合作也是非常必要的，唯有学会扬长避短、发挥自己的最大潜能，才能高效完成各项任务。

很多人都知道木桶原理：一只木桶盛水的多少，并不取决于桶壁上最高的那块，而恰恰取决于桶壁上最短的那块木板。

虽然木桶中其他的木板都很长，但是只要有一块木板是短的，那么当我们往木桶中加水时，水涨到最短的那块木板的长度时就会流出来，不再有上升的空间了，哪怕其他的木板再长，也无法改变整个木桶的容量。

木桶原理告诉我们，团队的最大能力，并不取决于某几个能力超群和突出的人，而是取决于它的整体状况，甚至是取决于这个团队是否存在某些突出的薄弱环节。只有通过合作扬长避短，才能发挥出团队的最大力量。

求助也是一种团队合作的能力，你不擅长的却可能是团队中其他人所擅长的。在任何一个团队中，每一位团队成员的能力构成都是不一样的，或者说都是具有互补性的。唯有有效地整合自己身边的资源，通过合作互助的方式，才能发挥出最大的潜能。

假日里，一个小男孩在他的玩具沙箱里玩耍。沙箱里有他的一些玩具小汽车、敞篷货车、塑料水桶和一把亮闪闪的塑料铲子。

在松软的沙堆上修筑公路和隧道时，他在沙箱的中部发现一块大岩石。小家伙开始挖掘岩石周围的沙子，企图把它从泥沙中弄出去。他是个很小的小男孩，而岩石却相当巨大。他手脚并用，似乎没有费太大的力气，岩石便被他连推带滚地弄到了沙箱的边缘。

不过，这时他才发现，他无法把岩石向上滚动、翻过沙箱边墙。

小男孩下定决心，手推、肩挤、左摇右晃，一次又一次地向岩石发起冲击，可是，每当他刚刚觉得取得了一些进展的时候，岩石便滑脱了，重新掉进沙箱。小男孩气得哼哼直叫，拼出吃奶的力气猛推猛挤。

但是，他得到的唯一回报便是岩石再次滚落回来，并砸伤了他的手指。

小男孩伤心地哭了起来。

这整个过程，男孩的父亲从起居室的窗户里看得一清二楚。当泪珠滚过孩子的脸庞时，父亲来到了儿子跟前。

父亲的话温和而坚定：“儿子，你为什么不用上所有的力量呢？”

垂头丧气的小男孩抽泣道：“我已经用尽全力了，爸爸，我已经尽力了！我用尽了我所有的力量！”

“不对,儿子,”父亲亲切地纠正道,“你并没有用尽你所有的力量,你没有请求我的帮助。”

父亲弯下腰,抱起岩石,将岩石搬出了沙箱。

在任何一个集体里,人都互有短长,自己解决不了的问题,对你的同事、朋友或亲人而言,或许就是轻而易举的,记住,他们也是你的资源和力量。

提升共同价值,打造双赢人生

帮助同路人挖掘自己的梦想,就是间接地提升了自己。为了共同目标走到一起的人,最有意义的行动价值就是合并同类项。

共同的愿望,共同的梦想,共同的利益,不为其他。只这三个“共同”就足够你去全力以赴了。正确的看待“共同”不要抱着“利用只为利己”的不良想法。有些地方过多地强调个人奋斗,而忽略了应该怎样与他人合作,更忽略了如何在竞争中不伤害别人。

在我国经济生活中,有一种“龟兔双赢理论”。赛了多次,互有输赢,后来乌龟合作,乌龟把兔子驮在背上游过河去。这就是“双赢”,竞争对手也可以是合作伙伴。俗话说:“一个篱笆三个桩,一个好汉三个帮。”想成就一番大事,必须靠大家的共同努力,真诚合作,患难与共,才能提升出最高的价值,打造出双赢的人生。

既然已经有“三个共同”作为基础,那么要做的就是要把这些共同的价值一起提升。有四种方法可以帮助你达到这一点,其中任何一个都能使你获得经济上的成功。只要掌握了所有的方法,你就能赢得更多好感、赚到更多的财富,并以前所未有的速度改善你的生活。下面就让我们从企业竞争和个人竞争两个角度来分析这几点方法在现实里的适用。

第一种就是提高办事效率。

别人让你做什么事情,一定要尽可能快地让他知道结果。当今社会,大多数人都很急躁,都缺乏耐心。在工作中,所实施的大多数管理理念的核心都是让时间更有价值。有的顾客甚至还不太清楚自己是否需要你推销的产品或者服务就决定购买。因此,你为他人提供服务的速度与他人对你的产品和服务的评价之间有直接关系。如果你办事速度快,客户就会认为你比其他的人更能干,同样,他们会认为你的产品质量也更胜一筹。在每一个领域,高效率都会使你在竞争中遥遥领先,赢得选择合作伙伴的先机。在当今社会的竞争中,越来越多的企业致力于为客户提供更便捷的服务,只有这样才能在竞争中立于不败之地。任何一个公司想要在竞争中站稳脚跟,都必须赶上并超越最新的效率记录。在个人的生活中,一个有效率的人是常被人称为勤劳的人,而一个勤劳的人是最容易获得成功的人。

一个成功的人之所以是成功的,做事高效是一个很重要的衡量标准。创立达美乐比萨饼店的汤姆·莫纳汉的宗旨就是比别人更快地将比萨送到客户手中。退休后的他,其个人资产已达到18亿美元。你每天必须都思考如何为你的客户提供更便捷的服务,速度是真正的价值之源。

第二就是提高服务质量。

简单地讲,就是以同样的价格提供更优质的产品和服务。在相同的价格情况下,竞争的是质量,这里的“质量”不单单指产品本身的,还有人为服务的。为了提高质量,你必须先知道客户心目中对高质量的要求,然后在不增加成本的前提下想方设法满足这一需求。许多公司并不知道他们的客户心目中要求的高质量到底是什么，而事实上，质量是由客户来定义的。全面质量管理原则应该这样描述：明确客户真正需要什么，然后以超出竞争对手的速度满足他们真正的需要。质量不仅仅意味着经久耐用、设计精美。质量首先意味着对客户来说有用，能满足客户的实际需要。对顾客而言，质量就是你能在何种程度上实现他的利益。

对千余名客户的调查表明，人们推销的任何东西都由两部分组成：首先是产品或者服务本身，其次是提供产品或者服务的方式。这就是为什么麦当劳能在速度、价值、清洁和价格方面提供优质服务，满足人们的需要。麦当劳没有打算与高档餐厅竞争，他们为世界各地的顾客提供价格适中的快餐，而这恰好满足了人们所需要的。

对于自身而言，一个有服务精神的人是有益于自己，有益于他人，有益于社会的人，是一个可以给很多人带去温暖和快乐的人。

第三个创造财富的途径就是提升你的价值。

如果你一定要使自己或者自己的公司脱颖而出，你就必须提升你所做的任何事情的价值，你的这种精神会让你的客户认为你提供的产品优于其他产品。为了提升产品或者服务的价值，你可以改进其设计，你也可以简化其操作方法使之使用起来更方便、更容易。苹果电脑公司所做的就同时达到了上述的这两个要求。他们使电脑的操作变得非常简单，即使对电脑知之甚少的人也能操作，从而使个人电脑领域发生了巨大的变革。苹果电脑使用者对他们电脑的评价之一就是，他们从来没有阅读过电脑的使用手册，无论是电脑配置还是程序都非常简单，无需研究手册就能操作。设计精美和操作简单是苹果电脑附加价值的源泉。所以，对于个人而言，怎样才能提日常工作的价值？这才是需要我们去研究和思考的问题：对自我完成度的一种审核，同样性质的事情，同样的完成时间，但是效果却截然不同。

提升价值的第四个途径是使客户能够更便捷地购买到你的产品和服务并更舒心的享受这些服务。

人们愿意花钱买方便使快餐店无处不在。为了方便，他们通常会支付15% ~20%的额外费用，他们感觉这样值得，因为他们不必再花费太多的时间还有可能搭上路费到距离很远的大商场去购买同样的东西。自动取款机的普遍使用也是一个很好的例子。这样人们就可以更方便地存取钱，而银行也因此而提高了自己的价值。

因此，对于个人来说，如果你能让客户更方便地享受到你的产品或者服务，他们就会理所当然毫不犹豫地选择你而不是你的竞争对手。你怎样做才能让你的客户享受到更便捷的服务？你怎样做才能让客户对你完全信任，从而根本不去考虑其他选择？这是你必须面对和思考的。另外在享受产品和服务的过程中，使客户更加舒心更加满意是不难做到的。

人都是有感情的，如果你非常热情、友好、真诚，他们会很容易受感染。帮助别人往上爬的人自己也会爬得更高。

诺德斯特拉姆是美国最成功的高端连锁大型商场。那些顾客为什么对其情有独钟呢？几乎每一个人都会说他们之所以偏爱诺德斯特拉姆，并不是因为那里销售的商品与众不同或者质量更好，吸引人们的在于他们提供的服务比其他任何商场的服务都更热情和友好。热情和友好也是良好沟通的开端。

而事实上，搞清楚这四种方式虽然要花费一些精力，但对于可能取得的快乐与成功而言是非常值得的。

自己的努力和自我提升，使得客户满意，自己成功，这才是我们追求的双赢的人生境界，也是我们一生不变的追求。

谁说竞争就一定要你死我活

在全球经济一体化的今天，一些从表面上看是竞争对手的关系，从另一方面看，则又是一种微妙的“合作伙伴”关系。现在，像这种既竞争又合作的关系日益明显，很多时候，竞争的前提恰恰是合作。

在美国的某个地区，每年都有举办南瓜品种大赛的惯例。然而每年的冠军得主均是一个名叫特里的农夫，但令人难以理解的是，获得冠军的他回到家乡之后，毫不吝惜把获奖的种子分送给他的左邻右舍。于是，大家都说他太傻。

有一天，特里的一个朋友很奇怪地问他：“你的奖项得来不易，每季都看你投入大量的时间精力来做品种改良，为什么还这么慷慨地将种子送给别人呢？难道你不怕他们的南瓜品种因此而超越你的吗？”

特里憨厚地笑了笑回答道：“我将种子分送给大家，帮助大家，其实也就是帮助我自己啊！”

我们知道，每家的田地都是地接地、彼此相连的。如果特里将得奖的种子分送给邻居，邻居们就能改良他们的南瓜品种，也可以避免蜜蜂在传递花粉的过程中，使邻近的较差品种的花粉污染了自己的品种，这样他才能够专心致力于品种的改良。反过来，如果特里将得奖的种子独自占有，而不分发给他的邻居，为了防范外来蜜蜂等昆虫所带来的花粉弄杂他的种子，就得花费大量的人力和物力驱赶昆虫，不仅要疲于奔命，恐怕还不会有什么好的效果。

特里将获奖的种子送给大家，可以避免自己的南瓜受到劣质品种的影响，实际上就是在帮助自己。很多人想不通这个道理，他们对那些与自己争夺获奖或晋升机会的同事或团队心存怨恨，在工作中与之势不两立。由于信息不通、沟通不畅，双方都把大量的时间花在了证明那些已被对方证明了的结论上、设计那些已被对方设计出的方案，结果是谁都很难走向成功。

毋庸置疑，竞争意识有利于我们发挥自己或整个团队的潜能，提高工作效率。但如果我们只讲竞争、不讲合作的话，我们就成了一支孤军奋战的队伍，或许我们本身有很好的技能，但最终在强大的敌人面前也不可能创造奇迹。只有在竞争中合作、在合作中竞争，才可能如特里的南瓜种那样，不被外来的花粉杂化并最终问鼎大奖。

当今社会，讲究的是“人和”、是协作，而不是单枪匹马地独自作战。积极地和你的对手结成联盟，不管他是一个人、一个团队、一个组织，还是一个企业，分享彼此的经验和成果，共同抵御风险，在合作中竞争，这样才能创造奇迹。

对于一个企业管理者来说，竞争与合作在企业的运营中是不可避免的。但是要想更好地在竞争中占有优势，在合作中取得主动，了解一点零和游戏的原理是非常必要的。

零和游戏，顾名思义，就是在一项游戏中，总会出现赢者与输者。一方赢得的东西正是另一方输掉的，根据正负相抵消的原理，游戏的总成绩永远为零。零和游戏原理之所以受到越来越多的管理者重视，主要是因为“零和游戏”类似的局面在社会的方方面面都普遍存在，也就是胜利者的光荣往往是建立在失败者的辛酸和苦涩的基础之上的。

但进入20世纪后，人类社会在经历了两次世界大战、经济高速增长、科技进步、全球一体化以及日益严重的环境污染之后，“零和游戏”观念正被“双赢”观念所取代。人们开始认识到对于胜与败的结局，不再是几家欢乐几家忧，取而代之的是通过有效的合作，双方皆大欢喜的“双赢”局面的出现。

但从“零和游戏”走向“双赢”，要求各方有真诚合作的精神和勇气，在合作中不要耍小聪明，不要总想占别人的小便宜，要遵守游戏规则，否则，“双赢”的局面就不可能出现，最终吃亏的还是合作者自己。跨国公司战略合作联盟就是追求“双赢”的有效方式。这种联合是自发的、非强制的，各方仍旧保持着本公司经营管理的独立性和完全自主的经营权，彼此之间通过达成各种各样的协议，结合成一个松散的联合体。

1979年，美国福特汽车公司和日本马自达汽车公司结成战略合作联盟，这就是世界上最早的跨国公司战略合作联盟。

据估计，通过产品开发、采购、供应和其他活动的全球化，合作联盟每年至少可以节省30亿美元。更为重要的是战略合作联盟的形成使企业之间在产品开发、科学研究、生产制造、产品销售和售后服务等方面，可以充分利用宝贵的资源以达到战略目标，在增加收益的同时减少风险。战略联盟具有协同性，能整合联盟中分散的公司资源，使其凝聚成一股力量。

分担风险，使企业能够把握伴有较大风险的机遇。加强合作者之间的技术交流，使他们在各自独立的市场上保持竞争优势。与竞争对手结成联盟，可以把竞争对手限定到它的地盘上，避免双方投入大量资金展开两败俱伤的竞争。通过联盟可获得重要的市场情报，使营销领域向纵向或横向扩大，使合作者能够进入单方难以渗透的市场，有助于销售的增长。

由于许多联盟形式不含有稀释股权的投资，因而有助于保护股东的权益。一旦战略联盟管理有方，合作双方将比单方自行发展具有更广阔的战略灵活性，最终可以达到双赢。

在技术方面，随着技术发展的加速，各公司研究与开发资金日益紧缩，竞争对手之间可以就如何合作以削减研究与开发成本、分摊风险而获得相互支持，并将协作的范围从实验室扩展到试制和销售过程中。这将是利用较少资金保持技术优势的一个主要途径。

随着技术变得日益复杂，在某些重大开发项目上，没有一家公司可以单独包揽所有事情。IBM、西门子以及东芝等世界上最大的电子公司都做不到，甚至获得巨额利润的、世界最大的芯片制造商英特尔公司也做不到。

英国电脑公司ICL如果没有与富士通公司进行合作，就不可能开发新一代的主机系统；摩托罗拉如果没有东芝公司的分销能力，也无法打入日本的半导体市场。

竞争对手之间的协作前提是：企业间的相互信任和企业间存在相互信任的利益基础，即如果合作研发不是出自根本需要，那么合作将可能失败。同时，不信任也是致命的。这就是欧洲最大的柴油机制造商VMMotori公司避开联盟的原因，VMMotori公司甚至因害怕竞争对手抄袭它的专有技术而拒绝申请专利。

另一个关键是要承担责任。日立公司的总经理说：“丢掉‘人多力量大’的想法吧，同许多不负责任、不能带来任何东西的公司签约，并不能搞出什么发明。”

丘吉尔曾说：“没有永远的敌人，也没有永远的朋友，只有永远的利益。”如果靠自己的力量难以实现梦想，就不妨大胆迈出合作的步伐。无论竞争还是合作，都是为了利益，竞争中的合作，是为了双赢。

信任你的合作伙伴

如果说陪伴是一种心甘情愿的付出，那么我们太应该给它一种不可替代的信任作为“嘉奖”。

朋友、对手、伙伴、成员这是四种截然不同的位置，却有着惊人的相似，那就是陪伴。既然是陪伴就需要必要的信任。

信任是理解的基础，也是建设性合作关系的基石。不信任一个人怎么能放心把事情交给他去做呢？不信任一个人又如何提升共同的目标价值呢？当伙伴无法选择的时候，要学会培养信任感。这点在组织中表现得尤为突出。只要这个伙伴没有道德和能力上的严重缺陷，又有愿意一起努力的诚意，那么我们就应该给予对方一份基本的信任。这是一种礼貌，也是一种尊重，也许还是一个成功的开始。

可以说一个组织是具有了所有成员相互信赖的氛围之后，才得以真正地运作起来的。如果缺乏了这种信任，那么分工和合作都是无稽之谈。一个缺乏信任的团队是可怕的。

威尔逊、卡尔、里迪三人被困在沙漠之中，已经三天三夜没喝水了，为了不至于渴死，他们决定分头去寻找水源。为了不至于走散迷路，他们约定一旦某个人发现水源或需要帮助，就朝天鸣枪，其他人便赶来相救。

威尔逊于是带上分发的五发子弹，腰别手枪，独自向东出发去寻找水源。威尔逊向东走了大约有5千米，口渴使他再也走不动了。正午的太阳毒辣辣地烤着大地上的一切，威尔逊心想：“快发枪声叫他们来救我，不然我非死在这鬼地方不可。”于是，他拔枪朝天打了第一枪。

枪声响过以后，威尔逊并没有盼到有人来救自己，心想：“肯定是他们没有听到我的枪声。”于是他朝天空放了第二枪。

第二枪响过好一阵子，仍不见有人影，威尔逊开始着急了，心想：“他们肯定听见枪声了，可却不来救我，真是见死不救，这一定是个计划好的阴谋。”威尔逊想着，开始往回走，并朝天放了第三枪。

第三声枪响过后，威尔逊加快了往回走的步伐，心里开始咒骂起同伙来：“这些谋财害命的家伙，设计好了圈套让我来钻，我死了，他们就可以分我的财产，抢占我的房子。我要诅咒他们全渴死，全部热死在沙漠。”“砰”他又放了一枪。

第四声枪响以后，威尔逊仿佛看见自己被困在沙漠之中，在孤身独斗凶残的恶狼，最后成千上万的恶狼们拖着长长的大尾巴，伸着长长的舌头，向自己扑来……“砰”，他打出最后一枚子弹。

当威尔逊的同伴带着寻找到的泉水，汇聚到枪声响过的地方时，发现他早已倒在地上，他把最后的一颗子弹射进了自己的头颅。

这是一个悲剧，一个本来可以避免的悲剧，因为不相信自己的同伴，没有凝结在一起的团结精神，导致了这个悲剧的发生。倘若他能对自己的伙伴多一点信任，多坚持几分钟，那么也不至于自暴自弃，白白送命。

在西点军校，训练有素的学员是不会出现故事中这种荒谬的情况的，他们总是充分信任自己的伙伴,他们知道,只有信任才能保证团队最强大的战斗力,才能获得生机。除了信任对方不应该有其他的杂念,在战场上,一个杂念就预告着死亡的危险。

同样,在一个人的成长和奋斗过程中,他与同事、家人、上司之间的信任,都是十分重要的。对上面的任何一个人失去了信任,你的生活就会乱七八糟,毫无章法。办公室里因为文件的丢失而相互猜忌,家人因为遗产分配不均而你争我夺……在每个人强颜欢笑的外表下都隐藏着难以琢磨的戒备之心。这样让人压抑的生活要如何才能继续?信任拥有神奇的力量,它让每个人的心里都变得无比的踏实。

试想一下,在充满猜疑的环境里工作、生活,是一种怎样的感觉。每一次改变都会遭到质疑,而信任则是为对方解决不确定性、困惑和痛苦的唯一方法。没有足够的信任就没有良好的合作,没有好的合作就没有优秀的团队,没有团队精神就意味着这个利益共同体迟早要被淘汰。

上面的例子,就足以使你清楚地了解到信任的重要,倘若不想自己的组织一片混乱,或者你在的组织确实面临着这样的信任危机,或是你偶尔能感受到一种沉闷的空气正悄悄降临,那么你就该注意组织人际关系的这个根本环节了。

总之,要想成为一个成功者,首先要先懂得信任你的合作伙伴。对别人多一次信任,就会多一次回报。信任实际上也是低成本的付出,所以我们不要过于吝啬了,不然就失去了多交一个朋友的机会,更失去了自己心里那种踏实又自在的感受。

创造性合作必须尊重差异

茫茫人海,能遇到一个有共同追求又愿意一起干一番事业的人不容易,在这样的人和机会出现的时候,双方当然会期望一种双赢的合作,而双赢合作就是创造性合作。

很可惜,当合作过程中发生分歧的时候,太多的人浪费太多的时间精力在打击批评、玩弄手段、文过饰非或是曲解对方。这就仿佛一脚踏着油门,另一脚踩着刹车,车子还能开得稳吗?分歧发生时本当及时刹车,但许多人反而猛踩油门,施加更大压力,为自己找更多理由来自圆其说,这都是不够合作的表现。不论是仗势欺人,损人利己,或企图讨好别人而损己利人,都不可能产生创造性合作。

由此可知,每个人都是独立的个体,对一件事情有不同于他人的看法也是很正常的事情。而人们在这样的时候却往往坚持己见,一意孤行,处处要别人顺从与附和。他们不了解,人际关系最可贵的正是接触不同的观点。

一致并不代表团结,相同也不意味齐心。团结才能互补,合作应该尊重差异。让我们用最简单的计算来说明这个看似复杂的问题:1+1 等于 2 可有人却做到了等于 4。这就是协同作用:整体大于各部分之和。一次成功的合作不会以压抑个性为代价,相反,成功的合作十分尊重成员的个性,重视成员的不同想法,真正使每一个成员参与到工作中,风险共担,利益共享,相互配合,完成共同目标。

与人合作最重要的是,重视不同个体的不同心理、情绪与智能,以及个人眼中所见到的不同世界。自以为是的人总以为自己最客观,别人都失之褊狭,其实这才是画地为牢。反之,虚怀若谷的人承认自己有不足之处,而乐于在与人交往之中汲取丰富的知识见解,重视不同的意见,因而增广见闻。此所谓三人行,必有我师焉。

至于完全矛盾的两种意见同时成立，是否合乎逻辑？问题不在于逻辑，而是心理使然。有些矛盾的确可以并存，同一景象会引起互相矛盾的诠释，而且都言之成理。假如两人意见相同，其中一人必属多余。与所见略同的人沟通，毫无益处，要有分歧才有收获。

你属于自己但不等于要特立独行，合作作战，永远需要。

“有很强的沟通能力并善于与他人合作”是一个人自身素质的重要衡量指标。合作精神是现在社会生存的不二法则，成功的必要条件之一。

生活中能与人和谐相处，工作上能与同事友好协作，一起为共同目标而努力，就能够将你独特的优势在工作中淋漓尽致地表现出来，自然会引起老板的注意，进而获得更好的发展机会。

合作机会靠创造，好的合作又创造出新的机会，此善之报，循环往复下去，就会到达目的地。由此得出，一个善于合作，有良好竞争意识的人，会经常获益。

一个个体要想在工作中快速成长，就必须依靠合作，必要的时候借助他人的力量来发展自己，提升自己，在与人合作的过程中学会如何处世，如何做人，如何让自己永处于不被淘汰的位置，这样才有可能早日获得成功，并蝉联这种成功。

如果说合作是方式、是手段，双赢是目的，那么提升自己的人生价值才是最终目标。让我们在创造合作机会的同时，一起去创造美好的明天。

培养相互协作的精神

在西点，学员和战术教官之间存在着一种模拟的敌对状态，这样有利于保持美国军人在战场上的紧张感。因为默契的配合是战斗中最为可贵的素质。

相互协作的能力并非为人类所独有，机警的狼群同样深谙此道。不仅如此，他们还会同其他动物和谐地共同合作。与其他动物的合作，通常是为了达成彼此的各自所需。狼对合作伙伴不会做出任何限制，只要是为了完成共同的目标，即使是对手也可以合作。狼群与大乌鸦之间的合作，就是其中的一个例子。

> 大乌鸦——极其优秀的高空搜索者，当它在高空发现受伤或死亡的猎物时，便会把消息传达给狼群，充当它们的信差，并带领两个不同的族群到达猎物所在的地点。此时，野狼强壮的爪子可以为大乌鸦撕开猎物的躯体，为彼此提供充足的食物，以应付危机四伏的原野生活。
>
> 狼群为乌鸦扮演着剖开猎物的刺刀角色，大乌鸦则为狼群扮演着传达信息的侦察兵和清理食物残渣的清洁工的角色。它们不仅共同生存在自然界里，而且似乎合作愉快。这种合作关系，让它们双方在适者生存的竞争考验中，成为千百年来持续领先其他动物的最优秀群体之一。
>
> 当狼与大乌鸦一起进食时，狼会象征性地掉向身旁的乌鸦，但永远不会真正去伤害乌鸦，把乌鸦当成自己的食物；乌鸦则会在狼进食的时候啄它的屁股，乌鸦似乎也懂得这一点——二者间的追赶只是一种游戏。两种动物不仅能和平相处，而且很显然它们之间存在着依据大自然的效率法则和数千年的经验逐渐形成的错综复杂的合作关系。

这一点对公司的发展也是很好的启示，特别是现代的公司，公司与公司之间的合作毫不逊色于西点学员间的相互协作。

现代公司的竞争就是团队间的竞争，就是团队协作能力的竞争。精诚合作的团队精神是公司成功的保证。在专业分工越来越细、市场竞争越来越激烈的前提下，单打独斗的时代已经过去，正像西点人的协同作战方案，合作变得越来越重要。

在竞争激烈的经济领域，合作更为重要，参与竞争的公司就是合作的表现形式。但合作并不一定产生 1 +1 >2 的效果，如何进行有效合作，形成一种团队精神，以达到整体效益大于部分之和的效果，是每一个公司的重要任务。

所以，在现代公司团队建设中，打造一支“西点军人协作型团队”无疑是公司实现目标最有力的保障。

微软刚创立时公司还不是很显眼，当时，美国最大的电子公司——IBM 公司正在研制一种新型的个人微机，这种新型机需要配置相应的磁盘操作系统软件，美国几家软件公司紧紧注视着，想抢到这笔生意，微软自然也不例外。

一开始 IBM 并不重视微软，而当时一家公司的 CP/M 系统在市场上非常有名气，可是不久之后，IBM 突然致电比尔·盖茨，想与他进行商谈。

比尔·盖茨知道这是一次提高公司声誉、扩展公司业务难得的好机会。于是，他先花钱买下西雅图一家小公司的 86 - DOS 进行修改和扩充，制成一种新型操作系统软件，命名为 MS - DOS。

比尔·盖茨带着这种新型软件，亲自去 IBM 总部联系业务，亲自操作这种软件给 IBM 总裁看，说明这种软件的优越之处并尽量压低自己的要价。

1981 年 8 月 12 日，这是电脑行业具有划时代意义的一天，全球最大电脑生产商 IBM 宣布他们生产的个人电脑正式推出，而它的操作系统正是微软公司的 MS - DOS。

消息一出，整个世界计算机行业为之震惊，微软公司的名声响遍了世界各地，许多公司纷纷上门洽谈生意，微软公司的业务顿时扩展了数十倍，成为美国软件业的佼佼者。

在这次合作中，虽然微软公司实际上并没有获得多少利润，但由此带来的声誉却为他们赚取了百倍的利润，更为微软公司的未来开辟了一条光明大道。这一切都源于微软公司相互协作的精神。

每一个西点人都非常注重相互协作，他们深知只有合作才能发展，单纯依靠个人自身的力量是不能够真正强大起来的。然而，要想协同作战一定要注意选择到合适的伙伴。同样，许多公司并没有正确认识到两家公司合作的因素是什么，认为合作兼并上好公司就能化危机为赢机，而忽视了条件的重要性。在西点，每一个学员都知道良好的伙伴关系要求合作对双方都有互补性，而真正的互补又必须付出很多努力才能建立。

合作使人生存，合作使人扬长避短以达到结果的最优化。在战场上，缺乏合作的部队就好比一盘散沙，各自为营，最终只会被各个击破。所以，西点军校非常重视培养学员适应团队合作的能力。

那么，到底怎样做才能够培养相互协作的精神呢？

（1）要理顺公司的作业流程，每一个或几个关键流程可以组建一个团队，同时要定义出团队中每一个岗位的职责和它收集信息及输出信息的渠道及标准。即便是两个人做同一项工作，也要明确出各自的工作职责。

（2）需要建立团队间信息沟通的方法和标准，并且制定出团队协调人的工作职责。在团队中，公司的高层领导属于决策团队中的成员。

（3）需要建立一个调度团队，它负责各团队间的协调和资料收集整理，并对信息进行过滤后，向决策层提出参考建议。决策层提出的决策直接向各团队发出。

(4)要在公司内部宣传团队建设的重要性，及未来团队管理的工作方式，让员工对团队建设产生浓厚的兴趣。同时要做好部门经理的工作，因为团队建设的最大冲击是部门经理，可以将部门经理的岗位津贴划到他的固定工。

(5)组建团队，一般采取公司任命和员工民主组建相结合的方式。在团队的构成上，要注意成员能力和性格的互补性，并将每个人放在最合适的岗位上。

让我们学会“牵手”

“执子之手，与子偕老。”这不光适用于夫妻间对美好生活的向往，也是生意场上合作者之间所期望的稳定愿望。

当今时代，合作已经成为人类生存的手段。

每个人都要学会借助他人的智慧完成自己人生的超越，于是整个世界都充满了竞争和挑战，也充满了合作的快乐。

年轻人想要获得人生的第一桶金乃至今后的成功，必须要学会合作。这里包含了与人共处的人生哲学。就像梭罗说过的一句话：“独自一个人走，今天就能出发，和另一个人同行，就要等他准备好。”首先要先了解自己，发现别人的优点，尊重别人，平等对话，相互交流，达成共识。

为更好地适应生存的需要，我们应该学会“牵手”——这里指的是双方合作。年轻人要想建功立业，必须学会“牵手”，一方面可以弥补自己的不足，另一方面可以形成一股合力。

有人帮就会有更大的力量，只有与人合作，才会众志成城，战胜一切困难，产生巨大的前进动力，说合作是生存的保障实不为过。所以，养成良好的合作的习惯，就关系到你事业的成败。

这就好比地上的一盘散沙，尽管它金黄发亮，也仍然没有太大的作用。但是如果建筑工人把它掺在水泥中，就能成为建造高楼大厦的水泥板和水泥墩柱。如果化工厂的工人把它烧结冷却，它就变成晶莹透明的玻璃。

单个人犹如沙粒，只要与人合作，就会起到意想不到的变化，变成不可思议的有用之材。

年轻人要学会与人合作，掌握这种才能，从而领导自己的事业不断向前。不是所有人都能有效地与人合作，善于合作人的人，天生就是一个领袖人物。他能引导其他人进行合作，或者引导他们团结在自己周围，完成一项共同的工作，他善于鼓舞他人，使他们变得活跃。通过他的协作，他完成了单靠自己无法完成的工作。在他的协作下，以他为核心的这些人给社会提供了更加有效的服务。

有些人天生是服从者，他们不知道一件事情牵涉的范围有多大，不知道该如何面对和处理棘手的问题。但他们也有与人协作的愿望。只是他们的协作是一种消极的协作。他们会说：“你看，我适合干什么，只要你安排了，我就会尽心去做。”这样的人永远只能是人下人，因为他们总是在指望别人给自己一个位置，把自己的人生当作别人人生的“附件”。

所以，通过是否善于合作，可以区分出一个年轻人是不是一个可成大事的人。

善于与人合作的人常有以下几方面的特点：

1. 学习力强

学习力掌握着我们的未来。懂得从所有的细节和人身上学习感悟，并举一反三。有这种谦卑的态度,才能真正地学到东西,不断的进步。

2. 行动力强

行动力强的人经常尝试,既是尝试就可能犯错误,犯错误不要紧,一定要善于总结然后再做,只要成功。

3. 懂得付出

想杰出就要先付出。没有点奉献精神是不可能创业的。凡事斤斤计较只是小商小贩在意的事。

4. 有强烈的沟通意识

沟通无极限但是有技巧。沟通无处不在,每一次都是一种获得。每个人的思想都是一个宝库,开开门进去看一看就是一种新的眼界和获得。

5. 谦虚待人诚恳大方

要学会谦虚,不要时常在别人面前炫耀自己的长处,这样就无形贬低了别人抬高了自己,结果被人看不起。

6. 有很强的上进心

现在的社会最大的个人危机就是没有危机感没有上进心。世界是每一个人的,但是人生是自己的。别人可以放弃自己,自己绝对不能放弃自己。

人生在世,要与人为善,宽容大度;要配合默契,热情有度;要真诚待人,以此来赢得大家的信任、尊重和友谊,获得更多的朋友。

以上六条是人际交往最基本的原则,只有不违背这些原则,你才能在人际交往中成为一个成功者,顺利获得别人的助力,最终成就一番事业。这也是每一个成功者给我们的启示和忠告。年轻人要牢记这些忠告,在与人合作中获取自己的理想和未来。

如果每个人都能够把合作看作是一份上天赐予的机缘,那么你的办事心态肯定是截然不同的,曾经有一位成功的女企业家说过:“双方合作好比婚嫁。嫁的一方给嫁妆,娶的一方给聘礼,并保持喜悦的心情,这样才是一次赏心悦目的合作。”这个比喻很有意思,还简单明了,其实,就像她说的,“执子之手,与子偕老。”这不光适用于夫妻间对美好生活的向往,也是生意场上合作者之间所期望的稳定愿望。

真诚和尊重是合作的前提

西点军人的义气是出了名的。他们的团体意识相当的强烈。他们甚至会为自己同为西点的学生而感到异常亲切。即使相互之间从未谋面,但是校友一旦有要求,都会尽力相助、互相捧场和互相引荐。

西点对团队合作的理解不是每一个成员做好自己分内的事情,整个团队就没有问题了。西点非常注重个人对整体的影响,他们相信,真诚和尊重是合作的前提条件,没有这种团队精神作为前提,团队只是形同虚设。每个人都希望被真诚相待,都希望能够得到别人的尊重。

每个人的想法都是不一样的,尊重别人是一种最基本的素质。这种素质是别人喜欢你,愿意靠近你，愿意与你合作的前提。

要使他人真心地尊敬和喜欢你，非常乐意为你做事，原则上是要拿对方感兴趣之事当话题，让他感觉到自己的重要。在满足别人的重要感之后，再谈合作的事情，很多事情都会迎刃而解了。

在通常情况下，人们内心所想的东西，即使不用嘴说出来，不用笔写出来，也会被对方觉察体会出来。假如你对对方有厌恶之情，尽管你没有说出来，但是由于你这种心理的支配，你多少会露出一些"蛛丝马迹"，被对方捕捉住，或被对方体察出来，不久，他对你也会产生坏印象的。这跟照镜子是一样的道理，你对它皱眉头它也对你皱眉头，你对它露出笑脸，它也还你一张同样的笑脸。同样的，如果我们怀着一颗真诚的心去肯定对方，对方也会同样从内心感激你，用心回报你，直至将你所交代的事情做到完美为止。

当年老罗斯福作纽约州长时，同政党领袖们相处极好，而又能使其改革他们一向最不赞成的政事。

当一个重要的官职空缺应该填补时，他就约请政党首脑为之推荐人选。老罗斯福说："起初他们提出一位政党的小人物，我便对他们说用这样一位小人物不合乎良好的政治，民众一定不赞成。然后他们又会提出一个名字来，比第一位好不了多少。我就告诉他们说，任命这样一个人，恐怕还不合众望。不晓得他们还能不能再推荐一位更适宜的人。他们第三次推荐的人差不多可以了。但还不十分理想。于是我表示很感谢他们，请求他们再试一次，第四回说出来的人就很不错了。以后他们也许推出一位恰好就是我自己要挑选的那一位。

"表示感激之后，我便正式任用这人，而且我要让他们享受荣誉。我就对他们说：'我已经做了使你们高兴的事，现在轮到你们该给我做一点高兴的事了。'

"他们当真如此做了。他们赞成了重大的改革方案，如选举方案、税法及市公务法案等。"

老罗斯福遇事都同别人商量，并且尊重他们的意见，维护他们的自尊。老罗斯福遇到任命重要官吏时，他让政党首脑感觉到人选是他们挑定的，意见也是他们给的。

佛里特银行董事长托马斯·多尔蒂说："平常对人的态度才是最重要的。每个人都希望被当作独特的个人。在我三十年前加入银行界时如此，但我相信即使一百年后，这一点也是不会改变的。"多尔蒂先生认为其背后的原因是不言而喻的，那就是：因为我们都是人。

多尔蒂认为："最重要的是对人的尊重。即使像问好或说声'谢谢'这样的小事，也是表示对人尊重。我认为创造出人们愿意努力工作的环境，本来就是管理者的职责。"只有当人们感受到被人尊重，并被当作一个独特的个体对待时，他们才会与你相处，愿意与你共事，合作便成了自然而然的事情。

大部分成功的人都从经验中证实，要维护他人的自尊，绝非一两次的表态可以奏效，它是由许多次日常接触所形成的一种过程。

多年前薛佛曾任职于一家国际保险公司——麦卡比公司。当公司迁入一座新大楼后，跟以前不同的是这大楼中还有几家其他的公司。薛佛希望在搬迁之后，原来所维持的重要的个人接触并不因迁移而疏忽。所以，他到新大楼上班的第一天，第一件事就是走到安全人员台前。薛佛回忆当时的情景："当时有十来位安全人员，我请他们都围拢来，结果发现他们除了知道我们公司的名称之外。连我们从事保险业都并不清楚。于是我对他们说：

‘各位！我们在底特律市有几位很重要的业务代表，如果你们发现来的人是业务代表，一定得给予最隆重的欢迎，我是说尽量让他觉得备受重视，如此便得劳驾你们亲自送他上七楼找到他所要会见的人，也请你们一定要配合帮忙。’后来我听到一些业务代表谈起他们来到这栋大楼所受到的礼遇，他们感到很高兴。”

所有的这些小动作加起来就是一个很重要的整体结果，那就是：人们会对自己觉得很满意。员工只要相信公司关心他们、并了解他们的需要、维护他们的自尊，就会以努力工作达到公司目标作为回应。

每一个人都有着他的自尊心，如果你对他所说的话能够表示同意，这就是尊重他的意见，他在无形中把自己抬高了，而这抬高他的便是你，自然他对你十分高兴，愿意和你做朋友。反过来，你不能对他表示同意，这显然是你站在和他敌对的立场，你是他的敌人而不是友人，他能不和你为难吗？所以，在说话的时候，这一点人们是应该要加以注意的。

总之，顾及他人的心态及立场，尊重他人的自尊，乃是相当重要的为人之道，也是促成合作不可或缺的要素之一。因此，你要促使别人与你合作就必须维护他人的自尊。

法则十五
团队精神

没有孤独的英雄

英雄出于团队,团队塑造英雄。

每年春天,都有一批西点军校学员完成学业光荣毕业,他们被授予学士学位,作为对免费高等教育的回报,毕业生作为中尉被要求至少在陆军服务五年。然后他们便被派往亚洲、欧洲和非洲等地担任第一份军官职务。一个国家把在编部队的安全交付给年仅20几岁的西点军人!这确实让我们震惊,试想我们20几岁时可能还在学校读书,还完全不能离开父母的照顾,而他们20几岁时就要担当维护国家安全和平,看管和部署大规模杀伤性武器,处理偶发战事等任务。而事实就是这样,一旦离开西点军校,绝大多数的西点年轻学员毫无疑问都能胜任工作。他们是西点军校打造出的精英。

可以说,西点军校就是一个团队,盛产英雄的团队。200多年来,数不清的军事将领、科学家、飞行员、艺术家和高端管理人才从这里走出,西点已成为全美最有效的高级管理者开发学校、输出英雄的学校。无论进入社会的任何领域,他们都会当之无愧地占据领导者职位。

没有孤独的英雄。英雄从来都有出处。作为英雄的"产地",西点军校非常注重加强塑造学员的团队精神。"英雄后面是一大堆支持他的勇士,世界上从来就没有'孤独英雄',我们能够驰骋战场,因为我们身后是伟大的祖国。"西点64届学员、东方航空公司总裁法兰克·波曼这样阐释他心目中的团队精神。

西点军校在培养学员时,主张"创造一个团体共同的敌人",以激励众学员共同来打倒它。例如,西点新学员以学长为"共同的敌人",从而更有利于建立起新学员的团队精神。

西点军校对学员的团队精神非常重视,重视到有时要扼杀学员个性的程度。因为对军人来说,团体精神是达成伟大目标的关键条件,也是几乎所有行业不可或缺的成功因素。塞耶校长深知团体协同的重要性,所以在他执政期间就极力倡导、强制推行一种共同行为、共同理念。

在西点军校,每个学员都知道,你代表的不是一个人,而是一个团队。大家所信奉的是:"把每个人团结起来可以创造一种集体观念的气氛。”西点军官在路上相遇，总是彼此问候致意；学员们之间互相帮助也成为一种自动而发的行为；如果汽车坏在路上，路过者也一定会伸出援助之手。互相帮助使西点军校提高了凝聚力，成了一个团结、互助、友爱的大家庭，这也是团队意识最直接的体现。

优秀的团队造就英雄。所有伟大战略的顺利实施都是依托一个具有强大凝聚力的团队，一个具有强大凝聚力的团队也必然是一个能够让每个成员都人尽其用的团队。没有哪个组织能比西点军校更注重培养提高学员自身的能力，也没有哪个组织能比西点军校更重视团队精神的力量。精诚团结使西点军校获得了意想不到的荣誉和成就。这个有着光荣传统、人才辈出，始终坚持集体团结精神的学校，逐渐形成了强大的社会网络，以致在美国的各行各业都能体现出来。无论在军界、政界还是工商界，都有着西点英雄叱咤风云的影子。

西点军人深知只有团队合作才能发展个人。没有团队，个人的力量再强也没有发挥的场地。只有团队真正强大起来才能带动个人能力的提高。一到秋天，南飞的大雁便排成“V”字队形，这个队形使整个雁群比每只单飞时至少增加了71%的飞行能力。如果有的大雁脱队，会立刻感到独自飞行的吃力。当领队的大雁疲倦了，别的大雁便会轮流接替领队位置——这对每只大雁来说既是提高能力的机会也是挑战。同时领队后面的大雁还会用叫声鼓励前面的同伴来保持速度。雁群就是一个有着共同目标与集体感的优秀团队，它们合理分配，互相扶持，凭借每个成员的冲劲和助力，更快、更轻松地到达目的地。当一只大雁因受伤或生病而掉队时，另外两只大雁也会脱离队伍来保护它，直到受伤者重上蓝天或死去，另两只大雁才会离开——它们的团队精神让人动容。

从西点军校巴克纳营的演习中，我们看到了那些精心设计的困难任务，那些任何个人都无法独立完成的任务只有通过团队合作才能完成。西点学员通过出色地完成任务，懂得了团队合作的意义，了解自己的优缺点，同时也提高了自己。这些必须付出脑力和体力的实地训练比教官在课堂上发表长篇大论更能说明团队精神的重要性。因为即使再多的文字，也不如在实际行动中亲自体验来得更快，收获更多。

团队的荣誉就是个人的荣誉。没有团队做依托，个人也就没有发展的舞台，孤独的英雄是不存在的，一个放弃团队荣誉的人，也会被成功所放弃。这是每一个西点人都懂得的道理。

我们知道，日本的强大与它注重对团队精神的培养是分不开的，以日本员工为例，日本员工大部分都是勤奋且训练有素的。任何团体的团结性，都无法与日本人的团队精神相比。管理大师弗兰克吉布尼曾用“一个由晶体管操纵的蚂蚁王国”来形容日本公司员工的工作，这是十分形象的。“蚂蚁”突出了他们的勤奋，同时也展示了他们的团队精神。有了这种团队精神，相信他们无论做任何事都能成功。

也许我们会说，绝对服从团队，岂不是抹杀了自己的个性吗？把自己湮没在浩浩荡荡的团队中，还怎么成就“英雄”的角色呢？殊不知，英雄也是有出处的，没有优秀“团队”的土壤，如何长成“英雄”这棵参天大树？让我们记住：没有的孤独的英雄，所有“英雄”的前身必是出身于团队，只有优秀的团队才能塑造真正的英雄。

人多不一定力量大

有人曾经向西点军校当时的校长莱诺克斯提出这样一个问题：“西点如何将个人英雄主义

和团队合作精神有机统一起来?”

莱诺克斯校长回答道:“一方面,我们注重学员之间相互友爱等方面的教育。但另一方面,我们深知,人多并不一定力量大,因此我们有个说法叫作:‘你得合作,才能毕业。’有很多的项目,需要学生发挥各自才能才能完成。

比如说,有的学生文化成绩好,但是体能锻炼成绩很差,而另外一些则可能恰好相反。那么我们就会将这两种类型的人组合在一起,让他们互相帮助共同毕业。”

西点军校深知,未来美国的陆军精英军官可不能互相拖后腿,他们必须懂得“人多不一定力量大”的道理,寻觅伙伴才能够得到更强大的力量。

一般情况下我们习惯地认为:“人多力量大。”所谓“一人技短,二人技长”,所谓“三个臭皮匠,胜过诸葛亮”等。可见,群体意识自古有之。但是,经过有关专家长期地测试和分析,发现在群体之中,“人多”并不一定意味着“力量大”,其结论甚至有可能恰恰相反。

科学家瑞格尔曼曾经做了一个著名的拉绳实验。参与测试的人员被分成四组,每组的人数分别为1人、2人、3人和8人。瑞格尔曼要求各组用尽全力去拉绳,同时用灵敏的测力器分别测量各组的拉力。测量的结果颇有些出乎人们的意料:

2人组的拉力是单独拉绳时两人拉力总和的95%;

3人组的拉力是单独拉绳时三人拉力总和的85%;

8人组的拉力则降到单独拉绳时八人拉力总和的49%!

这个结论无疑彰显了这样一个事实:在群体组织中,并不必然会得出$1+1>2$的结果,一个普通的团队人数再多,并不必然能够战胜一个成员不多而真正高效的团队。$1+1=2$甚至$1+1<2$,都是有可能存在的。

下面这个故事,或许能够为我们揭开其中的因由。

天鹅、狗鱼和虾想要一同拉动一辆装有东西的货车,于是三个家伙套上车索,拼命地用力拉。可大家使出了浑身力气,车子浑然不动。

其实,车上装的货物并不算重,只是天鹅套着车索拼命向云里冲,虾则尽是向后倒拖,而狗鱼则直往水里拉动。

天鹅、狗鱼和虾,我们很难说究竟哪个是对哪个是错,总之,最终的结果是:车子还停留在老地方。

同样的,如果一个群体中的每个成员都各自为战,完全按着自己的喜好、自己的意志去做,那么纵然他们的大方向一致,也会因其互相之间的不协调而使自己所施展的力量化于无形,甚至起到反作用,最终无法走向共同目标的。

由此可见,力量的强大并不完全取决于群体中个体数量的多寡,组织内的成员如果不能协调一致地行动,就会很容易产生内耗,必然无法产生整体大于部分之和的协同效应。

只有抱团合作才能共同撑起一片天,个人能力的充分发挥,还需要依赖整个集体链的合作;过分夸大任何一个个体的作用,到最后都将被证明只是一个笑话。

从前,有一位长者听到五个手指在议论:

大拇指说:“我最粗,干什么事都离不开我,别的四个手指都没用。”

食指说:“大拇指太粗,中指太长,无名指太细,小拇指太短,他们都不行。”

中指说:“我的个子最高,只要我一个人就能做很多事。”

无名指说:“人们都喜欢我,把戒指戴在我的身上,我最有用。”

小指说："他们长得那么长、那么粗，有什么用？我是小而灵，我的作用最大。"

长者听了它们的对话，语重心长地说："你们都说自己最有用，那么我就请你们来比一比，看看到底谁的作用大。"

这位长者拿出两只碗，其中一只里面放了一些小豆子，要求五只手指分别把这些小豆子拿到另一只碗里。结果可想而知，没有一只手指能完成这件事。

五只手指只有共同合作才有可能完成任务，如果相互之间无法实现协调，各自为政，必然步履维艰，处处碰壁。就连60年代最"个人英雄"的球王贝利也曾表过态："将比赛带向胜利的不是球星，而是那个团队。棒球虽然可以凭借一个投球手取胜，但足球绝不可能。再怎么有名的球员，能踢进一个球，也是因为有其他球员在适当的瞬间把球传给了他。"

我们都曾听过"三个和尚"的故事，"一个和尚挑水喝，两个和尚抬水喝，三个和尚没水喝"的谚语也已是妇孺皆知。为什么一个和尚有水喝而三个和尚反倒没水喝？那是因为三个和尚都有着同样一种心态，都想倚赖别人而不想自己出力，于是便在挑水的问题上互相推诿，结果是谁也不去挑水，最终使得大家都没有水喝。

生活在海边的人常常会看到这样一种有趣的现象：几只螃蟹从海里游到岸边，其中一只也许是想到岸上体验一下水族以外世界的生活，于是它努力地往堤岸上爬，可它无论怎样执着，却始终无法爬到岸上去。当然，这并非因为那只螃蟹选择了错误的路线，也不是由于它的动作太过笨拙、行动太过迟缓——而是它的同伴们不容许它爬上去！

每当那只有所企图的螃蟹爬离水面并即将爬上堤岸之时，其他的螃蟹就会争相拖住它的后腿，把它重新拖回到海里。如此周而复始，最终谁也无法"逃出生天"。当然，如果你也曾偶尔看到一些爬上岸的海螃蟹，不用说，它们一定是单独行动才爬上来的。

如果常常拖人家后腿，那可就得当心自己在向前冲时，没准儿也前路坎坷陷阱重重。而那些愿意发扬团队精神，诚心诚意帮助他人的人，则会在前进的道路上获得许多助力。有些人向前冲时阻力重重，有些人却助力多多。你愿意当哪一种人呢？

一个团队之所以不同于群体，关键就在于它实现了"整合汇聚"。真正高效的团队就像一个聚光镜一样，可以将一束束阳光汇聚到一起。从而产生巨大的能量。

如果将一个人融入一个团队进行汇聚，就会产生更大的磁场效应。这种磁场效应不仅能把众人的力量凝聚在一起，而且还会产生场内每一个团队成员的个人力量都无法企及的强大感染力，使整个团队趋向于一个完美的整体。

作为团队成员，我们必须明白，只有一个完全发挥作用的团队才是一个最具竞争力的团队；而只有身处一个最具竞争力的团队之中，个体的价值才能获得最大程度的体现，团队的成功就是个人的成功。

团队是最佳生存之道

每个人都不能离开团队的配合，单靠个人能力很难取得成功。只有与人合作，靠团队的力量才能完成任务，实现最终的目标。记住：团队是最佳生存之道。

团队，就是要让一加一等于三，等于四甚至更多；团队的目标，就是要创造出比团队成员个人所能创造出的总和更多的价值。

狼群最伟大的品质就是它们的团队精神。我们几乎可以将狼群的行动看成是“合作”的隐喻。

在广阔的草原上，大雪过后，大地一片白茫茫，许多动物都早已经进入了冬眠。可是，狼却必须寻找食物。狼群很少贮存食物，而在这样的环境中寻找食物是非常困难的。狼群必须保存它们的体力，因为往往奔波忙碌数天后，却还是一无所获。如果它们不尽量地保存自己的体力，那么连续的劳累再加上饥饿和严寒的折磨，它们就很可能丢掉性命。聪明的狼群在这时采取单列行进的办法，一头接一头，这样它们能保证狼群消耗最少的体力。跑在最前面的狼体力消耗最大，它必须在厚厚的雪地上，踩出第一行脚印，这样后面的狼就能节省许多的体力。领头的狼跑不了多久就会疲惫，这时它就会自动退到队伍的最后面，休息一下，养精蓄锐，以便能够保存体力，继续战斗。

再来看看狼捕猎时的场景。狼群在围猎时，有严格的战术和作战纪律。每头狼都有自己的任务，任何狼都不能擅离职守。有的狼要做先锋，去骚扰猎物；跑得快的狼去围追或堵截猎物；强壮的狼去猎杀强壮的猎物；弱小的狼去猎杀弱小的猎物。一切分配得井然有序。

不仅仅是动物生存需要团队，我们每一个人也同样需要团队作支撑。今天，是一个团队至上的时代。所有事业和成就都是团队精神的一种反映。依靠个人的力量已经不可能取得什么成就。

小李刚毕业时，立志要闯出一片天地来。他独自一人来到北京，在举目无亲的京城，小李感到一切是那么茫然，面对复杂的社会有点不知所措。几经周折，他终于在中关村的一家科技公司找了份工作。找到了新的工作，小李兴奋不已，可是由于涉世不深，没有什么社会经验，加之专业不是很对口，小李的工作业绩一直很差。就在心灰意冷，准备“打道回府”之际，他想到了团队，想到了和蔼的领导、亲切的同事。小李决定好好置身于团队，请求他们的支持和帮助。在日后的工作中，小李所在的团队给了他巨大的帮助，同事们帮助他怎么工作，领导告诉他怎么和客户打交道。如今，小李已经连续三年被评为优秀员工。

小李认识到，一个人只有在团队中才能生存，才能发展。

现代社会科技高度发达，社会分工越来越细，任何人都已经不可能在某个领域凭借一己之力取得很大的成就。也许，站在领奖台上的只是某一个人，但我们绝不能忽视站在他身后的团队成员。没有团队成员的支持和帮助，即使是天才，所能取得的成就也将十分有限。以前，科学家独自一人扎在实验室里潜心工作，就可能研制出许多新发明和新技术。但现在，所有的科学成就都是团队合作的成果。如今的诺贝尔奖多为两三个人同时获得，就是最有说服力的证据。

所以说，团队是最佳的生存之道。

精诚团结，无往不至

西点教官们常常会这样告诫学员：“一滴水要想让自己永不干涸的唯一办法，就是将自己融入大海之中，即使是一个个弱小的个体团结起来，也会形成一股强大的力量。”

在西点军校，教官对一个战斗小组进行考核时，如果只有你一个人准备好了装备，第一个进入序列，而撇下了其他的战友，那么你不但得不到表扬，而且还会受到教官的斥责。

现代年轻人在职场中会普遍表现出自负和自傲，这让他们在融入工作环境方面显得缓慢而困难。他们缺乏团队合作精神，工作都是自己做，不愿和同事一起想办法，每个人都会做出不同的结果，最后对企业可能一点儿用也没有。

实际上，一个人的成功不是真正的成功，团队的成功才是最大的成功。对上班族来说，谦虚、自信、诚信、善于沟通、团队精神等一些传统美德和行事规则是十分重要的，团队精神在一家企业或在一个人的事业发展中都是不容忽视的。

一家企业的成功不是靠一个人或几个人能完成的，必须通过全体员工的努力。团队效应既可以发挥每个人的最佳效能，又可以产生最佳的群体效应。个体永远存在缺陷，而团队则可以创造完美。

每个部门、每个员工都应从公司的整体利益出发，善于进行换位思考，发现别人的长处，发现双方存在的共同点，取长补短，树立团队协作意识。同时，要不断培养作为某一企业员工的自豪感，让员工深刻体会到在这个集体中凭借着共同的努力可以战胜所有的困难，去实现员工自己的人生价值。

事实证明，企图靠单打独斗就想干大事情的想法是不现实的，也是不受欢迎的。因为所有的公司都一致认定，一个人即使再优秀，如果他不具备团队精神，那么也不会录用他。

一家世界500强企业在招聘高层管理人员时，有九名优秀的应聘者经过初试，从上百人中脱颖而出，进入了由公司总裁亲自把关的复试。

总裁看过这九人详细的资料和初试成绩后，相当满意，但此次招聘只计划录取三个人。所以，总裁给大家出了最后一道题。

总裁把这九个人随机分成甲、乙、丙三组，指定甲组的三个人去调查本市婴儿用品市场，乙组的三个人调查妇女用品市场，丙组的三个人去调查老年人用品市场。

总裁解释说：“我们录取的人是用来开发市场的，所以，你们必须对市场有敏锐的观察力。让大家调查这些细分市场，是想看看大家对一个新行业的适应能力。每个小组的成员务必全力以赴！”临走的时候，总裁补充道：“为避免大家盲目开展调查，我已经叫秘书为你们每个人准备了一份相关行业的资料，走的时候自己到秘书那里去取！”

两天后，九个人都把自己的市场分析报告送到了总裁那里。总裁看完后，站起来走向丙组的三个人，分别与之一一握手，并祝贺道：“恭喜三位，你们已经被本公司录取了！”然后，总裁看见大家疑惑的表情，呵呵一笑道：“请大家打开我叫秘书给你们的资料，互相看看。”

原来，每个人得到的资料都不一样，甲组的三个人得到的分别是本市婴儿用品市场过去、现在和将来的分析，其他两组也类似。

总裁说：“丙组的三个人很聪明，互相借用了对方的资料，补充了自己的分析报告。而甲、乙两组的六个人却分头行事，抛开队友，自己做自己的。我出这样一个题目，其实最主要的目的，是想看看大家的团队合作意识。甲、乙两组失败的原因在于，他们没有合作，忽视了队友的存在！要知道，团队合作精神才是现代企业成功的保障！”

可以说，团队精神是现代企业成功的要诀之一，也是企业选择员工的标准之一，一项公司政策的延续性和该公司的团队精神密不可分。同时，员工的团队精神是否能得到发扬，是决定工作成果的最为重要的因素。

著名的《华尔街日报》和哈里斯互动公司曾做过一项联合调查，结果显示，美国公司在招聘企业管理专业的毕业生时，最重视的特质是团队合作的能力和处理人际关系的技巧。可见，企业是多么重视员工的团队合作精神。

成就来自团队的力量

在西点的训练中，会尽量模拟学生将来在战场上可能经历的情景，并以此来培养学生们的团队精神和默契感。

对学生而言，没有个人的私心杂念，只有团队的目标。如果一个新生动作比别人快，做得比别人好，但是同组的其他人却比他晚到，那么他不仅不会因为个人的表现获得奖励，相反会因为遗弃队友而受到训斥，甚至受到处罚。

这些项目意在训练西点人的团队合作能力，唯有团结合作，才能发挥出团队的最大的力量。团队合作的意义，不仅在于“人多好办事”，它的巨大作用在于团队行动可以达到个人无法独立完成的成就。

通用电气公司一个名叫唐·琼斯的员工高二的时候，曾是学校篮球队的女篮队员，球打得相当不错，身高也足以成为大学篮球队的首发队员了。她有一个好朋友玛琳，也被选入大学篮球队，当首发队员。

琼斯比较擅长中远距离投球，常在3米外投篮，一场球打下来琼斯能投四五个这样的球，这得到了大家的一致赞赏。但是，玛琳非常不喜欢琼斯在球场上成为观众注意的中心，无论有多好的投篮机会，玛琳都不再将球传给琼斯了。

一天晚上，在一场激烈的比赛之后，由于玛琳在比赛中一直不给琼斯球，琼斯像以往一样都快气疯了。琼斯的爸爸告诉她，最好的办法就是琼斯一得到球就传给玛琳。琼斯认为这是最愚蠢的一个建议。

很快就要打下一场比赛了，琼斯决心让玛琳在比赛中出丑。她做了周密的策划，并开始着手实施让玛琳丢脸的行动。但是当琼斯第一次拿到球时，她听到爸爸在观众席上不停大叫：“把球传给玛琳！”琼斯犹豫了一下，还是把球传给了玛琳。玛琳愣了一下，然后转身投篮，手起球落，2分。琼斯在回防时突然产生了一种从未有过的感觉——为另一个人的成功而由衷地感到高兴。更重要的是，她们的比分领先了。赢球的感觉真好！后来，琼斯继续同玛琳合作，一有机会就将球传给她，除非适于别人投篮或由琼斯直接投篮更好。她们赢得了这场比赛。在以后的比赛中，玛琳开始向琼斯传球，而且也一样一有机会就传给琼斯。她们的配合变得越来越默契，两人之间的友谊也越来越深。那一年，她们赢了大多数的比赛，并且两人也同时成了家乡小镇中的传奇人物。当地报纸甚至还专门写了一篇有关她们两人默契配合的报道。

在团队中，如果没有其他人的协助与合作，任何人都无法取得持久性的成就。当两个或两个以上的人在任何方面都把他们自己联合起来，建立在和谐与谅解的精神上之后，这一团队中的每一个人将因此倍增他们自己的成就能力。

2004年8月11日，意大利排协技术专家卡尔罗·里西先生在观看中国女排训练后认为，中国队在奥运会上的成败很大程度上取决于赵蕊蕊。但是在奥运会开始后，中国女排的第一次比赛中，中国女排第一主力、身高1.97米的赵蕊蕊因腿伤复发，无法上场参加比赛了。媒体惊呼：中国女排的网上“长城”坍塌。中国女排只好一场场去拼，在小组赛中，中国队输给了古巴队，这时，国人已经对女排夺冠没有多大信心了。

然而，在最终与俄罗斯争夺冠军的决赛中，身高仅1.82米的张越红一记重扣穿越了2.02米的加莫娃的头顶，宣告这场历时2小时零19分钟、出现过50次平局的巅峰对决的结束。经过了漫长的艰辛的20年以后，中国女排再次夺得奥运会金牌。观众们熬夜看完了整场比赛，惊心动魄后是激动的泪水，就像在20年前看到郎平、周晓兰、张蓉芳等老一辈中国女排夺冠时一样激动。

女排夺冠后，中国女排教练陈忠和放声痛哭了两次。男儿有泪不轻弹，其中的艰辛，只有陈忠和及女排姑娘们最清楚。

那么，中国女排凭什么战胜了那些世界强队，凭什么反败为胜，最终战胜俄罗斯队？陈忠和赛后说：“我们没有绝对的实力去战胜对手，只能靠团队精神，靠拼搏精神去赢得胜利。用两个字来概括队员们能够反败为胜的原因，那就是‘忘我’。”

在市场竞争中，有冲在市场一线的销售人员，也有在后方从事产品研发的技术人员和从事制造的一线工人。产品是生产部门生产出来的，却是市场部门销售出去的。生产部门是需要“花钱”的部门，市场部门是“挣钱”的部门。生产的资金需要市场部门从市场赚回，但市场部门销售的商品需要生产部门提供。生产与销售，有如后方与前方，又如军队的保障与作战，是两个不可或缺的轮子。正是这样一个完整的链条，构成了企业参与竞争的全部家底。

织田小山刚进索尼公司时，索尼还是一个只有20多人的小企业。但老板却充满信心地对他说：“我知道你是一个优秀的电子技术专家，就像好钢要用在刀刃上一样，我要把你安排在最重要的岗位上——由你来全权负责新产品的研发，希望你能发挥榜样的作用，充分调动其他人。如果你把这一步走好了，企业也就有希望了！”

“我？我还很不成熟，虽然我很愿意担此重任，但实在怕有负重托呀！”虽然织田小山对自己的能力充满信心，但是他清楚老板给他的担子有多重——那绝对不是靠一个人的力量能应付过来的。

“新的领域对每个人都是陌生的，关键在于你要和大家联起手来，这才是你的优势所在！众人的智慧合起来，还有什么困难不能战胜呢？”老板很自信地说道。

织田小山一下子豁然开朗：“对呀，我怎么光想自己？不是还有20多位员工吗？为什么不虚心向他们求教，和他们一同奋斗呢？”

他找到市场部的同事一同探讨销路不畅的问题，市场部的人告诉他“磁带录音机之所以不好卖，一是太笨重，一台大约45千克；二是价钱太贵，每台售价16万日元，一般人很难接受，半年也卖不出一台。你能不能往轻便和低廉上考虑？”织田小山点头称是。

然后他又找到信息部的同事了解情况，信息部的人告诉他“目前美国已采用晶体管生产技术，不但大大降低了成本，而且非常轻便。我们建议你在这方面下工夫。”他回答：“谢谢，我会朝着这方面努力的！”

在研制过程中，他又和生产第一线的工人团结合作，终于一起攻克了一道道难关，在1954年试制成功日本最早的晶体管收音机，并成功地推向市场。索尼公司由此开始了企业发展的新纪元！

织田小山依靠团队合作的力量，终于取得了伟大的成就，而他自己也荣升为索尼公司的副总裁。

俗话说："鸟枪打不过排射炮，沙子挡不住洪水冲。"同样，一个公司的团队的力量就是"排射炮"、"洪水"，可以形成一股合力，让公司上下拧成一股绳，心往一处想，劲往一处使。团队精神可以推动工作顺利进行，可以促进团队有效运作和发展，它对成员的集体共同意识具有一种强化作用，能形成强大的内在凝聚力。

团队的合作力量是无往不胜的坚强后盾，群蚁可以打败巨蟒，群狼可以天下无敌。一个人能力再强，也只有当他融入团队后才能发挥出最大的力量。背靠着团队的强大力量，单个的忙碌才不会变成杯水车薪，才能忙到点子上，才能把每个人的忙碌汇聚成大海一般广阔的面积，浇灭一切瞎忙的火焰。所以我们在夺取成功的道路中，一定要学会与人合作。

团队力量胜于个人力量

团队力量胜于个人力量。没有一个人能凭借个人的力量可以赢得整场战争的胜利，即使是最伟大的将军要想取得战争的胜利也要依靠他自己的团队。

企业的领导者们应该明白：团队成员必须并肩作战，才会提高工作效率。同样的道理，组成整个组织的所有团队都需要密切配合，高层管理者要团结所有的团队，形成一个相互配合的组织，这样才能提高企业的竞争力。只有公司全体员工都能够统一目标、齐心协力、同舟共济、全力以赴，这样的公司才能取得真正的胜利。

一个卓越的团队大大胜于英雄个人的作用。每个时代都需要英雄，然而更需要卓越的团队。

作为西点毕业生，联邦快递创始人费雷德·史密斯说，在现代军队里，"团体精神"、"共同荣誉"是军官对下级们的要求，也是军官们的自我要求。没有团结，军队即使配备了最精良的武器，占据了最有利的地势，兵力几倍于敌人，也不可能打胜仗，因为单打独斗的个人英雄主义已不适合现代战争。在一个企业里，任何一名员工离开了同事们的协助，都不可能独立地完成一项重要的工作。由此可见，团队精神无论是在军队还是在企业，都尤为重要。

"合作"是西点军校的军规之一，而合作离不开团队。在西点军校，经常通过很多团队活动来培养学员的领导力。有关团队的精神，西点特别有意思，学员训练，大多数都是以团队形式展开。训练中教官会安排不同学员体验做领导。而在学员训练的时候，旁边会有两个系领导在观察，看在训练中哪个"领导"没起作用，哪个训练中"领导"是起作用了。他们再对这些观察到的情况进行点评，然后让大家思考，反思在团队活动中领导的作用。西点还通过学习训练、文化娱乐、社会交往等多种渠道融合渗透，不断强化学员的团队意识，使学员在潜移默化中逐步养成团队的价值理念、团队的思维方式和团队的沟通习惯。

史密斯说："美国海军陆战队的经验是我最宝贵的财产，因为在那段时间我认识到了团队的力量。"

史密斯从西点毕业后，服役于海军陆战队，从军四年中大部分时间是在越南战场上度过，担任过飞行员，在海军陆战队升迁为上尉连长，因骁勇善战获得六枚勋章。两次远赴越南的军旅生涯中，他曾受教于一位脾气乖戾的海军陆战队军官。这位军官对史密斯以后的事业产生了深远的影响。史密斯一直记着这位军官的一句话:“上尉,你必须记住三件事:射击、行动和联络。”史密斯牢记这句忠告,这句忠告使他在战场上和事业上都受益匪浅。

越南战场在史密斯身上留下了很明显的烙印。“我的领导理念源于有200年历史的海军陆战队军规,当士兵走进长官的办公室,他们想知道:长官将要下达什么任务给我?完成任务之后我能获得什么?执行任务的时候我需要做些什么?假如受到不公正待遇,我必须去找哪个部门投诉?这是每一个人都愿意懂得的普遍真理。假如我每次都可以把这些问题回答清楚,那么,我就会善于和人沟通,生意上的事情也能迎刃而解。”

“尽可能地取得更多人的合作就是成功创业的秘诀。”史密斯如是说。

史密斯深谙管理之道,他懂得依靠全体员工的力量来壮大和发展公司。联邦快递从创建之初就一直注重提高职工素质,加强内部凝聚力,因而在公司困难时期职工表现出了难能可贵的奉献精神,大家都以全局为重,不计私利,共同为改变公司的困境而夜以继日地工作,正是这种团队协作精神使公司从数次倒闭的危机中挺了过来。联邦快递以团结奋进闻名全美。在孟菲斯的联邦快递夜间作业现场,有多得数不清的箱子和包裹、错综复杂的输送带、忙碌穿梭的堆货车与员工,却没有发生丝毫差错。一面是紧张得让人喘不过气的运作系统,另一面则是士气高昂、心情愉快的员工。弗雷德·史密斯对这种团队协作的精神赞誉说:“这种精神能够使硬邦邦的商业活动变得温情脉脉。”

史密斯还强调把战场中“并肩作战”意识要运用到商战上,他懂得只靠个人的力量是难以在短时间内占领整个快递业务市场的,联邦快递公司能够在不到30年的时间里快速成长,与史密斯几次重要的并购战略是紧密相连的。

20世纪80年代,联邦快递公司并购了一家老牌的飞虎航空货运公司,就立即取得了21个亚洲国家的航权。

那么,史密斯是如何建立团队精神的?

(1)以“人”为本。无论是对合作伙伴还是公司职员,史密斯绝对以“人”为本。联邦快递所有的飞机都以员工子女的名字来命名。每当购买了新飞机,联邦快递公司便会抽签决定用哪个孩子的名字来命名飞机。能够想象到在天空中飞着写上自己孩子名字的飞机时,员工的心里会涌上对联邦快递公司多么的忠诚、自豪和热爱。

(2)从内部提升人才。弗雷德·史密斯非常重视从内部提升人才,那些能做好自己工作的员工通常都能成为杰出的人才。在联邦快递内部,原来从事卸货员、机械维护员、货件分发员、速递业务员、司机以及检查员工作,由于表现出色被提拔为管理层的员工比比皆是。

(3)身体力行。史密斯身体力行,用四分之一的解决人事问题。他凡事亲力亲为,也很清楚下属6万员工所做的工作范围。他说:“我一直设身处地,这使我在做决定时能顾及员工们的感受。”

(4)设立奖励制度。联邦快递设立了一系列的奖励制度。每个员工都明白,只要工作,就有得到奖励的机会。史密斯说:“当雇员知道自己被公司寄予厚望、成绩突出者会受到奖励、公司会接纳他的建议并允许将自己的想法实施于工作中的话,我雇员的工作成果一定会是不同凡响的。”为了让员工了解公司对他们的希望,史密斯倡导公司为所有员工提供培训,不管在任何时候,联邦快递都有3%至5%的员工在接受培训,它在员工培训方面的花费每年约有1.55亿美元,成为美国这方面投入最大的企业之一。

就这样史密斯成功地在联邦快递内部营造出了一个大的凝聚力。有人如此评价道:“联邦快递的空前成功有赖于多种因素,但最重要的是所有员工表现出来的群策群力的精神。”

其实企业是一艘巨大的舰船,装载每个成员,企业中的每个成员齐心合力,就能使这艘舰船避开暗礁急流,乘风破浪、扬帆远航。正如一位著名的管理大师所言:“没有完美的个人,只有完美的团队!”

在这个信息化程度很高的时代,市场竞争已经不是单独的个体之间的竞争,而是团队与团队之间的竞争、企业与企业的竞争。这样,很多困难仅仅凭个人的勇敢和力量是难以应对的,就必须依靠团队的力量。

团队的存在意义在于团队的整合力量远远大于每个成员单独力量的总和,能得到一种相乘效果,即超越个人力量之和。项目组成员的角色就在于,从团队整合力量的角度出发来整合众人的力量。

因此,企业领导在制定作战计划时,每个团队的成员都应该提出自己对市场不同的见解,最后大家求同存异,采取正确的决策。只有经过不断磨合的团队才能富有竞争力和战斗力,才能在市场竞争中获胜。如果企业员工没有团队精神或者单打独斗,那么,这个企业就是一盘散沙,无法强大。

团队精神是企业成功的基础,是企业发展的动力,是企业效益的源泉。因此,企业领导要给每个成员充分展示个人才华的平台,让他们做到人尽其才,才尽其用;企业领导还要创造一个宽松和谐的工作和生活环境,让每个员工精神愉悦、心情舒畅,这就是团队凝聚力和向心力。团队需要同舟共济、融洽默契、敢于拼搏、勇于创新的精神。企业领导要力求设计很合理的团队结构,能很好地发挥团队精神,让每个员工的能力得到发挥和互补。这样的企业才能立于不败之地。

作为企业领导,管理过程中必须消除单打独斗的个人表现主义,去打造一支富有高绩效的团队。事实上,团队不是简单的人的组合和罗列,它是合适位置上的合适的人为了共同的利益和目标组成的具有共同的责任心和协作意识的有机整体。领导者需要关注其终身的努力方向,比如提高自身及员工的能力,这就是团队精神的具体表现。

个人因团队而强大

个人能力是有限的。单打独斗的时代已经过去,我们要依靠团队资源去发挥个人才能,与其他团队成员一起努力去创造奇迹,让自己变得更加强大。

世界上的植物当中,最雄伟的当属美国加州的红杉。它的高度大约为90米,相当于30层楼那么高。一般来讲,越是高大的植物,它的根应该扎得越深。因为通常来说根扎得不深的高大植物,都是非常脆弱的,只要一阵大风,就能把它连根拔起。然而,尽管红杉的根只是浅浅地浮在地表,可是红杉却生长得很好。这是为什么呢?

原来,红杉并不是独立地长在一处,红杉总是一片一片地生长,长成红杉林。大片红杉的根都是彼此紧密相连,一株连着一株的。因此,不管自然界中多大的飓风,也无法撼动几千株根部紧密相连的红杉林。

的确,成功仅靠个人的力量是不够的,因为任何人的力量都是有限的。当我们依靠着一个团队时,我们的力量将会变得异常强大。

有一个著名的希腊神话,讲的是英雄安泰的故事。据传这位英雄力大无比,无人能敌,甚至连天神也惧他三分。为了战胜他，很多人绞尽了脑汁，但都不能奏效，直到后来有人发现了他的秘密，他才被打败。原来他的巨大力量来自于大地，而只要离开大地他就会失去力量。于是，有人趁他熟睡的时候将他举了起来，使他脱离大地，然后将他杀死。可以说，一个人如果脱离了团队，就像英雄安泰脱离了大地，等待他的将是失败的命运。

不可否认，在一些领域里，也许某些具有非凡天赋和超人能力的人会取得巨大的成就，但是再有才华的人取得的成就都是以前人为基础的。

想知道海豚是如何捕食的吗？当它们看到海洋深处游动着一个很大的鱼群时，它们即使非常饥饿也不会欣喜若狂地立刻冲向鱼群，因为如果那样做的话，鱼群就会被冲散。

那么海豚会怎么做呢？它们会尾随鱼群慢慢游动，并用特有的声音“吱、吱……”向大海的远方发出信号。于是，一只、两只、三只……越来越多的伙伴们游过来，加入到整个队伍中并且一同发出信号。当整个团队增加到50位成员的时候，它们还没有停止；直到海豚的数量会聚到100只以上的时候，奇迹才会发生：

所有的海豚将围着鱼群团团环绕，形成一个球状体，把鱼群全部围绕在中心。然后，它们分成小组并且秩序井然地冲进球体中央。慌乱的鱼群无路可逃，只能变成这些海豚的腹中佳肴。当中间的海豚饱餐之后，它们就会游到外围替换在外面工作的伙伴们，让它们进去享受美餐。如此这般不断地循环往复，直到每一位成员都美美地饱餐一顿。

试想，如果一只海豚发现了美食之后便急于求成，冲向前去猎食，即使它能抓住两三条小鱼，也难以填饱肚子，而更多的“猎物”则在它捕食的时候迅即溜走，躲得远远的。

个体的力量终究是有限的，唯有加入团队协同作战，才能有所成就。个体的成功，进而造就一个成功的团队。在海豚的世界中，它们早已清楚地认识到了这一真理并且积极地付诸实际行动。

在西点军校，学员们在具有团队精神的集体里，可以实现个人无法独立实现的目标。他们知道，每一个人都会因为团队而变得更有力量，而不是变得微小或默默无闻。

可以说，任何一个人、一个公司、一个团队莫不如此。

微软公司在美国以特殊的团队精神而著称，像 Windows 2000 的研发，微软公司共有超过 3000 名软件工程师和测试人员参与，写出了 5000 万行代码。试想一下，如果没有团队精神，没有全部参与者的默契配合与分工协作，这项工程是根本不可能完成的。微软公司让数以百计的雇员成了百万富翁。可是，鲜为人知的是，他们中的许多人在取得了经济独立之后，却继续留在微软公司工作。在某些人看来(那种我若中了六合彩，首先就向老板辞职之人)，这些百万富翁们大概是发了神经。的确，大多数人认为，发财就等于取得了辞职的资格证书。

如果你知道微软公司的工作条件并非舒适安逸，也许你会觉得更不可思议。在这里，一周工作 60 个小时是常事。在主要产品推出的前几周，每周的工作时数还会过百。而且微软公司也并非以其高额津贴而出名，相反，它却以“吝啬”著称。据该公司的一位前任副总裁透露，多年以来，比尔·盖茨因公出差时，总是自己开车去机场，而且坐的都是二等舱。

那么，是什么使得这帮百万富翁们，甚至亿万富翁们，不是因为自己经济的需要而如此卖命地工作呢？答案只有一个，那就是：只有在微软公司这个团队中，他们才可能变得如此强大。

比尔·盖茨是这样解释的：这种企业文化营造了一种氛围，在这种氛围中，开拓性思维不断涌现，员工的潜能得以充分发挥。微软公司所形成的氛围是，你不但拥有整个公司的全部资源，同时还拥有一个能使自己大显身手、发挥重要作用的平台。每一个人都有自己的主见，而能使这些主见变成现实的则是微软公司这个团队。

所以，作为企业的一员，我们应自觉地找到自己在团队中的位置，自觉地服从团队运作的需要，依靠团队资源去发挥个人才能，与其他团队成员一起努力去创造奇迹，让自己变得更加强大。

要具备团队精神

所谓团队精神，是指一个团体中的所有成员积极合作，互相配合，在共同努力下达成某个目标。

刚刚进入西点的学员或许还并没有那么强的团队精神，但经过训练之后，就会变成一个全新的自我，通过训练，让每一个学员形成一种强烈的团队意识。只有依靠团队才能成功的意识将深深扎根于西点学员的脑海中。

无论是在日常生活中，还是在演习和战斗中，西点学员都是共同完成任务的。通过不断的训练，员工就会切身体验到团队的力量是多么强大。

西点军官与其上下级之间关系牢固，可以从他们的相互尊重、信任程度以及道德水准上得到反映。其中尤为重要的是上级要尊重下级的人格，不论种族和性别，公正待人。

未来的管理者一生中有太多时候，必须把自己的命运交付在别人手中，这体现了团结的重要。众人形成合力，其效果惊人。

公司员工服从于一种命令系统。在公司中，若员工不能无条件地服从上司的命令，那么在达成共同目标时，则可能产生障碍。反之，如能完全发挥命令系统的机能，此团队在公司中凡事必可胜人一筹。

具备团队精神是十分重要的，它关系到一个团队的生死存亡。比如，在登山过程中，每组运动队员之间都要以绳索相连，一旦某人失足落下，其他运动员必须全力相救，否则，整个团队将无法继续前进。而当所有努力都无济于事时，失足队员就会割断绳索，让自己坠入深谷，以确保其他队员的生命安危，同时使比赛得以继续进行。

再如，一个由上千人组成的汽车装配流水线，只要其中一组人不工作，其产品就无法出厂，因为谁也不会购买一辆组装不完整的汽车。

在专业化分工越来越细、竞争日益激烈的今天，仅靠一个人的力量无法完成千头万绪的工作。一个人只凭着自己的能力很难取得一定的成就，但若能把你的能力与别人的能力结合起来，就会取得令人意想不到的成功。

团结就是力量，一加一等于二，这是人人都知道的简单运算，但应用在人与人之间的团结合作上，所创造出的业绩就不再是一加一等于二了，其结果可能是三或四甚至更大，这是再浅显不过的道理。

对于一个企业而言，团队精神更是必不可少的。一个人能与同事友好协作，以团队利益为重，才能把自己独特的优势在工作中淋漓尽致地发挥出来，这样自然能引起老板的注意，得到更多的加薪晋升机会。否则，就很难在现代职场中立足，因为个人英雄主义时代已经一去不复返了。

在谈到“团结合作”的重要性时，微软中国研发部总经理张湘辉博士说：“一个人即使是天才，但只要团结合作意识差，我们也不要。中国 IT 业有很多年轻人才，但大多缺乏团队精神，虽能把简单的程序编好，但较大的程序就编不好了。微软开发 Windows 时有 500 名工程师奋斗了两年，有 5000 万行编码。软件开发需要协调不同类型、不同性格的人员共同奋斗，缺乏合作精神是难以取得成功的。”

20 世纪之前，科学家们大都单枪匹马地干，一个人在好几个科学领域内进行探索研究。比如，伽利略、笛卡儿和牛顿既是化学家，又是物理学家；赫尔姆兹既是物理学家，又是解剖学家和生物学家。

但 20 世纪以来，由于学科门类的骤增、学科知识的深化以及科学技术的复杂化，一个人的智力显然有限，不能再“眼观六路，耳听八方”了。一个人可以学有专攻，但要做到无所不知、无所不能，只能是痴人说梦。

上天对每个人都是公平的，它不会因为你是商场精英或是其他的成功人士就特别眷顾你。作为一名员工可以从以下几方面培养和提升自己的团队精神。

(1)尊重并欣赏你的伙伴。每个人都有被别人重视的需要。也许只是一句小小的鼓励和赞许，就可以让别人对你也更加敬重。

(2)时常反省自己。时常检查自己的缺点，团队工作需要成员的相互磨合，在与他人无法达成一致的时候不要固执己见，要善于听取他人意见。团队工作在于配合的默契。

(3)培养自己的亲和力。想要自己的工作得到大家的支持与认可，必须培养自己的亲和力，让大家容易亲近。平时除了工作之外，可以经常跟同事一起参加各种活动，关心他人的生活，让大家觉得你不仅是同事，也是生活中很好的朋友。

(4)保持谦虚。骄傲自大的人永远都不会受人欢迎。所以必须保持足够的谦虚。要看到他人的长处，善于向比自己优秀的人学习，只有这样，才能让自己进步得更加快。

如果按照上述方法坚持做下去，就一定能成为一名具有团队精神的优秀员工。

我们生活在一个竞争日益激烈的时代，既然存在竞争就需要合作。几乎所有的成功企业，都是在某种合作的形式下经营的。

只要浏览一下当天报纸上的新闻，就会看到这样类似的报道：在同一管理机构下合并的工商企业，创造出了辉煌的成绩。今天是两家企业合并，明天又是两家银行合并，过几天又是几家钢铁公司联合起来。这一切的联合行动，都是想在合作的基础上发展壮大自己的力量。

在宇宙间，从最小的物质电子到最大的物质星球，这些物质都证明了宇宙最初的一项法则，就是“组织”。如果能够意识到这项法则的重要性，并熟悉这项法则的具体内容，进而积极有效地加以利用，一个人就容易取得成功。

最强的团队必然拥有最强的个体

西点著名将军丹尼尔·赖德将军说过：“如果一味地依靠团队，那么等于没有团队。”一个最强的团队必然拥有最强的个体。

每一位士兵都足智多谋、骁勇善战，才能使团队更加强大，每一个士兵都要尽自己最大的努力为团队出谋划策,而不是依赖团队。

优秀的团队绝不允许自己的队伍中有庸才,因此,要使自己的团队成为优秀团队,首先就要让自己优秀起来。

没有哪个组织能比军队更加强调队员自力更生的能力,也没有哪个组织比军队更加重视团队精神。

摩托罗拉作为世界上最大的通信、电子业跨国公司,在管理中特别强调人本位的管理理念。他们认为人才是公司最宝贵的财富和动力之源。为了最大限度地开发人力资本的效能,该公司十分注重员工素质的培养。

为了提高员工的整体素质,公司制定了详尽的人才培训计划,尤其重视中高层管理人才的培养。他们每年都选派600多名中国员工到其美国工厂参加技术会议、工程师设计会议,以及各种技术培训班,同时加速人才本土化进程,以尽快实现由中国人来管理公司。

除了加强教育和培训外,公司还支持和组织员工参加全国经济统计专业职称技术资格考试、职称外语考试、质量认证培训等,努力打造一支高素质的队伍。

对于如何具体提高员工的素质,美国的汤姆·彼得斯和南希·奥斯汀在合著的《赢得优势》一书中,列出了12条原则和方法,内容如下:

(1)定期开展由员工和公司领导共同参加学习的课程和讲座。

(2)积极鼓励员工登记入学,参加各种学校举办的继续教育课程,以及公司内部的培训课程,并确保不因离开本职工作学习而使学习者承受任何间接的惩罚或遭受损失。

(3)让员工定期参加一些他们通常不会参加的会议,如普通员工参加不熟悉的专业会议,会计师参加市场营销和开发业务会等等。让每个员工都能得到一些有关其他同事工作的第一手资料,这些做法有利于开阔他们的眼界和心胸,可以增强彼此间的互助协作精神。

(4)鼓励员工积极争取获得各种专业协会的成员资格。

(5)选择恰当的时间与地点,和员工一起进行游戏活动,以训练员工的思维力和观察能力,养成员工肯动脑的良好习惯。

(6)适当实行岗位轮换制度,即让员工定期到本职以外的部门或工作岗位上任职,不论长短,一定要保持真实性,也就是要求他们在任职期内创造出实际的工作成果。

(7)鼓励员工就自己的研究或工作项目在公司内外进行介绍或作报告,尤其是对公司内部的其他部门。

(8)邀请本公司其他部门的各级人员与自己部门员工聚会,进行沟通交流,请他们谈谈在哪些方面需要支持,在哪些方面需要合作,同时鼓励他们邀请自己的人去访问他们。

(9)鼓励员工到各种临时的跨部门专项工作小组去服务。

(10)邀请本公司其他部门或外公司,如用户公司或者供应商公司人员到你所在的部门工作一段时间。

(11)让员工实地观察与揣摩你怎样处理顾客批评、怎样举行正式报告会、怎样到下属部门视察工作等情况,用你的做法影响他们。

(12)定期派一些员工去参观某个行业展览。

员工是企业最重要的组成部分,对企业的生存与发展起着决定性的影响,因此每一个领导者都应努力提高员工的素质。

无论在公司的哪一层,团队都绝不是个体成员的避风港。要想让企业变得更大更强,必须让企业中的每一个员工都是最强最好的,这样的团队才是最强的团队。

没有“我”,只有“我们”

西点军校教育学生不应该立足于“我”,而是凡事能够考虑到“我们”,因此西点要求学生之间在许多事项上要相互通报。在西点军校中,当一个学生了解情况后,就把信息发布在网络上,让所有学生快速了解信息。比如新生们需要相互转告“每日一问”的内容,需要彼此通知第二天的制服要求,彼此提醒各种活动禁忌等。

1862年5月30日,杰克逊的主力部队在查理镇,距离斯特拉斯堡70千米;北军弗雷蒙特的主力部队位于莫菲尔德,距离斯特拉斯堡53千米;谢尔兹师已经越过蓝岭,其前锋于30日下午进占福让特瑞尔,距离斯特拉斯堡不足30千米。杰克逊的部下得知敌情,都暗自捏了一把汗。有人问杰克逊:如果北军会师斯特拉斯堡截断后路怎么办?杰克逊泰然自若地指了指西面的群山,说道:“那我们就进山绕道回去。”其实杰克逊心里有数,他通过活动在谷地的骑兵分队侦察敌军的一举一动,一切都在“石墙”的掌握之中。

杰克逊先将散布于各地的部队收拢到温彻斯特。5月31日清晨大军出发南撤,骑兵照例在前面开路;后面是2千北军战俘;然后是满载物资的马车长龙,排成两列纵队,绵延10千米;部队跟在最后面。杰克逊的部队以难以置信的速度急行军80千米,于6月1日下午从斯特拉斯堡穿城而过。与此同时,北军两路人马按照计划向斯特拉斯堡进逼。弗雷蒙特军团进抵斯特拉斯堡西郊几千米的地方。已经同尤威尔的侧卫部队交火,但谢尔兹师从福让特瑞尔出发以后错上了去温彻斯特的公路,结果未能按时同弗雷蒙特会师。弗雷蒙特显然被杰克逊的威名所震慑,不敢单独与其决战,只得后撤。

斯特拉斯堡以南,马萨纳腾山脉骤然崛起,将谷地劈成两条河谷。北军两路人马会师斯特拉斯堡以后,分别沿着东西两条河谷南下追击,相约在马萨纳腾山脉南端再次会师,合击杰克逊。北军这次兵分两路又为杰克逊制造了一个各个击破的机会。6月3日,杰克逊大军撤到新集市,派人登上马萨纳腾山脉东南角的顶峰,从那里观察山脉两侧北军的动向,并用旗语及时报告。

杰克逊现场观看了十字钥匙战斗的整个过程。此战弗雷蒙特拙劣的指挥给杰克逊吃了定心丸,他决定避实就虚,集中优势兵力进攻路易斯顿的三千北军。

杰克逊一直在冷静地观察战局的发展,他看到烧炭高地北军的炮火完全覆盖了南军的进攻路线,立刻命令刚刚到达战场的特罗准将率领第8旅对高地发动强攻。由于此时已经没有时间迂回到高地的侧后方了,特罗指挥的4个路易斯安娜步兵团不得不从正面仰攻烧炭高地。勇敢的南军士兵冒着北军步枪和火炮霰弹的近距离齐射,前仆后继,终于冲上高地。北军指挥官泰勒马上调集3个步兵团发动反冲锋,双方士兵挺着刺刀进行白刃搏斗,高地几度易手。最后北军由于寡不敌众,被彻底地赶出高地。

共和港战斗结束以后,杰克逊的部队在杉安道河南岸严阵以待,但此时无论弗雷蒙特还是谢尔兹都已经斗志消沉,各自领军北撤。

休整几天以后,杰克逊留下数千部队监视谷地的北军,自己则亲率主力南下里士满增援李将军。彪炳战史的杉安道谷地战役到此落下帷幕。

西点军校就是要让学生知道,自加入西点的那一刻起,他们的观念中就不仅仅只有自己,而是一个团队。许多西点名将都聊起过西点学生中“等待吹号”的乐趣。

在西点军校，上课不能迟到，下课也必须准时。一旦下课号吹响，不管什么课程都必须立即结束。因此学生们在同学遇到困难时，就开始了“等待吹号”。比如说，有哪位同学被老师点名回答问题，这位同学支支吾吾答不出来，这时候，就会有很多同学纷纷给予帮助。帮助者会不断向老师提问，试图岔开老师的思路，只要拖到“吹号”，那位回答不出问题的同学就可以逃过一劫。据说，艾森豪威尔的好人缘就和他擅长帮助同学拖延至“吹号”不无关系。可以看出，这种行为确实培养了西点学生的团队意识。

每个人都是团队中的一分子，西点学员从不把自己孤立出来，禁锢在一个狭小的圈子里，他们知道，如果不把自己融入到集体中，独来独往，唯我独尊，长此以往，将无法体会也得不到他人的友情、关爱和尊重。即使是最有独立特性的人，也必须学会把自己融入到集体中去，否则单凭个人的力量是无法在西点军校立足的。

在西点军校，没有“我”，只有“我们”，要真诚平等地对待每个人，不管他是你的长官、下属，还是同学。要知道，你周围的每个人都可能对你的前途、事业产生关键性的影响。对集体拥有强烈的归属感是信赖集体和队友的表现，这种信赖和强烈的归属感甚至可以改变一支弱小队伍的气势，造就出成就非凡的将军。

毕业于西点军校的乔治·巴顿将军是一个真正的斗士，他作战勇猛，喜欢冒险。从表面上看，巴顿将军总是一副豪迈直爽、说话粗鲁的样子，他是一员猛将但不是铁石心肠的人。只要长期与巴顿将军相处的人都会发现，出现在公众面前的巴顿与私下里的巴顿判若两人。真实的巴顿将军生性内向、善良敦厚，非常看重情感，爱兵如子。

巴顿痛恨软弱的士兵，他会毫不留情地用鞭子抽打那些软弱的人。而对于勇猛作战的士兵，他却像对待自己的孩子那样关怀备至。他说：“是勇士们赢来了勋章，只不过由我们佩戴罢了。”

虽然巴顿将军讨厌去医院（他自己受伤了只要不是性命攸关，他都只是简单包扎处理即可，很少去医院就诊），但战争期间，只要是有时间他总要到医院去看望伤员。一方面，巴顿把看望伤员当作自己的工作内容和崇高职责，他认为这可以减轻受伤士兵的痛苦；另一方面，巴顿认为创伤是士兵英勇作战的标志，值得嘉奖，而他的慰问则可以给士兵带去安慰和鼓舞。

在医院里的每一个病房，巴顿将军都要停下来发表一番演讲，并且演讲的内容从不重复。但每一次都激动人心。他总是毫不厌烦地从一个病床走到另一个病床，用温柔的话语与伤员亲切地交谈，慰问他们，并亲手给他们戴上紫心勋章。紫心勋章是美国为表彰有功的普通士兵所颁发的勋章。它标志着勇敢无畏和自我牺牲精神，在美国人心中占有崇高的地位。

每当巴顿将军看到那些牺牲的将士的尸体，他都要努力控制自己的感情，以免哭出声来。在这种心理的驱使下，巴顿将军常常感到自己没有负伤简直是一种罪恶。有一次，巴顿将军来到一位戴着氧气罩、生命垂危的士兵身旁，脱下钢盔，跪在士兵身旁，轻轻地把他的头抱在自己怀里，在他耳边说了几句至今没有人知道内容的话，然后巴顿将军给他的士兵别上了一枚紫心勋章，起立、敬礼。让在场的每一个人都感动得流下了眼泪。

巴顿深知，没有士兵的英勇作战就不会有战争的胜利，更不会成就巴顿的威名。胜利的荣誉不只属于巴顿自己，也属于他英勇无敌的士兵们。巴顿已经把自己融入到团队中去，他深知，只有在团队中才能实现自我的价值。巴顿的团队精神就是得益于他在西点军校所受的教育。

在西点军校，每个优秀的学员都会最大限度地将自己融入团队，因为西点军人的团队不仅能完善和提高个人的能力,还能够加强学员之间的互相理解和沟通,只有真正把自己看成团队的一分子,把团队任务内化为自己的任务,才能真正成为团队的主人,获得主动性。团队提高了个人能力,个人又促进了团队的和谐发展,这就形成了一个良性循环。这样的团队才会战胜一切困难,赢得最终的胜利。

而如何做才能形成良好的团队基础呢?对西点学员个人来说,诚实、正直、廉洁的内在修养是与人交往的前提。每个人都有被别人重视的需要,特别是那些某方面有特长的学员更是如此。这就需要端正态度,正确看待自己的长处,对优点不自满,有特长的学员会发挥自己的特长帮助那些在此方面不擅长的学员,这样做既帮助了别人,提高了团队的整体水平,又收获了队友真诚的友谊和感谢。

而那些自认为水平有待提高的学员,则会从自身水平出发,认识自己的不足,虚心向其他学员请教,而别的学员也乐于伸出双手帮忙。当你对别人寄予希望时,别人也同样会对你寄予希望。就这样,有了愉快的合作氛围,整体团队的战斗力也会增强,团队的协作会变得很顺畅,一个优秀的团队便形成了。

在团队训练中,每个成员的优缺点不尽相同,西点教官们强调最多的便是:鼓励学员们寻找并学习其他学员的积极品质,消灭自己的缺点。如果团队的每一位成员都去积极寻找其他成员的优秀品质,那么任务完成的效率就会提高。这也是西点学员获得成功的一项至关重要的因素。

西点军校的学员还非常注重检视自己的缺点,比如自己是不是言辞锋利、对人冷漠,是不是固执己见。只要一发现问题就立刻改正。因为这些缺点是团队合作中的禁忌,会成为个人进一步成长的障碍。如果无法听取他人的意见,或无法和他人达成一致,就不可能真正融入团队,团队的工作就不能进展下去。西点学员这种克服自身缺点的方法,也值得我们借鉴。

努力做到最好

团体不意味着完全的依赖,自立自强的信念并不与团体利益相冲突。最优秀的团体也是因为拥有最优秀的个体才更加优秀的。摆正自己在团体中的姿态,坚信自己能给予团队最高的价值。

在今天,团队精神已经成为每个渴望成功的人的必备素质,也成为各企业的核心。一个有高度竞争力的企业不但要求有完美的个人,更要有完美的团队。无数的个人精神,凝聚成一种团队精神,才可能战无不胜。团队精神的核心——协同合作,团队精神的境界——凝聚力,团队精神的基础——个性创造。团队精神是看不见的堡垒,团队意识是同心合力、团结共进、群策群力、众志成城。

在许多方面,法国杰出的政治家和军事统帅拿破仑被西点军校的学员们奉若神明,尤其是在团队精神方面所体现的表率作用更被视为典范,而发生在拿破仑身边的很多故事也是每一个具有团队精神的西点学子所可借鉴的。

> 拿破仑年轻的时候,一次到郊外打猎,突然听见有人喊救命,他快步走到河边一看,见一男子正在水中挣扎,这河并不宽,拿破仑端起猎枪,对准落水者,大声喊道:“你若再不自己游上来,我就把你打死在水里!”那人见求救无用,反而更添一层危险,便只好奋力自救,终于游上岸来。

拿破仑当了皇帝以后，一天清晨，在花园中散步，迎面被身上背着很重的物品的士兵挡住去路。这时宫廷的侍卫长忙喝令这个士兵给拿破仑让路，拿破仑忙阻止说："不要这样，请尊重负重者。"并给负重士兵让开一条路。

拿破仑拿枪逼迫落水者自救，是想告诉那个落水者，自己的生命本应该是自己负责的，唯有负责的生命才是真正有救的生命。"请尊重负重者"，在拿破仑看来，地位的高下是不重要的，重要的是生命肩头的分量。每个人作为独立的个体存在于这个世界，都有应该承担的责任和应该履行的义务，努力自我改造，不断追求更高更强。

同样的道理，在企业中，团队里面的一个员工遇到一件棘手的问题时，他往往会找到他的上司或者直接把问题抛给他的上司。当然，领导与员工相比，他们同时处理一件事情，领导的确要比员工有着先天的优势，所以很多的领导也乐意帮助员工去处理他们遇到的问题。但这确实是一个愚蠢的做法，尽管这样的做法会有眼前的效果，但他却也扼杀了员工的斗志。长久以往，会使这个人逐渐丧失独立性，丧失他本应该在团队中承担的责任。对于军队而言，没有哪个社会组织能比军队更加强调队员自力更生的能力的，也没有哪个组织比军队更加重视团队精神。这种表面上的矛盾很容易理解：每一位士兵首先必须尽可能地足智多谋，才能为自己的团队出谋划策，而不是依赖团队。

尽管团队需要合作，但也有很多是必须独立完成的，从他们对集体所作的贡献来讲，也是团队不可或缺的部分。无论在社会的哪一层，团队都绝不是个体成员的避风港。西点中的团队，无论是在演习还是战斗中，都是积极进取的，他们不断向前推进。班组和排里的西点学员或许会相互掩护，但他们不会完全依赖于队友或团队的保护。另外，团队也鼓励进攻，因为每位学员都不愿在自己队友面前表现出畏惧的情绪。如果一个员工是由于集体的原因未能完成目标，那还不如让他单打独斗呢！

管理学中著名的木桶原理是说一个团队总是以最低的那个为尺度。优秀的团队绝不允许自己的队员中有庸才的出现，因此，要使自己的团队成为优秀团队，首先就要让自己优秀起来，做最强团队中最强的个体。

精诚团结直到毕业

西点学员日常流行一句话："精诚团结直到毕业。"这与美国陆军军人中流行的"同志间要友谊和忠诚"十分相似。

黑格将军在尼克松政府里举足轻重，他从基辛格的副手一跃成为尼克松的右臂，成功的要素是夜以继日的艰苦工作，出众的参谋技能，与上司亲密无间的能力，与政客们搞政治游戏的第六官能。还有一点，就是西点的团体精神和团体协力作风。这位西点毕业生的助手几乎是清一色的西点人，他们共同努力，即黑格常挂在嘴边的"直率、诚实、讲团结，并以此来证明，这就是西点人的本质"，赢得了事业的成功。

黑格将军曾自豪地说："西点军校是一个团结一致的优秀典范，美国就是根据这种精神，制定与执行国家各项政策的。"

训练团队意识。你代表的不是个人，而是一个团队。实际上，精诚团结使西点获得了意想不到的成就和荣誉。一个有着悠久历史，有着光荣传统，有着辈出的名人的教育团体，一个始终以集体精神、团结一致进行灌输的团体，逐渐形成了一种社会网络，以致在美国的各行各业都能体现出来。西点人用西点人，帮西点人，成就西点人，光大西点的影响，几乎成为西点人的自觉行动。

所有的西点人都有着高度的团队意识，他们明白无论是否在战场上，拆散的箭总比捆起来的箭易折。

一个老人不久将离开人世，他把三个儿子召唤到病榻前说："亲爱的孩子，你们试试能否把这捆箭折断，我还要给你们讲讲它们捆在一起的原因是什么。"

长子拿起这捆箭，使出了吃奶的力气也没折断，"把它交给力气大的人才行。"他把箭交给了老二。二儿子接着使劲折，也是白费力气。小儿子想来试试也是徒劳，一捆箭一根也没折断。

"没有力气的人，"父亲说，"你们瞧瞧，看看你们父亲的力气如何？"三个儿子以为父亲在说笑，都笑而不答，但他们都误会了。老人拆开这捆箭，毫不费劲地一一折断。

"你们看，"他接着说，"这就是团结一致的力量。孩子们，你们要团结，用手足情意把你们拧成一股绳。这样，任何人、任何困难都打不垮你们。"老人感到自己就要撒手归西了，又对孩子们说："孩子们，记住我的话，你们要始终团结，在临终前我要得到你们的誓言。"三个儿子一个个都哭成了泪人，他们向父亲保证会照他的话去做。父亲满意地闭上了双眼。

三兄弟清理父亲的遗物时，发现父亲留下了一笔丰厚的财产，但留下的麻烦也不少，有个债主要扣押财产，另一个邻居又因为土地要和他们打官司。

开始时，三兄弟还能协商处理，问题很快解决了。然而，各自的利益又促使他们吵着要分家。此时，债主和邻居都提出申诉，重新翻案。不团结的兄弟内部分歧更大了，互相使坏，最后他们丢失了全部家产。当想起捆在一起又被拆散的箭和父亲的教诲时，他们都后悔莫及。

很多时候，别人尊重你或对你有所忌惮，并不是因为你本身，而是顾虑你所在的强大团队。如果你脱离了所在的团队，可能就会发现原来自己其实是非常弱小的。

团结就是力量，即使很多微小的力量凝聚在一起有时也会产生很大的能量。

布莱克说过：没有一只鸟会飞得太高，如果它只用自己的翅膀飞升。所有的人都因在团队中得到互相的扶持而比单独奋战达到更高的目标。

除了强调团队意识，队员间互相扶持之外，西点还要求学员共同承担责任。军队是一个整体，一个人犯错，也会导致整个军事行动失败，所以在西点军校内，经常是一个人犯错，全小队一起受罚。

或许一开始许多人会觉得不公平，但是西点却一直沿袭着这个传统。这样做的目的并非为了惩罚谁，而在于强调每个人都是军队中的一员，每个人都应为自己的行为负责，并且也有义务监督或扶持其他人。

法则十六 效率

具备时间管理能力

2009年,《福布斯》杂志推出了美国最佳大学排行榜,这是该杂志第二年加入美国最佳大学评比的行列。令人吃惊的是,排名第一的不是美国著名的哈佛大学,而是培养陆军军官的西点军校。

《福布斯》杂志评选美国最佳大学主要依据5项指标:一、毕业率,即学校是否有效地协助学生按时毕业;二、学校师生在美国和全球的获奖数量;三、学生对老师教学的满意度;四、学生毕业时所担负的平均债务,即学生不必为大学毕业后8年要背负偿还大学学费贷款的重负而烦恼;五、学生毕业后的成功程度,包括薪水和取得的成就。《福布斯》杂志在评选中更关注的是学生在大学里的经历、在校园中所受的训练、是否教育出学生对现实世界的适应能力。

在荣膺美国大学第一名的西点军校,学生晚上11点半就必须就寝、宿舍中不准有酒、宿舍必须绝对整洁、学生的头发必须整齐、衣服必须烫出线条,学生每学期只有一个星期的假期。西点军校免费提供世界级的一流教育,不收学费,但毕业生必须对国家履行责任。

西点军校这种严格的规划,让学生在潜移默化中学会了管理时间的能力。1986届西点毕业生、现为美国7-11连锁店总裁的戴皮托表示:"我从西点学到很多,纪律、如何做一个领导者、对团队精神重要性的理解,这些都是我能够成功的基础。"

西点军校采用的是小班制度,每个班不超过18名学生。这种非常"奢侈"的师生比例,对教学质量很有好处,是美国一般大学甚至最有名的大学也难以做到的。由于西点没有硕士和博士学位,所以学校更是将教学的全部重心集中到了本科学生身上。西点军校恐怖主义研究室主任詹姆士谈到,如果观察布朗大学、波士顿学院甚至是斯坦福大学这些名校,他们第一位的使命不是教学,而是为学校争取更多的研究基金,教师将出书看得比教学更重要。像这样的学术明星在西点是看不到的,教师第一位的责任是教好学生。只设本科的西点军校更重视学生的教育规划和实际能力的培养,这直接成为他们进入社会的降落伞。

时间,对于每一个人来说,都是一样的。然而,善于珍惜时间的人,却总是能挤出更多的时间。

三国时期,魏国的大司马董遇,一身的才学得益于他自己对于“三余”时间的充分把握和利用!在他看来,冬者岁之余也,夜者日之余也,阴雨者时之余也。直白点说,董遇看书求知的时间,主要在晚上、雨天乃至大雪封门的冬天。宋代的大文学家欧阳修,有人问他的学问从何而来,他说自“三上”,这“三上”便是枕上、马上、厕上。

现代社会需要的博知广识,绝非曾经的那种之乎者也之精与历史知识之熟所能涵盖!新事物层出不穷,知识也在不断地变化、更新、发展,若不注重看书求知,很快就会落伍,博知广识又从何谈起呢!

尽管社会在飞速发展,生活节奏在加快,然而却有很多人一边在感叹没有时间看书学习,一边却把大段大段的时间,浪费在麻将桌上,与狐朋狗友搓着输赢后的苦乐;或把大段大段的时间,浪费在电视机前,看三角恋、婚外恋或是腐败加暴力。时光就这样在玩乐中逝去了。

“洗手的时候,日子从水盆里过去;吃饭的时候,日子从饭碗里过去;沉默时,便从凝然的双眼前过去。我觉察它去得匆匆了,伸出手遮挽时,它又从遮挽着的手边过去……”这是朱自清先生在他的散文《匆匆》中之于时光易逝的描述,虽很通俗,却在通俗中显现出精妙。

日月如梭,不错!

人生如朝露,不错!

人之百年,犹如一瞬,仍然不错!

然而,有些人似乎或假装意识不到时光的匆匆流逝,他们心中甚至没有管理时间的意识,他们总是想利用空闲时间去玩乐、去享受,他们安于现状,是典型的偷安者。有了偷安的思想,表现在求知上,则呈厌倦之态;表现在工作上,则呈懒散之态;表现在作风上,则呈疲沓之态!

宋代的朱敦儒,年轻的时候,总觉得来日方长,于是便偷安眼前的时光。当他到了满头白发的年纪,企望追回逝去的岁月已成梦想时,叹曰:“原是西江散汉,江南今朝衰翁……屈指八旬将到,回头万事皆空。云间鸿雁草虫,共我一般做梦。”

可见,不善于管理时间,无端地浪费时间,是人们成功的最大障碍。

勤者,是战胜偷安的克星;目标,是克服偷安的动力;意志,是洞穿偷安的炮弹。

好学者用时以求知,偷安者用时以求乐,求知者终自明,求乐者终自昏。

每个人一生的时间都是有限的!在这有限的时间里,怎样去珍惜时间,利用好每一分每一秒,不断地充实与更新自身的知识结构让自己成为一个博知广识之人,成为一个永远走在时代前沿的人,乃至成为一个知识的弄潮儿,当须用心去体会,去玩味。

“莫等闲,白了少年头,空悲切”,莫让时间付诸东流,而应让生命的每分每秒都发挥最大的效益!时代在进步,知识在发展。若不懂得刻苦求知、更新自己的知识结构,就会被时代所淘汰。

我们要珍惜今天,把今天看作生命的最后一天。如果这样,我们就会憎恨那些浪费时间的行为,并誓言要摧毁拖延的习性。我们以真诚埋葬怀疑,用信心驱赶恐惧。我们不听闲话,不游手好闲,不与不务正业的人来往。我们终于醒悟到,若是懒惰,无异于从我们所爱之人手中窃取食物和衣裳。我们不是贼,我们有爱心,今天是我们最后的机会,我们要证明我们的爱心和伟大。生命只有一次,而人生也不过是时间的累积。我们若让今天的时光白白流逝,就等于毁掉人生的最后一页。因此,我们必须珍惜今天的一分一秒,因为它们将一去不复返。我们无法把今天存入银行,明天再来取用。时间像风一样不可捕捉,每一分每一秒,我要用双手捧住,用爱心抚摸。

别放过小块时间

西点军校前学员团团长麦康尼夫曾说："闲暇时光如果不用来读书，以积累发展自我的力量，而在无所事事中任其流逝，是非常可惜的。"

艾米丽·华尔德是美国著名诗人、小说家，弹得一手好琴。她曾给长大后成为钢琴家的爱尔斯金担任过钢琴教师。有一天，在给爱尔斯金上课的时候，她忽然问到："你每天练琴用多少时间？"

小爱尔斯金说："合起来每天大约有三四个小时吧。"

"那你每次练习，时间都很长吗？是不是每次都练半小时？"

"是的，我想这样才好。"

"不，不要这样！"艾米丽说，"你将来长大以后，每天不会有这么长的空闲时间的。你可以养成习惯，一有空闲就练习，哪怕只练几分钟也可以。比如在你上学以前或在午饭以后的休息时间里，5分钟、5分钟地练习。把小的练习时间分散在一天里面，这样弹琴就成了你日常生活中的一部分了。"

起初，14岁的爱尔斯金对艾米丽说的话并未在意，当她成为杰出钢琴家之后，回想起艾米丽的忠告，不禁感慨地说，这真是至理名言，使她一生受益匪浅。

有一年，爱尔斯金在哥伦比亚大学教书，她想兼职从事写作。可是每天除了上课和辅导学生她几乎没有多余的时间了，以至于有两个年头，她一直不曾动笔。后来，她突然想起了艾米丽的忠告，她就按照艾米丽说的做了起来。只要有5分钟左右的空闲时间，她就坐下来写作，哪怕只写100字或短短的几行。结果真是出乎意料，到了那个周末，爱尔斯金竟然完成了几篇好稿子。她觉得真是不可思议，为什么自己以前就没有想到这个好办法呢？仔细想一想，以前的这些简短的时间自己都花在哪儿了？喝咖啡？抱怨？还是睡懒觉？自己真是浪费了太多的时间，想到这里爱尔斯金就后悔不已。时间长了爱尔斯金发现，每天除了授课，她仍有许多可以利用的空闲，足够她从事弹琴与创作这两项工作。

后来，爱尔斯金用这种积少成多的方法创作长篇小说，在文学领域也获得了一席之地。

世上有很多天资聪慧的人，本来是可以成就一番事业的，因为不善于利用小块的时间，终生也就默默无闻了。

成功就是一点一滴的积累，就是一个小细节一个小细节的堆积而想要做到高效，在时间上，就要学会利用零碎和闲暇时间。

绝不将任何事情拖延

西点军校创造了一个理想的教育环境，在这个环境中，"学员并不是随随便便无论什么时候想在图书馆都行，他必须在规定的时间里尽最大努力干完规定的事，他必须今日事今日毕，绝不能将任何事情拖到第二天"。

"绝不将任何事情拖到第二天"的要求,使学员自觉适应军校生活、自觉完成规定课程、自觉提高自己的意识明显增强,在西点军校,每个学员都有责任了解军官基本素质培训的标准,并严格按规划要求达到这个标准。在第一学年里,学员要熟悉四年教育计划的主要条款。不同教育组织者要与学员共同研究具体落实目标。比如军事教育计划,连战术教官将在秋季学期中与每个一年级学员讨论具体实施问题。学员要正确估价自己的信念、价值、信仰和人生观,进行合理的自我评价,对要达到的目标和标准作出承诺。在第二学年里,学员通过承担一定的责任和领导职务(如在野外训练中担任上士、副班长、营区值日员等),以及增加的特权,加深对自我约束重要意义的认识。对个人负责需要毫不含糊,对更大范围的事情负责更要毫不马虎,表现出军人的干净利落。三、四年级更是如此。

"所有学员请注意:5 分钟内集合,进行午间操练。请在野战夹克里面套上作战服。"现在是上午 11 点 55 分,天气寒冷。在哈得逊河的一个河湾的上空,北风呼啸。北风穿过西点平原,冲击着美国陆军军官学校的六层楼花岗石堡垒。

这是一座巨大的、历史悠久的城堡式建筑。乔治·华盛顿将军的塑像俯临阅兵场,艾森豪威尔、麦克阿瑟和塞耶的雕像挺立两侧。几座方正朴实的石头建筑是兵营,它们分别以布莱德利、李和潘兴等名将命名。

"离午间操练的集合时间还有 4 分钟。"营房里的新生站立着,严阵以待,计算着离规定的餐前集合还有几分钟。在营房的过道,每隔 16 米就有钟,看时间很方便。

学员们迅速涌向营房之间铺着柏油的大操场。一年四季,他们每天都要至少两次集合操练。"站好队!"一声令下,一群松散的人顿时排成整齐的队形——每个方阵是一个排,四个排组成一个连,四个连编成一个营,而两个营编为一个团。"立正!"所有目光立即望向前方。

列队是西点的必修课。可以称之为点名的简单操练:从排长开始一级级向上汇报到队学员的数目。当然,列队的意义远不止于此。学员们以此种方式聚在这里,200 年来天天如此。

解散令下,学员们开始列队前进。队列看上去是编排好的——士兵们分 12 列从各个方向整齐地快步走出操场。几分钟后操场上空无一人。数千学员消失无踪,操场上一片寂静。你也许会认为,这是一次极不可思议的操练,是一件奇特而美好的事情。

西点人都有着强烈的时间观念,决不迟到、决不拖延。任何不遵守时间的举动都将可能造成不可收拾的恶果。

"绝不将任何事情拖延",这是严格的军人准则,也是战争需要的准则。迅捷、及时、准确,是军事活动中最宝贵的概念。就作战来说,快速准确,才能出其不意,攻其不备,使敌人措手不及;才能把握战机,争取主动,稳操胜券。拿破仑的滑铁卢战役,如果增援部队按计划到达,欧洲的历史就很可能重写。一个偶然的失误,改变了历史进程,从另一个方面说明了快速准确、雷厉风行的军事意义和政治意义。

著名的埃克森—美孚石油公司把"决不拖延"也列为公司员工的一条重要行为准则。

在"决不拖延"的理念指导下,埃克森——美孚石油公司创建了效率速度部。这个创意来自于一级方程式赛车(F1),这一世界顶级赛事完美地诠释了"速度"的价值。

创意人约翰·丹尼斯自己也十分强调"决不拖延"的理念。在他的办公室数字墙上,你可以看到这样几句话:

决不拖延!

如果我拖延下去,我将会怎么样?

如果将工作拖到以后再去做,那么会发生什么?

有一次，丹尼斯和他的一位副手到公司各部门巡视工作。到达休斯敦一个区加油站的时候，已经是下午5点了，丹尼斯却看见油价告示牌上公布的还是昨天的数字，并没有按照总部指令将油价下调"5美分/加仑"公布，他十分恼火。

丹尼斯立即让助手找来了加油站的主管弗里奇。

远远地望见这位主管，他就指着报价牌大声说道："弗里奇先生，你大概还熟睡在昨天的梦里吧！要知道，你的拖延已经给我们公司的荣誉造成很大损失，因为我们收取的单价比我们公布的单价高出了5美分，我们的客户完全可以在休斯敦的很多场合，贬损我们的管理水平，并使我们的公司被传为笑柄。"

意识到问题的严重性，弗里奇先生连忙说道："是的，我立刻去办。"

看见告示牌上的油价得到更正以后，丹尼斯面带微笑说："如果我告诉你，你腰间的皮带断了，而你却不立刻去更换它或者修理它，那么，当众出丑的只有你自己。这是与我们竞争财富排行榜第一把交椅的沃尔玛商店的信条，你应该记住。"

然后，丹尼斯和助手一起离开了加油站。从此之后，那位主管弗里奇先生做事再也不会拖拖拉拉了。

我们每个人或多或少都存在着——拖延——这一不良习惯。我们总是为因拖延时间而造成的结果懊恼不已，但是转眼却把教训和懊恼抛之脑后，在下一次遇到类似的情况时，又会惯性地拖延下去。

拖延是一种危害人成功与发展的恶习，是可怕的精神腐蚀剂。试想一下，你如果拖延了一件事，那必定就占用了之后处理其他事情的时间，如此积累，你将拖延多少事，浪费多少机遇，造成多大的损失呢？不仅如此，拖延的习惯还会滋长人的惰性，一旦产生了惰性，人便失去了前进的动力。

拿破仑因为迟到了一分钟而导致兵败滑铁卢，我们又会因为拖延失去什么呢？

"绝不拖延"就意味着高效率的工作，是在相应的时间处理相应的事。拖延是一种顽固的恶习，但绝不是不可改变的天性。一旦你摈弃了拖延的坏毛病，那你就等于成功了一半。

世界织布业的巨头之一威尔福莱特·康，在他为事业奋斗了大半辈子、别人都以为他已功成名就时，他总感觉到自己生活中缺了点什么东西似的，他想起了自己儿时的梦想——画画。

小时候，他曾梦想成为一名画家，但出于种种原因，他已经数十年未能拿起画笔了。现在去学画画还来得及吗？能抽出时间吗？思前想后，他决心要圆这个梦想，计划每天从百忙中抽出一个小时来安心画画。

威尔福莱特·康是个有毅力的人，他真的坚持了下来，多年以后他在画画上也得到了不菲的回报——多次成功举办个人画展，油画十分惹人喜爱。威尔福莱特·康在谈起自己在画画上的成功时说，"过去我很想画画，但从未学过油画，我曾不敢相信自己花了力气会有很大的收获。记得富兰克林·费尔德精辟地说过这么一句话：'成功与失败的分水岭可以用这几个字来表达——我没有时间。'当我决定学油画时，我想我应该能做到每天抽一小时来画画。"

作为一个大企业的负责人，要做到这一点是很不容易的。威尔福莱特·康为了保证这一小时不受干扰，唯一的办法就是每天早晨五点前就起床，一直画到吃早饭。威尔福莱特·康后来回忆说，"其实那并不算苦，一旦我决定每天在这一小时里学画，每天清晨这个时候，渴望和追求就会把我唤醒，怎么也不想再睡了。"

他把楼顶改为画室,几年来他从未放过早晨的这一小时,而时间给他的报酬也是惊人的。他的油画大量在画展上出现,他还举办了多次个人画展,其中有几百幅画以高价被买走了。他把这一小时作画所得的全部收入变为奖学金,资助那些搞艺术的优秀学生。

“捐赠这点钱算不了什么,只是我的一半收获;从画画中我所获得的启迪和愉悦才是我最大的收获!”

每个人每天都有同样多的时间,成功人士的秘诀在于总能为自己“挤出”所需要的时间,平庸之辈则总是“没有”时间。

合理安排时间,绝不拖延,立即去做,任何时间都不晚。

节省时间就是延长生命

西点学员任何时候都表现得训练有素,他们总会以最快的速度完成上司所交付的任务,绝不拖延,因为他们懂得,节省时间就相当于将生命延长。无论是战场还是职场,也许半分之差就会使原本完美的计划整个落空,甚至全盘皆输。

比黄金更宝贵的就是时间,珍惜时间就是珍惜我们的财产,我们的生命。只有善于对自己的生命做出合理安排的人,才能成为自己命运的主人,才能把握住自己生命的每一个时刻。

当你每天回家的时候,你总觉得若有所失,你丢了什么?你发现你什么也没有丢,你四下里检查,什么东西都在。其实,你确实丢了东西,你丢了生命的一部分。是谁偷走了你生命的那部分?是时间。

1983年,时任中国光大实业公司董事长的王光英看到了一份工作人员为他准备的报告。这份报告上说,智利一家倒闭的铜矿企业由于急于还债,需要处理一批二手矿车,而且这批矿车都是该企业倒闭之前不久矿主为了加快工程进度而采购的,几乎没怎么用过。这批矿车一共1500辆,而且都是名牌。

于是,王光英马上派人与该智利矿主取得了联系,并表示愿意买下这些矿车;同时,迅速成立了一批由专家和工作人员组成的购车派遣队。临行前,王光英再三叮嘱,一定要相信自己的判断力,不用事事禀报,只要认为价格合适,矿车可以,就立刻成交。

派遣人员在认真检测了矿车之后,确定各项指标都合格,于是,立即开始与矿主的价格战。由于矿主还债心切,最终双方很快以原价八折成交。协议刚刚达成,一位美国商人来到了铜矿,但是已经晚了一步。

王光英的果敢不仅使企业净赚2500万美元,也为企业的发展谋得了更为长久的发展。试想,如果他看到这一报告时,还在左思右想,犹豫不决,那么,这批矿车就会被美国商人捷足先登。

可见,速度就是效率,一味地拖延只会导致事情的失败。而从个人发展来说,立即行动就是节省时间,也就是在延长生命。如今社会信息发达,机会稍纵即逝,谁能果敢行动,谁就成为了时代的佼佼者。

两个猎人一块去打猎。

天空中一群大雁飞来,二人急忙张弓搭箭,准备把它们射落下来。

忽然，一个猎人说："哦呀，伙计，你看有一群大雁，如果打下来煮着吃，滋味肯定不错。"

另一个猎人听了，把举着弓箭的手放下来，说："不，还是烤来吃好，烤雁又香、又酥。"

两个人各持各的理，争吵起来。后来请人来评判，才找到一个解决的办法：把大雁一半煮来吃，一半烤来吃。

争吵停止了，这才重新张弓搭箭，再去射雁。可是，那群大雁早已凌空远翔，飞得不知去向了。

这两个猎人，到手的大雁也没吃成。他们犯了什么错误？他们都没有留意到时间的悄然流逝。其实，谁抓住了时间，谁就抓住了生命中的一切。

你要想获得生命的成功，你就必须保持百倍的警惕，不要让时间带走了你的生命。那么，怎样才能抓住时间呢？以下是几种有效的方法：

(1)把生活组织起来，制定一个合理的生活、工作、学习时间表；

(2)听一分钟心跳，体会时间的流逝，并学会珍惜；

(3)试着以"从现在开始做"的态度去认真对待每一件事；

(4)写下已经拖延很久的事情，并尽量抽出时间弥补；

(5)除了休息，不要给时间留下空白。

人的生命是有限的，我们不能绝对地延长寿命，但通过对时间的管理，却可以相对地将生命延长。

工作的时候，就全身心地投入到工作中去创造财富；生活的时候，就尽情享受每一刻的温暖，营造欢乐。提高工作的效率，提高生活的质量，让生命的价值在有限的时间里尽量发挥，这样就等于增加了生存的"密度"，扩充了有限生命的内涵。

珍惜时间，管理时间，把更多的时间用在更有效益的地方。时间多了，机会就会变多；机会的增加，目标早日达成的可能也会增多……

尽量提前完成你的任务

完成工作任务的最佳时间是何时？对于那些一心想有所成就的员工来说，完成任务的最佳时间永远是昨天。这些勤奋的员工从来不会无故拖延工作期限，也不会因为额外地做了一些事情而抱怨，更不会纵容自己在工作中享受偷偷摸摸的悠闲。

"今日事，今日毕"和"尽可能提前将工作做完"是卓越员工一贯的工作风格，也是他们能够创造超出其他员工业绩的重要原因。许多人工作业绩不佳、得不到老板青睐的根本原因并非自身工作能力不够，而是缺乏勤奋的工作习惯，他们最大的工作特征就是拖沓，把前天该完成的事情拖延敷衍到后天，这是一种很坏的工作习惯，对一位渴望成功的人来说，这种习惯最具破坏性，也是最危险的恶习，它将使人丧失进取心。一旦开始遇事推脱，就很容易再次拖延，直到变成一种根深蒂固的习惯。

解决拖拉的唯一良方就是迅速采取行动，把一切懒惰思想扼杀在摇篮之中。只有迅速采取行动，才有完成任务的可能，才有机会创造更大的工作业绩。

有抱负的卓越员工总是谨记工作期限，让工作在最短的时间内有效完成。许多人之所以得不到老板的青睐,之所以工作很长时间却仍旧一事无成,其主要原因就在于他们凡事都在拖延,从来不把工作期限放在眼里,对于他们来说,完成工作的时间最好遥遥无期,如果规定今天完成,那最少也要拖到明天或者后天,“能拖则拖,一拖再拖”常常是他们的惯常做法。

在实际工作中,这些人总是把“时间不等人”、“工作最重要”抛之脑后,结果他们只能落后于他人,直到被淘汰。

绝大多数人之所以一生碌碌无为,往往不是因为他们不聪明,而是由于他们懒于行动,懒于思维(思维也是一种行动)。所以要想有所成就,请马上行动。

总之,要想获取成功,就必须养成立即行动的好习惯,按自己的计划,想到就干,立即行动。一般来说,要想做到这一点,需要我们从以下几个方面努力。

1. 制订切实可行的计划

让自己高效率地行动起来,必须先制订行动计划。计划是实现目标的蓝图,计划也是实现个人理想的必要步骤。一个好的行动计划要与学习和工作目标紧密联系,也要与个人理想联系起来,因为计划是为实现理想目标服务的。制订学习和工作计划要依据个人的实际情况,如能力、特点、对各类知识的掌握程度、自己的长处和不足、个人的身心健康水平等主观条件,还要了解学习和工作的不同特点及教育条件和家庭状况等客观因素。对上述主客观因素进行综合分析后,才能制订出适合自己情况、有助于实现个人目标的具体行动计划。

2. 坚决执行计划,不达目的誓不罢休

制订计划是为了指导实现目标而采取的行动步骤,执行要坚决。要有坚持不懈、不达目的誓不罢休的精神,否则计划很容易成为一纸空文。同时,在执行计划的过程中,应不断总结,随时修正,使计划更符合实际情况。

3. 良好的开端是成功的一半

一个好的开始对最后的成功很有帮助。有的人注定会失败,甚至注定一生都会失败,就是因为每次开始时,他们的思维、想法都是不正确的;好的开始则相反,可以保证在行动之前,思路就是正确的。因此,好的开始来自于充分的准备、详细的计划,详细的计划来自于创新思维。生活中很多人做事都没有一个好的开始,尤其是那些失败者,在还没准备好的情况下就匆匆上马,虽然他们投入了精力、热情或无数的资金,终没能感动上帝,下马就是他们的必然结果。

4. 行事必须果断,不要犹豫不决

一旦万事俱备,我们就该开始工作了。光坐在起点,一拖再拖是最糟的情形。如何决定接受或是拒绝一份工作,有时很不容易。但如果犹豫不决,就是另一种拖延。某项工作看起来不太可能完成,就趁早扔掉它,赶紧换别的来做,一直在这里打转的话,我们会给自己制造出许多不必要的停顿。好好调整我们的工作,立刻决定去做,或是撇下不管。只要我们做出了决定,至少就不会因拖延犹豫而忧虑不安了。

5. 积极准备,把握机会

很多没有成功的人,都认为自己是没有成功的机会。他们总是说,如果有机会,我也会轻而易举地成功。他们把自己没有成功的原因归咎于外因——机会,却没有从自身找原因。其实,对于这样的人,即使把十个机会放在他身边,他也不一定会抓住一个,或者他根本不会意识到这是机会。成功者则不然,他们会积极准备,立即行动,一旦机会降临,便能牢牢地把握住。

成功靠自己去争取,不要抱有不劳而获的想法

机会不可能等来,更不会自动降临,我们要学会创造机会,而机会只能在行动中出现。如果总是生活在等待天上掉馅饼的状态中不行动,你就会失去一个又一个机会。

不要把时间浪费在胡思乱想上

“你那朋友小汤普金斯是什么样的一个人?”一个年轻人问。

“他是个流浪汉。”那人回答说。

“流浪汉?”先问的那个年轻人大声地说,“你不会说他在街头流浪吧?”

那位回答的人说:“是啊。但他是一个思想上的流浪汉。他相信,他自己可以做许多不同的事情,但是他不能,也不愿意决定这些事情中的任何一件将成为他毕生的事业。他常常在一件事情忙了一天、一周或一个月之后又撂下不管,去做别的事情,一段时间后又改做另一件事情,就这样换来换去的。他常常十分闲散,因为他不会强迫自己专注于某件事,把它当作稳定的目标去追求。人们都说他聪明,称他为多面手。我总是担心,他的聪明和多才多艺会毁掉他的一生。倘若他只有某一项专长或决心坚持做一件事,我就会对他抱有更大的希望。”

“想”终归只是“想”。如果你只是在那儿想成功而不采取任何行动,那么成功一辈子也不可能来到你的身边。

一个人一生的时间是有限的。今天你在24小时里无所事事,就意味着在明天的24小时里焦头烂额。时间对于每个人都是公平的。浪费自己的时间无异于慢性自杀。

在生活中,也存在着这样两种人:一是天天沉浸于幻想中、看不到一点行动痕迹的人,二是善于把想法落实到计划中、敢于行动的人。

好好问一问自己:你是哪一类人呢?

人生最大的成功莫过于在最短的时间里达成最多的目标,实现最大的价值。如果你一直在幻想中虚度光阴,那么我们可以肯定地说,你终将一事无成。要想过有意义的人生,就不要耽搁,立即行动吧!

不要被拖延捆住手脚

在工作中,你是否有这样的习惯呢?今天的工作拖到明天完成,现在该打的电话等到一两个小时以后才打,这个月该完成的报表拖到下个月,这个季度该达到的进度要等到下一个季度……凡事都留待明天处理,都在拖延。

令人遗憾的是,每个年轻人在工作中都拖延过。拖延的表现形式多种多样,轻重也有所不同。比如:琐事缠身,无法将精力集中到工作上,只有被上司逼着才向前走;不愿意自己主动开拓,反复修改计划,有着极端的完美主义倾向,该实施的行动被无休止的“完善”所拖延;虽然下定决心立即行动,但就是找不到行动的方向;做事情总是磨磨蹭蹭,有着一种病态的悠闲,以致

问题久拖不决；情绪低落，对任何工作都没有兴趣，也没有什么人生的憧憬。

喜欢拖延的年轻人往往意志薄弱，他们不敢面对现实，习惯于逃避困难，惧怕艰苦，缺乏约束自我的毅力；或者目标和想法太多，导致无从下手，缺乏应有的计划性和条理性；或者没有目标，甚至不知道应该确定什么样的目标；另外，认为条件不成熟，无法开始行动也是导致拖延的原因之一。

对每一个渴望拥有较强执行力的年轻人来说，拖延是最致命的，是一种危险的恶习。一旦遇事开始推脱，就很容易再次拖延，直到变成一种根深蒂固的习惯，以至于很多工作根本无法开展。

我们常常因为拖延时间而心生悔意，然而下一次又会惯性地拖延下去。几次三番之后，我们会视这种恶习为平常之事，以致漠视了它对工作的危害。

传说五台山上有一种鸟，长着四只脚和一对翅膀，人们叫它“寒号鸟”。春天，百花盛开，寒号鸟身上长满了羽毛。寒号鸟懒得动，也不去找食物，饿了吃树叶，渴了喝露水。春天、夏天、秋天就这么过去了！

冬天来了，天气冷极了，小鸟们都回到自己温暖的巢里。这时的寒号鸟，身上漂亮的羽毛都脱落了。夜间，它躲在石缝里，冻得浑身直哆嗦，它不停地叫着：“好冷啊，好冷啊，等到天亮了就造个窝啊！”

等到天亮后，太阳出来了，温暖的阳光一照，寒号鸟又忘记了夜晚的寒冷，于是它又不停地唱着：“得过且过！得过且过！太阳下面暖和！太阳下面暖和！”

寒号鸟就这样一天天地混着，过一天算一天，一直没能给自己造个更好的窝。最后，它没能混过寒冷的冬天，冻死在岩石缝里了。

现实生活中，有些年轻人只顾眼前，得过且过。他们行动拖拖拉拉，做事情喜欢推诿，总是拖一天算一天，跟寒号鸟没有多大区别。他们把一切行动拖延到明天、后天……这样一直拖下去，最后结果可以想见。

拖延的坏习惯是高效执行的最大敌人，关键时刻的拖延甚至会带来致命的后果，历史多次以血的教训证明了这一事实。

大家都知道，拖延并不能使问题消失，也不能使解决问题变得容易，而只会使问题恶化，给工作造成更严重的危害。我们没解决的问题，会由小变大、由简单变复杂，像滚雪球那样越滚越大，解决起来也就越来越难。而且，没有任何人会为我们承担拖延的损失，所以，我们应该立即行动起来，不要被拖延缚住手脚。

生活就像一盘棋赛，坐在你旁边的就是“时间”。只要你犹豫不决，你将被淘汰出局。像围棋比赛中一样，每一步都有时间限制的，超时了，你就自动出局吧！职场就是战场，你不冲就是死路一条。

当拿破仑决定把他的军队移向某一个目标之后，他决不允许任何事情来改变他的这项决定。如果他的行进路线碰到了一道鸿沟——这是敌军所挖掘的，目的是要阻止他的前进，他仍会下令他的部队向前冲锋，直到沟中堆满了死人和死马，而让他的军队能够从死人堆上走过去为止。

拿破仑知道一旦在这个时候拖拉，就会死更多的人，就会输掉这场战争。“绝不拖延”在他的心中是作战的行动标准，这使他战胜了一个又一个的敌人。

可是我们每个人都或多或少地存在着一种不良习惯——拖延。对任何一个员工来讲，拖延都是最具破坏性、最具危险性的恶习，因为它使你丧失了主动的进取心。而更为可怕的是，拖延的恶习具有积累性,那么,我们如何摆脱这一恶习的呢?

下面是几种克服拖延的实用小技巧,希望能够对你有帮助。

1. **分类找原因**

是什么原因使我们无法做某项工作?优柔寡断?害羞?无聊?无知?散漫?恐惧?疲倦?无法忍受不愉快?缺乏必备的工具?一字一句具体指出拖延某事的原因,区分类别。如果正确地认清问题,则解决方法就会变得相当明确。如信息不足,则可以开始寻找必需的资料。

2. **大腊肠切片**

工作似乎相当艰巨,则稍稍暂缓,拿出纸来做思考。记下完成工作的所需步骤,步骤的幅度越小越好,即使它们只需要花费一两分钟,也须分别记下。

这个艰巨的工作就像一条未被切割的大腊肠,庞大、皮厚、油腻,难以入口,但如果切为薄片,则相当引人垂涎。将艰巨的工作分开对待,即分成每个小小的即时工作单,就像可以马上享用美味的腊肠片,而非整条腊肠。

3. **引导式工作**

假设想拖延写信,不要试着去强迫自己,只要采取一小步骤,当作完此步骤,便可以决定是否要继续下去。这步骤可能是看看信的地址,或将纸转入打字机,或取下纸来,或写下想提出的要点。任何事皆可,只要是明显的身体行为。这是打破内心困顿的方式,其理论基于:事物静止时依旧是静止着,运动时依旧是运动着。

4. **5 分钟计划**

有些工作难以分割小块,如想清理积压如山的公文,大约需要一小时,实在很难将它简单分割成“即时工作”。这时,可以试试5分钟计划,和自己做个约定,允许以5分钟做这工作,时间一到,便可自由去做想做的事,或是继续5分钟。不管工作多么令人厌烦,仍须常常去做5分钟。5分钟后,若不想接着继续干,则不要干,约定就是约定。在将工作撇开之前,记下另一个5分钟的时间。

此外,记日记、和自己对话、让信得过的亲朋好友在固定时间督促检查你的工作,这些方法可以克服拖延。

法则十七
勤奋

勤奋让你走向卓越

勤奋是一种可以吸引一切美好事物的天然磁石。在日常生活中，靠天才做到的事情，靠勤奋同样能做到；靠天才做不到的事，靠勤奋也能做到。俗语说：“勤奋是金。”

现实生活告诉我们：天道酬勤，命运掌握在那些勤勤恳恳地工作的年轻人手中。富兰克林在《穷理查德历书》中说：“个人的奋发工作和勤劳实干，是取得杰出成就的必然，与好逸恶劳的懒惰品行无缘。正是辛勤的双手和大脑才使得人们富裕起来——在自我教养，在智慧的生长，在商业的兴旺等方面。事实上，任何事业追求中的优秀成就都只能通过辛勤的实干才能取得。”

在人才竞争日益激烈的职场中，唯有依靠勤奋的美德——认真对待自己的工作，在工作中不断进取，才能成功。

在这个人才辈出的时代，年轻人要想使自己脱颖而出，就必须付出比以往任何时代更多的勤奋和努力，拥有积极进取，奋发向上的精神，否则你只能由平凡转为平庸，最后变成一个毫无价值和没有出路的人。

很多年轻人习惯于用薪水来衡量自己所做的工作是否值得。其实除了薪水之外，还有更重要的东西，值得你去追求的，那就是你的人生价值。勤奋的品质可以最大限度地发挥你的潜力，在工作中积累经验，努力更新你的思维方式，生命就在你的进取中生生不息，人生就在你的进取中超越自我，创造卓越。

作为年轻人，如果只想着如何少干点工作多玩一会儿，那么他迟早会被职场所淘汰。享受生活固然没错，但怎样成为老板眼中有价值的职业人士，才是最应该考虑的。一个有头脑的、有智慧的年轻人是绝不会错过任何一个可以让他们的能力得以提高，让他们的才华得以展现的工作。

勤奋是走向成功所必备的美德。历史上涌现出许许多多杰出的人物，他们都是靠勤奋走向辉煌的。

在麦当劳刚刚进入澳大利亚餐饮市场时，其奠基人彼得·里奇在悉尼东部开设了一家麦当劳快餐店。当时贝尔的家离这家麦当劳店很近，他每次上学放学都会经过那里。贝尔的家很穷，上学的学费都是东凑西凑来的。看到许多同学都能买文具和日用品，他却不能。1976年，15岁的贝尔在万般无奈的情况下走进了这家麦当劳店，他想能够通过在麦当劳打工赚点零用钱，幸运的是，他被录用了，他的工作是扫厕所。

扫厕所是又脏又累的活儿，没有人愿意做。但贝尔却在店里干得非常好，而且他是个眼里有活儿的孩子，很勤劳。他常常放学后就过来，先扫完厕所，接着就擦地板；地板擦干净后，他还会帮其他员工翻翻烘烤中的汉堡包。一件接一件，他都细心做，认真学。

彼得·里奇看着这个勤奋的少年，心中非常喜欢。没多久，里奇就说服贝尔签署了麦当劳的员工培训协议，对贝尔进行正规的职业培训。培训结束后，里奇又将贝尔放在店内各个岗位"全面摔打"。虽然贝尔只是个钟点工，但因他的勤奋努力和出众的悟性，经过几年的锻炼后，他很快就掌握了麦当劳的生产、服务、管理等一系列工作。19岁时，贝尔被提升为澳大利亚最年轻的麦当劳店面经理。这次提升为贝尔提供了更多施展才华的机会，通过他的勤奋努力，1980年，他又被派驻欧洲，推动那里的业务，并积累了很多经验。此后，他先后担任麦当劳澳大利亚公司总经理，亚太、中东和非洲地区总裁，欧洲地区总裁，以及麦当劳芝加哥总部负责人等。2003年，贝尔被任命为麦当劳（全球）董事长兼执行官。

成功需要刻苦的工作。作为一名普通员工的年轻人，你要更相信，勤奋是检验成功的试金石。即使你才智一般，只要勤奋工作，主动做好自己手头的工作，最终你将会成为一名成功者。

从英国飞往马来西亚首都吉隆坡的汉斯，一下飞机就直接找到自己的上司哈恩要求参加工作。

"好啊！请你搬把椅子坐在我办公室的角落里，尽可能地不要引人注目，其他人在场的时候不要说话，不管是迎来还是送往，你都不要离开这里。"哈恩道。

"我就干这个吗？"汉斯问。

"对。而且最起码要这样干一个月。当然，你要把自己的真实感想、疑虑、发现的问题及它的根源等分析清楚并记录下来。"哈恩郑重其事地说道。

"可是，经理，我大老远地从英国总部赶来，您让我用一个月的时间就干这些吗？"汉斯非常不解，"您要知道，我……"

"好了，既然你到了我这里，就必须听我的吩咐，而我也不想听你说你以前是干什么的，是多么的糟糕或出色。你可能有你的想法，也许你的想法很对，但请你先把它们放下，从适应这里的一切开始。"

汉斯虽然满肚子的委屈，但人在职场身不由己。他只好从头做起，每天静静地坐在办公室的角落里，看哈恩怎么样处理问题、迎接客户和指挥下属"开疆拓土"。脑子里像个观察员和评论员一样记录着他的得与失

但是，随着时间的推移，他学到了以前从未看到或想到的一些事情，尤其是哈恩如何化解各种矛盾、运筹帷幄地提高工作效率和加速本部门业绩的技巧，不但让他大开了眼界，更让他学到了一些在书本上学习不到的知识。更重要的是，他从哈恩身上学习到了勤奋主动的工作，习惯。

一个月结束时，哈恩问："怎么样，还有些收获吧？"

"谢谢您。这一个月的适应真让我一生受用无穷啊！"汉斯无限感慨地答道。后来汉斯成了另外一家公司的总裁，虽然取得了令人称羡的成绩，但他还是一如既往地保持着从

自己的上司哈恩身上学习到的勤奋的工作精神。

一个年轻人具有勤奋，才能在工作中取得主动，才能超越自己平凡的人生轨迹，获得自己应得的荣誉。你也许会说，他们是伟人，我不想做伟人，我只想做一个平凡的人。其实这只是你在给自己找借口。许多年轻人都像你一样一直在为自己找理由，不去勤奋工作，俗话说得好："一勤天下无难事。"只要你抛开那些消极的想法，勤奋工作，你在做人、做事方面都是可以非常优秀的。

天下都无难事了，更何况只是你公司里的事、你的工作呢！即使你天资一般，只要勤奋工作，就能弥补自身的缺陷，终究成为一名成功者。只要勤奋，你就会成功，就会逐渐成为老板器重的人。千万不要等到失业了，被老板淘汰了才想起要勤奋工作！

没有人喜欢懒惰的人

惰性是每个年轻人身上都时隐时现的敌人，有很多年轻人无法靠一般的鞭策来调动干劲，因此无法打败惰性。但是我们要成功就必须让惰性从身上消失，否则永远得不到成功。

就人们对于命运的主宰能力和程度来说，在达到一定的发展层面之后，特别是进入了享受上的层次之后，就会开始出现动力上的不足，也就是出现一定的惰性。为此，在这个时候就需要进行"激活"，也就是刺激。要通过强烈而有效的刺激，达到对人们的动力的调动与唤醒，消除惰性。

佛祖释迦牟尼在众弟子面前一边敲木鱼，一边念经。一段时间后睁开眼看着众弟子讲道："弟子们可有谁知道，为什么念经时要敲木鱼？"

众弟子你看看我，我看看你，没有谁能答上来。

佛祖又继续说道："名为敲鱼，实则敲人。"

这时一个弟子问道："那为什么不敲其他物种呢？"

佛祖笑了笑，对众弟子说："鱼儿是世间最勤快的动物，整日睁着眼，四处游动。这么至勤的鱼儿尚要时时敲打，何况懒惰的人呢！"

懒惰是个很有诱惑力的东西，任何人都会与它相遇。比如：周六、周日在家休息时躺在床上不想起床；今天能做的事，推到明天去做；吃饭的时候10分钟能吃完，但是你吃了一个小时；自己看不懂的英语单词等着上学后问老师或同学等等。懒惰是人类最难征服的一个敌人，许多本来可以做到的事，都因为一次又一次的懒惰而错过了成功的机会。

佛祖释迦牟尼讲的敲打，就是我们现在所讲的鞭策。人一生要勤奋就要不断地鞭策自己，克服懒惰的毛病。

懒惰的人如果不是因为病了，就是因为还没找到最喜爱的工作。没有天生的懒人，人总是期望有事可做。大病痊愈的人，总是盼望能起床，四处走动，回到工作岗位上做点事——任何事都可以。

懒惰会引起无聊，无聊也会导致懒散。相反，工作可以引发兴趣，兴趣则促成热忱和进取心。

克莱门特·斯通曾说："理智无法支配情绪，相反行动才能改变情绪。"选定你最擅长、最乐意投入的事，然后全力以赴行动！

一个和尚在寺庙里待了好多年了，可还是做扫地、端茶的工作，有一天他越想越气，去找方丈说理。

“我在这儿辛辛苦苦干了几年了，为什么还是让我扫地、端茶？太没道理了！”

方丈捋了捋胡子，慢条斯理地说：“你没发现，你扫地从来不知道把垃圾处理掉，端茶时也不知道把桌子上的灰尘抹掉吗？”

这个和尚工作的失败在于，他过于懒惰，做事喜欢丢三落四，不知道主动做一些没有人交代他做的事情。有主动精神的年轻人，会勇于负责，有独立思考能力。这些年轻人有别于那些像机器一样的年轻人，他们不会按别人的吩咐机械地完成工作，他们往往会发挥创意，出色地完成任务。

而不能积极主动工作的年轻人，则墨守成规、害怕犯错，凡事只求遵循公司规则。他们会告诉自己，老板没有让我做的事，我又何必插手呢？又没有额外的奖励？这两种不同的想法会明显地导致不同的工作表现。

如果你永远保持勤奋的工作态度，你就会得到他人的称许和赞扬，就会赢得老板的器重，同时也会获取一份最可贵的资产——自信，对自己所拥有的才能赢得一个人或者一个机构的器重的自信。

那些思想贫乏的年轻人、愚蠢的年轻人和慵懒怠惰的年轻人只注重事物的表象，无法看透事物的本质。他们只相信运气、机缘、天命之类的东西。看到人家发财了，他们就说：“那是幸运！”看到他人知识渊博、聪明机智，他们就说：“那是天分。”发现有人德高望重、影响广泛，他们就说：“那是机缘。”

如果说懒惰和贫穷是一对孪生姐妹的话，消极和懒惰就是一对孪生兄弟。人类天生就有许多劣根性，懒惰正是其中最难消除的劣根性之一。

有位富翁到一个贫困地区游玩，当他目睹当地一户贫困人家吃饭的情形时禁不住落下泪来。这户人家吃饭的碗竟是几只破得不能再破的陶罐，更让他吃惊的是全家连一双筷子都没有，都是直接用手抓的。

这位善良的富翁无比同情，决心要帮助这户人家摆脱贫困。当他走出他们的家门后，又马上改变了主意，因为他看到这户人家的房前屋后都长着适合做筷子的竹子。

身处竹林却没有筷子，故事中的这户人家真算得上是懒惰的典型，自然难以得到同情。看来，懒惰和贫穷确实相生相伴。

懒惰只会使我们心灰意懒、怨天尤人，我们需要更多主动积极的人，更多关注世界光明面的人。

许多年轻人都抱着这样一种想法，我的老板太苛刻了，根本不值得如此勤奋地为他工作。然而，他们忽略了这样一个道理：工作时虚度光阴会伤害你的雇主，但受伤害更深的是你自己。一些人花费很多精力来逃避工作，却不愿花相同的精力努力完成工作。他们以为自己骗得过老板，其实，他们愚弄的只是自己。老板或许并不了解每个员工的表现或熟知每一份工作的细节，但是一位优秀的管理者很清楚，努力最终带来的结果是什么。可以肯定的是，升迁和奖励是不会落在玩世不恭的人身上的。

他们不曾亲眼目睹那些人在实现理想过程中经受的考验与挫折；他们对黑暗与痛苦视而不见，光明与喜悦才是他们注意的焦点；他们不明白没有付出非凡的代价，没有不懈的努力，没有克服重重困难,是根本无法实现自己的梦想的。

任何人都要经过不懈努力才能有所收获,收获的成果取决于这个人努力的程度,没有机缘巧合这样的事存在。懒惰对心灵是一种伤害。成功的机会不会白白降临到你的身上,只有那些主动做事、主动工作的年轻人才能获得更多的机会。

成功完全是努力的结果

一位西点军校的教官正在给新学员介绍西点军校的训练情况。他严肃地说:“西点军校的学员们一天要练25个小时!”

一个新学员嘀咕着说:“可是,一天只有24个小时呀!教官。”

这位教官训斥道:“不要找借口!成功是你自己的事,别忘了,你完全可以每天提前一个小时起床!”

在西点军校,每个学员都深深明白一点:成功完全是自己的事情,能否取得成功完全取决于你的态度。没有人会督促你去成功,同样,也没有人能阻挠你成功。一切完全取决于你自己是否能自动自发地去获得成功。

艾森豪威尔经常和家人一起玩纸牌游戏。一次晚饭后,艾森豪威尔像往常一样和家人打牌。这次他的运气很不好,总是抓到很差的牌。

刚一开始,他只是抱怨几句,可后来一而再、再而三地摸到差牌,他实在忍无可忍了,便发起了少爷脾气。

和他一同打牌的母亲实在看不下去了,正色说道:“牌是上帝发的。既然选择打牌,你就必须接受上帝发给你的牌,不管牌是好是坏——好运气不可能总是都让你碰上。”艾森豪威尔没有理会母亲的话,依然愤愤不平地抱怨。

母亲又说:“其实,人生就和打牌是一样的,发牌的是上帝。不管你手中的牌是好是坏,你都必须拿着,除此之外,你别无选择。你唯一可以选择做的,就是管理好自己的态度,让浮躁的心情平静下来,认真对待每一张牌,把自己手中的牌打好,力争最好的效果。只有这样打牌,这样对待人生才有意义!”艾森豪威尔牢记母亲的话,激励自己积极进取。

后来,他一步步向前迈进,成为中校、盟军统帅,最后当上了美国总统。

的确,生活就像是玩纸牌,上帝发的牌总是有好有坏,发到手的牌是确定了的。

收到坏牌后一味地抱怨于事无补,也无法改变现状,如何把手中的牌打好,才是你应该思考的重点。但是你能否成功,能否打出好牌,却取决于你的意志和态度。

西点军校提倡的这种自动自发的精神就是主动精神,西点学员被要求:要懂得随时把握机会,积极表现,锻炼自己必要时打破陈规的智慧和判断力。西点军校流传着一句话:“适合哪儿就站哪儿,关键是站在行动上!”

成功完全是你自己的事情,你的态度决定着你的成功。西点学员认为,一切都要靠努力去争取。

在获得成功的道路上,能够保持积极的心态就成功了一半。在生活的难题面前不退缩、不消沉,主动培养刚毅、果断的性格是每个西点学员追求的目标。

华盛顿是西点学员们最崇拜的伟人之一。他是一个善于主动学习的人,年轻的时候,为鞭挞自己改正一些生活上的小毛病,他曾经在练习簿上写下了一篇有趣的文章——“110 条准则”,其中规定了自己在“交友和谈吐中”必须遵守的一些准则。这篇手稿共有 10 页,它是绅士的良好行为指南,对华盛顿的性格塑造产生了极大的影响。下面列举其中几条:

第一条,在朋友中所做的每个举动都应该表示对别人的尊重。

第二条,在别人面前,不独自哼唱或用手敲击或脚抖动发声。

第五条,如果你咳嗽、睡觉、叹气或打哈欠,不要发出很大的声音,要私下隐蔽进行。

第六条,当别人在讲话时,你不要睡觉。

第九条,别向炉火中吐口水。

第十条,当你坐下,脚要平直不动。不要两脚交叉或叠放。

第十三条,不在别人面前打虱子、跳蚤等。

第十五条,指甲保持干净,不留长指甲。

第十七条,不阿谀奉承。

第三十二条,对你的同辈或下属,在你的住所应该安排主要的地方给他。

第四十八条,当你责难别人时,你应是无可责难的。

第五十四条,不爱慕虚荣。

第一百零一条,不在别人面前漱口。

华盛顿一生都铭记这些准则,并真正将它们付诸实际行动。他在历练自己的性格、态度方面的事迹给西点学员留下了深刻的印象。

成功取决于你自己的态度,每个人都必须找准自己的位置并积极地付诸行动。

为了能获得成功,为了每次都能让成绩提升,我们从此刻开始就要端正自己的态度:要知道成功完全是自己的事情,你如果不积极行动,如果不懂得提升自己,总是甘于堕落,那么就永远也别指望成功。

勤奋是通往荣誉的必经之路

西点人相信,上帝永远保佑那些起得最早的人。在西点,每个学员每天都有适当的军事训练和文化知识课程,没有人能够游手好闲或是靠投机来获得荣誉。

懒惰是最大的罪恶,在西点,每个人都明白这个道理,所以每个学员都利用有限的时间学习最多的东西。没有人浪费时间,也没有人闲散偷懒,甚至没有人会容忍偷懒的行为。作为一名军人,勤勉已经变成了一种自觉的行为,变成一种责任。

“你为什么不想去上学?”15 岁的儿子查理厌学,使格雷先生很吃惊。

查理回答说:“我太讨厌读书了,再说,读书有什么用?”

“你觉得自己懂的东西足够多了吗?”格雷先生质问道。

“我懂的东西,绝不比乔治·里曼少,他三个月前退学了。他说他再也不来上学了,他爸爸有的是钱。”

查理准备出门,格雷先生说:“你等等,听我说,如果你不愿意读书,可以不读,但是你要明白一件事——不去读书,就得去工作,无所事事的儿子我不养活。”

第二天早上，格雷先生带查理去参观了一个监狱。在那儿，格雷先生与以前的一个同学见了面，他已经是一个囚犯了。格雷先生对他说："见到你很高兴，哈默先生，但是我很遗憾在这儿见到你。"

"你的遗憾不会比我的后悔更多。"那个囚犯对查理说，"我想这是你的孩子吧。"

"是的，这是我的大儿子查理。他现在的年纪，和我们一起上学的时候差不多。那些日子你还记得吗，约翰？"

"我倒巴不得忘记呢，威廉！"那个囚犯感叹道，"有时候我真希望那只是一场梦。可是每天早晨醒来，我都发现那些事情是真的。"

"当时是怎么回事？"格雷先生问，"我最后一次见到你时，你好像过得不错，比我好得多。"

"几句话就可以说清楚，"那囚犯回答说，"我游手好闲，和坏人混在一起。我不想读书，我认为富人的孩子用不着学习。我父亲死后给我留下了一大笔财产，其中没有一分是我自己挣来的，我一点都不会挣钱，也不心疼钱。一天早上醒来，我发现自己已经一无所有了，比最穷的小职员还穷。要活下去，必须有钱，我不想工作，又想弄到钱，结果就不用说了。"

哈默被看守叫回去干活，格雷先生问看守："这些囚犯有多少人受过职业训练，可以用正当的手段谋生？"

"十个里面找不到一个。"看守回答。

"查理，当我告诉你必须像其他孩子一样工作时，你很吃惊，"在回家的路上，格雷先生说，"这次到监狱来就是我的回答。大家都认为我是个有钱人，我确实也是个有钱人，我能够为你提供最好的机会使你变得聪明懂事。但是，无论现在还是将来，我的财富都不能让你游手好闲地生活下去。很多做父亲的，在经历了种种挫折之后，才意识到让孩子游手好闲是多么可怕的事！"

查理沉思了片刻，说："我星期一还是去上学吧！"

人，只有通过勤劳，才能获得他想拥有的东西。

辛勤的劳动终究要得到回报。然而，我们更应该看到荣誉背后是一个人长时间心血和汗水的结晶，无论是面临困厄与失败，从不沉沦，毫不气馁，才铸就了今日的辉煌。任何的投机行为都不会带来长久的荣耀，上帝永远只保佑起得最早的人。

从前有个小男孩，非常聪明，但在长久的夸奖声中的他，渐渐开始偷懒，想靠投机来获得成功。

这天，小男孩有幸和上帝进行了对话。

小男孩问上帝："一万年对你来说有多长？"

上帝回答说："像一分钟。"

小男孩又问上帝："一百万元对你来说有多少？"

上帝回答说："相当一元。"

小男孩对上帝说："你能给我一元钱吗？"

上帝回答说："当然可以。请你稍候一分钟。"

凡事皆不是唾手可得，天下没有免费的午餐，即使在上帝那里也是一样。

天才就是勤奋，这句话如果不完全正确，那至少在很大程度上是正确的。没有勤奋努力便不可能成为天才。正如爱迪生所说的:“天才是百分之一的灵感,百分之九十九的血汗。”

如果你不比别人干得更多,你的价值也就不会比别人更高。

每个人都希望别人能认同自己的价值,希望以成功来证明自己,于是就定下远大的志向和目标,而对于自己目前能做的事情却不屑一顾。

潜能激励大师丹尼斯·魏特利博士是全球最受推崇且最具产能的讲师与顾问之一,同时是许多世界级大师,如博恩崔西的启蒙老师。担任 AT&T, Dell, Microsoft, IBM, General Motors 等多家美国《财富》500 强大企业的超级顾问。他同时是《纽约时报》畅销书作家,著作包含《乐在工作》与《心灵帝国》等全球畅销书。而《胜利心理》这套有声课程,更是史上销售量最高的最佳课程。

丹尼斯·魏特利博士经常说这样一句话:没有人会带你去钓鱼。让我们来看看这句话的背后将给年轻人带来怎样的启迪:

我 9 岁时,我的一位士兵朋友答应星期天早上带我到船上钓鱼,当时我兴奋不已。因为我甚至从未靠近过一艘船,而我总是梦想着能在船上钓鱼。

周六晚上,我兴奋地和衣睡觉,为了确保不迟到,我甚至还穿着网球鞋。清晨 3 点,离我们约定的时间还有 2 个小时,我就起来为我的钓鱼之旅做准备。4 点整,我已经准备就绪,摸黑等待我的士兵朋友了。

但他失约了。那可能就是我生命中,学会要自立自强的关键时刻。我没有向别人诉苦,没有对人的真诚产生怀疑,我只是对自己说:“任何人都可能对你失约,要想达到自己的愿望,那就自己行动。”那个声音是如此的清晰,我的确就那样做了。

我自己准备了食物,花光了自己除草所赚的钱,买了艘补过的单人橡皮救生艇。我一个人钓了些鱼,享受了我的三明治,用军用水壶喝了点果汁,这是我生命中最幸福的时刻。

对我而言,那天的经历给我上了人生宝贵的一课。开发自己的潜能,靠自己的力量,实现自己大大小小的梦想,别人——任何人都可能对你失约。

每个人都可能对你失约,我们最能依靠的永远是自己。勤奋地向着既定的目标前进,不必等待谁的出现,也不必期待谁的帮助,要知道:求人不如求己。

真正帮助你获得成功的就是你自己。老板都喜欢自动自发的员工,这样的员工永远比别人多一份热情和冲劲,比其他的员工多想一步,而正是这比别人多的一点,使他获得上司的注意,获得成功。

约翰和乔治差不多同时受雇于一家超级市场,开始时都从最底层干起。不久约翰受到总经理的青睐,从领班直到部门经理。乔治却像被人遗忘了一般,还在最底层混。有一天乔治忍无可忍,向总经理提出辞呈,并痛斥总经理用人不公平。

总经理耐心地听着,他了解这个小伙子,工作肯吃苦,但似乎缺少了点什么,他忽然有了个主意。

“乔治先生,”总经理说:“请你马上到集市上去,看看今天有什么卖的。”

乔治很快从集市回来说,刚才集市上只有一个农民拉了车玉米卖。

“一车大约有多少袋,多少斤?”总经理问。乔治又跑去,回来说有 10 袋。

“价格多少?”

乔治再次跑到集上。

总经理望着跑得气喘吁吁的他说:“请休息一会吧,你看看约翰是怎么做的。”说完叫来约翰对他说："约翰先生，请你马上到集市上去，看看今天有什么卖的。"

约翰很快回来了，说到现在为止只有一个农民在卖玉米，有10袋，价格适中，质量很好，他带回几个让总经理看看。这个农民过会儿还将弄几筐红薯上市，据他看价格还公道，可以进一些货。这种价格的红薯总经理可能会要，所以他不仅带回了几个红薯做样品，而且还把那个农民也带来了，他现在正在外面等回话。

总经理看了一眼红了脸的乔治，说："请他进来。"

主动地去寻找困难，解决困难，比别人多想一步，多做一步，往往这一步就能迈向成功。

美国福特汽车公司是美国最早、最大的汽车公司之一。1956年，该公司推出了一款新车。这款汽车式样、功能都很好，价钱也不贵，但是很奇怪，竟然销路平平，和当初设想的完全相反。

公司的经理们急得就像热锅上的蚂蚁，但绞尽脑汁也找不到让产品畅销的办法。这时，在福特汽车销售量居全国末位的费城地区，一位毕业不久的大学生，对这款新车产生了浓厚的兴趣，他就是艾柯卡。

艾柯卡当时是福特汽车公司的一位见习工程师，本来与汽车的销售毫无关系。但是，公司老总因为这款新车滞销而着急的神情，却深深地印在他的脑海里。

他开始琢磨：我能不能想办法让这款汽车畅销起来？终于有一天，他灵机一动，径直来到经理办公室，向经理提出了一个创意，在报上登广告，内容为："花56美元买一辆56型福特。"

这个创意的具体做法是：谁想买一辆1956年生产的福特汽车，只需先付20%的货款，余下部分可按每月付56美元的办法逐步付清。

他的建议得到了采纳。结果，这一办法十分灵验，"花56美元买一辆56型福特"的广告人人皆知。

"花56美元买一辆56型福特"的做法，不但打消了很多人对车价的顾虑，还给人创造了"每个月才花56美元，实在是太合算了"的印象。

奇迹就在这样一句简单的广告词中产生了：短短3个月，该款汽车在费城地区的销售量，就从原来的末位一跃而为全国的冠军。

这位年轻工程师的才能很快受到赏识，总部将他调到华盛顿，并委任他为地区经理。

后来，艾柯卡不断地根据公司的发展趋势，推出了一系列富有创意的举措，最终坐上了福特公司总裁的宝座。

我们所看到的荣耀都是建立在长久的勤勉的基础上，没有谁能不通过勤奋就获得成就。所以，当你艳羡别人成功的时候，不要再浪费时间了，从现在就开始勤奋！

有人说：贪图安逸将会使人堕落，无所事事会令人退化，只有勤奋工作才是最高尚的，才能给人带来真正的幸福和乐趣。

让我们勤奋工作！勤奋是通往荣誉圣殿的必经之路。

不让一日闲过

西点军校绝不允许学员做事拖延。不管你是新进学员还是老学员，也不管你负责的是哪一方面，都必须抓住自己工作的实质，当机立断，今日之事今日做。只有这样，成功才会垂青于你。

许多事情若能立即动手去做，那么，你将能感觉到更多的快乐，成功的几率也会大大增强；但如果你做事拖延，愚蠢地去满足"万事俱备"的先行条件，在实现目标的过程中不但会更加艰辛，更会失去本应得到的快乐和满足。

时间是不能替代的，所以世上没有任何人可以把明天当作今天过。清朝人文嘉写的《今日歌》，虽然文采一般，但被后人吟诵至今，具有非常重要的意义。

今日复今日，今日何其少！

今日又不为，此事何时了？

人生百年几今日，今日不为真可惜！

若言姑待明朝至，明朝又有明朝事。

为君聊赋《今日诗》，努力请从今日始。

在世界历史中，再没有别的日子比"今日"更伟大，"今日"是各时代文化的总和。"今日"是一个宝库，它蕴藏着过去各时代的精华。每个发明家、发现家、思想家，都曾将他们努力的成果奉献给"今日"。

今日的物理、化学、电器、光学等等科学的发明与应用，已把人类从过去简陋的物质环境中挽救出来。今日的文明，已把人类从过去的不安与束缚的环境中解放出来。今日一个平常人可以享受的安乐，简直可以超过一世纪以前的帝王。

有些人往往有"生不逢时"的感叹。以为过去的时代都是黄金时代，只有现在的时代是不好的。殊不知，凡是构成"现在"世界的一分子的，才是真实的世界，每个人都必须真正地生活在"现在"的世界里。我们必须去接触、加入到现在生活的洪流中，必须纵身投入现在的文化巨浪。我们不应该生活于"昨日"或"明日"的世界中，把许多精力耗费在追怀过去与幻想未来之中。

一个人能够生活于"现实"之中，而又能充分利用"现实"，他要比那些只会瞻前顾后的人，有用得多；他的生活也会更成功、更完美。

如果你现在还住在茅屋之中，那么赶紧下定决心，努力改善你现在所住的茅屋，使它成为世界上快乐、甜蜜的处所。而幻梦中的亭台楼阁与高楼大厦，在没有实现之前，不妨先将你的心神贯注于你现有的茅屋。这并不是叫你不为明天打算，不对未来憧憬。只是我们不应将目光过度地集中于"明天"，过度地沉迷于"将来"的梦想，反而将当前的"今日"丧失，丧失它的一切欢愉与机会。

人们常有一种心理，想脱离他现有不快的地位与职务，在渺茫的未来中，寻得快乐与幸福。其实这是错误的见解，试问有谁可以担保，今日不笑的人，明日一定会笑呢？假使我们有创造与享乐的本能，而不去使用，怎知这种本能，不在日后失去作用？

享誉世界的我国著名书画家齐白石先生，90 多岁后仍然每天坚持作画，"不叫一日闲过"。

有一次，齐白石过生日，身为书画界的一代宗师，学生和朋友也就特别多。许多人都来祝寿，从早到晚客人不断，因此，齐先生未能作画。

第二天，齐白石先生一大早就起来了，顾不上吃饭，他就赶紧走进画室，一张又一张地画起来，连画 5 张之后，他终于完成了自己规定的今天的"作业"。在家人反复催促下吃过饭后，他又继续画了起来，家人觉得非常疑惑："您已经画了 5 张，怎么又画上了？"

"昨天生日，客人多，没作画，今天就该多画几张，以弥补昨天的'闪过，呀。"说完，齐白石先生又认真地画了起来。

齐白石老先生就是这样抓紧每一个“今天”，也正因为这样，他也才有了充实而光辉的一生。

1871年春天，一个年轻人拿起了一本书，并且看到了改变他一生的一句话：“最重要的就是不要去看远方模糊的，而要做手边清楚的事。”

在这之前，他只是蒙特瑞综合医院的一名医科学生，他的生活总是充满了忧虑，他几乎无时无刻不在担心，“怎样才能通过期末考试，该到哪去，怎么才能更好地生活”。

之后，他成为了那一时代最有名的医学家，并创建了全世界知名的约翰霍普金斯医学院，成为牛津大学医学院的钦定讲座教授——这是在英帝国学医的人所能得到的最高荣誉。同时，他还被英国国王册封为爵士。他的名字就是威廉·奥斯勒爵士。

42年后，在一个温和的春夜，威廉·奥斯勒爵士对耶鲁大学的学生发表了一次别开生面的演讲。他对那些耶鲁大学的学生们说，像他这样一个曾经在4所大学当过教授，写过一本很受欢迎的书的人，似乎应该有“特殊的头脑”，但其实不然。他的脑筋其实是“最普通不过了”，只是这样，学生们更加好奇了，他的成功秘诀究竟是什么？

其实，原因很简单，他总是踏实地活在“一个完全独立的今天”里。

在奥斯勒爵士到耶鲁大学去演讲的几个月前，他乘着一艘很大的海轮横渡大西洋，看见船长站在船头指挥室里，按下一个按钮发出一阵机械运转的声音，然后，船的几个部分就立刻彼此隔绝开来——隔成几个完全防水的隔舱。

于是，奥斯勒爵士对那些耶鲁的学生说：“你们每一个人，组织都要比那条大海轮精美得多，所要走的航程也要远得多。因此，我要提醒各位，你们也要学着怎样控制一切，而活在一个‘完全独立的今天’里面，用铁门把过去隔断——隔断那些死去的那些昨天；按下另一个按钮，用铁门把未来也隔断——隔断那些尚未到来的明天。然后你就保险了——你有的是今天……切断过去，把已死的过去埋葬掉；切断那些会把傻子引上死亡之路的昨天……明日的重担，加上昨日的重提，就会成为今日最大的障碍！要把未来像过去一样紧紧地关在门外……未来就在于今天……没有明天这个东西的，人类的救赎日就是现在，精力的浪费、精神的苦闷，都会紧随着一个为未来担忧的人……那么把船后的大隔舱都关断吧，准备养成一个好习惯，生活在‘完全独立的今天’里。”

要做到“绝不拖延”、今日之事今日毕，很不容易，因为这样难免会发生失误。然而，“今日之事今日做”的态度，却是个人价值的一部分。养成了绝不拖延的习惯也就掌握了个人进取的秘密。

如果不根治拖延这一恶习，拖延就会像腐蚀剂一样侵蚀人们的意志和心灵，阻碍着我们潜能的发挥。所以，要成为一个优秀的、成功的人，首先就要克服拖延的恶习。针对人们的这一缺陷，西点学员给人们提出了这样的建议：

1. 要克服拖拉，首先必须弄清什么事情才能让你收益最大，然后将自己的精力投入到这个你认为最重要的事情上来，如果你还在犹豫，就再次回顾你的工作或要求

你和其他任何人一样，每天拥有的时间是固定的。不要让那些“不应该做的事”占用你的时间。将你要做的事情根据结果的重要性排序，然后集中精力做重要的事，不理会那些琐屑小事，然后对你自己、你的收获以及它们在你的个人生活和事业上有什么体现都作一番自我评价。树立自信心，找出你能做的事，并从它做起。成功就是从做好许多小事累积起来的，做好小事你就能稳步前进。你要做到不管这一天有多忙,不管遇到多少干扰,都要完成一件使你向目标迈进的事。调整自己要做的事,把对自己收益大的事情排在前面,把那些优先考虑但收益甚微的事坚决去掉。

2. 不要在拖拉的时候还给自己奖励

首先你要学会自律,对自己的拖拉行为毫不留情地制止。因此,你不妨偶尔扮演自己的导师或教练,时刻督促自己去努力。要知道,弄清自己是否墨守成规,从而放弃徒劳无益的工作是非常重要的。原谅以前的错误,但对可能出现的新错误要有思想准备。为私事和工作留出各自的时间。这条建议适用于每个人,而且对那些在家工作的人来说尤为重要。

3. 克服拖拉的最佳办法就是让它逐渐在你的生活中消失

要实现这一点,有些事要多做,有些事要少做,有些事则需要采用完全不同的方法去做,你的任务是把许多方法结合起来,不断发掘对你适用的技巧。

有许多成功者不相信做任何事都得完全清楚细节,他们知道什么是必须知道的,而不让细节拖慢前进的脚步。那些能干的人,在做许多事时都有一套工作哲学,就是不全理会每一细节。

成功者擅长于区分哪些是他们该知道的,哪些是不必要知道的。因此,为了有效使用有关资源,我们应在行与知之间找到一个平衡点,并投下全部时间去探讨根本事项。成功,并不要求你懂得所有一切。

“决不拖延”是工作与生活对渴望成功者的必然要求,为了达到这个要求,就从现在做起吧!

养成日事日清的好习惯

西点军校的教官们教导学员,无论做什么事情,都绝不拖到第二天,而是应该养成日事日清的好习惯。

任何一个人,如果能够养成日事日清的良好工作习惯,那么他将一生受益无穷。一个有着日事日清习惯的员工,他的魄力、能力、工作态度及负责精神都将会为他带来巨大的收益;一个有着日事日清习惯的领导,不但会感染自己的属下与他一同改进日常的工作,还能让他的事业每天都有新进展。

英国的一家公司被一家日本企业兼并了,在兼并合同签订的当天,新公司的老总就开会宣布:“声明一下,我们不会随意裁员,但是,如果你的日语水平太差劲,导致无法和其他员工沟通的话,那么我们就不得不辞退你。这个月底我们将进行一次日语水平测试,只有测试合格的人才能留在这里继续工作。”会议一散,几乎所有员工都拥向了图书馆,他们这时才意识到要赶快补习日语了。只有一位员工和平常一样直接回家了,而且每天如是,同事们都认为他已经准备放弃这份工作了。但是,当月底测试结果出来的时候,让同事们大吃一惊的是,这个在大家眼中必定没希望的年轻人却得了个全公司的最高分。

原来,这个年轻人在大学刚毕业来到这家公司之后,就已经认识到自己身上有很多不足。从那时起,他就有意识地开始了自身能力的储备工作。工作虽然很忙,但他却每天坚持提高自己。作为一个销售部门的普通员工,他看到公司有很多日本客户,可他自己又不会日语,每次与客户的往来邮件与合同文本都要公司的翻译帮忙,有时翻译不在或兼顾不上时,自己的工作就无法开展。因此,他早早就开始自学日语了。同时,为了在与客户沟通时能把公司产品的技术特点介绍得更为详细一点,他还向产品开发部和技术部的其他同事们学习相关的专业知识。

有同事问他:“这可需要大量的时间啊,你是怎样解决学习与工作之间的矛盾的呢?”这位员工笑着说:“只要每天记住10个字,一年下来我就会3600多个字了。同样,我只要每天学会一个技术方面的小问题,用不了多久,我就能掌握大量的技术了。”

这位年轻人正是凭着每天记住几个字、每天进步一点点的习惯,让自己脱颖而出的。日事日清、每天进步一点点,这些都是良好的工作习惯,是成功的人生战略。无论对于精神生活、物质生活的追求,还是对于事业成功的追求都是这样。

布留索夫曾说:“如果有可能,那就走在时代的前面;如果不可能,那就同时代一起前进,但绝不要落在时代的后面。”

人的躯体之所以能够保持健康活泼,就是因为人体内的血液时刻在更新。同理,作为一名员工,只有不断地从工作过程中学习吸取新思想,不断地提高自己的思考能力,才能在工作中获得不断改进的方法。

歌德曾说:“只有投入,思想才能燃烧。一旦开始,完成在即。”“绝不拖延,立即行动”这句话是最为惊人的启动器,无论什么时候,当你觉得拖延的恶习正逐渐地向你靠拢,或当这个恶习已迅速把你缠住,让你无法动弹时,就不妨用这句话来警醒自己,让自己在一分钟之内就行动起来。

如果能用“日事日清”的原则来管理与运行我们的工作,将会减少许多无谓的麻烦,避免许多不必要的过失。

主动出击,增加成功的胜算

在西点,学员们崇尚自动自发的精神,他们依靠自身心态与情绪的调节,积极应对生活中的一切。他们不是被动地接受命运的安排,而是通过自主调整心态,勇敢地面对一切挑战,迎接人生中的低谷与高潮。

曾经有一位将军到西点演讲时这样说道:“你不要以为机会是一个到你家里来的客人,认为他会在你的家门口敲门,等待你开门把他迎接进来。假如你不主动找他,他永远不会惠顾你。”

在很多人中间,我们听到最多的是“没有机会”的推诿,是不敢有所行动的胆怯。作为一名西点军人,不自动自发地行动就是自动放弃,意味着你将白白放走赢得胜利的机会。西点军校的学员始终明白:“如果我一直坐等机会来临,那么我的一生将永远不会比别人过得更好,这是个不变的道理。”

“不学会主动出击,你将永远失去赢的机会”是西点教官经常告诫学员的话。在残酷的战场上,不先发制人就等于受制于人。生活中的很多事情也都是这样,一个人如果缺乏积极主动的进攻精神,就不可能在激烈的社会竞争中赢得主动的地位。只有主动出击才能适应变化多端的社会现实，消极被动只会让你深陷困境之中无法自拔。

1944年，巴顿将军率领美国第三集团军在法国长驱直入，迅速占领了蒂利堡，包围了维特里勒·弗朗索瓦、夏龙和兰斯三座城市。随后，他费了九牛二虎之力说服布莱德利将军继续向默兹河发动进攻。对巴顿来讲，8月29日是决定这场战争中胜负的生死攸关的日子。他命令埃迪所率领的第12军向科默西运动，命令沃尔克率领的第20军朝瓦尔登迅速前进，必须在德国军队尚未派兵进驻之前，抢先渡过默兹河。

结果，29日那天，巴顿将军突然接到手下报告说，预计在那天到达的14万加仑的汽油并未送达。刚开始他以为，这不过是为了减缓他前进的脚步而搞出来的又一个鬼名堂。后来才发现情况并不是他想象的那么简单，汽油推迟到达的根本原因竟是最高统帅部改变了计划。所有的战争补给品——汽油和弹药，全投入到了北方，这是战斗的另一个进攻方向。

这让巴顿将军大为恼火，他认为，如果就这样停止，那将是整场战争中最严重的错误。这意味着将来会有无数优秀士兵的生命，无情毁灭在之后的渡河战斗中。虽然这样，第三集团军仍未得到计划中预定的汽油补给，非但如此，在这之后他们也一直没有得到一滴汽油的补给。

作为一位出色的将军，巴顿径直来到最前线的指挥所，他直接用电话下达命令，让部队把3/4坦克的汽油集中抽调出来，用抽调的汽油供应另外1/4的坦克向前开进。所有的部队继续前进，直至坦克汽油用尽为止，最后，士兵们爬出坦克，步行前进奔赴目的地！

在这之前，巴顿将军曾再三强调，渡过默兹河的命令是强制性无条件执行的。因为战争的教训告诉他，只有地面部队坚持不断地、残酷无情地向前推进，才能取得最后的胜利。

事实证明，“多流一品脱的汗水，就会少流一加仑鲜血”，这句话是正确的。

战争局势的发展最终证明了巴顿将军决策的正确和英明。

同样是在第二次世界大战期间，盟军总司令艾森豪威尔总是这样说：“任何人都能在手中的地图上画出一个进攻的箭头，问题是由谁来实现这个箭头。”

而历史会告诉我们，正是无数像巴顿将军一样积极主动去努力的军官和士兵，才会是这些箭头的实现者。

历史还告诉我们，成功者之所以能够成功，是因为他们从来不跟在别人后面，抱怨的机会都让前面的人抢走了。他们如果感觉到这条路上没有机会的时候，往往就去寻找另外一条通往成功的道路。在生活中，很多人之所以失败就是因为他们总是相信过去，却不会学着自己去创造机会，同时也创造自己的将来。

西点军校的毕业生约翰·拉姆森将军深信：“每天主动多做一点的学员，将会从他的同学中脱颖而出，这个道理对于学员和军官都是一样的。这样，上司才会更加信任你，给你更多的机遇。”

而中校杰克·齐尔斯曼则认为：“学员使自己能力得以提升的最好方法，就是在做好分内事的同时，能够多为西点军校做点事。这不但可以表现学员勤奋的品质，还可以培养西点学员的综合能力，进而使西点学员的生存能力得以提高。”

西点军校的罗杰斯·奈斯上尉指出：“学员想取得像教官今天这样的成就，办法只有一个，那就是比教官更积极主动地学习和训练。”哪怕是在训练新人与应付长官的时候，西点军校的学员们也在想着下一个任务是什么。正是这种积极主动的精神，使西点军校的毕业生能够永远进步、始终卓越。

把勤勉变成一种自觉行为

上帝永远青睐那些起得最早的人,这是西点军校的信仰。在西点军校,每位学员每天都有一定的军事训练和文化知识课程,没人能够游手好闲或是依靠投机来获得荣誉和称赞。

行为的懒惰是人类最大的罪恶,在西点军校,每位学员都明白这个道理,所以每位学员都会利用有限的时间去学习最多的东西。没有人去浪费时间,也没有人去闲散偷懒,甚至也没有人会容忍偷懒的行为。作为一名西点军人,勤勉已经成为一种自觉的习惯,也作为一种责任深入每位学员的心中。

巴顿在刚刚升入西点军校时,他的文化课一直跟不上。第一学年训练结束时,巴顿的数学成绩在全班倒数第一,法语成绩也是相当不理想。校方虽对他的顽强意志和刻苦精神给予了充分肯定,肯定了他学习过程中军姿优美、勇敢刚毅,但最终还是决定让他留级。这是巴顿在人生中遇到的第一个大挫折,也是人生中的第一个挑战。

巴顿抱着一定要成为一个伟大军人的坚定信念,没有打退堂鼓。与之相反,留级的打击刺激了他骨子里那股争强好胜的欲望。在暑假期间,巴顿几乎把所有时间都花在温习功课上,并聘请了一位家庭教师为他辅导。他在心里不断提醒自己:“一定要矢志不渝、竭尽全力。”最终,他的学习成绩并不比别人差,所学的知识也并不比别人少,他在西点学子心目中的地位也丝毫不逊于别人。

据说,当今世界能登上金字塔的生物有两种:一种是鹰,一种是蜗牛。不管是天资奇佳的鹰,还是资质平庸的蜗牛,能登上塔尖,极目四望,俯视万里,都离不开两个字——勤奋。

富可敌国的比尔·盖茨曾说:“作为一名公司员工,每一个人都应该具备勤奋的美德,无论在什么情况下,也不能丢掉勤劳苦干去等待好运的降临。当然,勤奋并不仅仅是指体力的投入,还包括脑力和感情的投入。”比尔·盖茨的成功是与勤奋工作分不开的。他是个典型的工作狂,工作起来没日没夜,平均每天要工作 10~15 小时,有时连续两个星期待在电脑房不出来。不工作的时候,他就像一个黑洞吸收光线那样大量吸收信息。这种勤奋精神,让他得以缔造了微软神话。

如果你觉得自己是个天才,如果你觉得自己想得到的一切都会顺理成章地得到,那么你真是太不幸了。你应该尽快放弃这种错觉,一定要意识到,只有勤勉的工作才会使你获得自己希望得到的东西,在有助于成功的所有因素中,勤勉的工作总是最有效的。

换句话说,即便你有过人的才干,如果不采取任何有价值的实际行动,最终也会一事无成。比彻曾经说:“就我所知,在任何知识领域,从来没有哪一本书,或者哪一种文学作品,或者哪一种艺术流派,其创造者没有经过长期艰苦的创作就获得了流芳百世的名声。天才需要勤奋,就像勤奋成就天才一样。”

这个世界上留存下来的辉煌业绩和杰出成就无一例外都得益于勤勉的工作,不管是文学作品还是艺术作品,不管是诗人还是艺术家。

勤奋工作是一种敬业精神,是对工作的负责,是对既定目标的追求。古语说得好,只要工夫深,铁杵磨成针。全身心地投入到工作中去,才能把工作做得出色。

如果你期望能够快速而圆满地完成一件工作,那就务必要勤奋一点、忙碌一点,不要让懒惰吞噬你的心灵。如果你永远保持勤奋的工作态度，你就会得到他人的称许和赞扬，就会赢得领导的器重。

在一个人走向成功的过程中，环境、机遇、天赋、学识等因素固然重要，但更重要的是依赖于自身的勤奋与努力。缺少勤奋的精神，哪怕是天资奇佳的雄鹰也只能空振羽翅望塔兴叹。有了勤奋的精神，哪怕是行动迟缓的蜗牛也能雄踞塔顶，观千山暮雷，渺万里层云。

世界上到处都有一些看起来马上就要成功的人，但是，他们并没有成为真正的英雄。原因在于他们没有付出与成功相应的代价。他们希望到达辉煌的巅峰，但不希望越过那些艰难的梯级；他们渴望赢得胜利，但不希望参加战斗；他们希望一切都能一帆风顺，而不愿意遭遇任何阻力。

懒汉们常常抱怨自己竟然没有能力让自己和家人衣食无忧；勤奋的人会说："我也许没有什么特别的才能，但我能够拼命干活以挣取面包。"古罗马人曾有两座圣殿，一座是勤奋的圣殿，一座是荣誉的圣殿。他们在安排座位时有一个固定顺序，即必须经过前者的座位，才能达到后者——勤奋是通往荣誉圣殿的必经之路。

几乎所有的失败者，都有一个看似合理的通用借口——没有机会。他们将失败的原因归结为外部因素。而那些意志力坚强的人绝不会找这样的借口，他们不等待机会，也不向亲友们哀求，而是靠自己的苦干和实干去创造机会。他们深知，唯有自己才能拯救自己。

所有"没有机会"的推诿之辞，只会导致你逐渐走向失败，只有勤奋才是通向成功的必由之路。不是有许多出生于贫民窟的孩子们成为议员，成为大银行家、大商人吗？那些大商店和大工厂，有许多不就是由那些"没有机会"的孩子们靠着自己的努力而创立的吗？

一位成功人士曾经说过："我不知道有谁能够不经过勤奋工作而获得成功。"人生中任何一种成功的获取，都始之于勤并且成之于勤。勤奋是成功的根本，是基础，也是秘诀。没有勤奋，任何一项成功都不可能轻易获得。所以，不要指望不劳而获的成功。在竞争激烈的职场上，成功是没有捷径可走的，唯有勤奋才能有所收获。

成为做事迅捷的人

华裔科学家，电脑行业的先驱者王安先生童年的一段经历让他铭记终生。

一天，6岁的王安外出玩耍，发现了一只嗷嗷待哺的小麻雀。他决定带回家喂养，走到家门口，忽然想起未经妈妈允许。他便把小麻雀放在门后，进屋请求妈妈。在他的苦苦哀求下，妈妈答应了。但是，当王安兴奋地跑出去后，小麻雀已不见了，看到的是一只意犹未尽的黑猫。

由此可见，"万事俱备"固然可以降低出现意外情况的概率，但致命的是，它会让你失去成功的机遇。企盼"万事俱备"后再行动。你的工作也许永远没有"开始"。世间永远没有绝对完美的事。"万事俱备"只不过是"永远不可能做到"的代名词。

很多人对等待"万事俱备"的人表示不屑一顾，这是非常有道理的，等待会让你失去许多机会。而一旦你动手去做，那么情况就相反的——很多机会在等着你。从某种意义上讲，"万事俱备"还是个"窃贼"，它会窃取你宝贵的时间和机遇，让你的工作不能迅速、准确、及时地完成，从而毁掉你走入老板视线的机会。

你若想以积极者的面目出现,给你的老板留下一个好印象,你就赶快让自己摆脱“万事俱备”的旋涡,即刻去做手中的工作吧。只有“立即行动”,才能抑制“万事俱备”的“第三只手”,把你从“万事俱备”的陷阱中拯救出来。

一旦你成为做事迅捷的人,你也就成为老板心中的优秀员工。因为对于凡事立即行动的人,老板在布置工作之余,无需再辛苦地鞭策督促。

立即行动吧。这种态度还会消减准备工作中一些看似可怕的困难与阻碍,引领你更快地抵达成功的彼岸。

有个农夫新购置了一块农田。可他发现在农田的中央有一块大石头。

“为什么不铲除它呢?”农夫问。

“哦,它太大了。”卖主为难地回答说。

农夫二话没说,立即找来一根铁棍,撬开石头的～端,意外地发现这块石头的厚度还不及30厘米,农夫只花了一点儿时间,就将石头搬离田地。

也许,在开始的时候,你会觉得做到“立即行动”很不容易,因为这样难免发生失误。但最终你会发现,“立即行动”的工作态度,会成为你个人价值的一部分。当你养成“立即行动”的工作习惯时,你就掌握了个人进取的秘诀。当你下定决心永远以积极的心态做事时,你就朝自己的成功目标迈出了重要一步。

行动会让你在工作中不断地发现惊喜,超越自我。

职场中,今天该做的事拖到明天完成,现在该打的电话等到一两个小时以后才打,这个月该完成的报表拖到下个月,这个季度该达到的进度要等到下一个季度。凡事都留等明天处理的态度就是拖延,这是一种明日复明日的工作习惯。

令人懊恼的是,我们每个人在工作中都或多或少,或这或那地拖延过。拖延的表现形式多种多样,其轻重也有所不同。比如:琐事缠身,无法将精力集中到工作之中,只有被上司逼着才向前走,不愿意自己主动开拓;反复修改计划,有着极端的完美主义倾向,该实施的行动被无休止的“完善”所拖延;虽然下定决心立即行动,但就是总找不到行动的方法;做事磨磨蹭蹭,有着一种病态的悠闲,以至问题久拖不决;情绪低落,对任何工作都没有兴趣,也没有什么人生的憧憬。

喜欢拖延的人往往意志薄弱,他们或者不敢面对现实,习惯于逃避困难,惧怕艰苦,缺乏约束自我的毅力;或者目标和想法太多,导致无从下手,缺乏应有的计划性和条理性;或者没有目标,甚至不知道应该确定什么样的目标。另外,认为条件不成熟,无法开始行动也是导致拖延的原因之一。

对每一个渴望有所成就的人来说,拖延是最具破坏性的,它是一种最危险的恶习,它使人丧失进取心。一旦开始遇事推脱,就很容易再次拖延。直到变成一种根深蒂固的习惯。

我们常常因为拖延时间而心生悔意,然而下一次又会惯性地拖延下去。几次三番之后,我们竟视这种恶习为平常之事,以致漠视了它对工作的危害。

事实上,拖延绝不是一种无所谓的耽搁。一个公司很有可能因为短暂的拖延而损失惨重,这并非危言耸听。1989年3月24日,埃克森公司的一艘巨型油轮在阿拉斯加触礁,原油大量泄漏,给生态环境造成了巨大破坏,但埃克森公司却迟迟没有做出外界期待的反应,以致引发一场“反埃克森运动”,甚至惊动了当时的总统。最后,埃克森公司总损失达几亿美元,形象严重受损。

无论是公司还是个人，没有在关键时刻及时做出决定或行动，而让事情拖延下去，这会给自身带来严重的伤害。那些经常说“唉，这件事情很烦人，还有其他的事等着做，先做其他的事情吧”的人，总是奢望随着时间的流逝，难题会自动消失或有另外的人解决它，须知这不过是自欺欺人。不论他们用多少方法来逃避责任，该做的事，还是得做。而拖延则是一种相当累人的折磨，随着完成期限的迫近，工作的压力反而与日俱增，这会让人觉得更加疲惫不堪。

拖延并不能使问题消失也不能使解决问题变得容易起来，而只会使问题深化，给工作造成严重的危害。我们没解决的问题。会由小变大、由简单变复杂，像滚雪球那样越滚越大。解决起来也越来越难。而且，没有任何人会为我们承担拖延的损失，拖延的后果可想而知。

如果你希望通过拖延来瞒过公司，那你就犯了一个大错误。工作时虚度光阴会伤害你的雇主，但受伤害更深的则是你自己。一些人花费很多精力来拖延工作，却不肯花相同的精力去努力完成工作。他们以为自己骗得过上司，其实，他们愚弄的竟是自己。上司或许并不了解每个员工的表现或熟知每一份工作的细节，但是一位优秀的管理者很清楚，拖延最终带来的结果是什么。

可以肯定的是，升迁和奖励是不会落在惯于拖延工作的人身上的。

更严重的是，拖延会侵蚀人的意志的心灵，消耗人的能量，阻碍人的潜能的发挥。处于拖延状态的人，常常陷于一种恶性循环之中，这种恶性循环就是：“拖延——低效能+情绪困扰——拖延”。为此，他们常常苦恼、自责、悔恨，但又无力自拔，结果一事无成。

培养积极主动的心态

希尔说：“心态决定一切”要想在职业生涯中获取成功，首要条件就是培养积极主动的心态。什么是积极主动呢？

第一，主动就是在没人要求你、强迫你的情况下，自觉而出色地做好本职工作。

第二，只需要他人吩咐你一次，你不需要监督，就能圆满完成任务。

积极主动的确太重要了，它能决定你的一切。对每一个年轻人来说，始终保持着一种积极主动的心态，积极地思考问题，积极地解决问题，这是动力之源、成功之基。一种积极主动、朝气蓬勃的心态是一种最佳的自我保护。积极主动的人，做什么事都能够畅通无阻，成为不断进步的人。经常保持着积极主动心态的人，必然会成功。

积极心态能产生巨大的力量！你心里能够想到和相信什么，你就能以积极的心态去获得什么！当你用积极的心态去克服生活中的障碍时，你就会变成一个更优秀、更成功的人！人类若改变本身的心态，就能使生活本身发生变革。

心态决定一个人的命运。为什么在这个世界上存在着贫穷和富贵的悬殊之分？同样的学历，同样的工作，同样的公司，为什么有的年轻人获取了成功，有的则以失败告终？这里最主要的原因就是心态的差异。

美国联合保险公司有一位名叫亚兰的推销员。在一个寒冬的傍晚，亚兰在威斯康星州一个城市的街区中推销保险单，却没有做成一笔生意。他万分沮丧，非常失落。刚开始的热度此刻已荡然无存，于是他就索性在附近的咖啡屋坐了下来，开始思考自己是否应该放弃这份工作，去寻找另外一份安逸的、不遭顾客冷眼的工作。就在这时，服务员热情地递上热气腾腾的咖啡。他猛然醒悟过来，不再沉浸在失败的阴影中了！他想起了热情服务是积极心态的最佳表现，“积极心态”这四个字是他在励志书籍中看到的最重要的词汇。于是他在品咖啡的过程中，及时调整了自己的心态。第二天，当他从办事处出发时，他向同事们讲述了前天所遭遇的失败，接着他说：“等着瞧吧！今天我将再次拜访那些顾客，我将售出比你们小组售出的总和还要多的保险单。”

晚上回到公司，亚兰果然做到了这一点。他回到那个街区，又拜访了前一天同他谈过话的每一个人，结果售出了66张新的事故保险单。

啊！这的确是一个不平常的成就，而这个成就是亚兰在风雪交加、寒风刺骨的天气中，穿街过巷，跋涉了八个小时，创造的奇迹。创造这种奇迹的根源在于一种巨大的精神力量——积极心态的力量！就是这种力量的支撑使亚兰成为这个公司的销售冠军，并被提升为销售经理。

从上述事例可以看出，积极心态可以使一个人在万念俱灰的时候，及时找回自信，恢复斗志，激发活力，创造奇迹。

在职场领域中，年轻人如果想取得像老板今天这样的成就，办法只有一个：那就是比老板更积极主动地工作，不要等着别人先行动。机会不会主动来找你，必须靠你自己去寻找。你时刻需要这样的思考：现在开始做什么？不做什么？什么事你要多做？什么事你要少做？这样你才会成为老板真正的左膀右臂。

当年，美国肯德基决定开拓中国市场，曾先后派过两位考察员到北京进行考察，了解中国市场是否具有潜力。

第一位考察者接到任命，来到北京，相继观察了几个比较繁华的街道的人流状况。当他看到人流川流不息后，就认为自己的工作完成了，回去报告说“中国市场大有潜力”。但他的这份报告被总部认为缺乏足够的证据支撑，因此被严厉地驳回。而他本人在这项工作上的表现，也令总部大失所望，不久他就被降职了。

让我们再来看看第二位考察者到北京后做了些什么。他先用了三个星期时间，在几条宽窄不同的街道上测出行人流量，然后又向1000多个不同年龄、不同职业的人询问他们对炸鸡味道、价格以及快餐店设计等方面的意见，同时还对北京的鸡源、油面盐菜及北京的饮料进行了调查，并将样品、数据带回到美国，逐一分析，从而得出肯德基进入北京市场有巨大商机的结论。总部对第二位考察者的报告十分满意，立即批复了报告。果然，北京第一家肯德基开张不到一年，便获利颇丰。总部对这位考察者的工作大加赞赏，并委以重任。

在推崇主动性、会思考、敢创新的现代职场，我们若想保持优势地位，成为卓越的职业人，不仅要做到令老板满意，而且要超过别人对自己的期望，并随着企业和自身的发展把自己的标准提高到新的层次，甚至做到比老板更积极主动。如果一个员工在工作中能够做到比老板更积极主动，他将会征服任何企业的老板，这样的人想不成功都难。对此，我们主要应从以下三个方面来努力。

1. 主动延长工作时间

不要认为老板整天只是打打电话，喝喝咖啡而已。实际上，他们只要清醒着，头脑中就会思考着公司的发展方向。一天十几个小时的工作时间并不少见,所以不要吝惜自己的私人时间,下班时间就率先冲出去的员工不会得到老板的赏识,即使你的付出得不到什么回报,也不要斤斤计较。除了做好自己分内的工作之外,你要尽量找机会为公司做出更大的贡献,让公司觉得你物超所值。

2. 行动在老板前面

任何工作都存在可改进的地方,抢在老板提出问题之前,已经把答案奉上的行动是最深得老板之心的,因为只有这样的职员才能真正减轻老板的负担。工作交到老板手上后,他就不用再为此占用大量时间,他就可以腾出时间来思考别的事情了。

3. 时刻勉励自己

老板成功的原因就是一步步积累,从不满足。如果你想比他更出色,就应该时刻警告自己不要躺在舒适的床上睡懒觉,要让自己每天都站在别人无法企及的位置上,这样成功就会很快垂青于你。能够做到比老板更积极主动工作的人并不多,如果你能成为其中一员,当然就会有意想不到的收获。

法则十八
目标

明确目标，激发潜在的斗志

明确目标，勇争第一，学会激发潜在的斗志。这是每个西点学员共有的特质，这种特质让西点学员们在未来的生活中少走弯路，事半功倍。

作为美国政坛的风云人物，西点军校毕业生亚历山大·黑格将军就是一个让人信服的例子。他在西点军校学习期间就是一个善于确立目标并且一旦确立目标，就能全身心投入、最大限度地激发自己的斗志、出色地完成任务的人。从西点军校毕业后，黑格将军选择了从政的道路。由于他的从政也导致了许多西点军人步入政界。1973 年，黑格将军被任命为白宫的参谋长，成为尼克松总统最亲近的人之一。而在此之前，他同肯尼迪一起工作。在白宫，他同基辛格共事。

黑格将军成功的要素是什么？概括起来就是：一旦明确目标，他就努力激发自己的斗志，夜以继日、勤勤恳恳地工作。正是这种高昂的斗志促使他努力工作和学习，锻炼了敏锐的政治嗅觉和随机应变的能力，这使他最终具备了出众的参谋技能，并学会与主要上司亲密无间地配合，以及锻炼了与政客们搞政治游戏的第六官能。一位在美国国家安全委员会曾与黑格一起共事的文职官员说，黑格是个埋头工作的人，他一天的工作时间长达 14 个小时，在一星期的七天里，他的工作热情总是十分高涨，做任何事情从来也显不出有一点松懈，他总能有办法激发出自己旺盛的斗志，这是他之所以能从基辛格的副手一跃成为尼克松的右臂的重要原因。

潜在的斗志是深藏在每个人心底的猛虎。可惜的是，很多人都任它沉睡，得过且过。

美国富尔顿学院心理系有关研究人员曾经做过的一个调查指出："我们最大的悲剧不是恐怖的地震，也不是连年的战争，甚至不是原子弹投向广岛，而是千千万万的人活着然后死去，却从未意识到存在于他们身上的巨大潜能。"

研究表明：人类有 90% 的能力没有被动用过，有些人未用的潜能甚至高达 95%。像爱因斯坦这样伟大的天才，他的潜能发挥也还不到 10%。

原苏联学者伊凡·叶夫莫留夫说:“人的潜力之大会使人震惊万分,如果迫使头脑开足一半马力,我们就能毫不费力地学会40种语言,把苏联百科全书从头背到尾,完成几十个大学的必修课程。”我们每个人都不知道自己究竟有多少才能,但我们都深信,只要能开启潜能的宝库,我们将获得多么伟大的成就。

在西点校园,每个学员都被要求保持旺盛的创造精神和坚强的性格。他们的旺盛精力很大程度上来源于荣誉感和责任感。西点军校教官为锻炼学员的斗志常常给他们施加常人难以忍受的压力。

一位西点军校教官曾经说过:“今日事今日毕,日常工作就要要求速度快,西点军校给学员压力,就是要他们学会分清事件的轻重缓急,高效率地把事情做好。只有更大的压力才会激发他们更多的潜能。”

在这种压力的训练下,西点学员收获了巨大的成功,他们一个个都像变了一个人,比刚入学时更优秀、更勇敢、更自信。一位西点毕业生感慨道:“西点军校的学员就是要接受这样的训练,在重压下,按某种特定标准完成任务。虽然要我完成三个月以后需要完成的工作是很困难的,可我发现越是有压力,我的工作干得越是出色。并且我没有丝毫的抱怨。在巨大的压力下,我不仅干得很出色,生活和心情也很好。我真正关心的不是我在干什么,我只关心赶快把我手头的工作全部完成,而且要符合我上司的高标准。我所具备的潜能让我自己都感到惊讶。”

西点军校为了激发学员们的进取心和奋斗意识、竞争意识,专门在西点军校的博物馆内设置了“光荣榜”——把历届西点军校优秀毕业生的名字以及他们的毕业年限、班次、籍贯和家庭情况等都刻在石壁上,以供后来的西点学员们学习。西点军校每年还要请身居要职、功勋卓著,并且有广泛影响的西点毕业生来学校作报告和演讲。

通过他们自己真实的奋斗经历和现身说法,来激励西点学员们努力学习,积极进取。

在西点军校,如果学员不能在短时间内找到自己的潜能所在,他就会落后,而落后就要面临被淘汰的危险。西点军校有着残酷无情的竞争机制和毫不留情的淘汰制度,所有学员在校四年期间,约有30% ~40%被淘汰。

在前两年被淘汰的学员,个人自谋出路。在第三年以后被淘汰的学员,必须到部队当两年兵才可以退伍。学员们不会因为即将毕业就无视学校的权威,即使是面临毕业,如果学员稍有松懈,也难以逃脱被淘汰的命运。

竞争也是激发潜在斗志的动力之一。在西点军校,到处都充斥着竞争:学习竞争、体育竞争、体能竞争等,无论一个学员有多么出色,总会天外有天、人外有人。而树立榜样也有助于我们激发潜在的斗志。在超越别人的过程中,每个西点学员也都会端正自己的态度,他们深深地明白,最终超越别人远没有超越自己更重要。所以,他们总是能满怀快乐的心情,又能竭尽全力地去争取第一的位置。

激发潜在的斗志,勇争第一,是一种赢的心态、一种永不放弃的战斗精神。在战场中,没有斗志的军队必输无疑。缺乏斗志就是缺乏士气,在士气高昂时,士兵们可以冲锋陷阵、斗志昂扬、势不可挡。有了斗志,士兵们才会越战越勇。

在学习和生活中,只有在充满斗志的情况下,才有克服困难的动力,才有战胜失败的希望。如果什么事情都提不起兴趣,消极地面对生活,感觉不到意义,看不到希望,那在前面等待你的只有失败。

没有了斗志,也就没有了胜利的信心。这就像是在滥竽充数,这样的人永远不会成功。要知道,在很多情况下,不是别人放弃你,而是你自己放弃自己。

所以，让我们像西点军人那样，鼓起斗志的风帆吧，即使你认为自己只是一个平凡的人，但不要以为平凡就不如别人。只要有斗志和信心，你就可以不平凡，甚至超越别人。

直面竞争，把第一当成目标

西点军校崇尚第一，并将“Only has first”作为学校的校训，要求每一位学员都努力争取第一。

西点人认为，战场上除了胜利就是失败，没有平局可言。西点不需要弱者，唯有胜利才能够真正证明一切。

那么，什么是胜利呢？怎样才能取得胜利呢？从常识和逻辑出发，没有对手间的竞争，是不可能出现胜利者的，而胜利者必须是扫清和征服了对手的人，扫清或征服的过程，实际上就是对手之间的竞争过程，谁战胜了对手，那么谁就会成为胜利者。

西点军校非常看重胜利，并且在学员中间不断强化这种胜利意识，他们在认识到获得球赛的胜利和获得战争的胜利有很多相似之处时，就将体育运动广泛地引入到学员的日常生活之中。体育和战争的本质，其实都是双方的对抗，最后决出胜负，而其中最为关键的就是最终谁能获得最后的胜利。

1961年，西点军校橄榄球队在一系列比赛中连续失利，军校当局不得不撤掉了文斯·隆巴迪的教练之职，同时委任广受欢迎的波尔·迪茨尔教练前来任教。校长威斯特摩兰是这样解释的：“委任迪茨尔担任西点军校橄榄球队的教练，是为了国家的利益，为了陆军的利益，为了西点军校的利益。经过我们大家的共同努力，总算找到了一位能‘取胜’的理想教练。”

西点军校认为，在人类社会中，竞争是永恒的现象，人们的意识越开拓、越深奥，竞争也就会随之越激烈、越带有广泛性。在当今社会上，不同集团的利益差别不但无法消灭，而且更趋细化，因此，竞争将会愈演愈烈。在将来，要想取得任何一个胜利，你都必须去竞争，因为你所要的胜利也是别人所要的，你必须战胜对手，才能最终取得胜利。

当前我们所处的这个社会，是一个竞争日趋激烈的社会，不要说你停步不前，即便是你前进得慢了点，都有可能会被无情地淘汰。

西点军校的精英们早就预测到了这一点，因此他们时刻提醒着学员：做事不是第一就要努力成为第一，而即使你是第一，也永远可以做得更好。在西点军校，没有常胜将军，哪怕你现在是第一，你也面临着更多的挑战。这样的挑战来自于他人，同样也来自于自己，来自于整个社会，并且是随时都有可能发生的。

说到这里，可能很多人都已经感受到了。如果你刚出校门，当下最紧要的是要找一份工作，要应聘的不是你一个人，而用人单位要的人又是有限的，所以你必须要为此而竞争；如果你已是一位职场中人，如果你所在的部门计划提升一位部门副经理，你肯定不会放过这样一个机会，所以你也需要和其他同事展开竞争；如果你所在的企业因为效益不好要裁员，你和某位同事之间必须要裁掉一个，优胜劣汰，这时，你同样也离不开竞争。由此可见，竞争是随时都有可能发生的，更是无法避免的。

既然人人都躲不开竞争，那么我们就不必再回避竞争。西点军校的学员们从来就不惧怕竞争，他们总是永争第一，永远站在前面，这几乎已经成为西点军校的一大特色了。

西点军校为了提高学员们的竞争意识和水平，除了组织学员之间的军事、体能竞赛外，还会通过体育竞技比赛来进行竞争训练。在泰勒就任西点军校校长时，美国总统艾森豪威尔曾特意授意他要将西点的橄榄球队成绩搞上去，陆军部的长官们也经常关注西点的体育运动。他们的目的非常明确，那就是通过体育竞技来提高学员的竞争意识和水平，如果西点军校名下的球队输球了，校长、教练、队长都会将此作为重大事件来商量对策，直到球队最后取胜为止。

永远追求第一

1962 年，美国民族英雄的西点名将麦克阿瑟对西点学员说了下面这些话：

"你们要以军旅为家，要一心想着胜利。在战争中，你们必须知道是没有任何东西能代替胜利的：如果战败了，我们整个国家就会灭亡；你们必须牢记职责、荣誉、国家。那些能挑起争论的国际国内问题让别人去喋喋不休地辩论吧；你们要沉着、冷静、清醒，坚守在自己的岗位上，你们是国家防范侵略的卫士；在国际冲突的惊涛骇浪中，你们是国家的救生员；在战争的竞技场上，你们是国家的斗士。在一个半世纪的漫长岁月中，你们日夜戒备，英勇御敌，保卫了国家解放、自由、正义和公平的神圣传统。让公众去争论政府的功与过吧。让他们去争论连年的财政赤字、联邦政府日益增长的家长作风、各种权力机构变得十分傲慢、社会道德水准降得太低、各种税收增长得太快、过激分子变得更加肆无忌惮，等等。这是否削弱了我们国家的力量，伤了国家的元气？让他们去争论个人自由是否已经达到了应有的彻底和完整。这些重大的国家问题不是靠你们职业军人或军队来解决的。你们的座右铭就像茫茫黑夜中光芒万丈的灯塔——责任、荣誉、国家。"

西点意味着卓越。新学员一入校，西点就向他们灌输这个理念。

走进西点，便意味着告别平庸，走向卓越。当然，这种卓越是建立在道德的基础之上的。在西点，学员们一直对那些成就显赫、德行高尚的校友推崇备至。

"没有最好，只有更好"，这是澳柯玛冰柜的广告词，如今已随着产品飞入了千家万户. 成了人们追求完美与卓越的座右铭。在工作中，员工只有怀着一颗追求完美的心，精益求精，才能把事情做得更好。在实际工作中，很多人都认为自己的工作已经做得很好了，但是，真的已经尽到了自己的职责而把事情做得尽善尽美了吗？

林达，国内 IT 界的风云人物。30 出头就当上了公司的总裁，统领国内顶尖的软件公司，他所率领的研发小组开发了适用于个人用户和企业用户的多款知名软件。林达心里铭刻着一句话——要做就做到最好。进入大学的时候，他是他们专业年龄最小的一个，却是成绩最好、最努力刻苦的一个。他每天天不亮就跑到学校的操场上，大声地背诵英语，上课时他永远是坐在第一排的最认真的学生，他的实验做得是最认真的。他的试卷永远都是最漂亮的。当这个已经让优秀成为习惯的小伙子以全优的成绩从大学毕业时，才 20 岁出头。

进入现在这家公司后，他以"做到最好"的信念时刻鞭策着自己。"要做一件事，就要把它做到最好。否则还不如什么都不做！"他总是这样对同事说。在公司里，他对自己的要求最为严格，是最敬业的一个，所以他的工作也是最出色的。当然，林达也成了公司里晋升最快的人，24 岁就成为公司的部门经理，28 岁的时候又升为公司的总经理。公司改组后，刚刚30岁的他成了公司的总裁。

地位变了,但"做到最好"的信念没有改变,他带领企业涉足信息安全、桌面办公、游戏娱乐等诸多领域,自主研发了适用于个人用户和企业用户的多款知名软件,都取得了不俗的业绩。企业在应用软件领域的技术实力和市场营销能力在业界一直保持着领先地位,营业规模持续高速增长。现在,公司的营销网络已经遍布全国乃至世界各地,并且与国内外几十家知名的IT企业建立了紧密的合作伙伴关系。在林达的带领下,他所在的公司已经发展成为具有国际影响力的大型专业化软件公司。母校百年校庆时,林达作为杰出校友被邀请回校,在那些被邀请的杰出校友中,他是最年轻的一个。林达为母校的学子们做了精彩的演讲,主题就是:让优秀成为习惯。

被誉为全美最杰出大学篮球教练员的约翰,伍登说:"成功,就是知道自己已经倾注全力,达到自己能够达到的最极致的境界。"对于优秀的人来说,成功并非最终的结果,而在于追求卓越的过程。一个永远用最严苛标准要求自己的人才是最优秀的,也才是最让人放心的。

《孙子兵法》里说:"求其上,得其中;求其中,得其下;求其下,必败。"一个人只有给自己设置最高的目标,才有可能取得相对好的成绩。相反,如果一开始的目标便马马虎虎,那他所取得的成绩也是有限的,原因无他,要求低了,动力也就减弱了。

纳迪亚·科马内奇是第一个在奥运会上赢得满分的体操选手,她在1976年蒙特利尔奥运会上完美无瑕的表现,令全世界疯狂。在接受记者采访的时候,纳迪亚·科马内奇谈到她为自己所设定的标准以及如何维持这样的高标准时说:"我总是告诉自己'我能够做得更好',不断驱策自己更上一层楼,要拿下奥运金牌,我不能过正常人的生活,必须比其他人更努力才行。对我而言,做个正常人意味着必须过得很无聊,一点儿意思也没有。我有自创的人生哲学:'别指望一帆风顺的生命历程。要期盼成为坚强的人。"'

"一个人追求的目标越高,他的能力就发展得越快,对社会就越有益。"高尔基的这句话在今天听来仍未过时。我们随时都需要100%的投入才有希望杰出。仅仅完成工作中规定的任务,并不是一个能够激励人心的目标。如果你想要别人注意到你的努力,那你就得努力超越自己,达到卓越。

有目标,更要有动力

一个人做事情,有动力很重要。对于命运的主宰能力来说,人在达到一定层面或高度后,特别是获得梦想实现的满足感后,就会开始出现动力上的惰性。这个时候就需要去激活动力,也就是我们常说的受点刺激。人生动力,无非是生存、享受、发展三种。而其中最容易使人变得懒惰的就是享受到发展的过程。

对于一个发展者而言,过去或现在的情况并不重要,将来想要获得什么成就才最重要,除非他对未来没有设想,没有发展目标。

关于人类与其他动物的区别之处,我们过去所强调的是人类会制造和使用工具、人类可以进行复杂的思维等等,这些当然都是对的,但人类与动物的另一个区别常常被我们所忽略,这就是:只有人类生来就被赋予设想、梦想、希望和愿望以及实现它的伟大的能力。也就是说,人会为自己设定一个发展目标，然后去努力实现它。

你可以为自己设立一个有价值的发展目标，在实现这个目标的过程中，你可以品味挑战和拼搏的喜悦，你还可以为发现了一个新的自我而感动。这是一切生物中，唯有我们人类才拥有的一项特权。更重要的是，这一发展目标会激活我们的内在动力。

心理学告诉我们，人真正追求目标并非是一种安逸的生活状态，而是朝着目标竭尽全力地努力。这才是一个人的价值真正所在。为了实现目标，百分之百地耗尽自己的生命，是一个人最大的喜悦之一。而且，在实现它的过程中，会产生无穷无尽的动力。

一个人要想发展，要想成功，要想更好地生活下去，必须有一个发展目标。如果没有一个有价值的发展目标，你不可能拥有一个成功的人生。没有发展目标，因为你不知道你将去何方，所以，也就没有动力可言。

对于命运的主宰能力和程度来说，人在达到一定的发展层面之后，特别是进入了享受上的层次之后，就会开始出现动力上的"惰性"。这其实是非常正常的。因此，这个时候就需要进行"激活"，也就是刺激，强烈地刺激。要通过强烈的和有效的刺激，达到对人们的动力调动与唤醒，消除惰性。发展目标就可以担当这个刺激物的作用。

除了发展目标的激活内在动力之外，还有其他的一些因素是我们所必须考虑的。激发人们劳动或者创造的欲望，可以使人产生强大的动力。

有人曾经做过这样一个实验：他往一个玻璃杯里放进一只跳蚤，发现跳蚤立即轻易地跳了出来。再重复几遍，结果还是一样。根据测试，跳蚤跳的高度一般可达它身体的400倍左右，所以说跳蚤可以称得上是动物界的跳高冠军。

接下来，实验者再把这只跳蚤放进杯子里，不过这次是立即同时在杯子上加一个玻璃盖，"嘣"的一声，跳蚤重重地撞在玻璃盖上。跳蚤十分困惑，但是它不会停下来，因为跳蚤的生活方式就是"跳"。一次次被撞，跳蚤开始变得聪明起来了，它开始根据盖子的高度来调整自己所跳的高度。再一阵子以后呢，发现这只跳蚤再也没有撞击到这个盖子，而是在盖子下面自由地跳动。

一天后，实验者开始把这个盖子拿掉，跳蚤不知道盖子已经去掉了，它还是在原来的这个高度继续地跳。

三天以后，他发现这只跳蚤还在那里跳。

一周以后发现，这只可怜的跳蚤还在这个玻璃杯里不停地跳着——其实它已经无法跳出这个玻璃杯了。

现实生活中，是否有许多人也过着这样的"跳蚤人生"。年轻时意气风发，屡屡去尝试成功，但是往往事与愿违，屡屡失败以后，他们便开始不是抱怨这个世界的不公平，就是怀疑自己的能力。他们不是不惜一切代价去追求成功，而是一再地降低成功的标准——即使原有的一切限制已取消。就像刚才的"玻璃盖"虽然被取掉，但它们早已经被撞怕了，不敢再跳，或者已习惯了，不想再跳了。人们往往因为缺乏勇气和动力去追求和奋斗，而甘愿接受平庸。

人生动力的内容，就是生存、享受、发展。其中，最强大的动力是生存。因此，必须要激励人的动力并通过刺激使之加强，越发展越需要刺激。在动力的激励上，要设法永远使之处在生存得更好这个层面上，他的生活状态可以享受，但就是不够稳定、不够保险、还不满足——他就不得不努力，这种不稳定不是别的，就是一点，只要不努力就会摔下来；这种不安全也不是别的，而是职业与职位不保全，竞争是随时存在的，这样才能迫其更加努力，否则可能出现"生存危机"，至少也是"享受危机"，竞争、诱导和回报的综合办法、系统组合，可以达到这个目的。人是一种高级动物,高级动物也是动物,动物的激励方式有相同性。有些时候,我们自己降低要求,故步自封,从而导致了创造力的下降。

记住:要想成功,必须激活自己的动力,消除个人惰性。重复强调自己的目标,不要动摇和改变,更不能降低,降低就意味着失去意义。自我激励的方法,千万不要丢掉!

有目标,更要有动力!在自己的心里建一个加油站,直奔目的地,永不停歇。

一颗积极求胜的心

你可以一无所有,但不能没有求胜心;你可以不知道要走哪条路,但不能不知道怎样去探索。虽然生活中有很多事不能尽如人意,很难心想事成,但成功的人都必先有想赢的心。想都不想要如何去做呢?做都不做又何谈获得?

个人进取心,就是努力向前,立志有所作为的一种心理品质,是你实现克服不良习惯不可少的要素,它会使你进步,使你受到关注而且会给你带来机会。

在那些成大事者看来,个人进取心可以创造机会。

随意放弃自己的目标,是一种不负责任的态度。你对自己都不负责任,还有谁能对你负责任呢?因此你一定要有这样一个习惯:不断用新目标来刺激自己的进取心。凡成大事者都时刻保持这样一个良好习惯。在这个世界上,轻言放弃的人比比皆是,就是因为他们不能像松下幸之助一样有一颗持之以恒的进取之心:

日本松下电器公司总裁松下幸之助,年轻时家庭生活贫困,必须靠他一人养家糊口。有一次,松下到一家电器工厂去谋职。他走进这家工厂的人事部,向一位负责人说明了来意,请求给安排一个哪怕是最低下的工作。这位负责人看到松下衣着肮脏,又瘦又小,觉得很不理想。但又不能直说,于是就找了一个理由:我们现在暂时不缺人,你一个月后再来看看吧。这本来是个托辞,但没想到一个月后松下真的来了,那位负责人又推托说此刻有事,过几天再说吧,隔了几天松下又来了。如此反复多次,这位负责人干脆说出了真正的理由:“你这样脏兮兮的是进不了我们工厂的。”于是,松下幸之助回去借了一些钱,买了一件整齐的衣服穿上又返回来。这人一看实在没有办法,便告诉松下:“关于电器方面的知识你知道得太少了,我们不能要你。”两个月后,松下幸之助再次来到这家企业,说:“我已经学了不少有关电器方面的知识,您看我哪方面还有差距,我一项项来弥补。”

这位人事主管盯着他看了半天才说:“我干这行几十年了,头一次遇到像你这样来找工作的。我真佩服你的耐心和韧性。”结果松下幸之助终于进了那家工厂,后来又以其超人的努力逐渐锻炼成为一个非凡的人物。

在成大事者的眼里,失败不只是暂时的挫折,失败还是一次机会,它说明你还存在某种不足和欠缺。找到它,补上这个缺口,你就增长了一些经验、能力和智慧,也就会离成功越来越近。世界上真正的失败只有一种,那就是轻易放弃,缺乏进取。在那些防止挫败的人看来,个人进取心可以创造财富。一个不安于现状,具有强烈进取精神的人,是不会被社会所淘汰,被人所遗忘的。

一个渴望获得别人的认可,渴望获得成功的人,是离成功最近的人。正是他身上这种对成功的渴望,使得他插上了飞越巅峰的翅膀。

贝斯和盖斯勒，是1960年费城一家电视公司的制作人。他们发现录影带比影片具有更强的市场适应性，虽然他们并非一流的制作专家，但他们决定开创自己的事业。于是他们成立了一家录影公司，由于他们无法制作一流的节目，故他们决定提供一些其他有价值的服务：他们提供最好的设备和空间，给其他制作公司使用。虽然他们很早就进入这一行，但是他们仍然面临竞争；为了占有市场，他们不惜冒风险和可能没有付款能力的人签约。公司除了制成一些表演节目之外，还为录影技术人员提供训练讲座，他们还为一些公司，像IBM、花旗银行等，提供公司内部通讯服务，也就是提供将位于纽约、洛杉矶等不同城市的人员连线以便召开电视会议的服务。

贝斯和盖斯勒，并非最先洞察视讯系统在未来市场上会拥有一片天空的人，但由于他们有采取行动、制订计划、承担风险和提供他人没有提供的服务的进取心，故使得他们成为这一行的第一人，赢得了生存的优势。在那些成大事者来看，个人进取心还可以创造进步。你成大事的明确目标可能是有一天自己当老板，但即使你志不在此，或是成大事目标尚遥远，培养个人进取心还是会为你带来好处的。

艾美是一家子公司的行销策划人员，她看准了被该公司视为失败的一种产品：传承洗发精。它是一种价格低廉，而且不含添加剂的洗发精，这种洗发精没有华丽的包装，但却能吸引讲究实惠的消费者。于是她决定再次为“传承”全力以赴并将它再呈给管理阶层，告诉他们“传承”的价值所在。最后管理阶层接受了她的提议，而“传承”竟成为该公司销售最好的洗发精之一。

由于“传承”销售很成功，艾美成为该公司一家分公司的负责人。于是，她研创了一系列新的护发产品，而这些产品最后也都成了市场宠儿。如今艾美已成为布瑞尔通讯的执行副总裁，该集团所从事的正是市场营销服务。由于她不断地以她的个人进取心为公司引进更多更好的产品，故她得到今天的职位可说是实至名归。

谈及我们每一个人，当你订出明确的成大事目标之时，就是你开始运用你个人进取心的时候了，开始执行你成大事的计划，组织你的智囊团。尽管你会发现在执行成大事的计划过程中，你成大事的目标会发生一些变化，但最重要的是“马上展开”你成大事的计划。开始一项不很完全的大计划，总比拖延行动要好得多，“拖延”是你发挥个人进取心的大敌。如果你一开始时，就让拖延变成一种习惯的话，那么它必将蔓延到日后你的每一项行动中。

尽一切努力使你成大事的计划付诸实现，并从错误中学习经验。别理会那些说你的行动是自毁前程的话。当卡内基决定将钢铁的单价，从每吨140美元降到20美元作为他进入钢铁业的目标时，曾受到许多人的嘲笑。而当卡内基达到他的目标时，那些曾经嘲笑他的人连一毛钱都没有赚到。

别让外在力量影响你的行动，虽然你必须对他人的惊讶和你面对的竞争做出反应，但你每天必须以你的既定计划为基础向前迈进。用你对成大事的想象来滋养你的强烈的欲望，随时提醒你不可在应该起而行动时仍然坐以待毙。

每当你完成一件工作时就应做一番反省，这是你所能做到的最好的成绩吗？如何能做得更好？何不现在就使自己更进一步？是否能够发挥个人进取心，应视你对于每次机会的觉醒程度，以及你是否能在发现机会时立即行动而定。

很明显的，个人进取心是一种要求甚多的特质，它的实践需要许多心理资源作为后盾。一颗积极求胜的心将引领你走向成功。

树立一个明确的目标

目标对于成功的重要性犹如空气对于生命。如果没有空气,人不可能生存;同样如果没有目标,人也就不可能成功,这是适用于任何行业的黄金法则。

一个有目标的人就应该懂得:目标要远大,行动要具体。列出你一年的目标,把它分解到每个月,每一周,每一天,然后完成它。

前美国财务顾问协会的总裁刘易斯·沃克在接受一位记者采访时,被记者问道:“究竟是什么原因让很多人与成功无缘呢?”

沃克爽快地回答:“是模糊不清的目标。”

记者露出了疑惑的表情,沃克进一步解释道:“我刚才问过你一个问题,即你的目标是什么。你告诉我,是有一天想在风景秀丽的郊区买一栋别墅。我可以告诉你,这就是一个模糊不清的目标。我想请问你,有一天到底是哪一天呢?郊区又是哪一郊区呢?郊区的别墅有各种各样,价格也各不相同,你想买什么样的呢?如果你不能明确地回答这些问题,那么我不妨明确地告诉你,你实现目标的机会并不大。”

“我的建议是,如果你想实现自己的目标,就算五年内实现吧,你先算出你想买那栋别墅现在需要多少钱,然后计算通货膨胀,估算出5年后这栋房子的价格;接着,你得计算为了实现这个目标,你每月需要赚多少钱。然后衡量自己,现在是否能赚那些钱。只有经过此番计算,你才可能在不久的将来实现这一目标。但如果你只是说说,目标是根本不可能会实现的。”

刘易斯的建议是一个量化了的目标。

有这样一个故事:

一个父亲带着三个儿子到草原去打野兔。当他们来到草原后,父亲先向儿子们提出了一个问题,说:“现在,你们看到了什么?”大儿子说:“我看见了茫茫的草原,我手中的猎枪,以及草原上的野兔。”父亲叹口气,说:“你的回答不对。”二儿子赶紧说:“我看到了爸爸、哥哥、弟弟、猎枪、野兔、草原。”父亲摇了摇头,又说:“你的回答也不对。”小儿子不紧不慢地说:“我只看见了野兔。”父亲大喜,说:“这才是打猎应有的态度。”

这位父亲之所以会这样说,是因为明确的目标,为我们的行动指明了正确的方向,让我们在人生的道路上避免迷路。

当一个人的目标明确时,他就能随时将自己的行动与目标相对照,从而清楚地发现自己的行动是否与目标一致。只有这样,才能保证自己不偏离目标的轨道,而且因为有目标在前,才能克服一切困难前进,努力达到目标。

博恩·崔西是世界一流效率提升大师,他说:“成功最重要的是知道自己究竟想要什么。成功的首要因素是制定一个明确、具体而且可以衡量的目标。”所以说,一个成功的目标是明确的,符合实际的。

每个人都应该树立一个明确的目标,当我们对这个目标的追求变成一种执着时,你就会发现你所有的行动都会带领你向着这个目标前进,而成功就在不远处。

在西点军校里流传着这样一个故事:

我有个朋友叫蒙提·罗伯兹,他在圣思多罗有座牧马场。我常借用他宽敞的住宅举办募款活动,以便为帮助青少年的计划筹备基金。

上次活动时,他在致词中提到:我让杰克借用住宅是有原因的。这故事跟一个小男孩有关,他的父亲是位马术师,他从小就必须跟着父亲东奔西跑,一个马厩接着一个马厩,一个农场接着一个农场地去训练马匹。由于经常四处奔波,男孩的求学过程并不顺利。初中时,有次老师叫全班同学写报告,题目是"长大后的志愿"。

那天晚上他洋洋洒洒写了7张纸,描述他的伟大志愿,那就是想拥有一座属于自己的牧马农场,并且仔细画了一张200亩农场的设计图,上面标有马厩、跑道等位置,然后在这一大片农场中央,还要建造一栋占地4000平方英尺的巨宅。

他花了好大心血把报告写完,第二天交给了老师。两天后他拿回了报告,第一页上打了一个又红又大的F,旁边还写了一行字:下课后来见我。

脑中充满幻想的他下课后带着报告去找老师:"为什么给我不及格?"

老师回答道:"你年纪轻轻,不要老做白日梦。你没钱,没家庭背景,什么都没有。盖座农场可是个花钱的大工程;你要花钱买地、花钱买纯种马匹、花钱照顾它们。你别太好高骛远了。"老师接着又说:"你如果肯重写一个比较不离谱的志愿,我会重打你的分数。"

这男孩回家后反复思量了好几次,然后征询父亲的意见。父亲只是告诉他:"儿子,这是非常重要的决定,你必须拿定主意。"

再三考虑好几天后,他还是决定把原稿交回,而且一个字都没有改动。他告诉老师:"即使拿个大红字,我也不愿放弃梦想。"蒙提此时向众人表示:"我提起这故事,是因为各位现在就坐在他的农场内,坐在占地4000平方英尺的豪华住宅中。那份初中时写的报告我至今还留着。"他顿了一下又说:"有意思的是,两年前的夏天,那位老师带了30个学生来我的农场露营一个星期。离开之前,他对我说:'说来有些惭愧。你读初中时,我曾泼过你的冷水。这些年来,我也对不少学生说过相同的话。幸亏你有这个毅力坚持自己的梦想。"'

能如此坚信自己目标的人真是少之又少,我们大多数人不是将自己的目标舍弃,就是沦为一个缺少行动的空想家。

住持带着一大一小两个和尚在寺院里修行。有一天,住持派遣师兄弟俩去指定的地方布施。两人各带了一些财物便匆匆上路。行至中途便连遭大雨,师兄弟依旧风雨兼程。不料,一条大河拦住了他们的去路,河面上的桥已被洪水冲塌,河中也没有任何船只过往。师兄坚持带着财物返回寺院,师弟则就地布施,师兄弟只好各行其道。大和尚带着财物原路返回,一进寺院就去见老和尚,并禀报了途中所遇。老和尚双眼紧闭,只是低低地哦了一声,便打发他去休息。几天后,小和尚布施完回到寺院,住持问:"你布施完了吗?"小和尚双手合十,恭恭敬敬地回答:"师傅,弟子已完成布施。"住持继续追问:"那你去哪儿布施的呢?是不是我指定的地方?"小和尚并没有直接解释,而回答说:"弟子布施的地方不是师傅指定的地方,但遵照师傅的意愿,我已把所带财物布施给了最需要帮助的人。"住持非常满意小和尚的回答,不久就让小和尚做了寺院的主持。

每个人都有自己的梦想,但当这个梦想因为某些原因而无法实现时,我们是不是就应该放弃呢?如果梦想还能实现,也没有改变初衷的话,放弃就是不负责任的表现。我们每个人都应该像小和尚一样在力所能及的范围内，再设定一个目标，并实现它。这个世界上没有大事和小事之分，只有一件事，那就是实事。不要以为你一生下来就是干大事的人，如果你不学会走路，你永远也享受不到奔跑的滋味。

你可能从小就立下了鸿鹄之志，但你很可能会一事无成。你总说好男儿志在四方，可是你连第一步都没有迈出去，还有什么资格谈四方？燕雀不知鸿鹄之志，但燕雀虽小，五脏俱全。燕雀的目标是下一站，这或许会被鸿鹄讥笑。鸿鹄的志向是鹏程万里，可是鸿鹄可能永远处于无法达到目标的焦渴之中，而燕雀则在一次次的胜利之中前进的更远。

不积跬步无以至千里，不积细流无以成江海。纵使你有天大的本事，你也无法一步登天。高山仰止，你只能一步一步地攀登，只有这样你才会体验到“会当凌绝顶，一览众山小”是怎样的一种境界。你或许可以借助飞机直接到达山顶，但你得到的仅仅是一种结果。没有过程的结果是毫无意义的，也是虚无的。就好比空中楼阁，总在虚无缥缈间。

不要整天喊着自己的目标如何地远大，认真地去想想，再想想，凭你个人的努力能否实现呢？理想和现实是相挂钩的，请为自己树立一个明确的人生目标，这样你就会觉得成功离自己越来越近。

明确的目标是成功的前提

一个年轻人无论从事什么工作，取得成功的关键在于树立远大的理想，有着明确的目标。只有这样，才能在日常工作中知道为何而奋斗。

戴高乐曾经说过：“眼睛所看着的地方就是你会到达的地方。伟人之所以伟大，是因为他们决心要做出伟大的事。”因此，要使自己的人生更精彩些，首先应该给自己一个明确的理想目标，虽然它有足够的难度，但同时又有足够的吸引力。如果我们全力以赴，就可能获得成功。

看看我们身边那些成功的老板们，他们是如何确立目标的，不妨学学他们的精神，对自己的将来会有很大的益处。

如果目标明确，会使人感到心里很踏实，生活得很充实，注意力也会神奇地集中起来，不再被许多繁杂的事所干扰，干什么事都显得成竹在胸。相反，那些没有明确目标的人，总是感到心里空虚，思维乱成一团麻，分不清主次轻重，遇事犹豫不决，不知道自己该干什么，不该干什么。

目标明确后，成功的机会就会加倍。每个人都需要有足够的精力，全力去实现自己的人生愿景。而使自己能集中精力做成事的最佳办法就是把自己的人生目标清楚地表述出来。在表述自己人生目标时要把自我梦想和个人信念作为基础，这样才有助于把目标定向为具体的和可行的。

美国犹太商人乔治·吉亚姆的高中时代是在田纳西州的温彻斯特度过的。他内心里经常梦想着有朝一日要成为一家大公司的总裁。虽然这只是一名17岁男孩的梦想，但却是其人生目标的萌芽。

进入耶鲁大学后不久，乔治·吉亚姆的兴趣就从经营一般企业转移到了研究公司财务方面。大学二年级时，他的父母由于生活拮据而无法再继续供他念书，迫使他陷入不知该休学就业还是该半工半读的窘况。要作这个决定非常困难，但因为乔治有自己的梦想，因此他很快地就做出了决定：无论如何都要坚持到毕业。最后他做到了，不但每学期都取得了优异的成绩，而且也利用奖学金及一份兼职工作解决了学费与伙食费的问题。三年后，他除获得经济学学士的学位外，同时还获得了著名的路德奖学金，并取得全国优等生俱乐部耶鲁分会会长的头衔，以极其优异的成绩毕业。以后的两年，他前往英国牛津大学攻读硕士，此行对于他将来从事财务经营有很大的影响。

乔治回到美国后，便与一名田纳西女子结婚。随后，他前往纽约，正式开始追求自己的目标。他的起步是一家颇具规模的证券公司，他在公司里的职务是投资咨询部办事员。不久，朋友告诉他，国家地理勘察公司正在招聘年轻上进的财务经理。乔治前往应聘，他认为这家公司可让他进一步学到许多有关财务经营方面的东西，于是他就进了这家公司，一干就是四年。

四年之后，虽然这家公司业务非常稳定，而且他的表现也不错，但是他觉得能学的也学得差不多了，他又开始怀念起老本行。于是，他一咬牙又回到早先的那家证券公司工作，并等待机会。机会终于来了，一名资深职员即将退休，这个人拥有八个相当有实力的客户，欲以5000美元出让。这对乔治来说是相当大的赌注，5000美元相当于他的全部财产，若此举失败，他将会变得一贫如洗。而且，这些客户接下来能不能留住还是问题。这时乔治再次面临重大抉择。

最后，他一心想自立门户的雄心战胜一切，他接下了这八名客户，并且立即前往拜访，十分坦率而且诚挚地向他们说明自己的理想与计划，客户们都被他的热情与直率所感动，表示愿意留下观察一段时间。当时，乔治才28岁。两年的时间很快就过去了，乔治几乎每天都在为员工薪金及管理费用忙得焦头烂额，有时候，他连自己的薪金都拿不出来。

两年期间，公司便是在这种拮据的情形下惨淡经营着。虽然如此，公司要求的服务品质并没有降低，反而愈来愈高。熬到第三年，终于苦尽甘来，公司业务开始蒸蒸日上，客户也有显著增加，乔治的梦想终于实现了。

现在，他已经是一家投资咨询公司的总裁，拥有将近一亿美元的资产，并兼任某大型互助银行的常务董事及数家公司董事。

可见，年轻人需要确立奋斗的目标。在我们工作中，不要只是一味地去工作，要学会学习，学习老板的目标精神。因为一个人目标越远大，意志才会越坚强。没有大目标，一生都是别人的陪衬和附庸。没有大目标，就没有动力，漫无目的地漂荡，终会迷失航向而永远达不到成功的彼岸。

1960年，以优异成绩毕业于伊利诺伊州立大学并获得化学博士学位的杰克·韦尔奇，年仅25岁。凭借良好的学业成就，他很快进入了赫赫有名的通用电气公司塑胶事业部工作，而到了1965年他已经是工艺开发项目的负责人了。

当时他们五人研究的塑料制品项目其实并不被某些决策人看好，他们认为其市场价值不大，而且还很难开发成功，与其耗时费力，不如把精力转向其他方面。但韦尔奇力排众议，坚信塑料制品将会有一个广阔的市场前景，不但能给人们的日常生活带来极大便利，而且还会在汽车车身、计算机、电视机外壳等许多方面得到广泛应用。

以这个高瞻远瞩的目标为方向，韦尔奇不但坚持认为应该搞下去，还大胆地极力劝说通用电气公司高层接受他的建议：大胆投资1000万美元加紧生产那种当时叫"诺瑞尔"的塑料。

当通用电气公司最终接受了他的建议后，却没有人来当这个项目的总经理——在化工材料企业的科学家们，都退缩着——在偏见面前，他们不敢或不愿拿自己上好的职业做赌注，为一种没有证明商业价值的产品去冒险，以免身败名裂。

此时韦尔奇挺身而出，主动申请这个职位，他说："我们干的是一种新型事业，是我们的奋斗目标和努力方向，对此，我愿意付出一定的代价！"经过一番艰苦卓绝的努力，接受了挑战的杰克·韦尔奇大获全胜。

而通过战胜这次挑战，杰克·韦尔奇不但获得了"优秀市场分析家和决策人"的光荣称号，而且还为自己成为通用电气公司第八位首席执行官打下了坚实的基础！

直到1998年，这位已经60多岁的全美最成功、最具实力的企业家依然告诫自己的下属："一位杰出的企业领导人要想拥有无尽的活力，就必须始终有一个长远目标，并时刻要敢于超越自我；而那些为宏伟目标积极进取的员工，就是我们通用电气最需要的人！"

骆驼在沙漠中能够锲而不舍地前进，就是因为它们能够不为外界环境所影响，有着坚定的目标。员工要培养承受压力的骆驼精神，也要明确自己的目标，不能为别人的意见所左右，也不能遇到挫折就马上放弃。有了坚定的目标，就相当于有了努力的方向，只要心无旁骛地向着这个方向努力就可以了。

美国哈佛大学曾经做过一个著名的跟踪调查：研究目标对人生的影响。他们调查了一批学历、智力、生活环境等条件相当的年轻人，发现有3%的人有清晰而且长远的目标，25年的时间里，他们的目标从未改变，最终他们成为社会各界的精英人物。10%的人有清晰的短期目标，25年后他们成为各行各业的专业人士，生活在社会的中上层。60%的人目标模糊，他们生活和工作都比较普通，没有什么特别的成绩。而剩下的27%的人，因为没有目标，几乎生活在社会的最底层，不但生活不如意，而且精神状态不佳。

可见目标对人的巨大影响。要想成为骆驼型员工，就要为自己树立一个清晰的工作目标，使自己的努力有明确的方向，不会因为诱惑或陷阱而分散精力，从而能够承担更加重要的工作。

成功源于梦想

拿破仑说过，不想当将军的士兵不是好士兵，成功的关键字眼便是"只要你愿意"五个字。

要成功，你必须要有强烈的成功的欲望，就像一个溺水的人有强烈的求生欲望，一个优秀的足球前锋最可贵的素质就是强烈的射门意识一样。

美国著名的田径选手卡尔·刘易斯在1984年洛杉矶奥运会开幕前就向新闻媒介透露，他立志要夺得4枚金牌并打破欧文斯数年前创造的"神话"。结果，他最终如愿以偿。所以，获得一个良好的心理状态，寻求心理上的动力，很重要的一点就是要始终保持一个成功者的心态，设定自己是个成功的人物，这样，你就会发挥出极大的热情和自信去面对前进道路上遇到的种种艰难险阻。虽然你还未成功，但这种自我造就的心理成就感会促使你朝着成功的目标迈进。

几年以前，一个世界探险队准备攀登马特峰的北峰，在此之前从来没有人到达过那里，记者对这些来自世界各地的探险者进行了采访。

一位记者问其中的一名探险者："你打算登上马特峰的北峰吗？"他回答说："我将尽力而为。"

记者问另一名探险者："你打算登上马特峰的北峰吗？"这名探险者答道："我会全力以赴。"

记者问了第三个探险者同样的问题。他说:“我将竭尽全力。”

最后,记者问一位美国青年:“你打算登上马特峰的北峰吗?”这个美国青年直视着记者说:“我将要登上马特峰的北峰。”

结果,最后只有一个人登上了北峰,就是那个说“我将要”的美国青年。他想象自己到达了北峰,结果他的确做到了。

成功的秘诀就是,当你渴望成功的欲望就像你需要空气的愿望那样强烈的时候,你就会成功。谁拥有了自信,谁就成功了一半。对于成功者来说,他们不是想要成功,而是一定要成功。成功的第一个秘诀就是要下定决心。当一个人决定一定要怎样的时候,他的潜能才可以真正地被激发出来。

无论黑夜多么漫长,朝阳总会冉冉升起:无论风雪怎样肆虐,春风终会缓缓吹拂。当挫折接连不断,当失败如影随形,当命运之门一扇接一扇地关闭,永远也不要怀疑:总有一扇窗会为你打开。这种信念是我们坚持下去的动力,也是我们成功的必备条件。

2002年,年仅31岁的卫哲出任世界500强企业、欧洲排名第一的零售业巨头——英国翠丰集团百安居的中国公司总裁,2004年由卫哲领导的百安居将另一家世界500强欧倍德兼并旗下。成为中国建材零售业的“巨无霸”。这一惊动业界的并购事件,也将百安居中国区的年轻总裁——卫哲推到幕前。

卫哲刚走出大学校门时的第一份工作是翻译兼秘书,从小秘到高管,卫哲一直在金领的快车道领跑,每一步职业提升都比一般人要快得多。24岁担任万国证券资产管理总部副总经理;27岁赴英国伦敦,担当普华永道会计财务咨询公司收购及兼并部高级经理:28岁担任东方证券投资银行总部董事总经理,成为中国七大证券公司中最年轻的投行总经理;32岁担任百安居中国区总裁,成为世界500强企业最年轻的中国总裁。

从普通职员、主管、部门经理、总监、副总裁到总裁,卫哲几乎走完了许多人毕生都无法企及的台阶。但是卫哲并没有乘坐“直升机”,他坦言脚踏实地、一步一个脚印是唯一要义。“没有捷径、没有秘籍,我能做的是在自己选择的道路上辛苦地走,看自己每天是不是能付出的比别人更多。刚开始。我每天工作的时间是14~15个小时,现在大概是每天10小时。但是,走的方法有技巧,是走和跑相结合还是怎么样,将决定一个人在不同阶段上花费时间的不同。”

卫哲回忆第一份工作时说,当时老板不让我干什么,翻译个年报,剪剪报纸,但你要看那么多剪报,老板哪几篇是看过的,你就要往这个方向引导,到后来就是他不看我的剪报中午就吃不下饭。

秘书的工作很烦琐,但是卫哲却做得与众不同,比如文件的传阅,一般的秘书会按照时间先后顺序,放在老板的桌子上:卫哲的做法不一样,他会按照自己理解的重要性来排序,并且找出文件之间的关联性,把内容有关联的文件放在一起。

“不这么做,并没有人认为不对,但是如果能为老板的工作提高效率,那就是你分内的事,”卫哲说,“更重要的是,如果你能以老板的视角,而不是秘书的视角来看那些文件,你也就学到了一些管理者的经验。”

100%的成功等于100%的意愿,卫哲这种自动自发的学习精神与他想获得成功的意愿是分不开的。普通人忽视的事情,如果当事人能从潜意识里去重视,相信自己可以从中汲取到力量,那么这种信念就能引导他走向成功。

站得高看得远

马柯米克公司是一家名震四海的辛香料公司。但是，该公司曾经有过一次重大的危机。公司创始人威罗比·马柯米克先生是个彻头彻尾的独裁经营者，他的管理方法已远远落后于时代的潮流。管理不好，马柯米克公司终于面临这样的窘境：将所有员工的薪水减去10%，不然公司收支倒挂。

正在这个时候，威罗比先生又突然因病去世。这对于面临危机的马柯米克公司来说无疑是雪上加霜，苦不可言。

威罗比先生的侄子查理斯·马柯米克先生临危受命，出任公司董事长之职。查理斯先生召集公司全体员工，十分诚恳地说："从今天开始，所有公司职工的工资增加10%，工作时间缩短。我们公司的命运完全担负在诸位的双肩上了，希望大家努力工作，生命不止奋斗不息，拼搏到底，拯救我们的公司。"

就当时的恶劣情况而言，将公司员工的工资削减10%还不行，不料查理斯先生却给大家加薪百分之十，并且工作时间大幅缩短。

在场的公司员们目瞪口呆，不敢相信。当他们终于明白新董事长此举是为了表示他对全体员工的完全信赖时，公司上下马上大有好转，结果不到一年的时间，马柯米克公司就扭亏为盈，公司业务蓬勃发展。

企业的总经理犹如军队的指挥官，没有超前意识便会丧失主动权和先机。这虽然一般不会带来直接的损失，但丧失机遇的"机会损失"是更可怕的。时代已经对总经理提出了极高的心理素质要求。可以说，没有超前意识的总经理难以带领一个企业在竞争激烈的经济大潮中扬帆前进。

商场如战场，在不见流血的商战中，有时比战场还要激烈。同样，经商过程中，更需要事先谋划好之后出击，这样才能战无不胜。因此，谋而后战，是一个精明的经营者所必须采取的方式。谋而后战，需要在事先做大量的调查研究，在众多的资料中进行分析研究，而后研究出经营的方略。

麦西公司原是美国一家用微波线路连接芝加哥与圣路易两市的区域性电话公司。20世纪60年代末期，该公司遭到严重的财务困难，于是便转给素有整顿企业专家美誉的企业家比尔·麦高文。

麦高文在接手麦西公司之后，对当时美国的电话通讯行业进行了认真的研究。他首先调查了美国所有的通讯公司的经营策略和经营范围，发现贝尔电话公司长期的垄断经营，已经造成经营上的无效率。虽然贝尔公司在科技上具有领先地位，但同时也为其他公司提供了许多竞争的机会。他看出贝尔公司把长途电话收费订得较高，是为了保持较低的电话基本租金和区域性服务的成本，这无异是在"邀请"那些无心于发展地方性通讯业务的公司，去参与长途通话业务的竞争。

麦高文在了解到上述情况之后，认为整个电话通讯市场仍然有空间，事实上也有需要去容纳另一家电话公司。于是他在联邦通讯委员会的公共阅览室里翻阅了几个月的文件后，找出了许多他人所未曾留意的规定。虽然地方性的电话系统在法律上允许独占，但联络各地之间的长途电话却没有规定可以独占。几乎每一个人都认为有些规定，但在法律条文、国会的报告或是联邦通讯委员会的规章里都没有。而且，麦高文还发现了一条更为重要的规定，就是联邦通讯委员会在接到要求建立电话线路申请后60天内必须处理完毕。事实上，假使委员会内无人反对这项申请，委员会就会很自然地按照规定颁发执照。联邦通讯委员会几乎每年都会接到数千件这样的申请，通常都是具有高度技术性的，因此也就没有时间逐件地进行详细的调查研究。

之后，麦高文进行了详细的分析研究，采取了最为简单的攻击策略，他同时向联邦通讯委员会提交了数百件重要通讯线路的申请。在他已建完第二条长途电话线路之前，还没有人注意到这件事。后来，虽然经过无数次法律诉讼和国会听证以及联邦通讯委员会的裁决，但由于麦高文事先准备充分，早已谋划好了应付的策略，最后都没有将他击败。

1978年到1983年之间，麦西公司的营业额和利润每年都增长1倍以上，1985年成为年营业额19亿美元的大企业。

要做一个英明的老板不一定要在某些问题上比部下懂得更多，但一定要高瞻远瞩，要比部下有更强的自信心。在今天这样一个竞争日益激烈的商业社会中，公司若要在某一方面取得突破性的进展，一定要靠老板的长远打算和崇高理想。

公司的员工就好比是演员，而老板就是主持人。假使“主持人”能根据“演员”的不同性格，使某个节目由最适合的演员出演，能奏出和谐美妙的乐章，那么这场节目一定取得成功。

正确的理念成就杰出的人生

每一个理念都来自小小的想法，这个想法一旦开始实行，就像浇过水的种子一样获得了成长的机会。

问一个人的理念是什么，有如问一个人为什么活着，一千个人可能有一千种回答。人生的理念五花八门，但却无论如何都离不开下面的四段话：

“别依赖未来，让自己坚定的心灵给上帝做个指引，指引自己向着成功的方向再努力一次，直至成功！

敢于冒险，倾情付出并能承受打击，像个勇士一样去战斗，就是取得胜利的唯一途径！

需要一点勇气，也需要一点自我克制，还需要几分严峻的决心，紧紧地抓住梦想，不让它无情地飞走，把自己陷入冰天雪地。

帮助别人等同帮助自己，不要吝啬仅有的爱，它会帮天使给你捎来洁白的小翅膀，让你向着成功的方向去飞！”

不一样的人，不一样的思维，不一样的理念，不一样的追求，伟大和平凡在这个事情上没有什么高低之分。

诺贝尔奖是世界上最有影响力的奖项，大家对之肯定不会陌生。可是，我们一般都在关注着各个领域的获奖者，并不关心其资金的运作情况。

1896年，诺贝尔逝世。按照其遗嘱，将其全部财产用于设立基金会，奖励在物理、化学、生物医学、文学、和平等方面做出重大贡献的人才。诺贝尔在各国的遗产变现后，约折合920万美元，不仅在当时，就是在现在，这笔遗产都可说是一笔巨大的财富。1901年第一次颁奖时，每项奖金的数额约合4.2万美元。出乎意料的是，随着每年奖金发放及基金运转的开销，50多年后，到上世纪中的1953年，该基金的资产竟然只剩下330万美元了。眼见基金消耗殆尽，基金管理者及时觉醒，将基金及时由单纯的存银行吃利息而转为投资到股票和房地产上。

理财观念的改变，彻底扭转了诺贝尔基金的命运。此后，由于投资获利，基金不断增值积累，其奖金金额也逐年增长。到现在，基金的总资产已近3亿美元，每项奖金也达百万美元之多。

这里面，我们看到的不仅仅是理财理念的变化，更多的是诺贝尔的一颗心，一个攀到顶峰者的胸襟，在他的遗产用途上也不难体现出上述的四条人生理念。正确的理念与成功者之间有着如此密切的联系。它在无形之中影响着成功者的思想，又于行动之中体现出来。可见一个正确的理念是一种高尚品格的象征；一个正确理念的拥有者，应该是距离成功最近的那个人。

让我们向鲤鱼学习，努力跳过自己人生的龙门吧。祝你一跃成功。

法则十九 执行力

立即采取行动

要想做一番事业，归根结底就是立即采取行动。除非你立即采取行动，并确定该行动会带来改变，否则再美好的愿望也只不过是空想。

人生光有目标还不行，必须行动。光说不练，纸上谈兵，拖延应付，不仅难以达成目标。成功的秘诀——立即行动。无论你现在决定做什么事，无论你设定了多少目标，你必须要立即行动。现在去做，马上去做，这是成功者所必备的品格。

雷厉风行的行动力是企业领导者执行力的标志。在当今商业社会中，如果你希望争得一席之地，就必须果断行动。

作为西点毕业生，马克·霍夫曼说，立即行动是西点军规。在西点军校，每个学员的体能训练成绩都要计算入学业等级，学员们的平均学业积分都要作为排名的根据，而这个排名则决定着每个学员可供选择的军官职位的多少。始终，西点对每个学员的评价都是以实际行动的表现为基础的。一切都是以行动来说话，这是西点的评价标准。

马克·霍夫曼认为，成功的关键在于行动。无论多么美好的想法，没有行动都只能停留在虚幻之中，只能是一个愿望而非现实。成功的路上最难的往往不是确定目标，而是有了想前进的方向之后扎扎实实地向前走，把目标分解为一步一步的具体行动，将梦想变为现实。

马克·霍夫曼是 Commerce One 的创始人，他觉得对自己最大的影响是来自西点，他一直遵守西点“立即行动”的准则。

马克·霍夫曼偶然听到一个消息：曾经生意兴隆的一家软件公司因为经济大萧条发生了危机，已经停业，该公司属于巴尔的摩商业信用公司所有，他们决定以 70 万美元将这家公司出售。

马克·霍夫曼想到一个不花自己一分钱就得到这家公司的创意。这个想法实在太美妙了，美妙得让他不敢相信，美妙得使他甚至准备放弃。但是，放弃的念头一出现，他就马上对自己说："立即采取行动！"于是马克·霍夫曼马上带着自己的律师，与巴尔的摩商业信用公司进行谈判。下面就是那场精彩的对话：

"我想购买你们的软件公司。"

"可以，70万美元。请问你有这么多的钱吗？"

"没有，但是我可以向你们借。"

"什么？"对方几乎不相信自己的耳朵。

马克·霍夫曼进一步说："你们商业信用公司不是向外放款吗？我有把握将软件公司经营好，但我得向你们借钱来经营。"

这是一个看来很荒诞的想法：商业信用公司卖掉自己的公司，不仅一分钱拿不到，还要借钱给购买者去经营。而购买者借钱的唯一理由则是自己有一帮很优秀的技术人员，能经营好这家软件公司。

商业信用公司经过调查后，对马克·霍夫曼的经营才能很有信心，于是奇迹出现了：马克·霍夫曼没有花一分钱，就拥有了一家自己的软件公司。之后，他将公司经营得十分出色，成了美国很有名的软件公司之一。

人与人最大的不同不在于有没有梦想，不在于有没有目标。关键就在于行动。想到就干，立即行动。一切的一切毫无意义——除非我们立即付诸行动。

不少的人总是眼睁睁地看着到手的机会溜走了，这是什么原因呢？因为他们不敢行动，而且准备不充分，害怕失败；当他一切都准备充分了，然而时机已经过去了，如果再采取行动，那么，就已经没有任何意义。

注重行动的关键在于，不要怕有疯狂的想法，重要的是要立即行动，而不是拖延。无论什么事，只有自己去做，才可能知道能否成功。

比尔·盖茨的同学克拉克非常优秀，他能够预测到电脑发展广阔的前景。最开始，比尔·盖茨邀请他一起退学开发电脑软件时，克拉克认为这方面的知识不太丰富；当克拉克获得硕士学位的时候，比尔·盖茨已经创业成功；当克拉克获得博士学位，有了足够的能力开发软件时，比尔·盖茨靠开发 Windows 已经成为世界首富。因为比尔·盖茨看准一件事之后马上行动。

比尔·盖茨说过："想做的事情，马上去做！当'马上去做'从潜意识中浮现时，立即付诸行动。"

比尔·盖茨是这么说的，也是这么做的。自从比尔·盖茨进入湖滨中学那间小计算机房的那一天起，计算机对他就产生了一种无法抗拒的魅力。15岁，他就为信息公司编写过异常复杂的工资程序。

比尔·盖茨于1973年考入哈佛大学，攻读计算机专业。他常常在计算机房夜以继日地工作。

就如同苹果砸出牛顿的智慧似的，个人电脑突然出现在盖茨的脑海也是有一个外在的启发者，这就是1975年美国的《大众电子学》杂志，它封面上的一张 Altair 8080 型计算机图片点燃了盖茨的电脑梦。比尔·盖茨马上打电话给这份杂志的主编表示要给 Altair 研制 Basic 语言。接着盖茨与他的好友艾伦在哈佛阿肯计算机中心通宵达旦地工作了8周，研制出了 Basic 语言，从而开辟了 PC 软件业的新道路。

于是比尔·盖茨便产生了退学的想法，他希望能够跟艾伦一起创办一家软件公司，可是遭到父母强烈反对。比尔·盖茨当时认定了自己创业的想法，只有付诸行动，才能实现自己的梦想。

虽然他的父母想尽很多方法阻止盖茨创业，可是盖茨仍然坚持自己的想法，最终与好友艾伦一起创建了著名的微软公司。

假如当初比尔·盖茨有了很好的想法，但没有立即行动，那么就不可能获得现在的成就。获得成功的人士都有一个共同特点——他们做事言出即行。立即行动是现代成功人士的行为理念，任何规划和蓝图都不能保证你成功，很多公司能取得今天的成就，不是事先规划出来的，而是在行动中一步一步经过不断实践和调整才获得的。

因此，管理必须以行动为导向，成功必然依靠行动来实现。

那么，作为公司领导，该如何修炼自己言出即行的习惯呢？

(1)积极行动，不要等到"万事俱备"的时候再去做。

(2)在计划时间内完成工作。充分利用有效的时间，去主动完成工作，并清楚在计划时间内完成工作的重要性。

(3)克服拖延的恶习，即刻就去做。不要今天的事情不做完而放到明天或以后去做，其实在拖延之中所耗费的时间和精力，就足以把今天的工作做完。

(4)养成良好的工作习惯。在工作中遇到问题时，能当场解决就当场解决，切忌犹豫不决。

不行动你不可能赚钱，不敢行动你赚不了钱。千万个梦想不如一个行动，立即行动起来，立即忙起来，立即做该做的事，就是立即向成功跨出了一步。成功属于行动者。

纪律是保证执行力的关键

纪律是保证执行力的关键。在任何组织中，只有严明纪律，强调纪律的重要性，才能增强企业的执行力。——西点毕业生、英特尔中国区总裁简·瑞杰

一个企业的执行力如何，将决定企业的兴衰。一个好的企业战略要靠执行，而执行要靠严格的纪律和制度。如果没有严格的纪律和制度。那无论什么战略都无法执行。

"在西点学习的时候，一个人处在有着明确目标和严明纪律的环境当中，这对将来我所从事的工作都非常有意义，这一时期是一个极好的训练，同时又是一个非常好的机会了解怎样领导一个组织。直到现在的英特尔，我们还是按照严明的纪律和明确的目标办事，因此我从西点军校获益匪浅。"简·瑞杰如是说。

西点以严明的纪律而著称的，对学员纪律的要求比其他学校甚至部队更为严格。以日常生活管理为例，每个学员手中都有多达十几甚至几十本条令、条例、命令和规定，必须学习和遵守。一开始学员们可能只是为了形式，时间久了习惯便成自然，学员逐渐地变成了自觉的纪律。

在军队管理中，纪律是刚性的，是没有讨价的余地的，任何人都必须遵守纪律，服从纪律。

作为西点毕业生，简·瑞杰讲述了这么的一个故事：

一次，巴顿将军为了整顿军纪，发出了"头盔上必须标明军衔"的命令。但是一名资历很深的老上校却拒绝执行命令，因为他认为：如果在头盔上印上老鹰，就等于是向敌人提供射击目标。由于他的想法，许多军官也不标明军衔了。整个部队士兵身上穿着各式各样的服装，纪律十分松懈，见到长官既不敬礼，也不叫一声长官。用巴顿将军的话说"简直就是一群乌合之众"！

巴顿将军先找到了那位老上校,希望他带头遵守纪律,但老上校却争辩说:“我常到前线去,如果在头盔上标明军衔,那无疑是为敌人提供射击靶子,如果我死了,就不能为你和我的部队服务了。”

面对老上校的违纪和诡辩,巴顿将军没有“暴跳如雷”,粗暴地命令他立刻遵守,他决定采取一种柔和的“以退为进”的方法来说服老上校。

巴顿将军听后笑了笑说:“上校先生,上我的车,到前线看看,你就会发现,你的看法是不对的!”

一到前线,士兵们立刻认出了车上的巴顿将军,他们放下了手中的工作向他立正敬礼,向他欢呼。这时老上校才发现,巴顿将军的头盔、双肩和领子两旁,乃至吉普车上都标有二星标志。

巴顿将军边向士兵们还礼边对老上校说:“这些士兵希望你来领导他们,但你不佩戴军衔标志,他们对你就不会尊敬,你起不到领导作用。一名指挥官应在部队前面指挥士兵,即使战死也在所不辞。士兵们一定得知道谁是他们的指挥官,戴上你的军衔标志吧!”

老上校听后,心悦诚服地说:“巴顿将军,您说得对!我立即照办。”

面对老上校的顽固,巴顿将军既不是长篇大论地反驳,也不是用命令的方式,而是要他乘上车看一看实际情况。这样,事实就把顽固的老上校说服了。

在纪律面前,人人平等,任何人都得遵守纪律,因为纪律是保持部队战斗力的重要因素,也是士兵们发挥最大潜力的基本保障。所以纪律应该是刚性的,它甚至比战斗的激烈程度和死亡的可怕性质还要强烈。

军队的纪律关系到履行职责的意愿,应毫不怀疑地、忠实地、尽可能地执行命令,为此,每一个战士都心领神会。

简·瑞杰说:“西点军校是一个培养领导力的地方,它教会我怎样领导一个团队,同时如何按照指定的要求有纪律性地去完成使命。”

简·瑞杰认为,对于一个组织而言,纪律永远比任何东西都重要,没有了纪律,便没有了一切。同样如此,当一个企业和他的员工都有着强烈的纪律意识,在不允许妥协的地方就坚决不妥协,在应当遵守规章制度的地方就必须遵守,这样,企业就会朝健康的方向发展,员工的个人素质也会得到相应的提升。

英特尔副总裁简·瑞杰十分重视纪律,塑造英特尔独树一格的管理风格。从生产车间、质量管理部门到财务管理部门,甚至营销部门,每个部门都有明确的规范,甚至连公司留言都分成“需要行动”、“背景资料”以及“重要资料”等不同等级,每个人都按照这个标准而行。

上班制度是另一个例证。英特尔早上8点准时上班,8点05分以后到的同事,就得在“英雄榜”上签名。

简·瑞杰在阐述他对纪律的看法时说:“每当我遇到员工不遵守纪律时,都采取一种跟他人很不同的处理方法。首先,我要与这个员工商量,采取什么措施来改进自己的工作。我提出了一个建议,并且还规定一个合情合理的期限。这样,或许会得到成功。然而,假如这种努力依然不能奏效,那么,我就必须考虑采取对员工和公司来说可能都是最好的办法。当我发现一个员工不遵守纪律、工作总是出差错时,就决定开除他!因为遵守公司纪律没有任何商量的余地。”

由此可见,对任何企业来说都不能忽视既定的制度和纪律,否则。就会遭受巨大的损失。因为纪律是企业的根本。假如没有了纪律的约束。那么企业就成了一盘散沙,没有任何执行力可言。

詹尼在出任国际电报公司(ITT)总裁时,他发现国际电报公司因毫无纪律,使得它已陷入了一片混乱之中,各个部门领导者各自为政,一些高级管理人员的指挥根本起不了作用,以致公司濒临破产的边缘。这时,詹尼采取了强有力的措施来加强公司纪律之后,情况便逐渐好转起来。

詹尼在加强纪律的过程中发现,国际电报公司是由分设在世界各地的100多个电力设备制造厂和10多个电话公司所组成的巨型企业。然而在这样一个巨型企业里,不只是公司总部的管理人员办事拖拉,而且那些掌管国外事业部的经理人更是成天游手好闲,无所事事。通过公司整顿小组的调查之后,詹尼决定从严明的纪律着手,在召开各个分公司经理的会议上,他公布了公司新规定的三条纪律,无论任何人应当遵守,否则必将受到严厉处罚。

这三条纪律是:

任何子公司,都必须不折不扣地执行总公司的命令;

每个子公司必须按月向总公司汇报自己的预算、营业收入和支出情况;

每个子公司必须定期向总公司报告自己的经营环境、面临的竞争对手和市场情况。

为了保证纪律的顺利执行,詹尼又宣布,当总公司派遣的监督人员发现子公司的负责人不称职或者不服从命令时,有权撤换;凡在此期间被解职的人,一律不发退休金。

在加强纪律整顿后,ITT公司迅速走上了正轨,詹尼再辅以其他经营之道,ITT公司恢复了昔日在国际商业舞台上的地位。

当员工有纪律的时候,就不再需要层层管辖,当行动有纪律的时候,就不再需要过多的掌控。结合了强调纪律的文化和创业精神,你就得到了激发卓越绩效的神奇力量。

在现代企业里,一些管理者虽然为公司的健康发展制定了员工必须遵守的纪律和制度,但在执行过程中,却又常常因为疏于监督,而使纪律与制度变成了一纸空文。在这种情况下,当某些员工因忽视纪律的约束而行为松散时,就会给公司带来不可估量的损失。因此,既然制定了纪律与制度,管理者就一定要监督员工们认真遵守,并主动去执行。其具体工作方法如下:

(1)管理者自身。管理者本人应该带头维护纪律,并制定有效的手段来保证各种纪律的贯彻落实,一旦有人违反纪律,一定要进行相应的惩罚,决不姑息迁就。与此同时,管理者应该以身作则,遵守纪律,做维护纪律的模范,用自身的言行去影响员工,而不是用空洞的说教或条条框框去约束。

(2)员工方面。身为员工,也应自觉维护公司的纪律,要时时、处处用纪律约束自己的言行;不做违背组织纪律的事情;要敢于与违反纪律的人和事作斗争。

(3)管理者应把公司的纪律写在纸上,挂在公司最醒目的地方,使组织中的所有人随时能看到,这就无形中能用纪律约束他们的言行,使他们自觉地遵守。如把各种纪律印成小册子,在培训员工时作为一项单独的课程拿出来讲解,就能使员工加深印象,同时还能使员工认识到遵守纪律的重要性。

(4)公开严肃处理违纪者,“杀鸡给猴看”,也能起到很好的警示作用。

执行力需要纪律和制度来保证,没有纪律,就没有执行力。企业所有的构想必须能有效落实,通过优质的员工、卓越的文化、严格的纪律以及与核心竞争力相配套的技术支持,才能实现企业卓越的理想。

无条件执行

在西点,有一条军规是无条件执行。军人首先要学会服从,团队的巨大力量来自于个体的服从精神。在企业中,我们更需要这种服从精神,领导的意识通过下属的服从会迅速变成一股强大的执行力。——西点毕业生、劳恩钢铁公司总裁卡尔·劳恩

执行力如何在相当大程度上体现在执行能否到位以及能否最终达到目的。在正确战略指导的前提下,执行者就是不能有任何借口,并且在执行过程中不能打折扣,以“保证完成任务”行动准则。

绝大多数的企业存在这样的问题,领导的想法与员工的想法经常不能获得有效的统一,为此造成执行力丧失,不管战略蓝图是多么宏伟或者组织结构是多么科学合理,都难以发挥其本身的威力。

对西点学员来说,无论在什么情况下都要服从上级的命令,让你冲锋陷阵就要冲在最前面,让你炸碉堡就要勇敢地点燃导火索,让你加入敢死队就要把生命献出去。无论上级的命令是正确的还是错误的,无论你是愉快的还是愤懑的,都要毫无理由、毫无疑义地服从并付诸实施。

对军队来说,服从的具体体现就是纪律,严格的纪律是形成凝聚力、战斗力的关键因素。没有纪律的军队只能是一支松散的杂牌军,在战场上会溃不成军,甚至被全部歼灭;纪律严明的军队能够团结一致,奋勇杀敌,一往无前,取得最后的胜利。

卡尔·劳恩认为,商场如战场,服从的观念在任何一个组织里同样适用。组织中的每一位成员都必须服从上级的命令,就如同每一位军人都必须服从上级的命令一样。大到一个国家、军队,小到一个组织、部门,决定其成败的关键就取决于是否完美地贯彻了服从的观念。

虽然在军队里强调服从是从军事指挥的角度来制定的,在企业管理中不能机械地一一拿来使用,但是一个高效的企业必须培养良好的服从观念,一名优秀的员工也必须具有服从意识。假如在一个团队里,如果其成员不能无条件地服从上级的指挥,那么在达成共同目标时,就有可能产生阻力;反之,则能发挥出超强的执行力,使团队战胜一切困难,为企业走向发展壮大的道路提供最有效的保障。

对一个组织来说,执行力就等于战斗力!作为企业的经营理念,再以这样的精神传达给各级员工。对于企业的员工来说,要有严格要求自己的目标,绝对不说不可能,绝对不找任何理由,勇于承担责任,保证完成任务。

唐纳德是一家美国大型建筑公司设计部的经理。有一次,该公司为了跟同行几家公司竞争政府准备开发的一幢商业大楼的建筑业务,公司总裁要求唐纳德在一个星期之内拿出商业大楼的设计图来,并且一再强调,这次竞标能否成功关系到公司的声誉,因为市场极不景气,如果能争取到这幢大楼的建筑开发权,就会在同行中树立起极好的威信,也能争取一批潜在的客户。

唐纳德接受任务的时候,虽然感到时间非常短,而且设计部里的员工绝大多数是刚从建筑学院毕业的学生,这些员工只有理论知识,没有实践经验。然而面对这些不利因素,唐

纳德没有半点犹豫,就马上立下军令状:他亲自率领设计部的所有员工,用最快的速度,保证完成设计任务,若自己的设计方案不具备竞争力,他就愿接受公司总裁处罚。

当唐纳德乐意地接受任务并立下军令状时,公司里一个元老私下里找到他说:"年轻人,你必须慎重一点,这样的任务你完全有理由拒绝。"

"为什么拒绝?设计部的主要任务就是为公司设计具有竞争力的图纸!"唐纳德迷惑不解地反问道。

"不过,假如你设计的图纸不具备竞争力,则会影响你在公司的发展前程;另外,总裁给你的时间太短,而你的下属大多数又没有工作经验,这些都是你可以推脱的正当理由啊!"

"谢谢你的规劝!虽然你说得很有道理,然而我作为公司设计部的负责人,在任务来临的时候,如果我选择了临阵逃脱,就是我的失职,不管怎么样,我都不能找任何借口推辞,我将会尽我的最大的努力,保证完成公司交给我的任务!"

接着,唐纳德带领公司设计部的员工们去图书馆查找有关资料,或者向建筑专家请教,或者学习同行的先进经验,并利用电脑整理各种数据。同事们发现,在那几天里,设计部的灯光在晚上从来就没有熄灭过。唐纳德和他的同事们在紧张地从事着商业大楼的图纸设计,他们当中的年轻人拒绝了与女友的约会,甚至关掉了自己的手机,拒绝与家人和朋友们聊天,全身心地投入到工作之中。

时间过了7天,唐纳德和同事们将设计好的图纸交给公司总裁的时候,唐纳德的心里仍然不感到轻松,因为只有公司成功地竞标,才意味着他们完满地完成了公司所交给的任务。

三天后,在政府宣布竞标结果为唐纳德的公司时,总经理热烈地拥抱着唐纳德说:"干得好,小伙子!"此时,唐纳德和他的同事们才放下心来,因为他们终于圆满地完成了领导交给他们的任务。

凡是拥有较强执行力的企业,其员工总是会以"迅速"、"认真"、"信守承诺"为准则来严格地要求自己的。因为公司执行的文化深深地植根于他们的思想当中,变成了一种良好的行为习惯,想停也停不下来。执行力文化事实上是一种没有任何借口的文化。只有没有任何的借口才有执行力。"命令就是命令,只有服从",只有懂得服从的员工才有可能当上总裁。

无条件执行指的是行动没有任何理由任何借口,设定了目标和方向,就要坚定信念去实现,无论路途多遥远,无论多少荆棘坎坷,都不能阻挡我们前进的步伐。无条件执行并不是盲目地执行,我们执行的是高尚的、有道德的、有效的行动。

现代心理学家指出,大多数情况下,人是靠习惯做事情的。只要形成了一种高执行力的习惯,并以一种自信、精神饱满的状态全力以赴地去执行,很多事情就能水到渠成地解决。当然这种前提是把一种执行的文化植根于员工的思想之中。

要想提高公司的执行力,不仅要提高公司从上到下的每一个员工的执行力,而且要提高每一个部门、每一个团队的整体执行力,唯有如此,才会形成公司的系统执行力,进而形成公司的执行力和竞争力。

作为一个企业,再伟大的目标与构想,再完美的操作方案,如果不能强有力地执行,最终也只能是纸上谈兵。要加强企业执行力的建设,就要在组织设置、人员配备及操作流程上有效地结合企业现状,将企业整合成为一个安全、有效、可控的整体,并利用在制度上减少管理漏洞,在目标上设定标准,在落实上有效监督,借此,企业执行力度自然就会得到有效提高。

做好正在经手的每一件事

美孚石油的约翰·丹尼斯曾说过:“绝不拖延,我们就可以轻松愉快地生活和娱乐。避免拖延的唯一方法就是随时开始行动,而随时开始行动,首先必须认识到自己工作的重要性。另外必须记住的是,没有什么人会为我们承担拖延的损失,拖延的后果只有我们自己承担。如此一来,我们就可能在一个庞大的公司里,创造出每一个员工都不拖延哪怕半秒钟的奇迹。”

做事拖延的军人不是一个好军人,做事拖延的员工不是一个好员工。拖延的恶习一点点腐蚀掉原本渴望成功的人士的热情、进取心以及责任感,而解决的唯一良方就是——立即行动起来。

她是一名普通的中学教师,平凡但是又不平凡。她有个梦想,就是能成为一名大学教师,所以,她十分珍惜时间,充分抓住每一分钟刻苦自学。

年幼的儿子总是看见母亲刻苦的身影,有着些许的不解。但是母亲常对儿子说的话,却的确影响了他一生。她总是对儿子说:“上天给你的生命不过是许多分钟,而且是有限的。从你出生的那一天开始,你就只有这么多分钟的生活,并且无时无刻不在减少。因此,你必须好好利用每一分钟。”

于是,儿子也开始时刻提醒自己要把握每一分钟。

最终,母亲通过自己的无数个一分钟的努力,成为了鲍灵格林大学的婚姻家庭系的副教授,而儿子则成为了世界著名的花样滑冰运动员,1981 至 1984 年连续 4 次获得世界冠军,他的名字叫科特·汉密尔顿。

哲学家伏尔泰曾问:“世界上什么东西是最长的,而又是最短的;是最快的,而又是最慢的;是最易分割的,而又是最广大的;是最不受重视的,而又是最受惋惜的;没有它,什么事情都做不成;它使一切渺小的东西归于消灭,使一切伟大的事物生命不绝?”

智者查帝格回答:“世上最长的东西莫过于时间,因为它永无穷尽;最短的东西,也莫过于时间,因为人们所有的计划都来不及完成;在等待着的人们看来,时间是最慢的;在作乐的人看来,时间是最快的;时间可以扩展到无穷大,也可以分割到无穷小;当时,谁都不重视,过后,谁都表示惋惜。没有时间,什么事都做不成;不值得后世纪念的,时间会把它冲走,而凡属伟大的,时间则把它们凝固起来,永垂不朽。”

时间有限,生命有限。我们所能做的就是在有限的时间和生命里充分利用每一分钟,决不拖延,以达到单位时间所能发挥的最大功效。

从前,有两个年轻人给木匠当学徒,白天的任务十分繁重。到晚上,一个学徒要学习,另一个就纠缠他,要他抛开书本,一起出去玩乐,但他拒绝了这种要求。晚上可用来学习的时间本来就很短,根本不够用,他要用来学习。外人几乎都知道,他在这零碎的时间里进行学习,已成了本行业的专家。

一天,报上登出一则招聘启事,为建造州立大厦征求最好的设计方案,奖金是 2 000 美元。这位年轻的木工决定提出他的方案。他默默地工作着,并不担心自己能否成功、是否会遭到他人嘲笑。他提交了设计方案,结果他中了奖。在这之前,当他在学习钻研时,另一个学徒却在虚度光阴。现在,那个不知进取的学徒还在吃力地干着体力活,其劳动所得很难养活他的家人。

把握生命中的每一分钟,哪怕只是一分钟的积累,在达到一定的量之后将发生质的飞跃。

有的人不聪明但是他却把自己的每一分钟时间都安排得十分充实,利用到最大的限度,所以他成功;而有的人十分聪明,却总是企图用小聪明来替代别人的努力,这样的人只会失败。

西点十分强调行动的作用。停留在想法的阶段永远不可能有所成就,只有立即行动才能获得成功。1973 年,布莱德利·李获得塞耶奖时发表演讲,就反复要求西点学员要学会实在地行动,善于听取意见。

而在西点的游泳救生训练中,有一个学员们最害怕的动作:穿着军服、背着背包和步枪,从近 10 公尺的高台上跳下游泳池,然后在水中解开背包,脱掉皮鞋和上衣,把这些东西绑在临时的浮板上。

尽管每一个动作,学员们事前都反复演练过,但是真到了要往下跳的那一刻,大部分学员还是会迟疑,走到跳板尽头之后就会停下来。当然,退缩是决不允许的,否则将被勒令退学。所以,尽管犹豫,最终还是行动起来,纵身一跃。

相信这成功一跃之后的兴奋之情是无法言喻的。行动产生了信心,行动才有一切。

卡罗·道恩斯原来是一名普通的银行职员,后来受聘于一家汽车公司。工作了六个月之后,他想试试是否有提升的机会,于是直接写信向老板杜兰特毛遂自荐。老板给他的答复是:"任命你负责监督新厂机器设备的安装工作,但不保证加薪。"

道恩斯没有受过任何工程方面的训练,根本看不懂图纸。但是,他不愿意放弃任何机会。于是,他发挥自己的领导才能,自己花钱找到一些专业技术人员完成了安装工作,并且提前了一个星期。结果,他不仅获得了提升,薪水也增加了 10 倍。

"我知道你看不懂图纸,"老板后来对他说,"如果你随便找一个理由推掉这项工作,我可能会让你走。"

立即行动,而不是寻找任何的借口逃避,这样的人才能最终赢得胜利女神的垂青。

除非你开始行动,否则你到不了任何地方,达不到任何目标。赶快行动,否则今日很快就会变成昨日。如果不想悔恨,就赶快行动。行动是消除焦虑的良方。崇尚行动的人从来不知道烦恼为何物,此时此刻是做任何事情的最佳时刻。

有机会不去行动,就永远不能创造有意义的人生,因为"人生不在于有什么,而在于做什么"。行动胜于高谈阔论,成功是经过思索的行动的结果。

若想在秋天收获粮食,至少需要在春天播种;若想欣赏远山的风景,至少要爬上山顶。生命中的每一天都需要我们立即行动,无论你的人生路上遇到什么艰难,只要你今天就开始行动,并且坚持不懈,就能渡过人生的难关。

现在就开始行动,立即行动,朝着目标大步迈进!今天就是行动的那一天!

一步实际行动比一打纲领更重要

常言道,说一尺不如行一寸,行动能够缩短自己与目标之间的距离,能够把理想变成现实。

西点人就深谙这一点，并以行动为准绳，用事实和结果说话。艾森豪威尔说得好："任何语言都是苍白的，你唯一需要的就是执行，一步实际行动比一打纲领更重要。"这是对西点行动精神的最好注解。

在西点军校，流传着这样一个古老的故事。

一天夜晚，许多士兵围坐在营火旁吹嘘自己所谓的大无畏的精神、夸夸其谈自己的个人成就。而一个相貌粗犷的士兵，却不言不语，他只是一直在拨着眼前营火的余烬。尽管这位沉默的士兵什么故事都没讲，其他人却对他怀着同样的敬重。说到底，他是在用自己的双手拨动着尚有余焰的营火！

在这则广为流传的故事中，坚强的勇士始终保持着沉默，但他用实际行动使靠不住的吹牛行为黯然失色。沉默但可信——这是许多用无声的行动赢得广泛尊重、产生长远影响力的英雄的真实写照。

在西点军校学习的人还会发现这样一个有趣的现象，一些徒有其表的勇士往往也是最不被大家看好的人。大多数时候，当人们把期盼的目光投向声音洪亮、浓眉大眼的士兵，期待他们在执行某次艰巨任务中冲锋在前时，让所有人大吃一惊的却恰恰是那个不修边幅、举止笨拙的士兵。他不仅能够处变不惊，而且能够在重压之下有出色的表现。还有些时候，新兵往往会被身材修长、衣冠整齐、掌握着生杀予夺权利的管理人员所折服，但如果没有真诚的关心、睿智的大脑和显著的个人成就，这种光环效应很快就会消退，人们往往会在现实和理想极度不相符的冲击下幡然醒悟。没有行动，一切归零，这是西点人处世的不二法则。

少说话、多做事，是西点军校学员的行为准则。西点倡导通过脚踏实地的行动，完美复命，达到提升自我的目的。

孟列是个保险推销员，他非常喜欢打猎和钓鱼。有一天，当他依依不舍地离开心爱的鲈鱼湖，准备打道回府时突发异想：在这荒山野地里会不会也有居民需要保险呢？他可不可以沿铁路向这些铁路工作人员、猎人和淘金者拉保呢？

孟列在想到这个主意的当天就开始了积极计划。他向一个旅行社打听清楚以后，就整理行装。他不肯停下来让恐惧乘虚而入，因为在他看来，自己吓自己会使自己的主意变得荒唐，以为它可能失败。他也不左思右想找借口，他只上船直接前往阿拉斯加的"西湖"。

孟列沿着铁路走了好几趟，那里的人都叫他"走路的孟列"，他成为那些与世隔绝的家庭最欢迎的人，不只因有人愿意跟他们打交道，还因为他是第一个来向他们推销保险的人。

在孟列把突发的一念付诸实行以后，他一年之内就做成了百万元的生意，因而赢得"百万圆桌"上的一席地位。

现在就应该去执行。只有行动才能使人变得更成熟，立即去做永远是成功的法则。行动是成功的保证，只有行动才会产生结果。

在任何一个领域，不懂得努力去行动的人，是不可能获得成功的。世上没有任何事情比下决心、立即行动更为重要，更有效果。

成功者并不会期待万事俱备之后再采取行动，他们的成功之处不在于行动之前就解决好所有问题，而是在遭遇困难时能够想办法去克服。做好每一件事，不仅要心动，更要行动。想得好是聪明，计划得好是聪明，但只有做得好才能有所成就。

做一个追求结果的人

一个企业的成功,一个员工的成长,均需要这种追求结果,对结果永不放弃的精神。只有所有的员工对结果不是想要,而是一定要的时候,企业才能得到终极的结果。

任务与结果的差别,是很多企业的心病。有时候并不是员工不尽力,大家似乎都在努力地工作,但企业却达不到预期的结果,销售量下降,质量波动,人心浮动,没有业绩。同样,这也是员工的疑惑:我这么努力,“圆满”完成了任务,为什么老板还是不满意呢?

问题的关键就在于我们没有把重点放在结果上,被完成任务所迷惑。其实在大多数情况下,对于我们想要的结果,不是办不到,而是因为我们没有执着地办到。如果我们每一个员工都抱着不达到自己想要的结果就誓不罢休的话,何愁产品质量上不去?产品质量好了,何愁销路打不开?有了好的产品和广阔的销路,再加上后期服务的及时跟踪,企业的结果一定是令人满意的。

做一个追求结果的员工,是一个人对工作认真负责的突出表现。对于结果的追求,必须是一定要做到,而不能想一想了事。

冯宇到一家中美合资的制药公司担任销售员。在那里,他亲身感受到了美国企业是如何要求员工去追求结果、对结果负责的。

在一个小型的会议上,一位经理问科长:“我们在上海的市场开发工作做好了吗?”

科长说:“都做好了。医药公司已经同意进货,医院以及药剂科也同意买药,对医生和护士都进行了培训,他们愿意用我们的新药品。”

经理又问:“那为什么这些药还在我们的仓库里?”

科长说:“那是因为北京火车站没有车皮把我们的药物运往上海,我也没有办法。”

经理听了,立即拍案而起:“只要药没有到患者手里,就是你的事情。你必须解决。”

于是科长对冯宇说:“咱们现在到北京铁路局去调车皮。”

冯宇想:铁路局又不是我们开的,哪能那么容易,想调就能调的。

科长似乎看出冯宇的心思,于是说:“经理说得对,只要药品还没到患者手中,就是我们没有完成工作。我们去争取吧!”

后来,经过他们和铁路局的协商,车皮终于安排好了,药很快被运往了上海。

通过这件事情,冯宇明白了:什么叫追求结果,真正对结果负责。

“人人各司其职,追求结果,对结果负责,重视事实与数据。”这也是戴尔企业文化之一。

微软公司的价值观中也有这样一条:信守对客户、投资人、合作伙伴和雇员的承诺,对结果负责。

在莱特的许多作品中,最杰出的也许要算坐落在日本东京的帝国饭店。这座建筑物使他名列当代世界一流建筑师之中。1916 年,日本小仓公爵率领一批随员代表日本政府前往美国,礼聘莱特建一座不畏地震的建筑。莱特随团赴日,将各种问题实地考察了一番,发现日本的地震是继剧震而来的波状运动,于是断定许多建筑物之所以倒塌,实际上是因为地基过深、地基过厚。地基过深、过厚,会随着地壳移动,建筑物势必坍塌下来。

他决定将地基筑得很浅,使之浮在泥海上面,从而使地震无从肆虐。

莱特决定尽量利用那层深仅 8K 的土壤。他所设计的地基系由许多水泥柱组成,柱子穿透土壤栖息在泥海上面。可是这种地基究竟能不能支撑偌大一座建筑物呢?莱特花费了一整年的工夫在地面遍击洞孔从事实验。他将长度八尺、直径八寸的竹竿插进土里,随即很快抽出来以防地下水冒出,然后注入水泥,他在这种水泥柱上压以铸铁,测验它能承担的重量。根据帝国饭店的预计总重量,他算出地基所需要的水泥柱数。在各种数据准确的情况下,大厦动工了。筑墙所用的砖也是经过他亲自设计的,厚度较常加倍。1920 年,帝国饭店正式完工,莱特回到美国。

三年之后,一次举世震撼的大地震突袭东京和横滨。当时莱特正在洛杉矶建造一批水泥住宅,闻讯坐卧不宁,等待着关于帝国饭店的消息。

一连数日毫无消息。到了某天凌晨 3 点,莱特的寓所里电话铃声狂鸣。"喂,你是莱特吗?"听话筒内传来一阵令人沮丧的声音,"我是洛杉矶检验报的记者,我们接到消息说帝国饭店已经被地震毁了。"

数秒之后,莱特坚定地回答:"你若把消息发出去,你肯定要声明更正。"

一小时之后,小仓公爵拍来了一封电报:"帝国饭店安然无恙,从此成为阁下的天才纪念品。"帝国饭店在整个灾区中竟是唯一一个未受损害的房屋,成了千万灾民的避难所。

小仓公爵的贺电顷刻间传遍全球,莱特成了妇孺皆知的名流。

莱特正是一个敢于负责任、勇于追求结果的人。他用结果证明自己是一个非常负责任的人。可以说,一个卓越的人,一定是一个负责任的人。他关注于结果,追求结果,并想尽一切办法去获得结果。

一个企业的成功,一个员工的成长,均需要这种追求结果,对结果永不放弃的精神。只有所有的员工对结果不是想要,而是一定要的时候,企业才能得到终极的结果。

行动是通向成功的唯一通道

行动可以证明一切,万事万物的变化和更新都是在不断的行动中从量变到质变的。年轻人唯有行动,才能走向成功。

事实上,无论何时,当"立即行动"这个警句从人的下意识心理闪现到有意识心理时,我们就该立即行动。假如有一个电话应该去打,但由于拖延的习惯,没有打这个电话,当自我激励警句"立即行动"进入意识心理时,就会立即去打这个电话。

"说一千,道一万,两横一竖就靠干!"成功者真正的才能在于他们审时度势之后能付诸行动,这才是他们出类拔萃、获得成功的秘诀。什么事一旦决定,马上付诸实施是他们共同的特点,"现在就干,马上行动"是他们的口头禅。

德谟斯特斯是古希腊的雄辩家,有人问他雄辩之术的首要是什么?他说:"行动。"第二点呢?"行动。"第三点呢?"仍然是行动。"

迈克尔·戴尔说:"如果你认为自己的主意很好,就去试一试!"29 岁的戴尔正是以此成为企业巨子的。他如今是美国第四大个人电脑生产商,也是《财富》杂志所列 500 家大公司的首脑中最年轻的一个。戴尔是在得克萨斯州的休斯敦市长大的，有一兄一弟，父亲亚历山大是一位畸齿矫正医生，母亲罗兰是证券经纪人。三个孩子当中，戴尔在少年时期就已显出勤奋好学、干劲十足的优势。

一次，一位女推销员上门，说要和迈克尔·戴尔先生面谈他申请中学同等学历证书的事情。于是，当时才 8 岁的迈克尔就向她解释说，他认为尽早把中学文凭解决掉可能是个好主意。几年后，迈克尔有了另一个好主意：在集邮杂志上刊登广告，出售邮票。后来，他用赚来的 2000 美元买下他的第一台个人电脑。他把电脑拆开，来研究它是怎样工作的。

戴尔读高中时，找到了一份为报纸征集新订户的工作。他推想，新婚的人最有可能成为订户，于是雇请朋友为他抄录新近结婚人的姓名和地址。他将这些资料输入电脑，然后向每一对新婚夫妻发出一封有私人签名的信，允诺赠阅报纸两星期。这次他赚了 1.8 万美元，买了一辆德国宝马牌汽车。

第二年，迈克尔·戴尔进了得克萨斯大学。像大多数学生那样，他需要自己想办法赚零用钱。那时候，大学里人人都谈论个人电脑，凡没有的人都想买一台，但由于售价太高，许多人承担不起。一般人所想要的，是能满足他们的需要且又售价低廉的电脑，但市场上没有。戴尔心想："经销商的经营成本并不高，为什么要让他们赚那么厚的利润？为什么不由制造商直接卖给用户呢？"戴尔知道，IBM 公司规定经销商每月必须获取一定数额的个人电脑，而多数经销商都无法把货全部卖掉。他也知道，如果存货积压过多，经销商会损失很大。于是，他按成本价购得经销商的存货，然后在宿舍里加装配件，改进性能。这些经过改良的电脑十分受欢迎。戴尔见到市场的需求巨大，于是在当地刊登广告，以零售价的八五折推出他那些改装过的电脑。不久，许多商业机构、医生诊所和律师事务所都成了他的客户。

一次戴尔放假回家时，他的父母表示担心他的学习成绩。"如果你想创业，等你获取学位之后再说吧。"他父亲劝他说。戴尔当时答应了，可是回到奥斯汀，他就觉得如果听父亲的话，就是在放弃一个一生难遇的机会。"我认为我绝不能错过这个机会。"一个月后，他又开始销售电脑，每月赚 5 万多美元。戴尔坦白地告诉父母："我决定退学，自己开办公司。""你的目标到底是什么？"父亲问道。"和万国商用机器公司竞争。"和万国商用机器公司竞争？他的父母大吃一惊，觉得他太好高骛远了。但无论他们怎样劝说，戴尔始终坚持己见。终于，他们达成了协议：他可以在暑假时试办一家电脑公司，如果办得不成功，到 9 月他就要回学校去读书。

戴尔回奥斯汀后，拿出全部储蓄创办戴尔电脑公司。当时他 19 岁。他以每月续约一次的方式租了一个只有一间房的办事处，雇用了第一位雇员——一名 28 岁的经理，负责处理财务和行政工作。在广告方面，他在一只空盒子底上画了戴尔电脑公司第一个广告的草图。朋友按草图重绘后拿到报馆去刊登。戴尔仍然专门直销经他改装的万国商用机器公司个人电脑。第一个月营业额便达到 18 万美元，第二个月 25 万美元，不到一年，他便每月售出个人电脑 1000 台。积极推行直销、按客户的要求装配电脑、提供退货还钱以及对失灵电脑"保证翌日登门修理"的服务举措，为戴尔公司赢得了广阔的市场。戴尔电脑公司鼓励雇员提出新的主意。雇员提了一个主意之后，如果公司认为值得一试，那么，即使后来证明不可行，雇员也会获得奖赏。到了迈克尔·戴尔本应大学毕业的时候，他的公司每年营业额已达 700 万美元。戴尔停止出售改装电脑，转为自行设计、生产和销售自己的电脑。

今天,戴尔电脑公司在全球16个国家设有附属公司,每年收入超过百亿美元,有雇员约5500名。戴尔个人的财产,估计在2.5亿到3亿美元之间。

戴尔的成功告诉我们:成功的根本在于行动。年轻人应该去尝试实现自己的梦想,尝试去做你内心真正喜欢的事。行动是通向成功的唯一途径。

现在就干,一分钟也不拖延

著名励志大师马克·杰弗逊说:"一次行动足以显示一个人的弱点和优点是什么,能够及时提醒他找到人生的突破口。"毫无疑问,那些成大事者都是勤于行动和善于采取行动的大师。在人生道路上,我们需要的是用行动来证明和兑现那些美好的梦想。

在西点军校,有一条校训是:要立即行动,不要拖延。

当我们接到新的工作任务时,就应该立刻去干。像"再等一会儿"或"明天开始做"之类的语言和想法,一分钟也不要让它们盘踞在我们的心里。立刻去做!从现在就开始,在最短的时间内拿出工作成绩。

优秀的员工,在日常工作中,都会清楚自己的工作职责是什么,他们在领导交代工作时只会说一句话:"好的,我立刻去做!"

一个人拥有强烈的行动意识,是获得事业成功的关键。在职场中,到处都有成功的机会,我们只要在工作中时刻坚守这种精神,让行动意识牵引着我们,并竭尽全力去实现我们心中的梦想,就肯定能够从优秀迈向卓越!

胡斌是一家公司的普通职员,他有个外号叫"行动滑板"。由于他不论干什么,一旦接手,就会马上去干,用最快的速度完成。后来胡斌被调到了销售部门。有一次,公司给销售部下达了一项任务——本年度500万元的销售额必须按时完成。

销售部的经理认为要完成这个目标几乎是不可能的,私底下开始抱怨这抱怨那,并认为上级对他太苛刻。只有胡斌一个人仍在忘我地工作,在距年终还有20多天的时候,胡斌就已经把自己承担的销售额完成了。可其他人却没有胡斌做得好,大多仅完成了目标的一半。

销售部经理主动提出了辞职,胡斌被任命为新的销售部经理。胡斌在上任后依旧拼命地工作。其他人也被他的行为感动了,在年终的最后一天,他们居然完成了全部的任务。

没过多久,这家公司被别的公司收购。新董事长第一天来上班时,就亲自点名任命胡斌为新公司的总经理。

因为这位董事长在双方洽谈收购的过程中,曾多次来公司,"行动滑板"胡斌给他留下的印象最为深刻。

"立即行动"是卓越人士的格言,那些工作高效、干事多、乐此不疲的人,常常在企业担任高职。一旦你养成了"立即行动"的工作习惯,就会叩响成功的大门。你的工作能力与态度越好,报酬与职务也就越高,也就意味着你向自己的美好前程迈了关键的一步。

的确,坚持行动是很难的。但最终你会发现,这种态度让你焕发出了生命激情,你的生活会因此而改变。当你赢得了别人的认可,你就会始终如一地以这种态度做事,并逐渐形成一刻也不拖延、立即行动的良好习惯。

我们一定要做到,无论干什么事,即便有难度,也不要拖延。很多事情的难度,都是因为我们的犹豫与摇摆而增加的。

“立即行动”是世界500强企业中最重要的工作理念、行为习惯与价值观之一,同时也是员工们的首要行为准则。

所有卓越的员工都知道,只有立即行动,才能够保证一切;只有勇往直前,一刻也不要拖延,才能优质高效地完成任务。接到任务后立即行动,一刻也不拖延的员工,永远是企业最为宝贵的财富。

梦想需要付诸实践

每个人都会做梦。每个人都梦想着自己能够成功,而且,有些人关于自己的事业计划设想得头头是道,第一步应该做什么,第二步应该做什么,第三步……思考本身就是一种行动。如果连想都不敢想的话,何谈什么成功?

是啊。谁不希望自己能够成功呢?做一个成功的人士是多么令人羡慕的事情啊!这个世界谁是主宰?是成功者!

如果事业成功在梦想里就能够实实在在地实现,那该是一件多么美妙的事情啊!

梦想终归是梦想,发展计划终归是发展计划,发展目标终归是发展目标,他们都能变为现实,但却都不是现实。在目标和成功之间,在梦想与现实之间,在计划和结果之间,需要的是两个字:行动!

如果没有行动,即使再简单的事情也做不成。而行动的质量又如何区分呢,要看思想的高度。

很多人迫于生存压力而缺乏思考,几乎成了被动工作和惯性生活的奴隶。

人在工作和生活中的惰性就具体表现在做事拖拖拉拉上面。做事拖拖拉拉,主要指的就是制定了成功的计划而不去采取行动,也包括已经认识到自己的缺点而不去改变。这两方面的拖拉,都是成功发展的大敌。

做事情没有效率,就是指把不愉快或者已经成为负担的事情推迟到将来再做的行为。更严重的是,这样久了,拖拉就成为了习惯。不管做什么,如果不拖拉,他反而不习惯了。所以,如果你是这样的人,从今天开始,你就应该意识到,做事拖拖拉拉实际上是在浪费你的生命。所以,如果你只是活在自己的梦想之中,活在计划之中,这其实也是在浪费着你宝贵的人生。

做事拖拉、总是沉浸在梦想中的人,最喜欢的事情就是要花很多时间思考要做的事情,担心这个担心那个,找借口推迟行动,同时,又因为自己没有完成任务或者没有改变某个缺点而懊悔。本来,在这段时间里,他们完全有时间把自己担心没有做的事情做完,或者把没有改变的缺点改变过来。之所以会出现这样的情况,就是因为这个人从思想意识上就没有严格要求自己,任何事情都抱着一种“差不多”了的心态,放任自己的放任。这样的思想“低”度,当然不会出现高回报的人生。

然而，他们就是不能将自己的计划转化为行动。

1908年，年轻的拿破仑·希尔在美国田纳西州的一家杂志社工作，同时又在上着大学。由于他在工作上的杰出表现，杂志社派他去采访伟大的钢铁制造家、经济巨人安德鲁·卡内基。卡内基很欣赏前来采访他的这位积极向上、精力充沛、有闯劲、有毅力、理智与情感又处理得恰到好处的年轻人。他对希尔说："我向你挑战，我要你用20年的时间，专门用在研究美国人的成功哲学上，然后提出一个答案。但除了写介绍信为你引荐这些人，我不会对你作出任何经济上的支持，你肯接受吗?"年轻的希尔信任自己的直觉，勇敢地承诺说："我接受！"

数年后，希尔在一次演讲中说："试想想：全国最富有的人要我为他工作20年而不给我一点薪水。如果是你，你会对这建议说'yes'或者'no'？如果是一个识时务者，面对这样一个'荒谬'的建议，肯定会推辞的，可我没有这样干。"

在卡内基对希尔的挑战中包括明确的目的，即研究美国人成功的哲学以及达到目的的时限——20年。经过这一次长谈后，在卡耐基的引荐下，拿破仑·希尔遍访了当时美国最富有的500多位杰出人物，对他们的成功之道进行了长期研究，终于在1928年完成了专著《成功定律》一书。

从1908年俩人约定，到1928年，正好是20年。《成功定律》这本书轰动了全世界，他也由此走上了成功之路。而7年之后，拿破仑·希尔则成为总统罗斯福的顾问。

与此同时，拿破仑·希尔又开始撰写后来有很大影响的另一本书《思考致富》，该书于1937年出版。随后，他又将《成功定律》与《思考致富》两本书加以总结，得出了成功学领域的著名的十七个成功定律，明确的成功目标正是这十七个定律之一。而将目标变为现实的步骤正是拿破仑·希尔的亲身经历所得。

所以，如果你想发展，你就要赶快拟定一个实现自己目标的可行计划，马上行动！判定一个人是否有思想，是可以从他的行为中得出基本的结论的。行动不积极的人，再好的想法也会因为自己的拖延而改变性质，失去机遇。一个人倘若是少加思考的，那么他的行为往往也会乱七八糟。

精彩演绎需要一个开放的平台，而思想高度的升华更需要有一种超前的理念。

今天，对渴望获得成功的人而言，思想高度本身就是竞争力。而思想高度的追求又是极为严苛的，需要自我监督，需要自我的清醒认识，还需要对现实情况的有效估计，这些归根结底都需要不懈的努力。

只有这样去做，才可能提升行动时的速度，加快你走向成功的脚步，让你有更多的时间去思考和完善细节，甚至可以忙里偷闲地想象如何保持这种即将获得的成功。

只有将梦想付诸实践，才能真正收获成功。因此，若你拥有美好的梦想，一定要立即行动，努力直到实现梦想。

法则二十 信念

你绝对不能失败

“你绝对不能失败！”是西点的一条重要训诫。无论是刚入校的新学员，还是身经百战的老校官，对这几个字都是奉若神明！

在新兵入伍的第一天，海军陆战队就告诉这些士兵，他们的任务是为美国求胜，不能在战场上获胜，等于对国家无用。经过新兵训练营三个月艰苦严酷的考验，正式成为海军陆战队员的那一刻，司令官又会再度重申他们对国家的重大责任，并态度庄严地盯着每一个队员，铿锵有力地训导：“你绝对不能失败！”

这一训诫牢牢刻印在每一个陆战队官兵的脑海中，浸润到他们的每一个细胞和每一滴血液里，无论身处何种险境，遭遇多大打击，他们始终提醒自己：“我绝对不能失败！”他们深知，战场是现实而残酷的，没有任何情面可讲，没有任何借口可说，更不存在任何侥幸和假设。任何人在某一个行动上的失利，某一个环节上的挫败，某一个决策上的失误，某一个战斗中的失败，不仅会葬送自己的生命，还会葬送其他队员的生命，甚至造成全军覆没的危险；不仅会使这个阵地丢失，还会波及其他阵地，甚至使已取得的成果付诸东流；不仅会使这次战役失败，还会影响未来战局的发展，甚至影响战争最终的胜负。

然而，有多少企业管理者在新员工入职时，告诫他们：“你绝对不能失败！”又有多少员工在心里时时谨记：“我绝对不能失败！”恐怕做到前者的不多，做到后者的就更少。既然管理者害怕说出如此苛责而厚重的语句，总是用近乎自我催眠的方式教育员工：“今天不努力工作，明天就要努力找工作”；既然未让员工充分认识到：失败会吸干组织中每个人的能量，而不断的失败则会摧毁整个组织。员工自然认为，失败没有什么了不起的，这次失败了下次可以再来；这次工作搞砸了，下次还可努力做好；这次订单流失了，下次还有机会得到；这次得罪了客户，下次还可补救……遗憾的是，有多少失败可以重来？

事实上，很多时候我们这一次失败了，就再也没有下一次机会让我们重新开始或者补救上一次的失败,竞争就是这么残酷无情,无论你曾经下了多大工夫,做了多少努力,花费了多少心血,只要你在某一个环节上出了差错,导致了失败,就会功亏一篑,根本没有回旋的余地!

雷诺汽车公司为了将汽车销售到南美洲,同意汽车购买者以咖啡豆抵作车款。当雷诺公司决定用换取的咖啡豆生产速溶咖啡,而不是将咖啡豆直接成批出售时,麻烦来了。

在没有认真调查易货贸易商的资信情况下,雷诺公司草率地决定建造两座工厂,运用“一种奇特的生产新工艺”加工速溶咖啡。结果,雷诺公司为此损失了1.2亿美元,付出了一笔高昂的学费。原来,那位贸易商早已因为其他国际经营计划的失败,而陷入法律纠纷,并逃之夭夭,致使公司原来设想的“奇特的生产新工艺”无法正常运转,项目彻底泡汤。

在西点人的字典里,从来没有“失败”二字,“胜利”才是他们的行动目标和动力!他们一心一意想着胜利,自动自发地去完成每一项任务,全力以赴地投身于获胜的战斗中。他们将每一次亮相,每一次出征,每一项任务,每一个战役,都当作一项光荣的使命来完成。他们并不是被洗脑后才具有坚定必胜的信念,而是被训练成能够在最恶劣环境下找出制胜方法的斗士。

在新兵训练营,每一个新兵都要接受一个又一个的挑战,尽管每个障碍、每道险关,看起来都是难以逾越的,但他们别无选择,只有义无反顾、勇往直前地跨过去。即使他在前面10个障碍中都表现优异,教官也不会给他任何不一样的优待和通融,而必须确保在第11个障碍中获胜,“三胜两败”在这里是行不通的。

正如腓特烈·罗培兹准将所言:“能够持续的胜利才是真正的胜利,每个阶层的领导者都必须保持这种动力。”

如果说“做不到”,你将经常站在失败的一边

要成功,你就一定要有强烈的成功的欲望,就如同一个溺水的人有强烈的求生欲望,一个优秀的足球前锋有强烈的射门意识一样。

获得一个良好的心理状态,寻求心理上的动力,十分重要的一点就是要始终保持一个成功者的心态。假定自己是个成功的人物,这样,你就能够发挥出极大的热情和自信去面对前进道路上遇到的种种艰难险阻。虽然你还未成功,可这种自我造就的心理成就感能够促使你朝着成功的目标迈进。

西点著名校友国际银行主席奥姆斯特德说过:“以顽强的毅力和百折不挠的奋斗精神去迎接生活中的各种挑战,你才能免遭淘汰。”

西点的学校生活就是战争生活,训练场就是战场,训练中体现了战场上的严格与残酷。西点学员要经历大量的痛苦和折磨,要与阻碍、困苦做大量的斗争。在他们的词典里,找不出“放弃”这一个词。

走进西点大门的学员,很快就明白了什么叫坚忍了。坚忍就是必须达到训练的要求,不能有任何通融。因为军事活动是真刀真枪的活动,拿生命与困难拼搏的时候,谁降低标准,谁就会失败,甚至死亡。同时,军事活动是各种困难丛生的领域,不确定因素太多,像是地形复杂、气候恶劣、对手强大、部队不精、装备较差,它们时刻考验着指挥官,没有坚强的意志力就扛不住,就会垮下来。所以,西点不管外界如何批评,在设置训练的难度和强度上不减分毫。他们提出,在这些困难面前,格兰特过去了,潘兴过去了,麦克阿瑟过去了,布莱德利过去了……你们也要过去。

一天早上,一位将军受命在天黑之前拿下一个高地。于是他带领部队向高地发起了进攻,无数次的冲锋,都被敌人一一击退了。最后一次冲锋,他所有的战友都牺牲了,他自己也在战壕前几米处,被一枚地雷炸断了一条腿,而对方的军旗,依旧飘扬在山顶上,于是他绝望地朝自己开了枪。过了半小时,增援部队来了。当他们冲上山顶时,发现对方的官兵也已经战死,只剩下一个奄奄一息的火夫,正绝望地抱着自己的军旗……

很明显这位将军是被自己打败的。别人不能把你真正打败,只有自己才是你走向胜利的最大敌人。选择一种战胜自己的姿态,是所有渴望成功的人必须要完成的功课。

其实,竞争的本质就是意志的较量,咬牙挺住了,胜利也许就属于你。一切贵在恒久,只要坚持,再弱小的力量也可以创造出意想不到的效果。永不言败是一种不达目的誓不罢休的勇气,更是一种智慧,一种坚持到底、开拓进取的动力源泉。

第二次世界大战后,功成身退的英国首相丘吉尔应邀在剑桥大学毕业典礼上发表演讲。经过邀请方一番隆重但稍显累赘的介绍之后,丘吉尔走上讲台。只见他两手抓住讲台,注视着观众,沉默了大约两分钟后,他开口说:"永远,永远,不要放弃!"接着又是长长的沉默,随后他又一次强调:"永远,永远,永远不要放弃!"最后,他在再度注视观众片刻后走下讲台回到了座位。场下的人这才明白过来,紧接着便是雷鸣般的掌声。

这场演讲是演讲史上的经典案例,也是丘吉尔最脍炙人口的一次演讲。丘吉尔用他一生的成功经验告诉人们:成功没有什么秘诀,假如有的话,也只有两个,第一个是坚持到底,永不放弃;第二个就是当你想放弃的时候。记得要照着第一个秘诀去做,坚持到底,永不放弃。

歌德也曾用激励的语言这样去描述坚忍不拔的意义:"不苟且地坚持下去,严厉地驱策自己继续下去,哪怕是我们当中最渺小的人这样去做,也一定会达到目标。因为坚忍不拔是一种无声的力量,这种力量会伴随着时间而增长,是任何失败和挫折都不能阻挡的。"

西点人崇尚第一,要求每个人都努力争取第一。战场上除了胜利就是失败,没有打平一说。西点不需要弱者,唯有胜利才能证明一切。所以,每个人都要具备强者心态。西点校内一直流行着这样一句名言:只要你不认输,就有机会!

西点人注重胜利,同时在学员中不断强化胜利的意识,他们在认识到获得球赛的胜利和获得战争的胜利有很多共通之处时,就把体育运动广泛地引入到学员生活中。体育和战争的本质都是双方通过对抗,最后定出胜负,而其关键就是"获胜"。在竞争激烈的社会里,并不是每个人都能成为第一,不过每个人都可以拥有成为第一的梦想。只有争取第一才是一种积极向上的心态。它为西点人甚至所有人创造了一个奋斗的目标,提供了一种前进的动力。

长久以来,人们一直都觉得要在四分钟内跑完一英里是件不可能的事。但在1954年,著名的短跑名将罗杰·班纳斯特却做到了。他之所以创造出了这项佳绩,一是得益于体能上的苦练,二是归功于精神上的突破。很长的一段时间里,他都曾在脑海里多次模拟四分钟跑完一英里,后来这变为了一种强烈的信念,从而对神经系统下了一道死命令,必须完成这项使命。后来,他果然做到了大家认为不可能做到的事。大家都没想到,在班纳斯特打破纪录的第二年里,竟然有近千人先后打破了这项纪录。

就像西点著名教官约翰·阿比扎伊德中将所说,一个人想要征服世界,首先是必须战胜自己。只有不断强化必胜的信念,你才能保持前进的动力,努力寻找方法,克服一切艰难险阻,向成功逐渐靠拢。

信念代表着一个人在事业中的精神状态、把握工作的热情,还有对自己能力的正确认知。

只有怀着必胜的信念，我们工作起来才能充满热情、干劲十足、无所畏惧地勇往直前。在这个过程中，我们势必会碰到一些小麻烦、小挫折，可是这些都将成为我们走向成功的垫脚石、助推器。

决心就是力量，信念就是成功，拥有必胜信念的人总能够比别人更容易走向成功。

始终对自己充满信心

自信是每一个年轻人所具备的必然态度。无论在哪个领域里，自信这个亮丽的字眼都始终占据第一位。

自信是成功的秘诀，自信也是职场上必不可少的金钥匙。世界上的各行各业都尊重和崇尚高度自信的人！自信表明了一种对自我能力、优势的认可与肯定，自信可以使一个年轻人相信自己有能力冒风险，敢于接受各种挑战和工作任务，并信守承诺，实现理想。

自信十足的年轻人是职业中的佼佼者，值得每一个员工学习和效仿，他的思想和言行必将影响周围的人，他会增进团队的凝聚力、向心力和核心竞争力。

这个世界是由自信心创造出来的。没有自信就没有一切。自信是成功的基石。树立巨大的雄心和拥有坚定的信心的年轻人，就是时代的弄潮儿，是未来的掌舵者。世界这么广阔，生活这么美好，时代这么先进，我们应该具备怎样的心理素质来面对生活呢？

这种必备的心理素质就是自信。

在公司里，你也许才华并不出众，实力也比较薄弱，可能只是一个不起眼的小角色，老板根本就没在意你，这时，自信就是你求得生存的可靠法宝。你可以积极主动地工作，发挥自己的特长，在拼搏进取中展现你内心的特质：自信和热情，相信有一天，你会在同事中脱颖而出，鹤立鸡群的！因为由于你十分相信自己，其他人无法打击你的自尊心，反而对你刮目相看了。

自信是帆，搏击在人生大海中的水手，只有升起自信的风帆，才能在波涛汹涌的大海中，推开自卑的浪头，胜利抵达成功的彼岸。

美国布鲁金斯学会有一位名叫乔治·赫伯特的推销员在2001年5月20日这天，成功地把一把斧子推销给了美国总统小布什。这是继该学会的一名学员在1975年成功地把一台微型录音机卖给尼克松后在销售史上所刻写的又一宏伟篇章。

乔治·赫伯特推销成功后，他所在的布鲁金斯学会就把刻有“最伟大推销员”的一只金靴子赠予了他。

布鲁金斯学会创建于1927年，该学会以培养世界上最杰出的推销员著称于世。布鲁金斯学会有一个传统，就是在每期学员毕业时，都会设计一道最能体现推销员能力的实习题，让学员去完成。

克林顿当政期间，布鲁金斯学会设计了这样一个题目：请把一条三角裤推销给现任总统。在克林顿执政的八年时间内，众多学员为此绞尽脑汁，最后都没有成功。克林顿卸任后，布鲁金斯学会把题目换成：把一把斧子推销给小布什总统。

但是，这个题目公布之后，许多学员都认为这是不可能做到的，有的学员认为把一把斧子卖给小布什简直是太困难了，结局会和把一条三角裤卖给克林顿一样，毫无结果，因为现在的布什总统什么都不缺，即使缺少，也用不着你去推销，更不用说他亲自去购买，他完全可以让其他人去购买，而且卖斧子的商家众多，布什不一定会买你的。

但是，乔治·赫伯特却没有产生如此消极的想法，他也没有找任何借口不去做，他认为不管结果如何，只要自己去做了，即使没有结果也没关系，做总比没做好。在他看来，把一把斧子推销给小布什总统是完全有可能的，因为布什总统在得克萨斯州有一个农场，里面长着许多树。于是乔治·赫伯特就给布什总统写了一封信说："有一次，我有幸参观您的农场，发现里面长着许多矢菊树，有些已经死掉，木质已变得松软。我想，您一定需要一把小斧头，但是从您现在的体质来看，这种小斧头显然太轻，因此您需要一把不甚锋利的老斧头。现在我这儿正好有一把这样的斧头，它是我祖父留给我的，很适合砍伐枯树。假若您有兴趣的话，请按这封信所留的信箱，给予回复……"

在乔治·赫伯特把这封信寄出去不久，布什总统就给他汇来了15美元。

乔治·赫伯特成功后，布鲁金斯学会在表彰他的时候说，"金靴子奖已空置了26年，26年间，布鲁金斯学会培养了数以万计的百万富翁，这只金靴子之所以没有授予他们，是因为本学会一直想寻找一个人，这个人不会因为有人说某一目标不能实现而放弃；不因某件事情难以办到而失去自信。"

从乔治·赫伯特把斧子卖给布什总统这件事来看，自信对每个人都非常重要。无论我们面临的是学习还是工作的压力，无论我们身处顺境还是逆境，只要我们有自信，就可以用它神奇的放大效应为我们的表现加分。

卓越的人物在成功之前，总是充分相信自己的能力，深信自己必能成功。所以工作时，他们就能全力以赴，直到胜利。

梦棋刚毕业就被分配到一个设计院工作。原本活泼开朗的她一下子沉默寡言，走路时总是低着头，面无表情。每次上下班她都是独来独往，从不和同事打招呼，在工作时她也从不向老职工请教，以至于她的业绩平平，毫无起色。看上去她显得很自卑。有一天，她下班回家路过一家精品店，里面摆满了各式各样的发夹，她于是心血来潮选了一款夺目的发夹在头上试戴起来，老板走过来递给她一面镜子说："真漂亮，你戴上它的确很好看，你真有眼力。"梦棋听了，脸上立即绽放出久违的笑容。第二天到了公司，她主动地跟同事打招呼，早上的图纸设计她特意跑到老总办公室寻求建议，这时，公司的上司和同事都不知道她为何有这么大的变化，仿佛变了一个人，都对她热情起来。当她又一次路过精品店时，老板快步跑出来叫住她："小姐，昨天你忘了把发夹带走，放在桌子上了。"梦棋才摸摸头上，的确自己昨天试戴发夹时，付了钱，竟忘记把它戴在头上了。不过这时已不怎么重要了，半年后，梦棋凭借自己的勤奋好学和十足的自信当上了设计部门的主任，有人问她为什么突然变得这么出色？她说："是因为那只发夹改变了我，它使我变得自信和美丽！"

上述故事说明了一个道理，自信是一个年轻人的健康的心理素质，拥有了自信心，它能使丑小鸭变成金凤凰。

职场上的成功人士总是一开始就充分相信自己的能力，深信自己必能成功。千万不要认为自己能力有限，你永远可以比现在更好，只要敢于尝试，勇于拼搏，不断进取，不懈地追求自己的梦想，你就能真正拥有自信，取得非凡的成就。

年轻人要取得成就，自信是第一要素。无论你现在处于何种职位，这并不重要，重要的是看你有没有自信！

有的事情不是因为我们难以做到，才失去了自信，而是因为我们没有自信，才失去了成功的机会。

勇敢地面对挑战，大胆地采取行动

西点军校的精英们都知道，在残酷的战场上，没有人可以让你重新再打你曾经打败的一场战斗。只要被打败，你就一定要付出惨重的代价。因此，必须要扔掉那些想找借口的想法。

当西点毕业的格兰特将军赢得了美国内战的胜利，开辟了美国历史的新篇章后，很多人开始试图找到格兰特制胜的原因。在格兰特将军做了美国总统后，有一次，他到西点军校视察，一名学毕毕恭毕敬地向格兰特提问：

"总统先生，请问西点军校授予您什么精神使您义无反顾、勇往直前?"

"没有任何借口。"格兰特的回答声音洪亮、掷地有声。

"假如您在战争中打了败仗，您必须为自己的失败找一个借口时，您会怎么做?"

"我唯一的借口就是：没有任何借口。"

执行任务，不找任何借口地去落实，这是千百年来每个士兵甚至将军最基本的职责。军人的天职就是无条件地执行上级的命令，全力以赴地完成，哪怕是牺牲自己的生命也在所不惜。成功的人没有借口，不成功的人也有一种共同的性格特征，他们明白失败的原因，并且对于自己有着他们认为的一套托词。

对于人类来说，制造借口已经成了本能的习惯。这是一种不容易被打破的坏习惯，特别是我们要以此作为某事的借口之时。艾乐勃·赫巴德说："我对自己一向是个谜，为何人们用这么多的时间制造借口以隐藏他们的弱点，并且故意愚弄自己。倘若用在正确的用途上，这些时间足够矫正这些弱点，那时便不需要借口了。"

任何人在任何时候都可以找到"充分"的理由证明"失败与我无关"，就算对于关系到自身前途和命运的问题，我们也可以找出理由来为自己开脱。当我们以别人配合不利为借口时，其实就是在纵容自己的依赖心；当我们抱怨环境不好找不到机会的时候，其实正在原谅了自己的懦弱和懒惰。

一般状态下，有两种人习惯为自己找借口。第一种人是从一开始就找借口为自己开脱，他本来就"不想去做"。在日常生活和工作中，我们常常会听到各种各样的借口，"那个客人我对付不了"；"我明天有事情，完不成这个工作"；"我现在下班了，明天再说吧"；"我很忙，现在没空"；"这件事不能怪我，不适合我来干"……诸如此类的借口，让人苦笑连连、无可奈何。

第二种人一开始确实是努力去做，或者看似努力，实际上并没有全力以赴，他们善于为失败找借口。"我已经尽力了，最后没做好不能怪我一个人"；"对手太强大了"；"我已经做了分内的事，别的事儿我不负责"；"XX 中间出了差错，不是我干不好"等。这一类人尝试去做，可是他们都没有竭尽所能，他们寻找看似合理的借口为自己的半途而废百般狡辩。

一个又一个的借口只会让我们的激情、热情和信心都蜷缩在阴暗的角落里，而自己的自私、怯懦、懈怠、懒惰等却披着借口的外衣大摇大摆地登上舞台。

有一位心理学家在多年来一直探寻成功人士的精神世界，他发现了两种本质的力量：一种是在严格而缜密的逻辑思维引导下艰苦工作；第二种就是在突发、热烈的灵感激励下立即行动。

当也许会改变命运的灵感在世俗生活中喷发时，绝大多数人习惯于无视它，而后又回到原来的生活轨道：什么时候该做什么照常做什么。他们并没有意识到，内在的冲动是人类潜意识通向客观世界的直达快车。员工接到任务之后也是一样，无论领导决策对不对，马上执行才是第一位的。假如等到你问清一切问题，最佳时机可能早就错过。很多聪明的职场人士就是善于把握这一点，毫不犹豫地抓住一切有利时机，才将成功的果实牢牢地攥在了自己手中！

不过与马上行动相反，有些人总是被动接受任务，把工作往后拖延。他们擅长找出成千上万个理由辩解事情为什么无法完成，而对事情应该完成的理由却没有想法。却不知道，很多简单的事情将就此变得复杂，许多本可成功的事情将因此变得毫无希望。最关键是，拖延会悄悄地消耗我们的生命。

我们在做任何事的时候，都要积极行动、自觉行动、绝不拖延，只有这样，效率才能够更高，工作才会变得更出色。

不自信就永远无法顶天立地

在生活中，我们发现，那些拥有自信的人总是以乐观、积极的态度对待生活中的一切；相反，没有自信的人总觉得自己不如别人，做什么事情都畏首畏尾，总是退缩。

在西点，每个学员都必须挺起胸膛走路。高昂着头，挺直腰板走路，既有军人的雄健威武，又有绅士的儒雅风度。如果西点的学员因为害怕而自己败下阵来，是要受到严重惩罚的。这要比因为能力不足而做不到更让人看不起。西点军校的学员都懂得，当你相信自己能做出最好的成绩时，自信会有助于你的表现。克里斯曼中将曾经说："信心和毅力比西点军校的毕业证书更重要。"

麦克阿瑟在西点军校入学考试的前一晚很紧张。母亲对他说："如果你不紧张，你就会考取。你一定要相信自己，否则没有人会相信你。要有自信，要自立。即使你没有通过，但你知道自己已全力以赴了。"发榜后，麦克阿瑟名列第一。

任何一个人的成长都是一个蜕变的过程。在这个过程中，自信会让人在任何困难与挫折面前以饱满的精神状态面对。只有这样，才能真正历练成一个顶天立地的人。

春秋战国时期，一位父亲和儿子出征打仗。父亲已做了将军，儿子还只是马前卒。又一阵号角吹响，战鼓擂鸣，父亲庄严地托起一个箭囊，里面插着一支箭。父亲郑重地对儿子说："这是家传宝箭，佩戴在你的身上，你会力量无穷，但千万不可抽出来。"那是一个极其精美的箭囊，厚牛皮打制，镶着幽幽泛光的铜边儿。再看露出的箭尾，一眼便能看出是用上等的孔雀羽毛制作的。儿子喜上眉梢，猜想箭杆、箭头的模样，耳旁仿佛有"嗖嗖"的箭声掠过，敌方的主帅应声倒地而亡。

果然，佩戴宝箭的儿子英勇非凡，所向披靡。当鸣金收兵时，儿子再也禁不住得胜的豪气，完全背弃了父亲的叮嘱，强烈的欲望驱使他拔出宝箭，试图看个究竟。骤然间他惊呆了：一支断箭，箭囊里装着一支折断的箭！"我一直挎着支断箭打仗呢！"儿子吓出了一身冷汗，仿佛顷刻间失去支柱，意志轰然间坍塌了。结果不言自明，儿子惨死于乱军之中。

拂开蒙蒙的硝烟，父亲拣起那柄断箭，沉重地叹道："不相信自己的意志，永远也做不成将军。"

从这个故事中，我们能吸取到这样一个教训：身处沙场，如果怀疑自己，把自己的命运交给一支箭，那么，这已经表明你身处危险之中。而成长的过程也是如此，任何时候都要相信自己。

正如这位父亲所说，“不相信自己的意志，永远也做不成将军”。如果做不到自信，那么，也就不能成长。和这位年轻的战士不同的是，交响乐指挥家小泽征尔在参加指挥家大赛就因为自信而获得了肯定。

小泽征尔是世界著名的交响乐指挥家。在一次世界优秀指挥家大赛的决赛中，他按照评委会给的乐谱指挥演奏，敏锐地发现了不和谐的声音。起初，他以为是乐队演奏出了错误，就停下来重新演奏，但还是不对。他觉得是乐谱有问题。这时，在场的作曲家和评委会的权威人士坚持说乐谱绝对没有问题，是他错了。面对音乐大师和权威人士，他思考再三，最后斩钉截铁地大声说：“不！一定是乐谱错了！”话音刚落，评委席上的评委们立即站起来，报以热烈的掌声，祝贺他大赛夺魁。

原来，这是评委们精心设计的“圈套”，以此来检验指挥家在发现乐谱错误并遭到权威人士“否定”的情况下，能否坚持自己的正确主张。前两位参加决赛的指挥家虽然也发现了错误，但终因随声附和权威们的意见而被淘汰。小泽征尔却因充满自信而摘取了世界指挥家大赛的桂冠。

从小泽征尔的故事中，我们发现，只有做到自信，才能排除干扰，走自己的路。人在成长的路上，必将会受到一些外在因素的干扰，但只有自信才是心中的灯光，时刻照亮着成长的道路。哲学家说得好，“你听到的一切并不完全正确，也不要因他人成功的议论而鄙视自己，否则就会陷入自卑的‘心灵监狱’”。我们常常发现有些人除了拿别人的优点与自己的缺点比较外，还喜欢听信那些不该信的话，他们认不清自己身上蕴藏着无穷无尽的潜力，情绪萎靡，不知不觉中为自己营造了自卑的“心灵监狱”。

成长是一个过程，只有自信，才能以坦然的心态面对成长中的种种挑战、困难、困惑等。自信方能自强，只有自信，才能做到知难而进，才能有临渊不惊、临危不惧的英雄本色。

从这个启示中，我们发现，自信是成功的第一秘诀。然而，自信心的培养并非易事，那么，该如何培养自己的自信心呢？

1. 找到自己身上的闪光点

有的人喜欢把眼光放在别人的优点上，而总盯着自己的缺点不放，因此很容易产生自卑的心理。要排除自卑心理，你需要认识到自己的长处，同时要相信自己的能力。

2. 体验成功，找到自信心

哪怕是小小的成功，你也要尽情地享受成功带来的喜悦。

3. 做事不要有太多顾虑

有些人因为缺乏经验，在做事时，往往在一开始就为自己想好了失败之后的退路，这样永远都不会取得成功，只会与目标渐行渐远。所有的成功者都必定有着坚定的信心。信心犹如人生路上的加油站，为你最终达到目标提供源源不断的能量。

相信自己，才能赢得他人的信任

人生在世，谁都希望得到他人的肯定，这其中就包括信任。然而，让别人相信我们，首先就要自己相信自己。现实生活中,很多在父母呵护下长大的人,习惯了父母的安排,甚至放弃自己的权利,让长辈的意愿来决定自己生活。他们把自己上学、择业、婚姻统统托付或交给家人,失去了自我追求,自我信仰,也就失去了选择的自由,久而久之,他们习惯于信任别人,而不是让别人信任。人生最大的缺失莫过于失去自信。自卑只能自怜,自信赢得成功。相信自己,就是相信自己的优势,相信自己的能力,相信自己的选择,相信自己才能赢得他人信任。"没有得到你的同意,任何人也无法让你感到自惭形秽。"而在西点军校,每个人之间建立的信任感都来自自我信任。

在1862年的一次战役中,格兰特率领上万人的军队在海军炮艇护送下,乘运输汽船溯田纳西河而上,开始了这次历史上最富想象力的战役。悍于格兰特的勇猛,南方派人询问格兰特,如果开城投降将给予什么条件。格兰特断然回答:"没有任何条件可讲,只有立即无条件投降,否则马上下令进攻!"这段话使联邦军队大受鼓舞,格兰特因此赢得了"要求无条件投降的格兰特"这一美称。当南方军队竖起白旗,15000名士兵放下武器时,格兰特取得了到那时为止北方的第一次重大胜利,从而收复了肯塔基州。

格兰特能获得林肯的信任乃至全美国人的信任,与他这句果断的话——"无条件执行"是分不开的,很明显,一个不自信的人是无法做到如此刚强、果断的。

相信自己,从而赢得他人的信任,这是任何一个军人必须做到的,因为只有互信才能为随时并肩作战而做好准备。这是军人的准则,也是任何一个人必须学会的处世智慧,只知退缩、抱怨的人永远也不会做好,因为你不但没有赢得自信,还失去了他人的信任。

一个纽约商人看到一个衣衫褴褛的卖尺子的人,顿生一股怜悯之情。他把1美元丢进卖尺子人的盒子里,准备走开,但他想了一下,又停下来,从盒子里取了一把尺子,并对卖尺子的人说:"你跟我都是商人,只不过经营的商品不同,你卖的是尺子。"

几个月后,在一个社交场合,一位衣着整齐的推销员迎上这位纽约商人,并自我介绍:"您可能已经不记得我了,但我永远忘不了您,是您重新给了我自尊和自信。我一直觉得自己和乞丐没什么两样,直到那天您买了我的尺子,并告诉我我是一个商人,我才真正成为了一名商人。"

卖尺子的人一直把自己当作乞丐,不就是因为缺乏自信吗?不自信又怎么能让顾客相信他从而购买他的产品呢?而纽约商人的一句话,一语惊醒梦中人,推销员找到了自信,并开始了全新的生活,从中我们不难看出自信的威力。缺乏自信是我们无法取信于人的重要原因,进而导致我们的事业不容易成功。

1937年获得诺贝尔文学奖的法国作家杜伽尔说:"我力量的真正源泉是一种暗中的、永不变更的对未来的信心,甚至不只是信心,而是一种确信。"与金钱、权势、出身、社会关系相比,自信是更有力量的东西,自信心就像能力的催化剂一样,它可以将人的一切潜能都调动起来。而从人际关系的角度看,自信的人能传递一种精神力量,它是赢取信任所必备的一种精神状态。

信任是一切人际关系活动的基础,而唯有自信,相信自己,才能赢得他人的信任。

任何人都不能代替你成长,只有自信,让周围的人信任你,你才能以饱满的精神状态迎接人生的挑战。为此,你需要做到以下两点。

1. 自我激励

你要知道,环境不能真正激励你自己,别人不能真正激励你自己,只有你自己才能发现并找到你真正的需要和追求。如果你想让自己的生命更精彩,如果你不想虚度此生,那么唤醒你自己吧!

2. 以绝对的自信感染他人

我们的情绪经常会被周围的人和事所影响，比如，别人给予赞美，我们就信心倍增，而别人一句否定的话，则会让我们自卑。而这就表明，你并未真正做到相信自己，真正相信自己的人会以强大的精神力量影响别人，而绝不是被影响。因此，不管任何时候，都要在心中呐喊对你最重要的那句话“我一定行”。

拥有自信，才能主宰自己的人生

有人说成功的人一定要有智慧，而智慧又从何而来呢？智慧的来源有三个：一是从你的知识而来，二是从你的经验而来，三是从自我反省而来。有智慧的人是能坚持到底的人，是充满自信的人，这样的人就是能永远散发着成功特质的人。任何一个成功者，无不是个自主的人，他们走自己的路，不为路上的任何风景分神。

自1802年建校以来，西点军校已经培养出2名美国总统、4名五星上将、3700名将军，美国陆军40%的将军都来自西点。另外，在当今世界500强企业中，约有1000名董事长、5000名总经理毕业于西点军校——任何一所商学院都没有培养出如此多的管理精英。北京大学国际MBA美方院长杨壮也是欧美同学会2005委员会的理事，他曾访问一个退休的西点将军，问了这样一个问题：“一生当中，最让你感到沮丧的事是什么？”老将军思索了10秒钟，然后坚定地说：“没有，我从来都蔑视任何挑战。”而杨壮是这样理解西点军校关于自信的定义：每一个从西点走出来的人，他的自信都来自实实在在的“四年苦日子生涯”，来自百折不挠地完成许多“不可能完成的任务”，因此，他们的“自信心就是相信自己在任何情况下，即便是在受到压力又得不到所需要信息的情况下，也能够正确无误地采取行动”。

的确，任何一个成功的西点人都拥有与众不同的人生，他们都是以自信的精神面貌蔑视任何挑战，尽管校纪校规要求他们做到绝对服从，但这与培养他们自主的精神是不冲突的。

自信是成功的前提。而在现实生活中，如果你让别人来指出你的缺点，相信你会看到很多不足，而让别人来指出你的优点，相信你也会得到很多赞扬。而如果我们能运用正确的思维方式，不完全相信听到的、看到的一切，也不要因为他人的指责而鄙视轻视自己，从而产生自卑感，或许我们就能坚持自己的主见。

一位画家把自己的一幅佳作送到画廊里展出，他别出心裁地放了一支笔，并附言：“观赏者如果认为这画有欠佳之处，请在画上做上记号。”结果画面上标满了记号，几乎没有一处不被指责。过了几日，这位画家又画一张同样的画拿去展出，不过这次附言与上次不同，他请人们观赏时将他们最为欣赏之处都标上记号。当他再取回画时，看到画面又被涂满了记号，原先被指责的地方却都换上了赞美的标记。

这位画家不受他人的操纵，自信而不自满，善听意见却不被意见所左右，执着但不偏执，表现出了一个自信的人所应有的那种风范。世界上每个人看事情的角度是不一样的，所以绝不要企求得到每一个人的赞扬。画家的事就是很好的说明。如果画家在受到指责之后，沮丧不已，认为自己不行，他可能就此消沉下去，没有信心再继续从事美术创作了。

在追求成功人生的过程中，如果你的头脑已经被失败的思维所占据，必然会产生可悲的结果。而相反，充满自信的心态必然会产生成功的结果。只有多看到自己的优势，多想一想自己曾经有过的成功，自己才会更加自信。否则，越是自卑，越是跳不出自己的思维模式；越是跳不出自己的思维模式，就越觉得自己不行；觉得自己不行，就要依赖他人，受他人的操纵。如此这样，每失败一次，自信心就会受到一次打击，久而久之，一切就会按照别人的意见行事，一切就会让别人来操纵，可悲的事情就会接踵而至。我们的人生自主权也就从自己的手上悄悄溜走了。因为只有拥有自信，才能用正确的观点来看待别人和看待自己，所以在任何情况下都不要迷失自己，被他人操纵。“有自信心的人，可以化渺小为伟大，化平庸为神奇。”自信才能主宰自我的命运。自信走出光明路，没有谁能够给予我们成功，成功必须依靠自身的奋斗来取得。每个渴望成功、渴望荣誉的人，都应该自强不息，为了自己而奋斗！命运掌握在你自己手中，世界也将在你的奋斗过程中慢慢向你展现。

从这一启示中，我们需要从以下两个方面来努力做到掌控自己的人生。

1. 不要让自己成为别人

你可以模仿别人，但千万不要让自己成为别人，你就是你自己，你一定要找到你自己的独特之处，显示自己的个性。同时，如果你想要成为别人，那么你就会生活在别人的影子里，看不到独立的自己，那你就永远也不可能找到自信。

2. 要为自己确立长远的人生目标

确立目标既是人生成功的需要，也是激发人的潜力、最大化地创造价值的需要，所以，人生一定要有目标，有了目标，你就会想方设法为达到目标而努力，因而就不会为是否自信以及目标以外的事情所烦恼。其实，设立目标本身就是自信心的一种表现，你在心中有了目标，你的潜意识就会调动你所有的能量，为实现目标而努力。但在制定目标时要注意，一定要使目标切合自己的实际，不要好高骛远。否则，一旦目标实现不了，你就会因此产生挫败感，从而打击你的自信，使你丧失信心。

别被自己吓倒，让自己征服自己

许多人似乎对一切都怀着恐惧之心：他们怕风，怕受寒；他们吃东西时怕有毒，经营商业时怕赔钱；他们人人言，怕舆论；他们怕困苦的时候到来，怕贫穷，怕失败，怕收获不佳，怕雷电，怕暴风……他们的生命，充满了怕，怕，怕！恐惧能摧残人的创造精神，足以杀灭个性而使人的精神机能趋于衰弱。一旦心怀恐惧、不祥的预感，则做什么事都不可能有效率。恐惧代表着、指示着人的无能与胆怯。这个恶魔，从古到今，都是人类最可怕的敌人，是人类文明事业的破坏者。

卫斯里为了领略山间的野趣，一个人来到一片陌生的山林，左转右转，迷失了方向。正当他一筹莫展的时候，迎面走来了一个挑山货的美丽少女。少女嫣然一笑，问道：“先生是从景点那边迷失的吧？请跟我来吧，我带你抄小路往山下赶，那里有旅游公司的汽车在等着你。”卫斯里跟着少女穿越丛林，阳光在林间映出千万道漂亮的光柱，晶莹的水汽在光柱里飘飘忽忽。正当他陶醉于这美妙的景致时，少女开口说话了：“先生，前面就是我们这儿的鬼谷，是这片山林中最危险的路段，一不小心就会摔进万丈深渊。我们这儿的规矩是路过此地，一定要挑点或者扛点什么东西。”

卫斯里惊问："这么危险的地方，再负重前行，那不是更危险吗？"少女笑了，解释道："只有你意识到危险了，才会更加集中精力，那样反而会更安全。这儿发生过好几起坠谷事件，都是迷路的游客在毫无压力的情况下一不小心摔下去的。我们每天都挑东西来来去去，却从来没人出事。"

卫斯里冒出一身冷汗，对少女的解释并不相信。他让少女先走，自己去寻找别的路，企图绕过鬼谷。少女无奈，只好一个人走了。卫斯里在山间来回绕了两圈，也没有找到下山的路。眼看天色将晚，卫斯里还在犹豫不决。夜里的山间极不安全，在山里过夜，他恐惧；过鬼谷下山，他也恐惧，况且，此时只有他一个人。后来，山间又走来一个挑山货的少女。极度恐惧的卫斯里拦住少女，让她帮自己拿主意。少女沉默着将两根沉沉的木条递到卫斯里的手上。卫斯里胆战心惊地跟在少女身后，小心翼翼地走过了这段"鬼谷"。

过了一段时间，卫斯里故意挑着东西又走了一次"鬼谷"。这时，他才发现"鬼谷"没有想象中那么深，最深的是自己心中的恐惧。

恐惧是人生命情感中难解的症结之一。面对自然界和人类社会，生命的进程从来都不是一帆风顺、平安无事的，总会遭到各种各样、意想不到的挫折、失败和痛苦。当一个人预料将会有某种不良后果产生或受到威胁时，就会产生这种不愉快情绪，并为此紧张不安，程度从轻微的忧虑一直到惊慌失措。现实生活中每个人都可能经历某种困难或危险的处境，从而体验不同程度的焦虑。恐惧作为一种生命情感的痛苦体验，是一种心理折磨。人们往往并不为已经到来的，或正在经历的事而惧怕，而是对结果的预感产生恐慌。人们生怕无助、生怕排斥、生怕孤独、生怕伤害、生怕死亡的突然降临；同时人们也生怕失官、生怕失职、生怕失恋、生怕失亲、生怕声誉的瞬息失落。

马克·富莱顿说："人的内心隐藏任何一点恐惧，都会使他受魔鬼的利用。"美国著名作家、诺贝尔文学奖获得者福克纳说："世界上最懦弱的事情就是害怕，应该忘了恐惧感，而把全部身心放在属于人类情感的真理上。"爱因斯坦说："人只有献身社会，才能找出那实际上是短暂而有风险的生命的意义。"循着哲人们的脚步，聆听他们智慧的声音，我们还有什么可以恐惧的理由？

而克服了恐惧，意志力的另一大敌人——绝望就出现了，它成为你前进的最后一重障碍，战胜了它，你就获得了真正无坚不摧、无往不利的意志力，你的人生也终将辉煌。

"天啊，面对厄运，我彻底绝望了！"这是懦弱者最常有的心态。的确，每个人都不希望厄运降临，希望自己顺顺利利地做成自己想做的事，但在现实生活中，这无疑是天方夜谭。正确的观念应该是——每个人都会遭遇厄运，都会面临绝望的境地，但对成大事者而言，厄运与绝望并不能置人于死地，相反是另一种命运的开始！

"马拉松人"约翰·布伦迪战胜了绝望，这是众所周知的事实。

1973年6月6日那天，约翰照常做20分钟的晨跑运动，然而他没想到的是，这次晨跑成了他一生中的最后一次跑步。

那天早晨跑完以后，约翰照旧到工地去，他和另外3人一同在屋顶上工作。天气非常炎热，工作也很艰苦，这时监工叫约翰拿一样工具给他，约翰便移动双脚，不料房顶水泥尚未凝固，就这样，他从上面掉下去了。

约翰失去了控制，他头朝下坠入空中。约翰事后回忆说："那时候我听到很多杂音和脊骨折碎的声音……现在想起来真是害怕，我整个身体一直往下掉，整个人就像饼干一样，那一瞬间我发现脚一点知觉也没有。以后的数秒之中恐怖、愤怒、绝望一一向我袭来，我很想站起来,可是心有余而力不足,能听从脑部指挥的只有头部,其他部位已完全没有知觉。我好像听到有人在上面说:'唉哟!约翰掉下去了。'我心里不断期望,也不断诅咒。我把头转向左边,看到10公分远的地方有穿着鞋子的双脚,脚尖就在眼前,好像是我的脚,可是怎么会在这里呢?那一刻,我绝望了。醒来时,我发现头部两侧的针头已经取出来,原来我已经在医院里。当时我想,只要安静下来,痛苦会逐渐减轻。令我惊讶的是,我全身竟像木乃伊一样,被白布包裹起来,而我一点知觉也没有。"

经过几个星期之后,约翰的伤势已被认定终生无法痊愈,可是他并未因此而绝望,而且依旧充满希望,盼望奇迹出现,使他的脊椎再度恢复健康,因此他专心致志地接受治疗。约翰急切地想知道自己的病情,唯一的方法只有向护士打听,有一天他听到护士指着他房间的方向对助手说:"四肢麻痹就是像他那个样子。"约翰从来没有见过四肢麻痹的人,他甚至没有想过四肢会同时麻痹,更未曾想到自己竟变成这个样子。

简单的一句话揭开了真相。原来他是一个年轻又健康的丈夫和父亲,可是现在他头部以下全部麻痹,完全形同废人。虽然如此,约翰仍然决定活下去,虽然痛苦不曾减轻,可是他活得比谁都坚强。约翰说:"我之所以决心生存下来,是因为有三个老师作为我人生的指针,这三个老师是愿望、献身、意志。我想活下去,想治好病,想知道自己究竟可以做什么事,我有这些愿望常在心中,我为此而奋斗,并相信有一天我可以得到胜利,所以我永不绝望。"

如今约翰坐在轮椅上已经11年了,从人生的观点上来看,他实在太伟大了。他的心中没有埋怨,没有苦恼,也没有憎恨。他认为如果相信宿命或憎恨别人,对自己并没有好处;相反地,应该爱护他人,自己的身体虽然受到伤害,但是自己的心理却很正常。事实上,约翰证明了一件事,那就是即使你身处厄运与绝望之中,你仍然能够成功,仍然可以掌握自己的命运。

约翰一直这样告诉自己,厄运与绝望是不可避免的。他又这么想,厄运是自己一生的转折点,命运的不公不能让自己失去生存的勇气,失去生命的希望。自己应该下定决心努力。这种想法是既健康又正确的,所以约翰总是这么勉励自己。其实他认为自己并不是受害者,自己只是很自然地接受这个安排而已。当约翰骑电动轮椅进入超级市场或通过马路时,轮椅不断发出声音,引起许多孩子们的注意,他们有的在笑,有的一脸迷惑,也有的说:"蛮不错嘛!"像是很羡慕的样子。遇到这种情形,约翰会做各种鬼脸逗孩子们发笑,但是他并不是整天和小孩玩,他还经营公司,为附近社区做介绍婴儿保姆的工作。另外,他还在一家教会里,做"新希望电话商谈中心"之类的服务,他对人生充满新希望,非常愿意帮助那些绝望中的人寻找希望。

约翰胜利了,因为他能生存下去。他曾说过:"艰苦的日子总有结束的时候。心中充满希望并能继续为生活而努力的人,才能享有新生命。"他不但明白这个道理,而且也是努力把厄运与绝望视为命运重新开始、希望重新孕育的人。要想战胜绝望,你必须寻找并抓住希望,哪怕是百分之一的希望。

一个饱经风霜的老人讲过这样一个故事:

"战时在桂林,等车非常困难。有一天,在马路上看到一张海报,说有一部车子开入昆明,还有三个空位。贴海报的日子已经过了好几天了,哪里还有什么希望。谁知,正是人人看了都以为没有希望的这三个位子,居然还有两个空着,正等着我和一位女同学两个抱着何妨一试的心理去碰碰运气的人。而且,由于这次长途旅行,那位女同学变成了我的妻子。

希望就是希望，无所谓百分之一、千分之一。”

在成功者的词汇里，从来就没有给困难与恐惧、挫折、失败、绝望以地位。如果你拥有无坚不摧、无往不利的意志力，那么困难与逆境可以成为强项，挫折可以化作动力，而失败也可以转化为成功，绝望之中也会孕育着希望。同样的，如果你能将这四重难关一一渡过，你将真正拥有一颗强大的内心，你就不会自己把自己吓到，到了那个时候，成功离你就不远了。

凡事都要乐观

无论面临何种困境，绝不可抱着悲观的心理。否则，就不能发挥出自己的智慧，并且会失去明确的判断力，对所有事情都会感到一筹莫展。此时必须摒弃悲观的念头，并且以冷静的态度，追究原因。如此才不会迷失方向，并且能以稳定的脚步向前迈进，开拓出一条属于你的康庄大道。

即使在最困难的时候，也要保持乐观态度，这样才能保证你获取最后的成功。那么，怎样才能保持乐观态度呢？

科学家发现，不论外界现实环境多么恶劣，我们都能控制我们的情绪和感受，而始终维持乐观态度。著名的心理学家怀恩·迪尔还曾说过一段有趣的评论。他说：“现实环境并不重要，重要的是你对它们作何解释。”

现在，你想象有人在敲门。这是邮差送信来了。一位你从未听见的远房叔叔在美国去世了，而你是他唯一在世的亲人，因此他将全部的遗产都留给你，在完税以后价值人民币500万元。

赠送遗产不带任何条件，这些钱你可以随意运用，想买什么就买什么。假如将这笔钱放在银行里，每年可得到数万元的利息。你可以买艘游艇或是名贵汽车，或是作环球旅行。假如你愿意，也可以将全部或部分捐给慈善机构。以前你想要而得不到的许多东西，如今你都有能力到手了。

现在你仍然闭着眼睛放松，想象你拿这500万元要做的各种事情。你一直就想好好休一次假，现在你是否要立即准备开始呢？你是否要将钱捐给慈善机构，这可以帮助很多需要钱的人。还是要买一部新跑车或是一栋漂亮房子？或是送孩子到最好的学校去？你能想到什么，你就能达成愿望，因为至少在你的幻想中，你拥有500万已纳过税的钱。

想象一下你要拿这500万元所做的事，想象一下你做这些事会得到的快乐和满足感。

然后再睁开眼睛，我要你感觉一下现在的心情。你会觉得现在幸福快乐得多，虽然现实环境一点都未变。这是怎么一回事呢？你刚才所作的练习，并不只是心理上的，而且也影响到你的生理。

诺曼·柯辛斯在《一场病的剖析》这本书中，就曾证明心理对身体的影响有多大。他用这种方法将自己从癌症的死亡宣判中救出来。他是如何做到的呢？

在他得知染上癌症以后，他将自己关在一家旅馆的房间里，不断看着他喜欢看的录像带和电视节目，这些节目能使他开怀大笑。他发现，即使在病情发作、感到疼痛的时候，看几个小时的录像带，仍可以睡几分钟。

他利用看录像带忘却忧愁，疼痛也跟着减轻，他能得到的睡眠也就越来越多。渐渐地，他的身体自己治疗着自己，最后不可能的事儿竟发生了——他的癌症治好了。

柯辛斯的秘密是什么呢?柯辛斯发现,人体本身就是个大药房,里面贮放着能治疗自己的各种药品。要领是在如何用心灵将这些药品释放出来。柯辛斯所做的,正是我们在500万元遗产中所作的心理活动。

在我们这种活动中所释放出的药物是内分泌。我们以"欺骗"自己潜意识的方式使体内释放出某种内分泌。在我们的潜意识中,是否真的得到500万元并不重要。它听到或是看到我们得到500万元,它明白这应该使我们快乐,于是就释放出使我们快乐的内分泌。这会改变我们的观感,使我们抱有更乐观的态度。不管我们周围的真实环境如何,这种更乐观的态度都是可以存在的。

乐观的态度还可以培养你作为管理人所必需的自信的方法,就是训练自己多作乐观的想象。我可以举出一个例子,让你自己去试一试。

你现在开始想象:有一块半米厚、1米宽、10米长的硬木板放在地面上。假如放一张100元的钞票在木板那一头,告诉你只要你走过这块木板,那张钞票就是你的。你不会有什么犹豫,你会满怀信心地走过木板,把钞票捡起来。

假如将木板升高到离地面5米,情形又会怎样呢?你也许仍然拿到这100元,但行动要困难得多。你每一步都会多加小心,走的速度也要慢得多,每走一步都得有所顾虑。这两种情形的差别在哪里呢?距离没变,木板的宽度和厚度也没变,甚至100元钞票和你开始位置的关系都没变——只是木板放的高度变了。这实际上并没任何不同,但真正一样吗?

现在再让我们将木板的高度升到100米,置放在两幢摩天大楼之间,除了高度以外,其他任何条件都没变:木板、距离、宽度、厚度甚至于钞票的位置都未变。你还想要这100元吗?也许至少要1万元,你才愿意试上一试,也许出再多钱你也不干。即使你肯试,我敢打赌你会非常非常小心。

当然,真正的差异在你的想象起了变化,这是由高度变化所引起的。当木板放在地面上时,我们的想象完全集中在那张100元的钞票,不过,当高度增加,我们的想象不再集中在钞票上,而是想到跌下来会产生的后果。

> 美国的卡尔·华伦达也许是人类有史以来最伟大的走钢索专家。他走的距离远,钢索高悬在半空中,从来不用安全网。尽管年龄渐老,他在索上都不作一点停留,70岁时的表演,依然和20岁时同样惊人。
>
> 最后在1978年,当他在波多黎各的圣约翰表演,走在两幢大楼之间的钢索上时,不慎摔下致死。
>
> 几个星期后,他的妻子接受电视台的访问,谈到华伦达最后一次的表演:"那次非常奇怪,通常在他作表演的几个月前,除了成功的演出外,他就不想其他的事情。这是第一次他不想自己的成功,而想到会摔下来。"

毫无疑问,华伦达悲观性的想象,和他这次失事大有关系。

就像悲观性想象能伤害到你的自信一样,乐观性想象也能增加你的自信。

相信自己能赢,就一定能赢

自信不是被动等待,而是主动出击。机器必须要运转才能产生作用。主动的信心一无所惧,有了自信,能鼓舞士气,渡过难关,能战胜失败,克服恐惧。

生命中的灾难常迫使人们在信心与恐惧两者间作出抉择。为什么很多人都会情不自禁地选择恐惧呢?关键在于一个人的态度,我们有权利自己决定。

自信是你对宇宙力量的一种了解、信任以及融合的表现。不过,只是具备信心是不够的,你必须运用它。

大多数人所表现的自信要大过我们所意识到的。我们很早就应该相信自己。在你跨出第一步时,你就相信你会走。在你说出第一句话之前,你就相信你会说。因为你先相信,所以你会去完成它。

找出心中那股神秘的力量,你会发现真实的自我。然后,你可能会做一盘更好的菜肴,写一本更好的书,或作一次更精彩的演讲。成功就会在不远的前方,世界会肯定你,而且奖励你。不论你原来是谁,不管你过去多么落魄,成功都会属于你。

有人问,美国橄榄球教练杰米·约翰逊是怎么把达拉斯牛仔队这个烂摊子改造成一支战无不胜、无坚不摧的超级杯冠军队的,约翰逊说:相信自己能赢,就一定能赢。紧接着,他还举了一个现实生活中的例子。

他说,几年前,德克萨斯技术大学一位叫阿尔伯特·金的研究生做过一个试验。他召集了一帮劳工,办了一个电焊培训班。金告诉教电焊的老师,班上某些人具有电焊天才,是好苗子。其实,金只是随便点几个人的名字而已,他对这些工人的才能几乎是一无所知。但是,老师却把金的话记在心。他真的把那几个人当作好苗子,经常用肯定和鼓励的语言促其上进,并明确无疑地对其寄予很高的期望。结果,培训班结束后,那些最初被金点过名的人真成了班上的佼佼者。

约翰逊又说,不论我是把一个球员当作一个胜利者看待,还是将整个球队看做一支冠军队,或者是将教练助理视为甲级队中最聪明、最勤奋的教练助理,关键是我树立起了球队的自信,这才是我们赢的真正动力。

相信自己能赢,就一定能赢!这就是约翰逊仅经过短短的四个赛季就把一支失魂落魄的橄榄球队塑造为全美超级杯冠军队的秘诀。

人的本性就是追求目标,实现心愿。不论你的愿望是什么,只要你目标明确地想干成什么事,想成为什么样的人,你的大脑和神经系统就会源源不断地提供你所需要的信息,驱使你自觉地甚至是无意识地向着追求目标、实现愿望的方向运动。

所以,我们可以相信,坚持心理上的积极的自我暗示,就会使自己变得自信主动,有生气、有活力、有创造性。

无论多难,也要看到希望

走在追求梦想的途中,太多羁绊使原本丰盈的生活日渐憔悴。

如何在到了绝境后又找到生还的途径?生活中,有的挫折单靠个人的努力难以改变现状,因此,有的人便会不战而败,捶胸顿足,怨天尤人。这样的人永远也无法走出困境。

真正的成大事者,则会满怀希望。没有希望过却得到的,只能算作幸运;满怀希望并得到的,才算重生。幸运不常有,但人生却在自己的掌握之中。

有一位外国女人被抢劫犯在她的头部击了五枪，竟然还能继续活下去，医生把她的康复归功于求生的希望。她自己也说："希望和积极的求生意念是我活下去的两大支柱。"同她一样，许多癌症患者在面临死神的威胁时，对生寄托着希望，竟然活了许多年。在挫折面前只有充满希望，永不放弃，才有机会取得成功。

希望使人增强了对挫折的心理承受能力。经历过挫折打击而能心平气和地忍下来的人都有一种切身体验：人之所以能够忍耐，是因为他对未来充满了希望。比如，一些受到不公待遇的人产生了极强的挫折感，他们本来可以找领导去讨个公道。可是，又怕因此会给有意整他们的人留话柄，说他们计较个人名利。为了今后的前途，他们忍了，一次、二次、三次，每次忍让时他们心中想的都是希望。否则，如果一个人绝望了，对未来不抱任何希望，他就不会忍耐，而会破罐子破摔，自暴自弃，不去做任何努力，对一点点挫折都失去了承受能力。

从这个意义上说，成大事者在对人生充满希望的同时，也表现了他们对人生积极乐观的态度。生命对于一个人只有一次，是否以积极乐观的态度去对待人生，那是大有讲究的。就像一首歌里唱的：

"太阳忍受着悲伤
带给人间这希望之光
我们飞向遥远地方
去寻找美丽的梦想……"

欣赏这段词的人可能会明白，凡是有理想、有思想、有追求的人，都没有理由将这肥沃的希望之田荒芜，没有理由让灵魂苍白地活在凄凉的土地上。守护希望的人是乐观的，因为乐观才能一直守护下去。

有这样一则故事很能说明乐观者的人生态度。

一个人同一位准备远航的水手交谈，他问："你父亲是怎么死的？""出海捕鱼，遇着风暴，死在海上。"

"你祖父呢？""也死在海上。"

"那么，你还去航海，不怕死在海上吗？"

水手问："你父亲死在哪里？"

"死在床上。"

"你的祖父呢？""也死在床上。"

"那么，你每天睡在床上不害怕吗？"

这个故事很幽默却含有深刻的人生哲理。言简意赅，反映出了水手明知祖父、父亲都死在海上，却没有因失去亲人的痛苦和挫折而改变自己的奋斗目标，仍然乐观地从事自己喜欢的事业。因为希望总是在明天而不在以前。

希望是奔向前途的航标和指路明灯。人若没有了希望就会迷失方向，生活就会失去意义。成大事者之所以对挫折的心理承受力强，就是因为他们相信"山重水复疑无路，柳暗花明又一村"。

乐观是指人在遭受挫折打击时，仍坚信情况将会好转，前途是光明的。从情感智商的角度来看，乐观是人们身处逆境时不心灰意冷、不绝望或抑郁消沉的心态。与希望一样，乐观能施恩于人生。当然，乐观必须根植于现实，如果盲目乐观，其后果绝不乐观。

做一个乐观的守护者吧，在面对挫折的时候痛也会少一点。因为乐观是一种良好的心理特征，能排遣和挫败一切痛苦与烦恼，给人生活的勇气、信心和力量。马克思也说："一种美好的心情，比十服良药更能解除生理上的疲惫和痛楚。”

乐观的生活态度还有利于促进人际关系和事业的发展。持一种乐观、豁达的生活态度参与活动，你会发现很容易与人和谐相处。乐观者浑身充满活力，容易与社会合拍，由于心情舒畅，在与人交往中就会对别人谦虚、尊重、理解，自然会得到别人的理解和尊敬，双方情感的相悦就能形成和谐融洽的人际关系。这种力量把自己展现于外，参与人群和事业，从而得到成功和成就。成功和成就的愉快情感会使自己更乐观地去继续从事未完的事业或开辟新的天地，这样的良性循环使人们的事业充满生机，为人们的生活带来无穷的乐趣和意义。成长中的人以乐观的态度对待人，将形成较为全面发展的、聪颖、开朗和进取的个性。

乐观能促进身体健康。乐观者一生中收益最大的是他们的身体机能完好。人们常说“笑一笑，十年少”，没错，乐天派自然心宽体胖，乐天派会笑对生命中的坎坷与挫折。

既然做一个乐观的守护者有这么多的好处，那么何乐而不为呢？让我们满怀希望的等待明天的朝阳。

法则二十一
细节

事事精细成就百事，时时精细成就一生

关注生活中的细节，让每一个细节都为成功服务。事事精细成就百事，时时精细成就一生。

老子早就说过："天下难事，必作于易；天下大事，必作于细。"在西点军校里，细节的重要在西点人的头脑里简直就是关键因素，可谓"成也细节，败也细节"。很多时候，一件看起来微不足道的小事，或者一个毫不起眼的变化，却能改变一场战争的胜负。

西点军校要求每一位军官和学员始终保持高度的注意力和责任心，始终具有清醒的头脑和敏锐的判断力，能够对战场上出现的每一个变化、每一件小事迅速作出准确的反应和判断。

在日常工作中，那些看似繁琐，不足挂齿的事情比比皆是，如果你对工作中的这些小事轻视怠慢，敷衍了事，到最后就会因"一着不慎"而导致"全盘皆输"。所以，每个人在处理小事时，当引起足够重视。

天下大事必作于细，要想把每一件事情做到无懈可击，就必须从小事做起，付出你的热情和努力。

士兵每天做的工作就是队列训练、战术操练、巡逻排查、擦拭枪械等小事；饭店的服务员每天的工作就是对顾客微笑、回答顾客的提问、整理清扫房间、细心服务等小事；公司中的你每天所做的事可能就是接听电话、整理文件、绘制图表之类的小事。但是，我们如果能很好地完成这些小事，没准儿将来你就可能是军队中的将领、饭店的总经理、公司的老总；反之，你如果对此感到乏味、厌倦不已，始终提不起精神，或者因此敷衍应付差事，勉强应对工作，那么你现在的位置也会岌岌可危，在小事上都不能胜任，何谈在大事上有所成就？

如果连做好"小事"的态度和能力都不具备，那么几乎是不可能做好大事的。

在职场中每一件小事的积累，就是今后事业稳速上升的基础。许多人都因为事小而不屑去做，对待事情常常不以为然，抱有严重的轻视态度；更不应该因为自己看似打杂的工作而气馁，把它当作是一种成功前的考验，才是正确的态度。凡成大事者必先苦其心智，饿其体肤，这是古

人就告诉我们的道理。

苏格拉底在一次课堂,对他的学生们说:"今天大家只要做一件事就行,你们每个人尽量把胳膊往前甩,然后再往后甩"。说着,他先给大家作了一次示范。接着他又说道:"从今天开始算起,大家每天做300下,大家能做到吗?"学生们都自得地笑了,心想:这么简单的事,谁会做不到?可是一年过去了,等到苏格拉底再次走上讲台,询问大家的完成情况时,全班大多数人都放弃了,而只有一个学生一直坚持着做了下来。这个人就是后来与其师齐名的古希腊大哲学家柏拉图。

成功是由许多的小事和"细节"累积而成的。人们通常不会被大石头绊倒,却会因小石子而磨脚。

在很多时候,一个人的成败取决于那些不为人知的细节,更多时候"细节"具有决定性的力量,完美的细节代表着严谨的作风和端正的态度;完美的细节代表着永不懈怠的处世风格,是一个人积极、实干和优秀的象征。

生活中充满了细节,那些看起来非常偶然的细节或帮助或伤害着我们,所以认清那些影响我们成败的细节十分重要,让我们高度关注生活中的细节,让每一个细节都为走向成功而服务。

西点著名学子巴顿将军曾经说:"要想做大事,首先要能够处理小事才行,而且要全力以赴。"

排名世界500强的大企业都是从一点一滴的小事做起的,没有任何一家是一夜之间拔地而起,因此要想成就一番伟业,必须从小事做起。沃尔玛能年收入2400多亿美元,列全球500强之首,它成功的秘密就在于注重细节,以细节取胜:

1. 注意顾客的每一个细节

沃尔玛认真记录分析每一个商业数据,用通讯卫星为每一个客户服务。

沃尔玛在全球4000多个店铺都装有卫星接收器,每一个消费者在其任何一个连锁店进行交易时,客户的年龄、住址、邮编、购物品牌、数量、规格、消费总额等一系列数据都被记录下来,送进企业信息动态分析系统。

2. 降低经营成本,注重每一个细节

一杯咖啡10美分:沃尔玛员工要喝咖啡,自己要在旁边的储钱罐里放上10美分。你觉得这种管理可笑吗?但是,请记住,这就是沃尔玛。

"视纸如命":有一天,沃尔玛总裁山姆·沃尔顿在一家店面巡视,看到一位店员正给顾客包装商品,随手把多余的半张包装纸和长出来的绳子扔掉了。山姆·沃尔顿微笑着说:"小伙子,我们卖的货是不赚钱的,只是赚这一点节约下来的纸张和绳子钱。"

沃尔玛从来没有专用的复印纸,用的都是废报告纸背面。

除非重要文件,沃尔玛从来没有专用打印纸。

沃尔玛的工作记录本,是用废报告纸裁成的。

不论你是总裁,还是经理,繁忙时都是店员。

3. 降低采购成本,监督全球工厂的每一款产品的质量和价格

沃尔玛2002年虽然做到了全球500强之首,但仍然不遗余力地降低采购成本,监督全球工厂的每款产品的采购价格。沃尔玛2002年结束了与外部采购组织的合作,自己雇用了数百名员工从南美洲和中国进行采购,其中在中国的采购额达到60亿美元;沃尔玛在全球建立了21

家办公室,监督全球工厂的每一款产品的进货价。

沃尔玛计划在未来五年内再节约20%的采购成本,使它在全球的商品毛利率提高9%。这是一个多么令人惊叹的数字。沃尔玛的采购仅丝袜一项就高达10亿美元,采购成本节约的努力将使它增加多少利润啊。

正是沃尔玛从服务到后勤管理在压缩成本的每一个细节上所做出的孜孜以求的努力,使沃尔玛的销售额逐年增加而成为世界500强之首。

美国标准石油公司曾经有一个叫阿基伯特的职员。他有一个习惯,就是无论是在住旅馆的时候还是在写书信、收据的时候,只要是写他名字的时候,他总是在自己名字的下面写上"每桶四美元的标准石油"这几个字。他因此被同事们叫做"每桶四美元",而他的真名却没有人叫了。

公司董事长洛克菲勒听说这件事后说:"还有对公司如此努力宣扬的职员,我要见见他。"于是邀请阿基伯特共进晚餐。后来当洛克菲勒卸任后就提拔阿基伯特担任了第二任董事长。

正是这样不起眼的几个字,成就了阿基伯特。在签名的时候顺便写上"每桶四美元的标准石油",其实是一件非常小的事,但阿基伯特做了,并坚持把这件小事做到了极致。

作为一名普通的职员,要想在公司崭露头角,就一定要用心去做好老板交给你的每一个任务,即使是很普通的一件小事,也要尽力去做到最好。大事都是从小事做起的,要想成功,必须一步一个脚印地向上攀登。正所谓:"勿以恶小而为之,勿以善小而不为。"一个优秀的人,必须自觉地去做好每一件不起眼的小事。

没有做好小事的态度和能力,做好大事只会是"无本之木,无源之水"。小事就像是一个房子的地基,如果没有一个良好的地基,想建造一个美丽的房子只能是一种美好的向往,没有地基的房子是永远也建不起来的。

那些不愿做小事的人,只怕连小事也做不好。很多人都是眼高手低,好高骛远,不屑于做小事,总盲目地相信"天将降大任于斯人也"。力不及所负,才不及所任,必然祸及己身,导致混乱。不要瞧不起小事,从小事做起,成功并不遥远。

成功源自对细节的追求

西点前校长潘莫将军说:"细节最伤脑筋。"他要表达的意思就是,即使再完美的计划在执行的时候也要从小处着手,整个计划的成败就取决于这些细节。

艾森豪威尔也曾经强调"每一个细节背后的伟大力量"。西点也深信细节的力量,努力训练学员养成追求细节的习惯,使其变成像呼吸一样的本能反应。一心渴望伟大、追求伟大,伟大却了无踪影;甘于平淡,认真做好每个细节,伟大却不期而至,这就是细节的魅力。

一个优秀的企业员工必须要尽职尽责,注意工作中的细枝末节,力争将自己岗位上的每一件事都做得非常出色。很多员工的时间观念很差,迟到早退或者不能按时完成工作等等。时间就是生命,时间就是成本,特别是对于初入职场的员工,更要有时间观念,唯有如此,才能在短时间内获得加薪和晋升的机会。

皮特是沃尔玛市场部的负责人。有一次他想印刷一个商品的宣传手册，听说这个消息，一位朋友向他推荐了一个印刷公司的老板。这位老板也很想争取到这个生意，于是他带着精美的样本、详细的价钱建议和热情的许诺去见皮特，但是他却迟了20分钟。尽管他的样本和价钱都很好，但是皮特还是决定不跟这位老板合作。对皮特来说，准时才是这位老板能争取到这笔生意的最关键条件。从这位老板不能守时的态度上，皮特断定他也不能将工作做好。

能否守时不仅是一个人素质的体现，更能从这个小的细节上看出一个人能否担当重任，能否按时完成工作。

展示完美的自己很难，但毁坏自己很容易，只要一个细节没注意到，就会造成难以挽回的局面。正所谓，成也细节，败也细节。

一位年轻人准备去钢铁大王那里做总经理，这个职位对他来说已经是唾手可得，却因为他在与钢铁大王的最后一次会面时没有穿一件像样的衣服，而让大好的前途白白丧失。

穿着打扮是一个人的必备修养，也是必须注重的一个基本细节，尤其是在重要的公众场合，更要注重修饰自己，整洁庄重的着装是对别人的尊重。

追求细节是一种精神，一切管理和制度都存在不足，一切合作与协调也都有缺点和空白，只有企业中的每个成员都关注细节，才能减少遗漏和空白，减少遗漏与失误。

在西点军校的训练项目中，很多项目是针对学员对于细节的把握和关注来实施的，对于细节的处理反映了一个人的能力与潜质。正是由于西点军校的细节训练，才造就了无数的管理人才。

企业或者公司也一样，都不能忽略对细节的把握。一个企业或者公司的成败有两个重要原因：第一就是高层作出的决策是否正确；第二点就是高层以下的人员在执行决策的时候细节能否执行到位。

企业之间今后的竞争将是细节的竞争，企业只有注意细节，在每一个细节上做足工夫，建立细节优势，才能保证基业长青。海尔的“绿色通道”、小天鹅的“全心全意”，其细节的周密程序都是令同行业公司望尘莫及的，他们的细节甚至细到自带拖鞋上门、怎么按门铃、预约时间、递名片时姓名要朝着对方等等。

其实，追求细节所依靠的是一种敬业精神和专业态度，在许多情况下，敬业精神可以弥补许多能力的不足，可以说“用心做事就能把事情做好”。

很多企业的领导者在任命员工的时候，首先都会安排他们做一些比较简单的事情，其实是为了检测员工对待简单小事的态度。只有新员工能够把平凡简单的小工作做好，领导者才会放心让他们去处理组织中更高层次的问题。

很显然，这些都是在告诉人们：要想成就一番事业，必须从简单的事情做起，从细微之处入手，耐心地将每个细节做到位。成功就是不断追求完美的过程。

把细节落实到位，就不会在小事上有纰漏，更不会不愿意或不屑于做上司安排的小事。世界虽大，众生虽多，但是能做大事者还是太少，只有把小事、细节落实到位，才能够锻炼出处理组织中大事的能力。

传统的冰箱门内侧都是平板式的，没有被利用起来，而且，冰箱门关上以后，采用的是插销扣紧的方式，冰箱使用一段时间后，容易出现合缝不严的问题，既影响保鲜效果，耗电量也很大。

针对这种问题，以完美为导向的三洋公司发明了“三洋冰箱门”。“三洋冰箱门”的四边贴上了吸磁橡胶条，使得门的密封性能好，且开启方便；门内侧装有分格物架，可放鸡蛋、小瓶饮料等物，十分便利，从而使冰箱内部空间得到最大限度的利用。这些小小的改进，却产生了惊人的效果，三洋冰箱一上市就引起轰动，自此，插销式电冰箱就无人问津了。

在市场竞争中，决定谁将在起步阶段领先的，是宏大的战略构想和超凡的创意，但是，决定谁能最后胜出的是每一处细节。

“优良品”与“次品”之间，相差也许仅仅是一个小小的缺陷，无论在大的方面如何成功，一旦存在细节上的漏洞，就可能使所有的工作前功尽弃。所以，必须把工作做到尽善尽美。

细微之处见精神。在市场竞争中，细节并不显而易见，但它却能起到潜移默化的作用。大刀阔斧的竞争往往并不能做大市场，而细节上的竞争却永无止境。

每一个员工都应注重细节，把事情做到尽量完美，看不到细节，或者不把细节当回事的人，永远只能做别人分配给他们的工作，甚至这样也不能把事情做好。而注重细节的人，不仅认真对待工作，将小事做细，而且能从中找到机会，从而使自己走上成功之路。

绝不能忽视关键细节

西点毕业生、美国在线前首席执行官詹姆斯·金姆斯说：“大事往往蕴含在小事之中，细节是完美的最好体现方式。”

海尔的高层管理者经常说的一句话就是：“要让时针走得准，必须控制好秒针的运行。”在企业管理中，绝不能忽视所有的细节，必须坚持从细节入手。

2003年2月1日美国哥伦比亚号航天飞机返回地面途中，着陆前意外发生爆炸，飞机上的七名宇航员全部遇难。全世界感到震惊。美国宇航局负责航天飞机计划的官员罗恩迪特莫尔被迫辞职，此前，他在美国宇航局工作了26年，并已担任四年的航天飞机计划主管。事后的调查结果表明造成这一灾难的凶手竟是一块脱落的隔热瓦。

哥伦比亚号表面覆盖着两万余块隔热瓦，能抵御3000摄氏度的高温。1月16日哥伦比亚号升空80秒后，一块从燃料箱上脱落的碎片击中了飞机左翼前部的隔热系统。宇航局的高速相机记录了这一过程。

应该说航天飞机是一流的，但就因为两万余块隔热瓦中的一块的脱落就毁灭了价值连城的航天飞机，还有无法用价值衡量的七条宝贵的生命，在这里，一个小小的细节上的失误，造成了多么惨痛的伤亡和巨大的损失。

在市场竞争日益激烈的今天，任何细微的东西都可能成为企业成败的关键所在。提升解决问题的能力，必须要从关键的细节入手。不要忽视细节，这在现代职场上已被奉为金玉良言。

如果能够很好地做到发现细节，又能处理好细节，需要一定的理论修养、专业知识、实践经验和借鉴能力等综合素质。

初入职场的年轻人，容易好高骛远，对工作的细微之处毫不在乎。但有时，往往就是在那些微不足道的细微之处，掩藏着难得的机会。

毕业于西点的巴顿将军曾经说：“要想做大事，首先要能够处理小事才行，而且要全力以赴。”的确如此，试想，一个不愿意干小事的人，又怎么能做成大事呢？因此，西点军校严格要求每一个学员将自己身边的每一件小事都要做好。坚持做好每一件小事,才能够创造出伟大的业绩。

现在的年轻人,往往心高气傲,不愿做小事情,看不起小事情,于是在工作的过程中只要遇见小事就能推就推,能敷衍就敷衍。其实,作为企业里的一名普通职员,要想在企业里有所作为,就要尽心尽力做好每一件事,即使很小的事情,也要投入百分之百的热情,这是履行责任的体现,这是获得成功的前提。因为对于公司来说,员工的每一件小事组成了公司的一件件大事,所以,千万不能忽略这些小事,一件小事的失误,可能直接影响到公司的发展。只有做好现在的每一件小事,将来才有可能成就大事。要想成功,必须一步一个脚印地向上攀登。正所谓:“勿以恶小而为之,勿以善小而不为。”

曾经有人问洛克菲勒:“成功的秘诀是什么?”洛克菲勒回答道:“重视每一件小事。我是从一滴焊接剂做起的,对我来说,点滴就是大海。”

一般而言,能在小事上也保持认真态度的人,做大事的时候通常就能取得卓越的成绩,这样的人也更容易取得成功。因为细节代表着完美,重视细节的人是在追求完美,追求卓越,这最能体现一个人的智慧和责任感。

安格鲁是一位著名的雕塑家。一次,有位友人参观过他的工作室后。他一直忙于一个雕塑的创作。

没过多久,这位友人又来拜访安格鲁。这时,安格鲁向这位友人说道:“我在这个地方润了润色,使之变得更加光彩,面部表情也更柔和了,肌肉也更显得强健有力。最重要的是,使嘴唇更富有表情,全身都更显得有力度。”

友人听了之后,觉得很吃惊,于是说:“但这些都是琐碎之处,不太引人注目的!”

可安格鲁却说:你说的也没有错,但你要知道,正是这些细小之处才使整个作品更趋于完美,让一件作品完美的细小之处可不是小事啊!

安格鲁用实际行动告诉友人,只有重视细节,重视每一件小事,才有可能实现完美,实现伟大的业绩。这正如西点军校的军官经常对学员说的那样:“把每一件平凡的事做好就是不平凡!”小事固然不太引人注意,但是只有从小事做起,才能真正做到“平时能看得出来,关键时能站出来”。

西点的每一个学员都严格要求自己,时常告诉自己要尽全力做好身边的每一件小事,小事虽小,但是时间长了,做得多了,它就是伟大。

威廉毕业后来到美国一家著名的公司。他天生就有一股永不服输的精神,坚信自己可以在这里做好工作,将来取得一定的成就。

按照惯例,公司要对新进职员进行半个月的培训,主要内容是针对业务、人际关系、意志等方面。威廉凭借大学扎实的文化基础,对文化内容的掌握游刃有余,于是很快就被总经理安排成为员工的辅导员。威廉不但为员工传授基本知识,还给团队带来了无限的激情。

培训快要结束的时候,他们进行了一场篮球友谊赛。因为威廉在大学时就是学校篮球队的主力,所以他的水平好于其他人。但是,威廉知道,篮球是集体运动,需要讲究团队精神,所以,威廉在频频得分的情况下还是不断地助攻和防守。最终,他们队以大比分获胜。

总经理非常高兴,笑着对威廉说:“没想到你还是个全才,好样的!”

培训已经接近尾声,经理让威廉把培训期间的学习、经验、心得、感受等汇编成一本期刊，在公司内部发行。威廉知道机会来了，最终，他十分出色地完成了这个任务。

因为威廉把每一次的小事都做得很出色，到最后，经理觉得他是一个可塑之才，于是培训结束后，威廉被升为办公室主任。

每一件小事都是一次机会，要想成功，就不能忽视身边的任何一件事，尤其是在工作中，你的表现和态度是有目共睹的，只有尽心尽力做好每一件事，才能被人重视。世界上许多伟大的事业都是由点点滴滴的小事汇集而成的。一个能够在细节上表现好的人，才会在通往成功的路上少走许多的弯路。

但是，在如今这个社会中，很多人都懒得做小事，认为燕雀安知鸿鹄之志，总想着有朝一日做一番大事，成就大业。其实，这样的人就是眼高手低，好高骛远，盲目地相信“天将降大任于斯人”，于是终日只想着做大事，却始终没有做大事的机会。

因此，年轻人，请不要小看那些生活和工作中琐碎而平凡的小事，无论你是酒店的服务员，还是部队的士兵，无论你是办公室的工作人员，还是其他行业的员工，你只要做好自己职责之内的每一件小事，用心去做，努力将其做好，付出你的热情和努力，把所有的工作都具体落实到位，你就会取得工作上的成功，你的未来也必将会有更好的发展。

细节改变生活，细节成就完美。生活中点滴的小事蕴藏着丰富的机遇，伟大的成就也来自细节的积累。其实，一些看似不起眼的细微小事，往往却是从平庸到杰出的天堑。因此，做好小事，成功就在眼前。

魔鬼隐藏于细节中

西点军校毕业生、国际电话电报公司总裁兰德艾拉斯科曾经说过：“每一个管理者都是从底层做起的，世界上没有人天生就具有管理才能，可以掌管大局、处乱不惊，但卓越的管理才能可以通过训练获得。”

在西点军校一次军事演习中，在亚利桑那州市郊的空军基地，飞行员和雷达观测员葛尔和吉布斯一听到警报声后，迅速地在5分钟内由熟睡状态转为飞行状态。像洗澡、梳头、刮胡子、看报这些都是免谈的。这是一次飞行演习，此前他们已经演练过上千次了。他们信心满满，因为从飞行服到驾驶舱的安全带，他们都做了精心的准备，以实现紧急起飞时能在最快的时间达成最优化的效率。

演习不容许有任何拖延。吉布斯和葛尔在跑道尽头的一个房间里待命，此刻，所有飞行前及起飞过程的每一个细节都像荧幕一样在脑海里放映，在反复操作后，一切都熟悉得仿佛是与生俱来的一样。一只手调节操纵杆，发动引擎，一只手紧扣安全带，一连串琐碎却又至关重要的动作……一切只为了在敌机将你困住之前飞向天空，与之交战。

紧急起飞的号角吹响了，吉布斯和葛尔立即投入“战斗”。他们迅速穿好飞行服，钻进座机舱。葛尔熟练地将战斗机驶向跑道，点燃引擎——一切顺利得近乎完美。13秒内，他们的时速便达到了200英里。

整个过程顺利得无懈可击，没有任何偏差。但不幸的事情突然出现了，几乎是在飞机升空的同时，葛尔听到了异常的轰轰的声响，就像是有人在机外用钻头钻机身。机舱是封闭的，这异常的声响是从何而来呢？葛尔进行了侧飞，要求监控塔中的工作人员对飞机外部进行检测。奇怪的是,监控人员回答:飞机一切正常。突然,吉布斯发现了事故的原因——他告诉葛尔说,由于出发时的匆忙,他忘记系肩带了。现在,那大大的金属扣悬在机舱外砰砰地敲打着,当飞机时速达到几百英里时,那砰砰声便愈发猛烈。

葛尔立即决定停飞着陆。也许是为了挽救自己的过失,吉布斯建议将肩带剪断,"或许能解决这个问题。"但剪断肩带意味着金属环有可能被收入左侧引擎。这无疑将会引发一场更大的灾难。最后葛尔决定让肩带保持原状,果断地将飞机着陆。吉布斯说:"我想我们遇上麻烦了,情况不妙。"

葛尔和吉布斯的飞行任务就这样失败了,他们的指挥官对此非常不满,因为他们牵连所在部队在总部的战备检查团面前蒙羞了。葛尔和吉布斯遭到了指挥官前所未有的严厉拷问。

一个没有扣好的小小的肩带,几乎毁了他们所驾驶的飞机。事后,吉布斯为自己的疏忽付出了昂贵的代价——他必须独自背负65磅重的梯子和降落伞,对全组18架战斗机逐一进行彻底的检查。

扣好肩带,这是一个从一入学就被要求无数次练习的小小训练,是一个小得不能再小的细节。如果没有这次失败的飞行,葛尔和吉布斯谁也不会料到,自己会为这个小失误经受如此严厉的惩罚。小事都做不好,又何以成大事呢? 要知道,伟大的成就都来自细节的积累,所有的成功者都是从小事做起的。

一次严重的交通事故,可能只源自刹车系统的失灵;一架飞机失事仅是因为一节油管不通;美国的太空3号快到月球了,可它却没能登上月球,最终无奈而返,仅是因为一节30元钱的小电池坏了,导致酝酿多年的航天计划失败了,几亿元报废了……细节,就是一个小魔鬼,一旦疏忽了他的存在,他便让你付出千万倍的代价。

还有人说,做大事者要不拘小节。这些想法、说法不能说完全不对,但我们做大事时,却往往要从细微处入手,一丝不苟、认认真真才能做好;更多时候我们又都是在做小事,"一屋不扫,何以扫天下"?

二战期间,德国为切断英国与欧洲大陆的海上交通,投入了大量潜水艇袭击英国船只。由于大不列颠是个岛国,海上运输对他们来说至关重要。英军冥思苦想,找了很多办法,但都不能准确锁定德军潜艇的位置,这样一来,打击敌潜艇也就无从谈起。德军潜艇的骚扰始终困扰着英国军方,直到善于观察和思考的托马斯少校改变了这一状况。

有一天,英国军官托马斯少校正在军舰的甲板上向远处眺望,忽然发现不远处数百只海鸥都向一个目标飞去。他感到很奇怪,于是命令军舰开到那个目标附近,一看才知道海鸥们正在分食一具鲸的尸体。这种情况在海上也是常见的,托马斯却灵光一现,他找到对付德国潜艇的好办法了。

托马斯首先让英国的潜水艇在海里不停地上下沉浮,每当潜艇浮出水面时,就立即通过飞机在潜艇周围海面上抛洒食物,海鸥有成群争食的习性,每次都会有大批的海鸥聚集过来。久而久之,海鸥们形成了条件反射,把浮出水面的潜艇或潜伏在水下的黑影作为进食信号,只要一见水底下有潜艇运动,它们就立即在海面上追随盘旋。这时候,英军加强了海上监控,只要看到大批海鸥在海面盘旋,就马上采取行动。这确实是德方万万没有想到的。海鸥成了英军的情报员,因而德军的潜艇一浮出水面总会遭到猎潜飞机和军舰的猛烈打击。这种方法,屡试不爽,使英军反潜作战效率大为提高,并夺回了制海权。

直到今天,你如果有幸来到英国格里姆斯比城的海滩公园,就可以看到这样一组石雕:

一群海鸥在空中盘旋,它们的下方是德国潜水艇。英国国防部的作战守则记录了这个精彩战例,后面有段总结的话:“与敌人狭路相逢时,往往强者未必能取得胜利;善于观察、把握细节的一方,才能真正取得胜利。”

认真、细致、严谨这一类的态度,当你认真对待它们的时候,它们就是被你打败的敌人,而当你对它们不理不睬的时候,它们就是你追求成功的敌人,就是可怕的魔鬼。无论是在战场上、商场上,还是在科学研究、工作学习中,无一例外。如果抓不住细节,细节不但不会让我们取得理想的效果,还会以“差之毫厘,谬以千里”的结果给我们点颜色看看。

从小事做起,是一种优秀的品格。做好小事,才能成就大事。当亚运会在日本广岛落下帷幕的时候,6 万人的会场上竟然看不到一张废纸。全世界都为之惊叹:“可敬,可怕的日本民族!”

所以,从现在开始,做好你身边的小事吧!因为,能做小事,方能成大器。

做好每一件小事

西点军校的《新学员手册》里有一些内容是向那些西点学员的父母描绘他们的孩子在西点的未来生活的。手册里说:“选择到美国陆军学校来,你们的孩子就选择了牺牲。”西点军校训练的残酷由此可见一斑。

西点学员的生活是枯燥乏味的。尤其对新学员来说,他们要面临更多的考验。西点生活由一件件琐碎而平常的小事组成,以永不变动的形式和节奏年复一年地运转着。

· 早晨 5:50 分,一声炮响,学员们紧张的生活就开始了,紧接着军乐队吹响起床号;

· 6:05 分,清脆的长铃声响起,一年级新生就已经在营房过道上站好,高声齐喊:“先生,离起床到早餐集合 10 分钟。上课着装是制服加短大衣。早餐吃煎蛋、吐司、麦片粥和香肠!”这一切必须用正确的辞令,正确的音调喊出来;

· 6:11 分,五声铃响,新学员重复报时、报菜单;

· 6:11 分,四声铃响,新学员报时依旧,但不背菜单了;

· 6:12 分,三声铃响……

· 6:13 分,两声铃响,新学员高喊:“这是集合前的最后 1 分钟,先生!”喊毕,新学员便立即转身出门、跑步列队。

这套鬼把戏是高年级学员交给新学员的一个“命令”,对高年级学员来说,新学员的报时可以帮助他们尽量多在床上赖一会儿,睡睡懒觉。即便是这样的“命令”新学员也要做好,不然面对他们的将是高年级学员更多花样的捉弄。

西点学员对早晨这一套繁琐的规定都能够掌握得驾轻就熟,炉火纯青。着装、铺床、打扫房间,每样都可以干净利索地完成,没有一个多余的动作。西点学员的着装根据季节、温度、活动等情况和时辰而变化。他们的服装有卡其布军服、工作服、运动服、体操服、制服等。这些五花八门的服装都要挂在指定的位置和挂钩上,绝不允许随意放置。仅课堂制服一种就有 5 种变异。每天每个营区上空都会飘着一面制服旗(共有 12 种互换),表示学员们应着何种服装。学员房间里都是标准的设备:每人一张书桌、一把椅子、一张金属床、一个衣柜、一个废物箱和一个带锁的小橱。除此之外不允许有其他摆设——新学员甚至要到第二学期才允许带收音机。书桌上摆放的都是相同的书,抽屉里装的也都是相同的东西,任何带有个人色彩的东西都会被没收甚至遭受惩罚。

从《整理宿舍标准程序》里,我们可以窥见西点学员宿舍要求的严格性:

·“宿舍应随时保持整洁,不用的东西都应放在指定的地方。

·学员只许拥有配发的东西或经专门批准的东西。

·烟灰缸:每人可以有一只(每个宿舍至少要有一只)。

·烟灰缸应放在书桌的右上角,必须经常洗干净,以备检查。

·文具盒:至多有两个,应从学员商店或西点商店购买,只能放书写用具,平边向前。

·扫帚:放左侧床下,把朝上。

·照片:每人只许有一个相框。

·窗帘:高度为窗高的一半,用绳子绷紧。”

这样细微琐碎又面面俱到的规定在我们看来实属罕见,而西点学员却能习以为常并出色地遵守完成,不出任何差错,这不得不让我们咂舌。

当早晨的最后一遍铃声响过时,全体学员都纷纷来到空地上列队站好了。接下来是报告、点名,排队到华盛顿餐厅吃饭。

西点军校的餐厅外形就像一个巨大的星状物,它是以美国第一任总统乔治·华盛顿的名字命名的。大厅里发出嗡嗡的回声就像一个音乐厅。餐厅里整齐地摆放着400来张一模一样的十人餐桌,周围墙壁上装饰着从西点军校走出的名人肖像以及几十面旗帜。

我们能想象出当4000名学员们在华盛顿将军的“目光注视”下用餐的场景吗?在西点军校餐厅就餐可不是件容易的事情。西点军校规定每位学员进餐厅前必须脱帽,然后在指定的餐桌前就座。就餐时间不得超过20分钟,不能大声说话,而且姿势、动作都要规范。

新学员就餐更要谨慎。因为他们时刻要提防高年级学员的批评。他们不仅要坐笔直而且背不能靠着椅背,两眼只能凝视自己盘子里的食物,不得东张西望。“必须把刀叉在盘子上摆好后才能开始咀嚼嘴里的食物,而且必须等到完全咀嚼并咽下嘴里的食物后才能再动刀叉,吃下一口。同样的规定也适应于流质食物,不得稀里呼噜地吸个不停。”

就餐时间不得超过20分钟,停止用餐的钟声一响,不论吃没吃饱,学员们都要马上停止就餐,然后下一批学员进来就餐。这样严格的规定,让人体会到成为一名优秀的西点军官是多么的不容易。一位爸爸带儿子参观了西点军校的用餐过程后,儿子立即改掉了吃饭拖拉的毛病。

·早餐后,全体学员回到宿舍打扫房间;

·7:30分,铃声响起,离第一节课还有15分钟;

·11:50分,上午的课程结束,新学员照例来到指定的区域开始他们单调的报告,报告午餐时间和菜单;

·12:10分,每个学员都已站到队列里,准备吃午餐;

·13:00,学员按规定着装,带上该带的书去上课;

·15:15分,下午的课程结束;

·15:30分,另一阵铃声响起,学员们终于有了一点自由支配的时间,喜欢运动的学员可以到体育馆参加活动或散散步,到图书馆看看书报杂志。而另一些学员,却是用另一种方式度过——罚走,他们不得不扛着步枪,在空地上来来回回地走上几个小时。直到晚餐后学员们才能真正轻松下来,安排自己的课外活动或自习。

对新学员来说,他们不仅要把学校规定的每一件小事做好,另一方面还要应付高年级学员的“检查”，尽新学员的义务。但他们挺得住，而且也必须要挺住，新学员懂得这一点，扬眉吐气的希望就在面前，绝不能功亏一篑。

这就是每个西点学员的一天，对他们来说，是极为平常的一天，由一件件啰啰唆唆的小事组成的一天，繁复而枯燥的一天。事情无论巨细，他们都会认真谨慎地完成。他们知道，小事成就大事，细节成就完美。试想一下，如果换做是我们来做这些事情，我们行吗？

《福布斯》杂志公布的美国大学2009年度排行榜上，西点军校超过了普林斯顿大学和哈佛大学，排名第一。

的确，西点军校当之无愧。

细节决定事情的成败

西点对新学员的细节训练非常重视，他们要求新学员背诵的知识，除了记住会议厅有多少盏灯，学院蓄水库有多大蓄水量之外，还要大声背诵日行事历，当然这个日行事历非常具体，比如你今天几点将做什么事等。除了这些，学校也非常注重学员的服装仪容等细节。

恺撒大帝有一句名言流传至今，一直被人所传诵：“在战争中，重大事件常常就是小事所造成的后果。”

西点让所有的学生都明白，战场上，任何一个细微的失误，都有可能导致流血牺牲，甚至整个战争的失败。

英国国王理查三世准备拼死一战，里奇蒙德伯爵亨利带领着德军迎面扑来。他们之间的战争即将打响，而这场战斗也将决定谁能最终统治英国。

战斗进行的当天早上，理查派了一个马夫去准备自己最喜欢的战马。

“快点给它钉掌，”马夫对铁匠说，“国王需要骑着它打头阵。”

“你得等等，”铁匠回答说，“我前几天给国王全军的马都钉了掌，现在我得去找点儿铁片来才行。”

马夫却非常急切，不耐烦地叫道：“我等不及了。国王的敌人正在推进，我们必须马上到战场上去迎击敌兵，你现在有什么就用什么吧。”

铁匠埋头干活，从一根铁条上弄下了四个马掌，然后将它们砸平、整形并固定在了马蹄上，然后开始钉钉子。可是，糟糕的事情发生了，铁匠在钉了三个掌后，突然发现已经没有钉子再来钉第四个掌了。于是，他说：“我需要一两个钉子，因此还得需要点儿时间来砸出两个。”

听到这话，马夫更急了：“我告诉过你我等不及了，我现在已经听见军号了，你能不能凑合凑合呢？”

铁匠回答说：“我能把马掌钉上，但不能像其他几个这么牢实。”

“能不能挂住？”马夫焦急地问道。

“应该能吧，但我没把握。”

“好吧，就这样，你快点，要不然国王会怪罪到咱俩头上的。”

两军交锋，理查国王非常英勇地在前边冲锋陷阵，鞭策士兵迎战敌人。“冲啊，冲啊！”他一边大声呼喊着，一边率领着部队冲向敌阵。远远的，他看见战场另一头几个自己的士兵退却了。理查策马扬鞭很快地向那个缺口冲去,并召唤士兵调头战斗。

可是,他还没骑到一半,那只没有钉牢的马掌掉了,战马跌翻在地,理查也被掀翻在了地上。理查还没来得及抓住缰绳,惊恐的战马早就跳起来逃走了。

理查环顾四周,他的士兵纷纷转身撤退,敌人马上包围了上来。他挥舞宝剑,"马!"他大声喊道,"一匹马,我的国家倾覆竟然就因为一匹马!"

转眼,他的军队已经分崩离析,士兵们自顾不暇。不一会儿,敌军将理查俘获,战斗也宣告结束。从那时起,这样一首顺口溜流传开来:

少了一个铁钉,丢了一只马掌,少了一只马掌,丢了一匹战马。

少了一匹战马,败了一场战役,败了一场战役,失了一个国家。

一场胜利在即的战争突然转而失败,而这所有的损失都仅仅因为少了一个马掌钉。

拿破仑是一位传奇人物,世界各地都有他的一大批崇拜者。英国前首相丘吉尔曾经这样评价拿破仑:"这世界上没有比他更伟大的人了!"这位军事天才一生之中都在征战,曾多次创造以少胜多的著名战例,至今仍被各国军校奉为经典。然而,1812 年的一场失败却使他的命运来了个 180 度的大转弯,从此,法兰西第一帝国一蹶不振,并逐渐走向衰亡。

1812 年 5 月 9 日,在欧洲大陆上取得了一系列辉煌胜利的拿破仑离开巴黎,率领浩浩荡荡的 60 万大军远征俄罗斯。

法军凭借先进的战法、猛烈的炮火长驱直入,短短几个月内直捣莫斯科城。然而,当法国军队进驻城池后,市中心却燃起了熊熊大火,莫斯科城的四分之三被烧毁,6000 多幢房屋化为灰烬。

俄国沙皇亚历山大采取了坚壁清野的措施,使远离本土的法军陷入了粮荒,即使是在莫斯科,法国军队也无法找到任何干草和燕麦,大批军马陆续死亡,许多大炮也因无马匹驮运而不得不毁弃。

几周后,寒冷的天气给拿破仑大军带来了致命的厄运。在饥寒交迫的条件下,1812 年冬天,拿破仑大军被迫从莫斯科撤退,且沿途大批士兵被活活冻死,到 12 月初,拿破仑的 60 万大军只剩下了不到 1 万。

关于这场战役失败的原因,人们众说纷纭,但谁又能想到,这场战争的不战而败只是因为了小小的军装纽扣呢。原来,拿破仑所带领的征俄大军的制服上,采用的都是锡制纽扣,而在寒冷的气候中,锡制纽扣会发生化学反应转而变成粉末。衣服上没有了纽扣,数十万拿破仑大军在寒风暴雪中形同敞胸露怀,因此,大队人马就这样被活活冻死,还有一些人也因寒冷得病而亡。

许多时候,我们觉得没有多大联系的一些细节,却往往决定着整个事件的成败。

西点人都非常明白"罗马并非一天建成的"这个道理,也深知"千里之堤,溃于蚁穴"。细节既能带来成功,也能导致失败。细节就好比是精密仪器上的一个细微的零部件,虽然只是一个细小的组成部分,但是却起着重要的作用,一旦这个"零部件"出错,那就意味着全盘皆输。

一位老石匠正在砌一堵石墙,由于这堵墙砌得非常自然,美观,而且即使是砌小石头,他也会非常用心。业主在走到这堵石墙附近时,总是忍不住走过来,对石匠说:"老人家,用那些大的石块砌,不是会干得更快吗?"

"是的,先生,的确如此。"老人回答说,"但是,您瞧,我是要把它砌得好看、坚实,而又经久不坏,因此我不能在乎速度的快慢。"老人停下来想了一会儿,又说:"先生,这些石块其实就像我们生活中的大小事情，这些小石块一块一块地砌结实了，才能很好地支撑起那些大石块。如果撤去这些小石块，大石块也就没有了支撑，也就垮下来了。”

要想获得成功，就必须从小事开始抓起，正如老石匠所说，“这些小石块要一块一块砌结实，才能支撑住那些大石块。如果撤去这些小石块，大石块也就没有了支撑，也就垮下来了。”小的事情往往是成就大事的基础，只有持之以恒，从细节抓起，才能成就一番大事。

因此，我们必须学会观察细节，即使你认为这些小事微乎其微，根本就不重要，但事物都是有联系的，而且一个人的成败，往往就是由这些毫不起眼的事情所决定。

对于一个领导人而言，熟知细节也是最佳的训练，尤其是面对紧急、影响重大的事情，这些知识更是管用。即使是最聪明的人设计出来的最伟大的计划，执行起来也还是需要从小处着手。

成大事需从细节突破

西点注重学员每一个细节的培养，他们认为，每个成大事者都必须先从细节处抓起，不关注小事甚至不屑于做小事的人，很难做出什么大事。无数的细节就能彻底改变一个人的生活，成功者之所以成功，就在于他们不因为自己所做的是小事而感到倦怠。

不论多么远大的理想，都是一步一步才得以实现的；不论多么浩大的工程，都是一砖一瓦地筑造起来的。平庸和杰出的差距就存在于细节之中。

这是一个细节制胜的时代，你的工作无论大小，只有对它有了透彻的了解，才能脚踏实地完成心中那个宏伟的目标。

美国绝大部分企业家会知道一些十分精确的数字：比如全国平均每人每天吃几个汉堡包、几个鸡蛋。之所以了解得这么清楚，就是因为他们想确保在细节方面拥有优势，哪怕是一些细枝末节，也绝不给竞争者任何可乘之机。

对所有人来说，熟知细节是最佳的训练，尤其是面对紧急、影响重大的事情，这些知识更是有用。对待小事、对待细节的处理方式往往也反映了一个人的态度。是积极面对、脚踏实地，还是整日空想而不愿从身边的细小事情做起。这两种截然不同的态度，就是成与败之间的最大区别。

男孩的父亲有一个很大的养鸡场，当他10岁时，父亲给了他50只鸡让他饲养，而且这些鸡都是由父亲挑剩的劣质子鸡，养鸡的盈亏也要由自己负责。

男孩欣喜若狂，他信心十足地开始了自己的第一次经营。在这之前，他对养鸡的事情一窍不通，于是，他认真地观察起来。通过观察鸡吃食的情况，他渐渐发现一个问题：当某个鸡笼里的鸡减少的时候，小鸡吃得就多，长得也快；但鸡太少也不行，因为这样会浪费鸡舍和鸡饲料，所以，必须掌握其中那个最佳的结合点。

经过一段时间的摸索，男孩终于总结出了这个最合适的条件：每个鸡笼里养40只小鸡。在男孩的精心饲养下，那些原本蹩脚的小鸡日渐改观，并逐渐长大。当这些鸡开始产蛋时，每月卖鸡蛋的纯收入就可以达到15美元，而这在当时来说已经是一笔数目不小的收入。

后来，这些原本劣质的鸡雏的产蛋量，甚至远远超过了父亲的那些良种鸡的产蛋量。

一开始，父亲觉得不可信，但当他亲眼看到男孩卖了鸡蛋拿到钱的时候，他不得不对孩子夸赞起来。

父亲对男孩的评价是："能够注意到细小的环节，并且会认真地去实施和改进。"后来，父亲将一部分鸡场交给男孩管理经营，而他对细节的把握也使得他的管理效益很快便超过了他的父亲。

这个男孩就是美国第四大家禽公司——伯杜饲养集团公司的董事长，弗兰克·伯杜。不管是谁，甚至一个团队或是国家，那种大事干不了、小事又不愿干的肯定是难以取得成功的。

没有人可以一步登天，当你认真对待每一件小事时，你会发现自己的人生之路越来越广，成功的机遇也会接踵而至。一切智慧的拥有，无非就是在这个细节的基础上更加努力地思考而已。因此，做事情就是做细节，成大事的决定因素就是"做小事"。

世界上许多伟大的事业都是由点点滴滴的细节小事汇集而成的。在小节上能够表现好的人，他在成功之路上一定会少许多漏洞。相反，如果一个人不能关注细节问题，往往会因小失大，自毁前程。

点滴的小事蕴藏着丰富的机遇，伟大的成就来自细节的积累，无数的细节就能改变生活。平庸和杰出的差距就在一些细节中，一些看似不起眼的细节，却往往是从平庸到杰出的天堑。

法则二十二
从不找借口

千万不要给自己找借口

在西点军校，教官指导学生习剑时要告诉他们："不要假设如果自己手中的剑再长一点，你就可以击败对方了。事实是，无论你的剑有多长，不主动进攻，也无济于事。只要你前进一步，你的剑自然就变长了。"

西点军校的精英们知道，在残酷的战场上，没有人让你重新再打你曾经打败的一场战斗。只要被打败，你就要付出惨重的代价，所以，必须要扔掉那些找借口的想法。

执行任务，不找任何借口地去落实，这是千百年来每个士兵乃至将军最基本的职责。军人的天职就是无条件地执行上级的命令，全力以赴地完成，即使牺牲自己的生命也在所不惜。成功的人没有借口，不成功的人也有一种共同的性格特征，他们知道失败的原因，并且对于自己有着他们认为合理的一套托词。

制造借口是人类本能的习惯，这种习惯是难于打破的，尤其是我们要以此作为某事的借口之时。艾乐勃·赫巴德说："我一直以来感到困惑的是，为何人们用这么多的时间制造借口以掩饰他们的弱点，并且故意愚弄自己。如果用在正确的用途上，这些时间足够矫正这些弱点，那时便不需要借口了。"

比尔·盖茨也说："一心想着享乐，又为享乐找借口，这就是怠惰。"任何人在任何时候都能找到"充分"的理由证明"失败与我无关"，即使对于关系到自身前途和命运的问题，我们也能够找出理由来为自己开脱。当我们以别人配合不利为借口时，其实就是在纵容自己的依赖心；当我们抱怨环境不好、机会难寻的时候，其实正在姑息自己的懦弱和懒惰。

通常情况下，有两种人老是为自己找借口。第一种人是从一开始就找借口为自己开脱，他根本"不想去做"。在日常生活和工作中，我们经常会听到各种各样的借口："那个客人我对付不了"，"我现在下班了，明天再说吧"，"我明天有事情，完不成这个工作"，"我很忙，现在没空"，"这件事不能怪我，不适合我来干"……诸如此类的借口，让人哭笑不得、无可奈何。

第二种人一开始也努力去做，或者看似努力，实际上根本没有全力以赴，他们习惯于为失败找借口。“我已经尽了全力了，最后没做好不能怪我一个人”，“对手太强大了，我和他们进行了很长时间的竞争”，“我已经做了分内的事，难道还让我为我不该做的事负责”，“小李中间出了差错，不是我不行”等。这一类人尝试去做，但他们都没有竭尽所能，他们寻找看似合理的借口为自己的半途而废百般辩解。一个又一个的借口只会使我们的激情、热情和信心都退缩到阴暗的角落里，而自己的自私、怯懦、懈怠、懒惰等却被披着借口的外衣堂而皇之地登上舞台。

1861年，林肯就职总统之后发现美国对战争的准备严重不足。联邦只有一支装备简陋、训练欠缺的16000人的队伍，而它的指挥官——斯科特，已是一位75岁高龄的老将军。林肯非常清楚，为了拯救整个国家免于分裂，他需要一个不找借口且具执行力的人。林肯决定试一试众人眼里极富军事才能的乔治·麦克莱伦。

麦克莱伦有极高的声望和出色的组织能力，但是，他有一个致命弱点掩盖了他军事生涯的所有优秀表现，那就是他总是瞻前顾后，习惯于过多地思考问题，然后寻找理所当然的借口而不肯采取行动。他根本就不愿意去战斗。

将近三个月过去了，麦克莱伦没有采取任何行动，林肯只能一次次督促他行动。

1862年4月9日，林肯再次给麦克莱伦写信督促他采取行动。“我再次告诉你，你不管怎样也得进攻一次吧！”在信的结尾林肯甚至恳切地写道：“我希望你明白，我从来没有这样友好地给你写过信，我实际比以往任何时候都更支持你，但无论如何能不能不找任何借口，打上一仗？”

在林肯发出此信之后的一个月，麦克莱伦的军队继续延误战事，林肯只得在国务卿斯坦顿和蔡斯的陪同下亲临前线督战，而麦克莱伦竟然借口脱不开身不肯来与林肯会合。虽然这时林肯仍不愿撤换麦克莱伦将军，但他知道要想有所改变，要想国家早些得到一个和平发展的环境，就必须当机立断撤换将军。1862年7月11日，林肯委任亨利·哈勒克将军为联邦司令，这时距麦克莱伦被任命为联邦总司令的时间还不到一年。

懦弱的人寻找借口，想通过借口心安理得地为自己开脱；失败的人寻找借口，想通过借口原谅自己，也求得别人的原谅；平庸的人寻找借口，想通过借口欺骗自己，也使别人受骗。但是，借口不是理由，找借口给人带来的严重后果就是让你失去实现成功的机会，最终一事无成。

一个习惯找借口的人是一个对自己不负责任的人，遇到问题不从自身找原因，这样的人是无法成大器的。这样的人看不到自身的缺点，无法在实践中不断磨炼，发现自己的缺点，并不断修正，所以就无法取得进步，他的水平一直停留在原地，当别人都在往前跑的时候，他却在原地踏步，那就相当于大踏步地后退。只有抛弃借口，勇敢地去行动，我们与成功才能真正牵手。

永不向人讲“因为”

在西点军校，有一个广为流传的悠久传统，那就是当学员遇到军官问话时，只能有四种回答：

报告长官，是。

报告长官，不是。

报告长官，不知道。

报告长官，没有任何借口。

在西点，你可以根据长官的问题，回答是或不是，对于你所不知道的事情也可以坦白回答不知道，假如长官质疑你的行为，则严禁为自己的行为找借口，而是必须直截了当回答“没有任何借口”。

例如，在西点军校里，一位学长问一位学员：“你认为你的皮鞋这样就算擦亮了吗？”一般的情况下，被问到的人的第一反应肯定是为自己辩解：“报告长官，刚才排队时有人不小心踩到了我。”这样的回答是通不过的，都会遭到长官的一顿训斥。再比如军官派一名新学员去完成一项任务，而且限定在一定时间内完成。这项任务完全可能会因种种原因而不能按时完成，但军官只要结果，根本不会听学员长篇大论地解释为何完不成任务。

“没有任何借口”是西点军校奉行的最重要的行为准则，是西点军校传授给每一位新生的第一个理念。它强化的是每一位学员想尽办法去完成任何一项任务，而不是没有完成任务去寻找借口，哪怕看似合理的借口。

西点之所以这样规定，是因为它认为找借口是庸人的托辞。一个人一旦为自己做不成事、做错事找到了借口，这个借口就会掩盖住自己的过失，逃避掉属于自己的责任，然后自己原谅自己。结果呢，过失是掩盖了，责任是逃避了，心理也暂时平衡了，可长此以往，就会被自己的借口过度“保护”而消磨了斗志，最终成为碌碌无为之人。

这样的说法并不夸张，放眼整个社会，常常将借口挂在嘴边的人从没一个成功的，而那些从不为自己找借口的人不说个个都成就斐然，但也凌驾于一般人之上。

西点军校之所以培养了一批批优秀的军旅将帅、政坛要人、科技名流、商企巨贾，它的“没有任何借口”就是其中的奥妙之一。

> 在西点200多年的历史中，最著名的不找任何借口，忠实地履行自己责任的人要算是“把信送给加西亚”的罗文上校了。
>
> 安德鲁·罗文，弗吉尼亚人，1881年毕业于西点军校。作为一名军人，他与陆军情报局一道完成了一项重要的任务——把信送给加西亚，被授予杰出军人勋章。
>
> 当美西战争爆发后，美国必须立即跟西班牙的反抗军首领加西亚取得联系。加西亚在古巴丛林的山里——没有人知道确切的地点，无法带信给他。美国总统必须尽快地获得他的合作。怎么办呢？有人对总统说：“有一个名叫罗文的人，有办法找到加西亚，也只有他才能找得到。”
>
> 他们把罗文找来，交给他一封写给加西亚的信。罗文拿了信，把它装进一个油布制的袋里，封好，吊在胸口，划着一艘小船，4天之后的一个夜里在古巴上岸，消失于丛林中。接着在3个星期后，从古巴岛的另一边出来，徒步走过一个危机四伏的国家，把那封信交给了加西亚。当然了，这些细节都不是重点，重点是：麦金利总统把一封写给加西亚的信交给了罗文，而罗文接过信之后，并没有问“他在什么地方”，也没有抱怨这是个几乎不可能完成的任务，而是接受了命令并且尽一切努力去完成它。

罗文的事迹通过美国作家阿尔伯特·哈伯德之手传遍了全世界，他成为众人争相学习的榜样。如今在管理界，人们把罗文精神定义为一种不找借口立即行动的执行力，是当今企业最看重的一种能力。

1886年的西点毕业生，美国名将潘兴将军有这样一句名言：“请直接告诉我结果。不必做过多的解释。”

在自己的回忆录《我所知道的战争》中，巴顿将军写了这样一个故事：

有一次巴顿将军想要提拔一个军官,但是候选人有6个。于是巴顿将军将六位候选人全部找来,给他们布置了一个任务:要求他们在仓库后面挖一条战壕,3米长,1米宽,0.2米深。巴顿将军只说了这么多就走开了,然后偷偷躲在仓库的角落观察这6位候选人。

6位候选人将工具放在仓库后面的地上,沉默几分钟后,开始纷纷讨论起来,有人疑惑:巴顿将军为什么让我们挖那么浅的战壕?0.2米深还不够火炮掩体呢。也有人抱怨:这样的体力活是不是应该找新兵来做?但有一位候选人斩钉截铁地说道:"让我们把战壕挖好后离开这里吧,将军既然要这样做总有他的理由。"最后巴顿就提拔了这位候选人。

巴顿在回忆录中这样写道:"我并非希望所有伙计都不去思考问题背后的原因,但是有建议可以和我提前或稍后讨论,当下接受了命令就必须不抱怨不质疑地去立即完成,我想要挑选的是不为任务找借口、全力以赴完成任务的入。"

从这几个西点人的故事中,我们可以看出,西点对做好任何一件事的高度负责任的精神。

实际上,一个人成功的最大障碍就是找借口。因为借口往往是做不成事、做错事的挡箭牌;是敷衍别人,原谅自己的护身符;是无处不在如影随形的掩饰弱点、逃避责任的百验灵丹。当一个人养成了找借口的习惯,将原本属于自己的责任推脱得干干净净,他还会有成功可言吗?

所以,千万不要养成找借口的习惯,凡事你都要找借口的话,最终只会什么事也做不成,唯一擅长的只有找借口了。

让西点为之骄傲的是,西点对学员这种精神的培养,得到了外界的认同和赞扬。一位名校的研究学者曾指出,他所接触的西点毕业生在跟随自己继续研究深造时,给他留下了非常深刻的印象。他这样说道:"就态度而言,西点毕业的学员堪称完美。只要我给他们布置一项作业,他们就不会埋怨或是找任何借口,而是选择立即动手埋头苦干,全力以赴完成任务。"

找借口虽然能减低或消除责任,或者给心理带来些许安慰,但当养成了找借口的习惯,成了一个"借口专家",受到伤害的可是自己。事实上,借口是完全应该从大脑里删除的概念。一旦删除了借口,那么就意味着将逐步地拥有高效而成功的人生。

那么,如何摆脱找借口的坏习惯呢?

日本最著名的首相伊藤博文的人生座右铭就是"永不向人讲'因为'"。可以说,这是一种为人处世、办事做事最高深的学问,不用任何理由为自己开脱,相应的借口也就无法从嘴里说出来。

要想成就伟人的辉煌人生,其实,也不是件多难的事,只要你愿意去做,就一定能做得到。像伊藤博文那样,永不向人讲"因为",你就没有了找借口的机会。而抛弃了找借口的习惯,你就会在生活中学会解决问题的技巧,这样成功就会离你越来越近。

任何借口都是自欺欺人

"工作无借口",是美国西点军校的一项重要军规。没有任何借口,体现的是一种完美的执行能力,一种忠诚、负责的精神。

在战场上,任何时刻都可能是生死关头,军人又怎有时间为自己去找寻借口呢?因此,他们通常只会努力去完成任务,即使这个任务几乎不可能完成。但在现实生活中,我们却经常听到各种各样的借口，人们总在为自己的种种不如意做出解释。

没有完成任务，我们抱怨任务太难，而自己已经尽力；上班迟到，我们会说交通太拥挤，路上堵车；考试不及格，我们会说出题太偏，根本就不是书本知识……

我们总是在寻找各种似乎更具说服力的借口，然而，在人的一生中缺少的并不是借口，而是努力完成任务的精神。

在企业中，如果你是企业的老板，你是否愿意接受这种种的借口？如果要你选择，你会选择一个总是在为自己寻找借口的员工，还是不找任何借口实实在在做事的员工呢？我想，答案是显而易见的。

或许，在我们实现目标的过程中确实存在着种种困难，而且这个困难客观存在，不以我们的意志为转移，但这时，勇者的行为是努力寻找方法来克服困难，而不是在困难面前停住脚步，安慰自己说"任务没法完成是因为困难太大"。可以说，困难无处不在，我们唯一能做的就是立刻行动，不找任何借口。

寻找借口，实质就是在推卸责任。一旦你曾经因为借口而免于惩罚，久而久之你就会养成习惯，习惯性地寻找借口为自己的失败开脱，甚至最终推卸掉自己本应承担的责任。

作为一个社会的个体，不管是家庭还是企业，每个人都有其特定的职责范围，而且你的职责是别人无法代替的。如果你总是为自己寻找借口推脱，那你的责任就势必被人取代，当你成为了一个可有可无的人时，那你离失去自己也不远了。对于一个失去自我的人，你还能期望他取得什么成就吗？

人的大半辈子几乎都要在工作中度过，因此，企业就是我们的第二个家，一个人的成就也与其在工作中的表现有着很大的关系。因此，要想获得成功，首先需要在你的职位上表现出自己的才能，从而获取上司的赏识与信任。当然，这靠的不是借口，而是积极主动地去解决一切问题，想尽办法取得成功。

借口为你带来的不是成功，它只会让你变得更加消极，甚至主动放弃那些本能够达成的目标。因此，对于一个想要有所成就的人来说，寻找借口只会让你止步不前，它也许能为你带来一时的安逸，些许慰藉，但你需要付出的却是更加昂贵的代价——你梦寐以求的成功。

因此，请记住，任何的借口都只是自欺欺人。成功只属于那些勇往直前、没有任何借口的人！

没有借口就没有失败

西点军校一直在向学员们灌输这样一个理念：借口是失败的温床，没有借口就没有失败。

不久前，在一家大公司的年会上，哈利先生当场宣布退休，公司董事长首先站起来做一次例行讲话，说一些哈利先生对我们公司多么有价值、有贡献，以及现在他要退休，我们对他多么怀念的话。

庆祝大会结束后，哈利先生好像被人遗忘了一样，他后来找到一位倾吐对象，说："你是否能给我30分钟的时间，我有话要对你说，顺便发泄一下我心中的闷气。"

"在公司待了那么多年，可谓是劳苦功高，今天晚上光荣退休，真是一个值得纪念的日子，怎么会呢？"一般人都这么认为，然而哈利先生却说道："今天我并不快乐，我真是不知道该怎么说才好,这是我一生中最悲伤的夜晚。"

"今晚我只是坐在那里面对我惨痛的一生而已:我感到自己一事无成,彻底失败了。"

"你准备做些什么?"那人问道。

"还能做什么,我将要搬到老人村里去了,住在那里直到老死为止,我有一笔不少的退休金以及社会保险金,这些钱足够我养老了。"他很痛苦地说,"我希望这样的日子很快就来临。"

他们陷入了沉默,然后他从口袋中取出今晚才拿到的退休纪念表,说道:"我想把这件礼物丢掉,我不希望留下这些痛苦的记忆。"

渐渐地,哈利先生已经放松下来,他继续说道:

"今天晚上,当乔治先生(该公司的董事长)站起来致辞时,你可能无法想象我当时多么悲伤。乔治先生和我一起进入公司,但是他很上进,节节攀升,我却不然。我在公司领到的薪水最高不过7250美元,而乔治先生却是我的10倍,还不包括种种红利以及其他福利在内。每当我想起这件事,我总是认为乔治先生并没有比我聪明多少,他只是不怕吃苦,经得起磨炼,能完全投入工作,而我没有做到这一点。

"公司内外有很多机会,我都可能获得晋升。例如,我在公司待了5年后,有一次公司要我到南方去掌管分公司,但是我自己因为感到无能为力而拒绝了。每次当这种绝好的机会到来时,我总是找一些借口来推托。现在,我退休了,一切都已经过去了,我什么也没有得到,真是往事不堪回首啊。"

在哈利的一生中,他一直游移不定,没有任何实际目标可言。他惧怕真正地面对生活,害怕挺身而出,承担责任,总是找借口来推搪工作,结果到工作生涯结束时也毫无成就感可言。

哈利先生像无数人一样,把自己判入终身的心理奴隶的牢笼之中。这种奴隶并不限于某一种类型的工作:在办公室中,在商店里,在农场上,以及每一个地方,我们都发现有这种奴隶存在。

这些现代的奴隶都是他们自己选择的,而不是被其他人强迫去当奴隶的。他们之所以会选择当奴隶,是因为他们不知道如何获得解脱,获得自由。

是太多的借口,阻碍了哈利先生,使他本可辉煌的人生一事无成。相信,如果他有机会再选择一次的话,他一定会拒绝借口,珍惜任何机会,努力为自己的前程奋斗,只是一切都太晚了。真诚劝勉各位读者不要重蹈哈利先生的旧窠。

只为成功找方法

在西点22条军规中,有这样一条:没有任何借口。

在西点看来,任何带一丝借口的理由都是庸者、愚者自我安慰的掌上名言。

"没有任何借口"不仅仅是西点军校对所有学员提出的一个口号,更是我们整个人生需要奉行的一个重要的思想理念和行为准则。它体现的是一种完美的执行能力,一种服从、诚实的态度,一种负责、敬业的精神。

然而,现实生活中,我们很多人却习惯于去找借口,很多人犯了错误,常常用一句"习惯了"或者"这不是我的错"来搪塞别人,掩饰自己的错误。

在赛场上，面对失败；在职场上面对上司批评；人的本能反应几乎都是找个借口，为自己找个台阶下。“你看某某选手，他和某某评委认识。”“我从一开始就没答应做这个，所以有什么后果我不负责。”道具有问题，评委没水平；同事不作为，部门不合作，再不就是老天不公平了。

当然，没水平的评委是客观存在的，不作为的职员也是有的。至于老天不公平，也是基本可以认同的，与生俱来的很多东西是无法选择的，谁都不可能和谁的境况一模一样，哪里都有上中下。至于老天，也许压根就没有他老人家的存在。如果是为了博取同情，找借口倒是有点用处了，但别人的同情当不了任何资本的，起码生活的强者不需要。

看来，为失败找借口不能改变客观现实，不能让你脸上“挂得住”，反倒给别人心里留下靠不住的印象，显然不值。但是找借口的人还是屡见不鲜。不要为失败找理由，要为成功找方法。因为借口就像一条死鱼，过不了多久就发臭。不要为自己找借口，但可以利用人的这一心理特点，为别人的失败找借口，这样的做法不亚于雪中送炭，可以为你赢得一份信赖，赢得一位朋友。当然也要因人而异，对于性格十分坚强的，大可不必。

“没有任何借口”，听起来像是要把人逼进死胡同，让你没有退路没有选择，让你的心灵上时刻载着很大的压力去拼搏，背水一战，置之死地而后生，而也只有这时，你内在的潜能才会最大限度地发挥出来，你的能力也会变得让你自己难以置信，而成功就在不远的地方向你招手。

不愿承担责任，拖延，缺乏创新精神，不称职，缺少责任感，悲观态度，这些都是隐藏在看似冠冕堂皇的借口背后的可怕的东西！

其实，无论是在工作中还是在生活中，人们都是讨厌找借口的人的。试想，如果你与某人约好时间见面，而他迟到了，但他并不为他的行为感到羞愧，反而见面张口就说：路上车太多了，或者是车坏了等等，你会怎么想？即使不会出口埋怨，心里至少也会不舒服，觉得自己像受了委屈的使唤丫头，等是应该的，等了也白等。

“要成功，就不要给自己寻找借口”，不要抱怨外在的一些条件，当我们抱怨的时候，实际上是在为自己找借口。而找借口的唯一好处就是安慰自己：我做不到是有原因的。但这样自我安慰是虚伪的，没有任何积极意义的。相反还有可能给自己造成自卑的心理。在这种心理暗示的引导下，就不再去思考克服困难、完成任务的方法，哪怕是只要改变一下角度就可以轻易达到目的的时候。

不寻找借口，就是永不放弃自我的自信，就是锐意进取。要成功，就要保持一颗积极、乐观、坦荡的心，尽量发掘周围人或事物最好的一面，从中寻求正面的看法，让自己能有向前走的力量。即使终究还是失败了，也能汲取教训，把失败视为向目标前进的踏脚石，而不要让借口成为我们成功路上的绊脚石。所以，聪明人应该把寻找借口的时间和精力用到努力生活和工作中来，因为生活是实在的，人生中没有借口，失败没有借口，成功属于那些不寻找借口的人。

对于个人来说，当自己犯下错误，或者自己毫无过错，而上司、同事、家人、朋友、客户却有抱怨的时候，不需要去争辩，应当用心去听取，认真去反思为什么会出现这样的情况，反求诸己，有则改之，无则加勉。

对于企业来说，更需要没有借口的员工，有多少人把宝贵的时间和精力放在了如何寻找一个合适借口上，而忘记了自己的职责和责任？找借口是一种解释，而解释就是掩饰，把自己应该承担的责任转嫁给他人。这样的人，在企业里不会成为称职的员工；在社会上也不是大家可信赖和尊重的人。这样的人，注定只能是一事无成的失败者。

聪明的人从来不会在找借口上花费很多时间。因为在他们看来，不找借口，才是真正把事情做好的关键所在。不找借口，看似没有后路可退，看似缺乏人情味，但是它却可以激发一个人最大的潜能。

那些认为自己缺乏机会的人，往往是在为自己的失败寻找借口。真正的成功者，不善于也不需要为自己寻找借口，因为他们能够做到为自己的行为和目标负责到底。

所以，如果你想要像西点学员一样优秀，如果你想创造出西点式的辉煌，那么，从现在开始停止为自己找借口吧！因为有各种各样的借口可找，你就会疏于努力，不再想方设法去争取成功。